钢结构工程计量与计价

(第二版)

焦 红 王松岩 郭 兵 编著

中国建筑工业出版社

图书在版编目（CIP）数据

钢结构工程计量与计价/焦红，王松岩，郭兵编著.
—2版. —北京：中国建筑工业出版社，2018.6（2023.3重印）
ISBN 978-7-112-22172-1

Ⅰ. ①钢… Ⅱ. ①焦… ②王… ③郭… Ⅲ. ①钢
结构-建筑工程-工程造价 Ⅳ. ①TU723.3

中国版本图书馆CIP数据核字（2018）第090399号

本书全面、系统地介绍了目前钢结构工程的计量与计价。全书分8章，包括第1章绪论；第2章钢结构工程计价的发展；第3章钢结构工程识图；第4章钢结构工程构造分析；第5章钢结构工程的制作与安装；第6章钢结构工程的造价分析；第7章钢结构工程计量与计价案例分析；第8章工程量清单与招标投标。书后还附有型钢规格表和螺栓、锚栓及栓钉规格。

本书可供钢结构工程造价人员和技术人员使用，也可作为大专院校师生教学参考书。

* * *

责任编辑：王华月 张 磊 岳建光
责任校对：李欣慰

钢结构工程计量与计价（第二版）
焦 红 王松岩 郭 兵 编著
*
中国建筑工业出版社出版、发行（北京海淀三里河路9号）
各地新华书店、建筑书店经销
霸州市顺浩图文科技发展有限公司制版
北京建筑工业印刷厂印刷
*
开本：787×1092毫米 1/16 印张：17 字数：412千字
2018年7月第二版 2023年3月第七次印刷
定价：**49.00**元
ISBN 978-7-112-22172-1
（32064）

第二版前言

钢材以其优越的材料特性，成为建造超高层摩天大楼、大跨及超大跨公共建筑和工业厂房的重要建筑材料，钢结构亦成为首选的结构形式。世界上发达国家都非常重视发展钢结构，可以说，钢结构建筑发展水平往往是衡量一个国家或地区经济发展水平的重要标志之一。改革开放以来，我国的钢产量可以说是突飞猛进，钢产量从1978年的3718吨增加到1996年的超过1亿吨，2002年的钢产量是1.9亿吨，成为世界第一钢材生产大国。同时，我国不断调整产业结构，钢与钢材的品种、规格日渐增多，为钢结构在我国的发展打下了物质基础。特别是2008年奥运会以来，我国建造了许多钢结构体育场馆，如鸟巢、水立方等。可以说，钢结构事业在我国方兴未艾，其发展前景非常广阔。

钢结构工程在国外无论在设计、施工、材料等方面，都已发展得相当完善。在计价方面，国外工程一般都按照国际惯例，推行工程量清单计价，钢结构工程也不例外，其造价管理也非常完善。

在我国，由于历史原因，钢结构工程的造价管理不是非常理想。众所周知，我国建筑工程计价经过了一个比较复杂的过程。在计划经济时期，所有工程的计价均执行国家定额，既控制企业的消耗量，也控制建筑工程的价格，企业利润由国家规定，企业没有一点自主权。随着我国改革开放、市场经济的不断发展，这种计价严重违背了市场经济的规律。1992年，为了适应建设市场改革的要求，针对工程预算定额编制和使用中出现的问题，提出了“控制量、指导价、竞争费”的改革措施，工程造价管理由静态管理模式逐步转变为动态管理。这一措施在我国实行社会主义市场经济初期起到了一定的积极作用，但还不能充分体现市场公平竞争。随着我国建设市场的快速发展，招标投标制、合同制的逐步推行，以及加入WTO与国际接轨等要求，国家出台《建设工程工程量清单计价规范》（于2003年7月1日起实施），贯彻由政府宏观调控、市场形成价格的指导思想。《建设工程工程量清单计价规范》（GB 50500—2008），经过修订，自2008年12月1日起实施。五年后，《建设工程工程量清单计价规范》（GB 50500—2013），再次修订，于2013年7月1日起实施。

钢结构是近些年出现的新生事物，它的计价比较尴尬。用国家定额计价，步距大，缺项多，需要大量地补充定额；同时由于材料价格要素的频繁波动，钢结构工程采用定额计价的模式已不能满足当前钢结构工程的计价需求。目前钢结构工程的计价，基本上是市场定价。但是，由于目前很多施工企业钢结构工程经验积累较少，钢结构工程施工及生产的企业定额很难在较短的时间内总结、测算、完善，而同类工程在报价时参考资料也不多，从而导致钢结构计价偏差较大；同时由于企业无序竞争，恶意低价中标，从而导致钢结构工程建造质量降低，为工程质量埋下隐患。不过，随着钢结构建筑的快速发展，从业人员不断地总结其建造经验，完善其计价管理，以及《建设工程工程量清单计价规范》的执行，钢结构工程必将健康、蓬勃发展。

鉴于目前广大读者迫切需要一本钢结构工程计量、计价的参考书，我们编著了此书，供广大工程技术人员和钢结构工程相关企业参考。在读者近年来的使用中，好评不断，多次印刷。鉴于计价规范的不断修订，应读者要求，本书从内容上按《建设工程工程量清单计价规范》（GB 50500—2013）进行重新改编，以满足广大读者需求。

本书的编者均是从事钢结构教学、科研、工程应用多年的专业教师和工程师。第 1 章及附录由山东建筑工程学院的郭兵编写；第 2 章由山东建筑工程学院的黄伟典编写；第 3 章、第 4 章、第 5 章、第 6 章由山东建筑工程学院的焦红编写；第 7 章由山东建筑工程学院的王松岩编写；第 8 章由山东大学的田文宝编写；全书由焦红统筹定稿。山东新概念钢结构公司曹丽、山东建筑工程学院徐阳为本书作了大量的文字编辑和图稿整理工作，对此我们深表感谢。

由于作者的水平有限，谬误之处在所难免，敬请读者批评指正。

目 录

第1章　绪　论

房屋建筑主要由结构体系、围护体系以及辅助设施等组成。结构体系是房屋的承重骨架，是建筑物赖以支撑的主要构件集合体，如梁、柱、楼板等。围护体系主要用来抵御自然界各种因素对室内的侵蚀作用，使得房屋能够正常使用，如墙体、门窗等。辅助设施主要为房屋创造方便舒适的条件和环境，如楼（电）梯、水电暖设施等。

钢结构是从承重骨架的材料角度定义的，即指结构体系中主要受力构件由钢材做成。除钢结构之外，还有木结构、砌体结构、钢筋混凝土结构以及组（混）合结构等多种。不同的结构有不同的优缺点和适用范围，工程造价也有所不同。

1.1　钢结构工程的发展及现状

我国是最早用铁建造结构的国家之一，比较著名的是铁链桥和一些纪念性建筑，比西方国家早数百年。但是在18世纪末的工业革命兴起后，西方国家的冶金技术和土木工程得到了快速发展，而此时的中国，由于封建制度下的生产力发展极其缓慢，特别是在新中国成立前的百年历史中，钢结构发展几乎完全停滞。

20世纪50～60年代，在苏联的经济技术援助下，我国钢结构迎来了第一个初盛期，在工业厂房、桥梁、大型公共建筑和高耸构筑物等方面都取得了卓越的成就，至今仍发挥着巨大的作用，如鞍钢、包钢、武钢、沈阳飞机制造厂、大连造船厂、北京体育馆（跨度57m的两铰拱）、人民大会堂（跨度60.9m的钢屋架）、武汉长江大桥（全长1670m）等等，并且编制了我国第一部钢结构行业规范《钢结构设计规范试行草案》（结规4—54），缩小了与发达国家间的差距。

20世纪60年代中后期至70年代，尽管我国冶金工业有了较大的发展，但各部门需要的钢材量也越来越多，国家提出在建筑业节约钢材的政策，并且在执行过程中出现了一定的失误，限制了钢结构的合理使用与发展，钢结构发展进入低潮。但这一时期的行业规范有了实质性的进展，编制了《弯曲薄壁型钢结构技术规范草案》（1969）、《钢结构工程施工及验收规范》（GBJ 18—66）和《钢结构设计规范》（TJ 17—74），标志着我国的钢结构设计技术已走上了独立发展的道路。

20世纪80年代，我国引进国外现代钢结构建筑技术，促进了各种钢结构厂房的建成，如上海宝山钢铁厂（105万m^2）、山东石横火力发电厂等；深圳、北京、上海等地也相继兴建了一些高层钢结构建筑，如深圳发展中心大厦（高165m，是我国第一幢超过100m的钢结构高层建筑）、北京京广大厦（高208m），迎来了钢结构发展的又一次高峰。

自20世纪90年代至今，我国钢材产量持续多年世界第一，2004年的产量达到2亿多吨，国家相继出台了多项鼓励建筑用钢政策，使得钢结构行业步入快速发展期，钢结构的发展日新月异，规模更大，技术更新，呈现出数百年来未曾有过的兴旺景象，被称为建筑行业的“朝阳产业”。代表建筑有深圳帝王大厦（高 325m）、上海金贸大厦（高 460m）、上海东方明珠电视塔（高 468m）等等。在这一时期，网架结构、门式刚架结构、钢管结构、多（高）层钢结构等都得到了快速发展。

尽管我国钢结构发展迅猛，但主要集中应用于工业厂房、大跨度或超高层建筑中，钢结构建筑在全部建筑中的应用比例还非常低，还不到 1%，而美国、瑞典、日本等国的钢结构房屋面积已达到总建筑面积的 40%左右。我国建筑用钢在钢材总产量中的比例也很低，为 20%～30%，低于发达国家的 45%～55%，而且我国绝大多数建筑用钢是用于钢筋混凝土结构和砌体结构中的钢筋，钢结构用钢（板材、型材等）还不到建筑用钢的 2%。因此，我国钢结构还是一个很年轻的行业，总体水平与西方发达国家相比，仍有较大的差距。

1.2 钢结构工程的特点

钢结构房屋的结构体系主要是由钢板、热轧型钢或冷加工成型的薄壁型钢通过连接、制造、组装而成，和其他材料的房屋结构相比，具有以下几个方面的特点：

(1) 强度高，质量轻

钢材与其他建筑材料诸如混凝土、砖石和木材相比，强度要高得多，弹性模量也高，因此结构构件质量轻且截面小，特别适用于跨度大、荷载大的构件和结构。即使采用强度较低的钢材，其强度与密度的比值也比混凝土和木材大得多，从而在同样受力条件下的钢结构自重轻。结构自重的降低，可以减小地震作用，进而减小结构内力，还可以使基础的造价降低，这个优势在软土地区更加明显。此外，构件轻巧也便于运输和安装。

(2) 材料均匀，塑性、韧性好，抗震性能优越

由于钢材组织均匀，接近各向同性，而且在一定的应力幅度内几乎是完全弹性的，弹性模量大，有良好的塑性和韧性，为理想的弹性—塑性体。钢结构的实际工作性能比较符合目前采用的理论计算模型，因此可靠性高。

钢材塑性好，钢结构不会因偶然超载或局部超载而突然断裂破坏；钢材韧性好，使钢结构较能适应振动荷载，地震区的钢结构比其他材料的工程结构更耐震，钢结构一般是地震中损坏最少的结构。

(3) 制造简单，工业化程度高，施工周期短

钢结构所用的材料单纯，且多是成品或半成品材料，加工比较简单，并能够使用机械操作，易于定型化、标准化，工业化生产程度高。因此，钢构件一般在专业化的金属结构加工厂制作而成，精度高，质量稳定，劳动强度低。

构件在工地拼装时，多采用简单方便的焊接或螺栓连接，钢构件与其他材料构件的连接也比较方便。有时钢构件还可以在地面拼装成较大的单元后再进行吊装，以降低高空作业量，缩短施工工期。施工周期短，使整个建筑更早投入使用，不但可以缩短贷款建设的还贷时间，减少贷款利息，而且提前收到投资回报，综合效益高。

(4) 构件截面小，有效空间大

由于钢材的强度高，构件截面小，所占空间也就小。以相同受力条件的简支梁为例，混凝土梁的高度通常是跨度的 1/10～1/8，而钢梁约是 1/16～1/12，如果钢梁有足够的侧

向支承，甚至可以达到1/20，有效增加了房屋的层间净高。在梁高相同的条件下，钢结构的开间可以比混凝土结构的开间大50%，能更好地满足建筑上大开间、灵活分割的要求。柱的截面尺寸也类似，避免了“粗柱笨梁”现象，室内视觉开阔，美观方便。

另外，民用建筑中的管道很多，如果采用钢结构，可在梁腹板上开洞以穿越管道，如果采用混凝土结构，则不宜开洞，管道一般从梁下通过，从而要占用一定的空间。因此在楼层净高相同的条件下，钢结构的楼层高度要比混凝土的小，可以减小墙体高度，并节约室内空调所需的能源，减小房屋维护和使用费用。

（5）节能、环保

与传统的砌体结构和混凝土结构相比，钢结构属于绿色建筑结构体系。钢结构房屋的墙体多采用新型轻质复合墙板或轻质砌块，如高性能NALC板（即配筋加气混凝土板）、复合夹心墙板、幕墙等；楼（屋）面多采用复合楼板，如压型钢板-混凝土组合板、轻钢龙骨楼盖等，符合建筑节能和环保的要求。

钢结构的施工方式为干式施工，可避免混凝土湿式施工所造成的环境污染。钢结构材料还可利用夜间交通流畅期间运送，不影响城市闹市区建筑物周围的日间交通，噪声也小。另外，对于已建成的钢结构也比较容易进行改建和加固，用螺栓连接的钢结构还可以根据需要进行拆迁，也有利于环境保护。

（6）钢材耐热性好，但耐火性差

钢材耐热而不耐火，随着温度升高而强度降低。温度在250℃以内，钢的性质变化很小，温度达到300℃以后，强度逐渐下降，达到450～650℃时，强度几乎为零。因此，钢结构的防火性比钢筋混凝土差，一般用于温度不高于250℃的场所。当钢结构长期受到100℃辐射热时，钢材不会有质的变化，具有一定的耐热性；当温度到150℃以上时，需要隔热层加以保护。有特殊防火要求的建筑，钢结构更需要用耐火材料围护，对于钢结构住宅或高层建筑钢结构，应根据建筑物的重要性等级和防火规范加以特别处理，例如，利用蛭石板、蛭石喷涂层、石膏板或NALC板等加以防护。防护使钢结构造价有所提高。

（7）钢材耐腐蚀性差，应采取防护措施

钢材在潮湿环境中易于锈蚀，处于有腐蚀性介质的环境中更易生锈，因此，钢结构必须进行防锈处理。尤其是暴露在大气中的结构、有腐蚀性介质的化工车间以及沿海建筑，更应特别注意防腐问题。

钢结构的防护可采用油漆、镀铝（锌）复合涂层。但这种防护并非一劳永逸，需相隔一段时间重新维修，因而其维护费用较高。目前国内外正发展不易锈蚀的耐候钢，此外，长效油漆的研究也取得进展，使用这种防护措施可延长钢结构寿命，节省维护费用。

虽然钢结构体系具有很多优点，但在我国毕竟还处于发展的初期阶段，目前需要解决的问题还很多，比如钢结构技术及配套体系有待于进一步开发、研究和完善；需要妥善解决防腐、防火问题；工程造价也需要进一步降低。

1.3 钢结构工程的材料

我国《钢结构设计规范》（GB 50017—2017）推荐的结构钢材主要有以下四个牌号：Q235、Q345、Q390和Q420。Q235属于普通碳素结构钢，其余为低合金高强度结构钢。

1.3.1 建筑钢材的主要性能

1.3.1.1 力学性能

钢材的力学性能是指标准条件下钢材的屈服强度、抗拉强度、伸长率、冷弯性能和冲击韧性等，也称机械性能。

(1) 屈服强度

钢材单向拉伸应力-应变曲线中屈服平台对应的强度称为屈服强度，也称屈服点，是建筑钢材的一个重要力学特征。屈服点是弹性变形的终点，而且在较大变形范围内应力不会增加，形成理想的弹塑性模型。低碳钢和低合金钢都具有明显的屈服平台，而热处理钢材和高碳钢则没有。

(2) 抗拉强度

单向拉伸应力-应变曲线中最高点所对应的强度，称为抗拉强度，它是钢材所能承受的最大应力值。由于钢材屈服后具有较大的残余变形，已超出结构正常使用范畴，因此抗拉强度只能作为结构的安全储备。

(3) 伸长率

伸长率是试件断裂时的永久变形与原标定长度的百分比。伸长率代表钢材断裂前具有的塑性变形能力，这种能力使得结构制造时，钢材即使经受剪切、冲压、弯曲及捶击作用产生局部屈服而无明显破坏。伸长率越大，钢材的塑性和延性越好。

屈服强度、抗拉强度、伸长率是钢材的三个重要力学性能指标，钢结构中所有钢材都应满足规范对这三个指标的规定。

(4) 冷弯性能

根据试样厚度，在常温条件下按照规定的弯心直径将试样弯曲180°，其表面无裂纹和分层即为冷弯合格。冷弯性能是一项综合指标，冷弯合格一方面表示钢材的塑性变形能力符合要求，另一方面也表示钢材的冶金质量（颗粒结晶及非金属夹杂等）符合要求。重要结构中需要钢材有良好的冷、热加工工艺性能时，应有冷弯试验合格保证。

(5) 冲击韧性

冲击韧性是钢材抵抗冲击荷载的能力，它用钢材断裂时所吸收的总能量来衡量。单向拉伸试验所表现的钢材性能都是静力性能，韧性则是动力性能。韧性是钢材强度、塑性的综合指标，韧性越低则发生脆性破坏的可能性越大。韧性值受温度影响很大，当温度低于某一值时将急剧下降，因此应根据相应温度提出要求。

1.3.1.2 化学成分

碳素结构钢由纯铁、碳及多种杂质元素组成，其中纯铁约占99%。低合金结构钢中，还加入合金元素，但总量通常不超过5%。钢材的化学成分对其性能有着重要的影响。

碳（C）是形成钢材强度的主要成分。纯铁较软，而化合物渗碳体及混合物珠光体则十分坚硬，钢的强度来自渗碳体和珠光体。碳含量提高，钢材强度提高，但塑性、韧性、冷弯性能、可焊性及抗锈蚀性能下降，因此不能采用碳含量高的钢材。含碳量低于0.25%时为低碳钢，介于0.25%～0.6%时为中碳钢，大于0.6%时为高碳钢，结构用钢材的含碳量一般不大于0.22%。

锰（Mn）、硅（Si）、钒（V）、铌（Nb）、钛（Ti）都是有益元素，我国低合金钢都含有后三种元素，作为锰以外的合金元素。硫（S）、磷（P）、氧（O）、氮（N）则都是有害元素，因此其含量必须严格控制。

1.3.2 建筑钢材的类别

1.3.2.1 钢材牌号的表示方法

钢材的牌号也称钢号，如 Q235-B·F，由以下四部分按顺序组成：

（1）代表屈服强度的字母‘Q’，是屈服强度中“屈”字的第一个汉语拼音字母；

（2）钢材名义屈服强度值，单位为牛顿每平方毫米（N/mm^2）；

（3）钢材质量等级符号，碳素钢和低合金钢的质量等级数量不相同，Q235 有 A、B、C、D 四个级别，Q345、Q390 和 Q420 则有 A、B、C、D、E 五个级别，A 级质量最低，其余按字母顺序依次增高；

（4）钢材脱氧方法符号，有沸腾钢（符号 F）、半镇静钢（符号 b）、镇静钢（符号 Z）和特殊镇静钢（符号 TZ）四种，其中镇静钢和特殊镇静钢的符号可以省去。

对于高层钢结构和重要钢结构，根据行业标准《高层建筑结构用钢材》（YB 4104）的规定，其牌号的表示方法有所不同，如 Q345GJC，有以下四部分顺序组成：

（1）代表屈服强度的字母‘Q’；

（2）钢材名义屈服强度值，单位为牛顿每平方毫米（N/mm^2）；

（3）代表高层建筑的汉语拼音字母‘GJ’；

（4）质量等级符号，有 C、D、E 三种。

1.3.2.2 碳素结构钢

根据国家标准《碳素结构钢》（GB/T 700—2006）的规定，依据屈服点不同，碳素结构钢分为 Q195、Q215、Q235 及 Q275 四种。Q195 和 Q215 的强度较低，而 Q255 和 Q275 的含碳量较高，已超出低碳钢的范畴，故 GB 50017—2017 仅推荐了 Q235 这一钢号。

1.3.2.3 低合金高强度结构钢

国家标准《低合金高强度结构钢》（GB/T 1591—2008）规定，低合金高强度结构钢分为 Q345、Q390、Q420、Q460、Q500、Q550、Q620 及 Q690 等八种，其中 Q345、Q390 和 Q420 是 GB 50017 推荐使用的钢种，目前最常用的是 Q345 钢。

1.3.2.4 国产板材及型材的规格

钢结构构件宜优先选用国产型材，以减少加工量，降低造价。型材有热轧和冷成型两类。当型材尺寸不合适时，则用钢板、型材制作。各种规格及截面特征均应按相应技术标准选用，钢结构常用板材、型材的技术标准如下：

（1）《热轧钢板和钢带的尺寸、外形、重量及其允许偏差》（GB/T 709—2006），厚度 0.5～200mm，用“-”表示。

（2）《冷轧钢板和钢带的尺寸、外形、重量及其允许偏差》（GB/T 708—2006），厚度 0.2～5.0mm。

（3）《热轧花纹钢板及钢带》（GB/T 33974—2017），厚度 2.5～8.0mm。

（4）《高层建筑结构用钢板》（YB 4104—2000），厚度 16～100mm。

（5）《热轧 H 型钢和剖分 T 型钢》（GB/T 11263—2017），H 型钢分为：宽翼缘

(HW)、中翼缘（HM)、窄翼缘（HN)、薄型 H 型钢（HT）四个系列，截面高度 100～700mm，截面表示方法：HN350×175×7×11（截面高度×截面宽度×腹板厚度×翼缘厚度）。部分 T 型钢分为：宽翼缘（TW)、中翼缘（TM)、窄翼缘（TN)。

(6)《热轧型钢》(GB/T 706—2016)，各种规格工字钢、槽钢、角钢等。

(7)《焊接 H 型钢》(GB/T 33814—2017)，规格 WH100×50×3.2×4.5～WH2000×850×20×55。

(8)《结构用高频焊接薄壁 H 型钢》(JG/T 137—2007)，H 型钢分为普通和卷边。规格：普通 LH100×50×2.3×3.2～LH500×250×6.0×10.0；卷边 CLH100×100×20×2.3×2.3～CLH400×750×40×4.5×6.0。

(9)《结构用无缝钢管》(GB/T 8162—2008)，规格○32×2.5～○630×16。

(10)《直缝电焊钢管》(GB/T 13793—2016)，规格○32×2～○152×5.5。

(11)《石油天然气工业管线输送系统用钢管》(GB/T 9711—2017)，规格○219.1×5.5～○1420×16。

(12)《通用冷弯开口型钢》(GB/T 6723—2017)，包括冷弯角钢、冷弯 C 型钢、冷弯 Z 型钢。

部分国产热轧型材及冷弯型钢的规格、尺寸见附录 1。

1.3.3 焊接材料

焊条的型号根据熔敷金属力学性能、药皮类型、焊接方位、焊接电流、熔敷金属成分和焊后状态等分为很多种类，焊条直径的基本尺寸有 1.6、2.0、2.5、3.2、4.0、5.0、5.6、6.0、6.4、8.0mm 等规格。

碳素钢焊条有 E43 系列（E4300～E4316）和 E50 系列（E5001～E5048）两类，低合金钢焊条也有 E50 系列（E5000-×～E5027-×）和 E55 系列（E5500-×～E5518-×）两类。

焊丝是成盘的金属丝，按其化学成分及采用熔化极气体保护电弧焊时熔敷金属的力学性能进行分类，直径有 0.5、0.6、0.8、1.0、1.2、1.4、1.6、2.0、2.5、3.0、3.2mm 等规格。碳素钢焊丝和低合金钢焊丝的型号有 ER50 系列、ER55 系列、ER62 系列、ER69 系列等。

1.3.4 螺栓

钢结构用螺栓主要有普通螺栓和高强度螺栓两大类。普通螺栓包括 C 级螺栓、A 级和 B 级螺栓。C 级螺栓也称粗制螺栓，一般由 Q235 钢制成，包含 4.6 级和 4.8 级两个级别。级别符号含义以 4.6 为例：‘4’表示材料的最低抗拉强度为 400N/mm^2，‘.6’表示屈强比（屈服强度与抗拉强度的比值）为 0.6。C 级螺栓加工粗糙，制造安装方便，但需要的数量较多。A、B 级螺栓也称精制螺栓，加工尺寸精确，制造安装复杂，目前在钢结构中已比较少用。常用 C 级螺栓的规格见附录 2。

高强度螺栓采用经过热处理的高强度钢材做成，从性能等级上可分为 8.8 级和 10.9 级，记作 8.8S、10.9S，符号含义同普通螺栓。高强度螺栓从受力特征上可分为摩擦型连接、承压型连接两类。根据螺栓构造及施工方法不同，可分为大六角头高强度螺栓和扭剪型高强度螺栓两类，尺寸及规格见附录 2。8.8 级仅用于大六角头高强度螺栓，10.9 级用于扭剪型高强度螺栓和大六角头高强度螺栓。一个螺栓连接副包括螺栓、螺母、垫圈三部分。

1.3.5 圆柱头栓钉

圆柱头栓钉是一个带圆柱头的实心钢杆，在钉头埋嵌焊丝，起到拉弧的作用。它需要专用焊机焊接，并配置焊接瓷环，以保证焊接质量。圆柱头栓钉适用于各类钢结构构件的抗剪件、埋设件和锚固件。

焊接瓷环根据焊接条件分为下列两种类型：B1 型，用于栓钉直接焊于钢梁、钢柱上；B2 型，用于栓钉穿透压型钢板后焊于钢梁上。圆柱头栓钉的规格、外形尺寸见附录 2。国家标准《电弧螺栓焊用圆柱头栓钉》（GB/T 10433—2002）规定的公称直径有 10～25mm 共七种，钢结构及组合楼板中常用的栓钉直径有 16mm、19mm 和 22mm 三种。

1.3.6 锚栓

锚栓是用于钢构件与混凝土构件之间的连接件，如钢柱柱脚与混凝土基础间的连接、钢梁与混凝土墙体的连接等。锚栓分受力和构造配置两种，受力时仅考虑承受拉拔力，构造配置主要起安装定位作用。

锚栓是一种非标准件，直径和长度随工程情况而定，用于柱脚时通常采用双螺母紧固，以防止松动。锚栓一般采用未经加工圆钢制作而成，材料宜采用 Q235 钢或 Q345 钢。锚栓的常用规格及尺寸见附录 2。

1.4 钢结构工程的结构形式

在钢结构工程中，根据结构形式不同，可划分成多种类型，如门式刚架结构、框架结构、网架结构、钢管结构、索膜结构等。

1.4.1 门式刚架结构

门式刚架结构起源于 20 世纪 40 年代，在我国也已经有 20 年的发展史，由于投资少、施工速度快，目前广泛应用于各种房屋中，在工业厂房中最为常见，单跨跨度可达 36m，很容易满足生产工艺对大空间的要求。

门式刚架屋盖体系大多由冷弯薄壁型钢檩条、压型钢板屋面板组成，外墙一般采用冷弯薄壁型钢墙梁和压型钢板墙板，也可以采用砌体外墙或下部为砌体上部为轻质材料的外墙。当刚架柱间距较大时，檩条之间、墙梁之间一般设置圆钢拉条。由于山墙风荷载较大，山墙需要设置抗风柱，同时也便于山墙墙梁和墙面板的安装固定，如图 1-1 所示。

另外，为了保证结构体系的空间稳定，还需要设置柱间支撑、屋面支撑、系杆等支撑体系。柱间支撑一般由张紧的交叉圆钢或角钢组成，屋面支撑大多采用张紧交叉圆钢，系杆采用钢管或其他型钢。当有吊车时，除了吊车梁外，还需要设置吊车制动系统，如制动梁或制动桁架等。门式刚架的基础一般采用钢筋混凝土独立基础。

1.4.2 框架结构

框架是由钢梁和钢柱连接组成的一种结构体系，梁与柱的连接可以是刚性连接或者铰

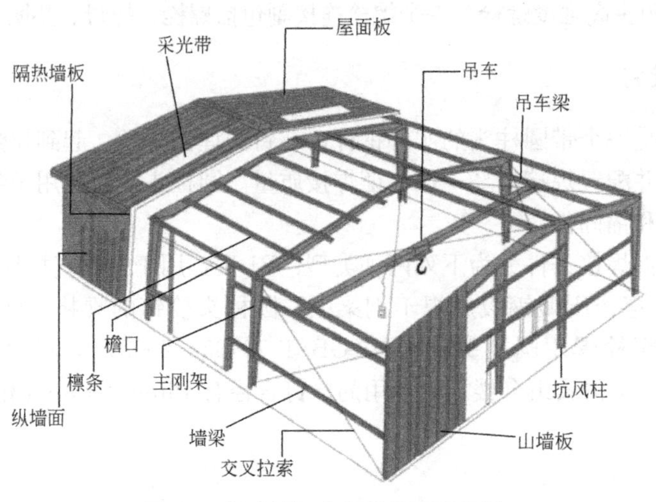

图 1-1　门式刚架房屋的组成示意图

接，但不宜全部铰接。当梁柱全部为刚性连接时，也称为纯框架结构，如图 1-2 所示。中、低层钢结构房屋多采用空间框架结构体系，即沿房屋的纵向和横向均采用刚接框架作为主要承重构件和抗侧力构件，也可以采用平面框架体系。

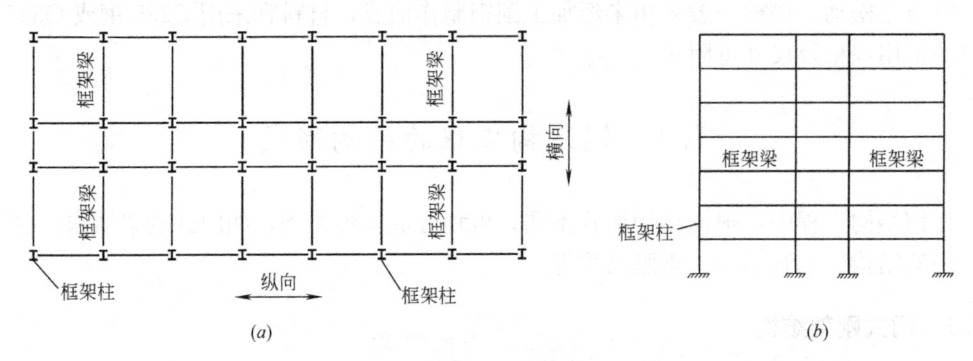

图 1-2　纯框架结构体系
(a) 结构平面图；(b) 横向框架图

框架结构是现代高楼结构中最早出现的结构体系，也是从中、低层到高层范围内广泛采用的最基本的主体结构形式。框架结构无承重墙，对建筑设计而言具有很高的自由度，建筑平面布置灵活，可以做成有较大空间的会议室、餐厅、营业室、教室等，便于实现人流、物流等建筑功能。需要时可用隔断分割成小房间，或拆除隔断改成大房间，使用非常灵活。外墙采用非承重构件，可使建筑立面设计灵活多变，另外轻质墙体的使用还可以大大降低房屋自重，减小地震作用，降低结构和基础造价。框架结构的构件易于标准化生产，施工速度快，而且结构各部分的刚度比较均匀，对地震作用不敏感。

框架梁、柱大多是焊接或轧制 H 形截面，层数较多时框架柱也可以采用箱形截面或者钢管混凝土。楼板一般采用现浇钢筋混凝土楼板或压型钢板—钢筋混凝土组合楼板，为了减轻自重，围护墙及内隔墙一般采用轻质砌块墙、轻质板材墙、幕墙等轻质墙体系。

当框架结构层数较多时，往往以框架为基本结构，在房屋纵向、横向或其他主轴方向布置一定数量的抗侧力体系，如桁架支撑体系、钢筋混凝土或钢板剪力墙、钢筋混凝土筒等，来增大结构侧向刚度，减小侧向变形，这些结构体系分别称为框架-支撑体系、框架-剪力墙体系、框筒体系。

1.4.3 网架屋盖结构

网架结构是空间网格结构的一种，它是以大致相同的格子或尺寸较小的单元组成。由于网架结构具有优越的结构性能，良好的经济性、安全性与适用性，在我国的应用也比较广泛，特别是在大型公共建筑和工业厂房屋盖中更为常见。

人们通常将平板型的空间网格结构称为网架，将曲面型的空间网格结构称为网壳。网架一般是双层的，在某些情况下也可以做成三层，网壳只有单层和双层两种。网架的杆件多为钢管，有时也采用其他型钢，材质为 Q235 或 Q345。平板网架无论在设计、制作、施工等方面都比较简便，适用于各种跨度屋盖。

平板网架的类型很多。根据支承条件不同，可以分为周边支承网架（图 1-3*a*）、三边支承网架、两边支承网架、点式支承网架（图 1-3*b*）以及混合支承网架等多种。周边支承是指网架周边节点全部搁置在下部结构的梁或柱上，受力条件最好；三边、两边支承是指网架仅有两边或三边设置支承；点式支承是指仅部分节点设置支承，主要用于周边缺乏支承条件的网架；混合支承是上述几种情况的组合。

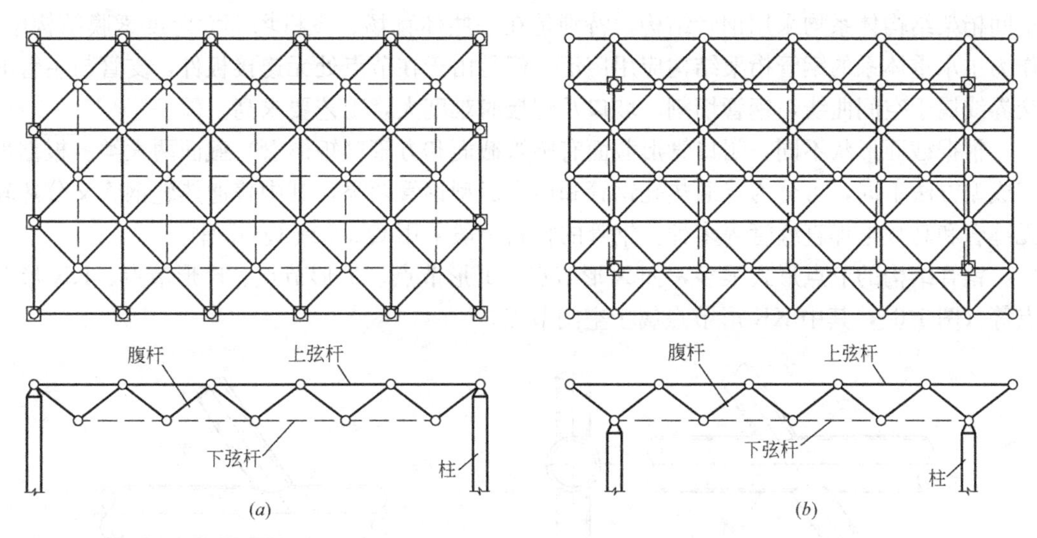

图 1-3 四角锥网架

（*a*）正交正放；（*b*）正交斜放

根据网格组成情况不同，可以分为四角锥网架（图 1-3）和三角锥网架；根据网格交叉排列形式不同，可分为两向正交正放网架（图 1-3*a*）、两向正交斜放网架（图 1-3*b*）、三向网架，比较常用的网架形式是正交正放或正交斜放四角锥网架。

根据网架节点类型不同，可以分为螺栓球网架、焊接空心球网架、焊接钢板节点网架三类，钢板节点应用较少。螺栓球节点由螺栓、钢球、销子（或止紧螺钉）、套筒、封板或锥头组成，见图 1-4。套筒、封板或锥头多采用 Q235 或 Q345 钢，钢球采用 45 号钢，螺栓、销子（或止紧螺钉）采用高强度钢材，如 45 号钢、40B 钢、40Cr 钢或 20MnTiB 钢。空心球可以分为不加肋和加肋两种，见图 1-5，材料为 Q235 或 Q345 钢。

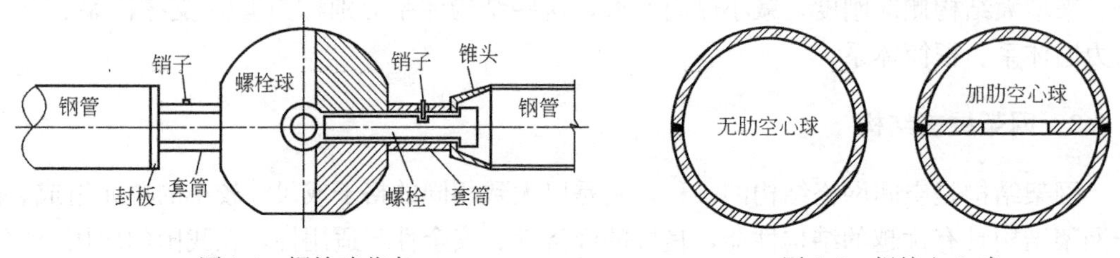

图 1-4 螺栓球节点　　　　图 1-5 焊接空心球

为减轻自重，网架屋面材料大多采用轻质复合板、玻璃、阳光板等，有时也采用混凝土预制板。轻质板通过冷弯型钢檩条或铝型材与网架上弦球上的支托板连接，混凝土板则通过四角预埋件与支托板连接。

1.4.4 钢管结构

由闭口管形截面组成的结构体系称为钢管结构。闭口管形截面有很多优点，如抗扭性能好、抗弯刚度大等。如果构件两端封闭，耐腐蚀性也比开口截面有利。此外，用闭口管形截面组成的结构外观比较悦目，也是一个优点。

近些年来，钢管结构在我国得到了广泛的应用，除了网架（壳）结构外，许多平面及空间桁架结构体系均采用钢管结构，特别是在一些体育场、飞机场等大跨度索膜结构中，作为主承重体系的钢管桁架结构应用广泛。但是由于在节点处无连接板件，支管与主管的交界线属于空间曲线，钢管切割、坡口及焊接时难度大，工艺要求高。

根据截面形状不同，闭口管形截面有圆管截面和方管（矩形管）截面两大类。根据加工成型方法不同，可分为普通热轧钢管和冷弯成型钢管两类，其中普通热轧钢管又分热轧无缝管和高频电焊直缝管等多种。钢管的材料一般采用 Q235 或 Q345 钢。

钢管结构的节点形式很多，如 X 形节点、T 形节点、Y 形节点、K 形节点、KK 形节点等（图 1-6），其中 KK 形节点属于空间节点。

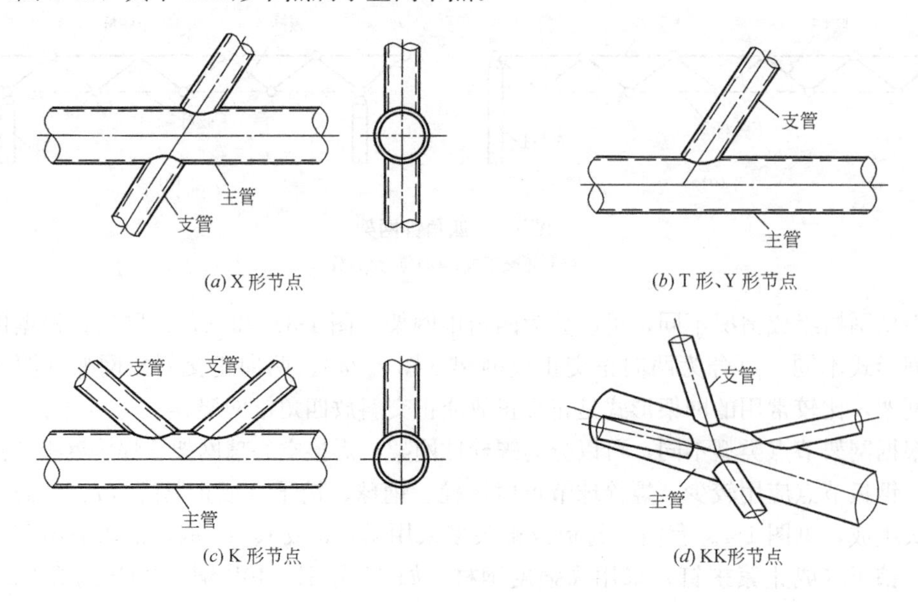

图 1-6 钢管结构的节点形式

1.4.5 索膜结构

索膜结构中的主要受力单元是单向受拉的索和双向受拉的膜，部分索膜结构中还有受压的桁架结构。索膜结构的最大优点是它的经济性，跨度越大经济性越明显。索膜结构如图 1-7、图 1-8、图 1-9 所示。

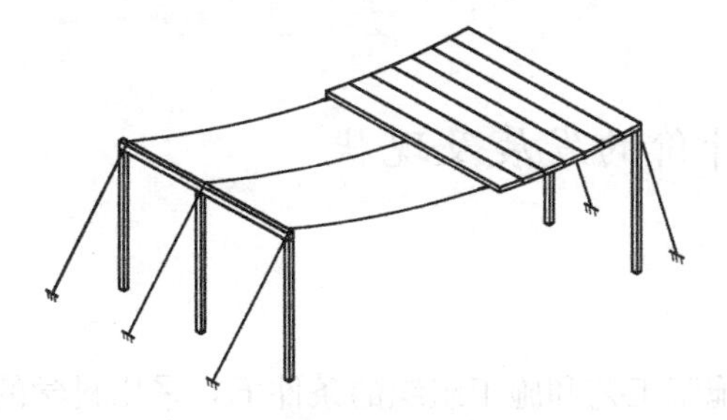

图 1-7 平行布置的悬挂结构

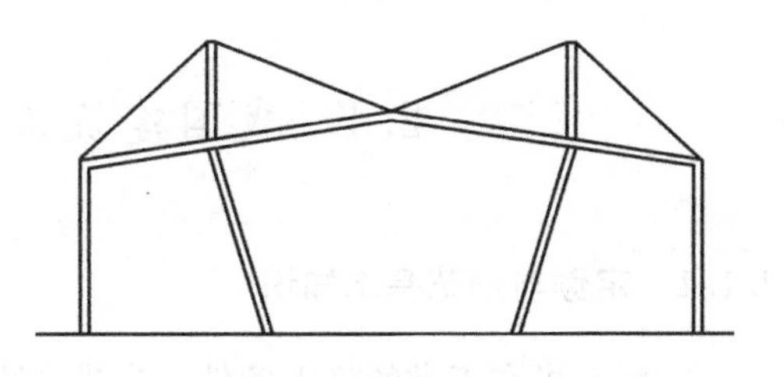

图 1-8 上部斜拉屋面

图 1-9 某体育场索膜结构外景

索膜结构中，索可以是线材、线股或钢丝绳，均采用高强度钢材，外露索一般需要镀锌，防止锈蚀。膜的材料分为织物膜材和箔片两大类，织物是由纤维平织或曲织做成，已有较长的应用历史，可以分为聚酯织物和玻璃织物两类。高强度箔片都是由氟塑料制造的，近几年才开始用于结构，具有较高的透光性、防老化性和自洁性。

第2章　钢结构工程计价的发展

2.1　我国建筑工程计价的发展及现状

2.1.1　定额与规范基本知识

定额是指在正常的施工条件、先进合理的施工工艺和施工组织的条件下，采用科学的方法制定每完成一定计量单位的质量合格产品所必须消耗的人工、材料、机械设备及其价值的数量标准。

定额具有科学性、系统性、统一性、指导性、群众性、稳定性和时效性等性质。

建设工程定额的种类很多，按其内容、形式、用途等不同，可以作如下分类：

（1）按生产要素分类：劳动定额、材料消耗定额、机械台班使用定额。

（2）按定额用途分类：企业定额（或施工定额）、预算定额（或消耗量定额）、概算定额、概算指标和估算指标。

（3）按定额执行范围分类：全国统一定额、专业专用和专业通用定额、地方统一定额、企业补充定额、临时定额。

（4）按专业和费用分类：建筑工程定额、安装工程定额、其他工程和费用定额、间接费定额。

2.1.1.1　施工定额的概念

（1）劳动定额的概念

劳动消耗定额简称劳动定额或人工定额，它规定在一定生产技术组织条件下完成单位合格产品所必需的劳动消耗量的标准。

劳动定额按其表现形式有时间定额和产量定额两种。

时间定额是指在一定的生产技术和生产组织条件下，某工种、某技术等级的工人小组或个人，完成单位合格产品所必需消耗的工作时间。时间定额以工日为单位，每一个工日按8小时计算。

时间定额是在实际工作中经常采用的一种劳动定额形式，它的单位单一，具有便于综合、累计的优点。在计划、统计、施工组织、编制预算中经常采用此种形式。

产量定额是指在一定的生产技术和生产组织条件下，某工种、某技术等级的工人小组或个人，在单位时间（工日）内完成合格产品的数量。

产量定额的计量单位，以单位时间的产品计量单位表示，如立方米、平方米、吨、块、根等。产量定额具有形象化的特点，在工程施工时便于分配任务。

产量定额是根据时间定额计算的。其高低与时间定额成反比，两者互为倒数关系。

（2）材料消耗定额

材料消耗定额是指在节约与合理使用材料的条件下，生产单位合格产品所必需消耗一定规格的建筑材料、半成品或构配件的数量标准。它包括材料的净用量和必要的工艺性损耗数量。

$$材料的消耗量=材料的净用量+材料损耗量$$

或
$$材料的消耗量=材料净用量\times(1+材料损耗率)$$

材料的损耗量与材料的净用量之比的百分数为材料的损耗率。用公式表示为：

$$材料的损耗率=\frac{材料损耗量}{材料净用量}\times 100\%$$

或
$$材料损耗量=材料净用量\times材料损耗率$$

制定材料消耗定额的基本方法有观测法、试验法、统计法、计算法。

(3) 机械台班消耗定额

机械台班消耗定额，简称机械台班定额。它是指施工机械在正常的施工条件下，合理地均衡地组织劳动和使用机械时，该机械在单位时间内的生产效率。按其表现形式不同，机械台班定额也可以分为机械时间定额和机械产量定额两种。

机械时间定额是指在合理的劳动组织与合理使用机械条件下，生产某一单位合格产品所必需消耗的机械台班数量。计量单位是用“台班”或“台时”表示的。工人使用一台机械，工作一个班次（8 小时）称为一个台班。

机械台班产量定额是指在合理的劳动组织与合理使用机械条件下，规定某种机械设备在单位时间（台班）内，必须完成合格产品的数量。其计量单位是以产品的计量单位来表示的。

机械时间定额与机械台班产量定额互为倒数关系。

施工定额是施工企业组织生产和加强管理在内部使用的一种定额，由劳动定额、机械定额和材料定额三个相对独立的部分组成，属于企业定额的性质，是工程建设定额中的基础性定额。目前，施工定额主要被企业定额所代替。施工企业内部定额即可以作为企业进行成本控制和自主报价的依据，还可以发挥企业实力的信号传递功能。企业定额只在企业内部使用，是企业素质的一个标志，它的编制水平一般相应地高于国家现行定额。这样企业才能满足生产技术发展、企业管理和市场竞争的需要。

2.1.1.2 预算定额

预算定额是规定完成一定计量单位的合格产品所消耗的人工、材料和机械数量标准。

预算定额是编制建筑工程预算、确定工程造价、进行工程竣工结算的依据；是编制招标标底、投标报价的基础资料；是建筑企业贯彻经济核算制、考核工程成本的依据；是编制地区单位估价表和概算定额的基础；是设计单位对设计方案进行技术经济分析比较的依据。

预算定额的编制原则是“平均合理”水平。

预算定额消耗指标的确定

(1) 人工消耗量的确定

预算定额中人工消耗指标包括了各种用工量。有基本用工、辅助用工、超运距用工和人工幅度差四项，其中后三项综合称为其他工。

1) 基本用工。它是指完成子项工程的主要用工量。如钢构件制作中的截料、钻孔、焊接等用工量。

2）辅助用工。它是指在施工现场发生的材料加工等用工。如金属构件的成品矫正、除锈等增加的用工。

3）超运距用工。它是指预算定额中材料及半成品的运输距离超过劳动定额规定的运距时所需增加的工日数。

4）人工幅度差。它是指在劳动定额中未包括，而在正常施工中又不可避免的一些零星用工因素。国家现行规定人工幅度差系数为10％。

人工幅度差包括的因素有：

① 工序搭接和工种交叉配合的停歇时间；

② 机械的临时维护、小修、移动而发生的不可避免的损失时间；

③ 工程质量检查与隐蔽工程验收而影响工人操作时间；

④ 工种交叉作业，难免造成已完工程局部损坏而增加修理用工时间；

⑤ 施工中不可避免的少数零星用工所需要的时间。

预算定额子目的用工数量，是根据它的工程内容范围及综合取定的工程数量，在劳动定额相应子目的人工工日基础上，经过综合，加上人工幅度差计算出来的。基本计算公式如下：

基本工用工数量＝∑(工序或工作过程工程量×时间定额)

超运距用工数量＝∑(超运距材料数量×时间定额)

其中：超运距＝预算定额规定的运距－劳动定额规定的运距

辅助工用工数量＝∑(加工材料的数量×时间定额)

人工幅度差(工日)＝(基本工＋超运距用工＋辅助用工)×人工幅度差系数

合计工日数量(工日)＝基本工＋超运距用工＋辅助用工＋人工幅度差用工

或：合计工日数量(工日)＝(基本工＋超运距用工＋辅助用工)×(1＋人工幅度差系数)

(2) 材料消耗量的确定

材料消耗量包括构成工程实体的材料消耗、工艺性材料损耗和非工艺性材料损耗三部分。

1）直接构成工程实体的材料消耗是材料的有效消耗部分，即材料净用量。

2）工艺性材料损耗是材料在加工过程中的损耗（如边角余料）和施工过程中的损耗。

3）非工艺性材料损耗，如材料保管不善、大材小用、材料数量不足和废次品的损耗等。

前两部分构成工艺消耗定额，企业定额即属此类。加上第三部分，即构成综合消耗定额，预算定额即属此类。预算定额中的损耗量包括工艺性损耗和非工艺性损耗两部分。

(3) 机械台班消耗量的确定

预算定额中的施工机械台班消耗定额，是以台班为单位进行计算，每台班为8小时。定额的机械化水平，应以多数施工企业采用和已推广的先进方法为标准。

编制预算定额时，以统一劳动定额中各种机械台班产量为基础进行计算，还应考虑在合理的施工组织设计条件下机械的停歇因素，增加一定的机械幅度差。大型机械的幅度差系数一般取1.3左右。

机械幅度差一般包括下列因素：

1）施工中作业区之间的转移及配套机械相互影响的损失时间；

2）在正常施工情况下机械施工中不可避免的工序间歇；

3）工程结束时工作量不饱满所损失的时间；

4）工程质量检查和临时停水停电等引起机械停歇时间；

5）机械临时维修、小修和水电线路移动所引起的机械停歇时间。

预算定额是我国工程造价改革前，工程计价的主要依据。定额计价在我国从其产生到完善，已有数十年，对国内的工程计价管理发挥了巨大的作用，为政府进行工程项目的投资控制提供了很好的工具。但是随着我国工程建设市场逐步放开，人工、机械和材料的要素价格随市场供求的变化而上下浮动，定额的编制和颁布需要一定的周期，因此在定额中所提供的要素价格资料总是与市场价格不相符，定额计价已不能满足建设市场的要求。

2.1.2 建设工程工程量清单计价规范

2.1.2.1 《建设工程工程量清单计价规范》（GB 50500—2003）的编制意义

随着我国建设市场的快速发展，招标投标制、合同制的逐步推行，以及加入世界贸易组织（WTO）与国际惯例接轨等要求，工程造价计价依据改革不断深化。为改革工程造价计价方法，推行工程量清单计价，建设部标准定额研究所受建设部标准定额司的委托，于2002年2月28日开始组织有关部门和地区工程造价专家编制了《建设工程工程量清单计价规范》（以下简称《计价规范》），经建设部批准为国家标准，于2003年7月1日正式实施。

（1）实行工程量清单计价的意义

1）是工程造价深化改革的产物；

2）是规范建设市场秩序，适应社会主义市场经济发展的需要；

3）是为促进建设市场有序竞争和企业健康发展的需要；

4）有利于我国工程造价管理政府职能的转变；

5）是适应我国加入世界贸易组织，融入世界大市场的需要。

（2）《计价规范》编制的指导思想和原则

根据建设部令第107号《建筑工程施工发包与承包计价管理办法》，结合我国工程造价管理现状，总结有关省市工程量清单试点的经验，参照国际上有关工程量清单计价通行的做法，编制中遵循的指导思想是按照政府宏观调控、市场竞争形成价格的要求，创造公平、公正、公开竞争的环境，以建立全国统一的、有序的建筑市场，既要与国际惯例接轨，又考虑我国的实际。

编制工作除了遵循上述指导思想外，主要坚持以下原则：

1）政府宏观调控、企业自主报价、市场竞争形成价格的原则；

2）与现行预算定额既有机结合又有所区别的原则；

3）既考虑我国工程造价管理的现状，又尽可能与国际惯例接轨的原则。

2.1.2.2 《计价规范》的主要内容及特点

（1）《计价规范》的基本概念

工程量清单计价方法，是建设工程招标投标中，招标人按照国家统一的工程量计算规则提供工程数量，由投标人依据工程量清单自主报价，并按照经评审低价中标的工程造价计价方式。

工程量清单是表现拟建工程的分部分项工程项目、措施项目、其他项目名称和相应数量的明细清单，由招标人按照《计价规范》附录中统一的项目编码、项目名称、计量单位和工程量计算规则进行编制。

工程量清单计价是指投标人完成由招标人提供的工程量清单所需的全部费用，包括分部分项工程费、措施项目费、其他项目费和规费、税金。

综合单价计价是指完成规定计量单位项目所需的人工费、材料费、机械使用费、管理费、利润，并考虑风险因素。

分部分项工程项目。按“分部分项工程量清单项目设置及其消耗量定额”表编制的分项“实体”工程项目。

措施项目是为完成工程项目施工，发生于该工程施工前和施工过程中技术、生活、安全等方面的非工程实体项目。

其他项目是除分部分项工程项目、措施项目外，因招标人的要求而发生的与拟建工程有关的费用项目。

清单计价项目编码采用12位阿拉伯数字表示。1至9位为统一编码，其中，1、2位为附录顺序码，3、4位为专业工程顺序码，5、6位为分部工程顺序码，7、8、9位为分项工程项目名称顺序码，10至12位为工程量清单项目名称顺序码。

(2)《建设工程工程量清单计价规范》(GB 50500—2003) 简介

《计价规范》包括正文和附录两大部分，二者具有同等效力。正文共五章，包括总则、术语、工程量清单编制、工程量清单计价、工程量清单及其计价格式等内容，分别就《计价规范》的适用范围、遵循的原则、编制工程量清单应遵循的规则、工程量清单计价活动的规则、工程量清单及其计价格式作了明确规定。

附录包括：附录A，建筑工程工程量清单项目及计算规则；附录B，装饰装修工程工程量清单项目及计算规则；附录C，安装工程工程量清单项目及计算规则；附录D，市政工程工程量清单项目及计算规则；附录E，园林绿化工程工程量清单项目及计算规则。附录中包括项目编码、项目名称、项目特征、计量单位、工程量计算规则和工程内容，其中项目编码、项目名称、计量单位、工程量计算规则作为“四统一”的内容，要求招标人在编制工程量清单时必须执行。

(3)《建设工程工程量清单计价规范》(GB 50500—2008) 修订概况

《建设工程工程量清单计价规范》(GB 50500—2008)（以下简称《08规范》）是在原《建设工程工程量清单计价规范》(GB 50500—2003)（以下简称《03规范》）的基础上进行修订的。《03规范》实施以来，对规范工程招标中的发、承包计价行为起到了重要作用，为建立市场形成工程造价的机制奠定了基础。但在使用中也存在需要进一步完善的地方，如《03规范》主要侧重于工程招标投标中的工程量清单计价，对工程合同签订、工程计量与价款支付、工程变更、工程价款调整、工程索赔和工程结算等方面缺乏相应的内容，不适应深入推行工程量清单计价改革工作。

为此，原建设部标准定额司于2006年开始组织修订，由标准定额研究所、四川省建设工程造价管理总站等单位组织编制组。修订中分析《03规范》存在的问题，总结各地方、各部门推行工程量清单计价的经验，广泛征求各方面的意见，按照国家标准的修订程序和要求进行修订工作。

《08规范》新增加条文92条，包括强制性条文15条，增加了工程量清单计价中有关招标控制价、投标报价、合同价款的约定、工程计量与价款支付、工程价款调整、工程索赔和工程结算、工程计价争议处理等内容，并增加了条文说明。

(4)《建设工程工程量清单计价规范》(GB 50500—2013) 修订概况

《建设工程工程量清单计价规范》(GB 50500—2013)(以下简称《13规范》)由住房和城乡建设部标准定额研究所、四川省建设工程造价管理总站会同有关单位共同在《建筑工程工程量清单计价规范》(GB 50500—2008) 正文部分的基础上修订的。

《13规范》专业划分更加精细。将《08规范》六个专业重新进行了精细化调整：将建筑、装饰专业进行合并为一个专业，将仿古从园林专业中分开，拆解为一个新专业，同时新增了构筑物、城市轨道交通、爆破工程三个专业。这样《13规范》由建筑与装饰、安装工程、市政工程、园林绿化工程、矿山工程、仿古建筑工程、构筑物工程、城市轨道交通工程、爆破工程九个专业组成。

《13规范》术语定义更加明确。新增招标工程量清单、已标价工程量清单、工程量偏差等的阐释。

《13规范》对措施项目提出清晰明确要求，施行综合单价。同时对非国有投资的项目执行计价方式说明、计价风险说明等条款改为黑色条文。取消了定额测定费，增加了工伤保险，与市场发展同步。同时很多条款责任划分更加明确，对于一些纠纷可执行性更强。《13规范》新增了“合同解除的价款结算与支付”，明确了发承包双方应承担的责任，提高了工程造价管理的规范性。《13规范》新增了“工程计价资料与档案”章节说明，明确了工程造价文档资料管理的规范性。

总的来说，《13规范》对工程造价管理的专业性要求会越来越高，同时更好地营造公开、公平、公正的市场竞争环境，以及对争议的处理会越来越明确，可执行性更强。相信《计价规范》会在工程造价领域的应用迈上一个新的台阶。

(5)《计价规范》的特点

1) 强制性。强制性主要表现在：一是由建设主管部门按照强制性国家标准的要求批准颁布，规定全部使用国有资金或国有资金投资为主的大中型建设工程应按计价规范规定执行；二是明确工程量清单是招标文件的组成部分，并规定了招标人在编制工程量清单时必须遵守的规则，做到“四统一”，即统一项目编码、统一项目名称、统一计量单位、统一工程量计算规则。

2) 实用性。附录中工程量清单项目及计算规则的项目名称表现的是工程实体项目，项目名称明确清晰，工程量计算规则简洁明了；特别还列有项目特征和工程内容，易于编制工程量清单时确定具体项目名称和投标报价。

3) 竞争性。竞争性主要表现在两个方面：一是《计价规范》中的措施项目，在工程量清单中只列“措施项目”一栏，具体采用什么措施由投标人根据企业的施工组织设计，视具体情况报价；二是《计价规范》中人工、材料和施工机械没有具体的消耗量，投标企业可以依据企业的定额和市场价格信息，也可以参照建设行政主管部门发布的社会平均消耗量定额进行报价，《计价规范》将报价权交给了企业。

4）通用性。采用工程量清单计价将与国际惯例接轨，符合工程量计算方法标准化、工程量计算规则统一化、工程造价确定市场化的要求。

2.1.2.3　工程量清单编制

（1）一般规定

1）工程量清单应由具有编制招标文件能力的招标人，或受其委托具有相应资质的工程造价咨询单位根据本办法进行编制。

工程量清单从广义上讲，是指按统一规定进行编制和计算的拟建工程分项工程名称及相应工程数量的明细清单，是招标文件的组成部分。"统一规定"是编制工程量清单的依据，"分项工程名称及其相应工程数量"是工程量清单应体现的核心内容，"是招标文件的组成部分"说明了清单的性质，它是招投标活动的主要依据，是对招标人、投标人均有约束力的文件，一经中标且签订合同，也是合同的组成部分。

工程量清单是招标人编制标底、投标人投标报价的依据，是投标人进行公正、公平、公开竞争和工程结算时调整工程量的基础。

工程量清单的编制，专业性强，内容复杂，对编制人员的业务技术水平要求比较高，能否编制出完整、严谨的工程量清单，直接影响着招标工作的质量，也是招标成败的关键。因此，规定了工程量清单应由具有编制招标文件能力的招标人或具有相应资质的工程造价咨询单位进行编制。"相应资质的工程造价咨询单位"是指具有工程造价咨询单位资质并按规定的业务范围承担工程造价咨询业务的咨询单位。

2）工程量清单应反映拟建工程的全部工程内容及为实现这些工程内容而进行的其他工作。借鉴国外实行工程量清单计价的做法，结合我国当前的实际情况，我国的工程量清单由分部分项工程量清单、措施项目清单和其他项目清单组成。分部分项工程量清单应表明拟建工程的全部分项实体工程名称和相应数量，编制时应避免错项、漏项；措施项目清单表明了为完成分项实体工程而必须采取的一些措施性工作，编制时力求全面；其他项目清单主要体现了招标人提出的一些与拟建工程有关的特殊要求，编制时应力求准确、全面，这些特殊要求所需的费用金额应计入报价中。

3）《中华人民共和国招标投标法》规定，招标文件应当包括招标项目的技术要求和投标报价要求。工程量清单体现了招标人要求投标人完成的工程项目及相应工程数量，全面反映了投标报价要求。因此，"措施项目清单"、"其他项目清单"、"零星工作项目表"也应根据拟建工程的实际情况由招标人提出，随工程量清单发至投标人。

（2）工程量清单格式

工程量清单格式是招标人发出工程量清单文件的格式。工程量清单要求采用统一的格式，其内容包括封面、总说明、分部分项工程量清单、措施项目清单、其他项目清单和零星工作项目表。它应反映拟建工程的全部工程内容及为实现这些工程内容而进行的其他工作项目。

工程量清单应由招标人填写。其中填表须知除本规范规定内容以外，招标人可以根据具体情况进行补充。

1）封面的填写

封面应按规定的内容填写、签字、盖章。封面一、封面二有统一的格式，见表 2-1、表 2-2 所示。

封 面 一 表 2-1

________________工程

工程量清单

招 标 人：______________（单位签字盖章）

法定代表人：______________（签字盖章）

造价工程师

及注册证号：______________（签字盖执业专用章）

编 制 时 间：______________

封 面 二 表 2-2

________________工程

工程量清单

编 制 单 位：______________（单位签字盖章）

法定代表人：______________（签字盖章）

资 质 等 级：______________（盖业务专用章）

造价工程师

及注册证号：______________（签字盖执业专用章）

编 制 人：______________（签字盖章、造价专业人员资格证书号）

编 制 时 间：______________

① 工程量清单由招标人编制时，“封面一”、“封面二”由招标人按规定内容填写。

② 工程量清单由招标人委托工程造价咨询单位编制时，“封面二”由受委托的咨询单位填写。

③“编制人”为造价工程师时，也可填“注册证号”。

2）总说明的编制

计价办法对总说明主要内容提出具体要求，主要说明报价人注意事项；除分部分项工程量清单、措施项目清单、其他项目清单以外的影响工程投标报价的因素和招标人自身的某些要求。对其不足部分招标人应结合拟建工程的实际进行补充。

总说明具体应包括下列内容：

① 报价人须知：

（A）应按工程量清单报价格式规定的内容进行编制、填写、签字、盖章。

（B）工程量清单及其报价格式中的任何内容不得随意删除或修改。

（C）工程量清单报价格式中所有需要填报的单价和合价，投标人均应填报，未填报的单价和合价视为此项费用已包含在工程量清单的其他单价或合价中。

（D）金额（价格）均应以______币表示。

② 地质、水文、气象、交通、周边环境、工期等。

③ 工程招标和分包范围。

④ 工程量清单编制依据。

⑤ 工程质量、材料、施工等的特殊要求。

⑥ 招标人自行采购材料的名称、规格型号、数量及要求承包人提供的服务。

⑦ 预留金、自行采购材料所需金额的数量。

⑧ 投标报价文件提供的数量。

⑨ 其他需要说明的问题。

【例 1】 以某钢结构多层工业厂房为例（数据是假设的），说明总说明编写格式要求，见表 2-3 所示。

总　说　明　　　　表 2-3

工程名称：某多层工业厂房工程　　　　第 1 页　共 1 页

1. 报价人须知 (1)应按工程量清单报价格式规定的内容进行编制、填写、签字、盖章。 (2)工程量清单及其报价格式中的任何内容不得随意删除或修改。 (3)工程量清单报价格式中所有需要填报的单价和合价，投标人均应填报，未填报的单价和合价视为此项费用已包含在工程量清单的其他单价或合价中。 (4)金额(价格)均应以人民币表示。 2. 本工程土质均为粉质黏土，平均厚 10m，地下水位－5m。基础挖好后应钎探，深 2m。 该工程施工现场邻近城市郊区道路，交通运输方便。多层工业厂房工程 3 月份开工，工期要求在 8 个月以内完成。 3. 工程招标范围：建筑工程(主体钢结构)、装饰装修工程、安装(水、电、采暖)工程。 4. 清单编制依据：某省建设工程工程量清单计价办法、施工图纸及施工现场情况等。 5. 工程质量应达到合格标准。 6. 招标人自行采购彩钢门窗，安装前 10 天运到施工现场，由承包人保管。价值 30 万元。 7. 考虑施工中可能发生的设计变更和工程量清单有误，预留金额 10 万元。 8. 投标人应按本办法规定的统一格式，提供“分部分项工程量清单综合单价分析表”、“措施项目费分析表”、“主要材料价格表”。 9. 投标报价文件应提供一式五份。

3）分部分项工程量清单编制

① 分部分项工程量清单中的项目编码、项目名称、计量单位、工程数量应根据《计价规范》附录表进行编制。是拟建工程分项“实体”工程项目及相应数量的清单。编制时应执行“四统一”的规定，不得因情况不同而变动。

② 项目编码。分部分项工程量清单编码以 12 位阿拉伯数字表示，前 9 位为全国统一编码，不得变动。后 3 位是清单项目名称编码，由清单编制人根据清单项目设置的数量自 001 起顺序编制。

③ 项目名称。分部分项工程量清单中的项目名称，应结合拟建工程实际，按《计价规范》附录表中的相应项目名称填写。并根据要求，将拟建工程该分项工程具体特征，按要求填写在其中。

④ 计量单位。分部分项工程量清单中的计量单位应按《计价规范》附录表中的相应计量单位确定。

⑤工程数量。分部分项工程量清单中的工程数量应按《计价规范》附录表中相应“工程量计算规则”栏内的规定计算。

现行“预算定额”或“企业定额”其项目是按施工顺序进行划分的，包括的工程内容一般是单一的，据此规定了相应的工程量计算规则，以该工程量计算规则计算出的工程数量，一般是施工中实际发生的数量。工程量清单项目的划分，一般是以一个“综合实体”，即按“复合工作过程”考虑的，且包括多项工程内容，据此规定了相应的工程量计算规则，以该工程量计算规则计算出的工程数量，不一定是施工中实际发生的数量。应注意二者的工程量计算规则是有区别的。

⑥ 工程量清单编制时，出现《计价规范》附录表中缺项时，编制人可作补充。补充项目应填写在工程量清单相应分部工程项目之后，并在“项目编码”栏中以“补”字示之。

【例 2】 某体育馆工程，螺栓球形节点金属网架结构，螺栓连接，网架跨度为 32m、安装高度为 25m。螺栓球和套筒采用 45 号钢，高强度螺栓采用 20MnTiB，其余采用 Q235 钢。超声波探伤，刷红丹防锈漆两遍。工程数量 366.96t。该分部分项工程量清单编写格式要求，见表 2-4 所示。

分部分项工程量清单 **表 2-4**

工程名称：某体育馆工程 第 1 页 共 3 页

序 号	项目编码	项 目 名 称	计量单位	工程数量
1	010601002001	钢网架 1. 钢材品种、规格：螺栓球、套筒采用 45 号钢，高强度螺栓采用 20MnTiB，其余采用 Q235 钢； 2. 网架节点形式、连接方式：螺栓球形节点，螺栓连接； 3. 网架跨度、安装高度：32m 宽；25m 高； 4. 探伤要求：超声波探伤； 5. 油漆品种、刷漆遍数：红丹防锈漆两遍	t	366.96

4）措施项目清单的编制

措施项目清单是指为完成工程项目施工，发生于该工程施工前或施工过程中的非工程实体项目和相应数量的清单，包括技术、安全、生活等方面的相关非实体项目。计价办法"措施项目清单项目设置及其消耗量定额"表中列出了措施项目，编制措施项目清单时，应结合拟建工程实际选用。影响措施项目设置的因素很多，除工程本身因素外，还涉及水文、气象、环境、安全等，表中不可能把所有措施项目一一列出，因情况不同，出现表中未列的措施项目，工程量清单编制人可作补充。但分部分项工程量清单项目中已含的措施性内容，不得单独作为措施项目列项。补充项目应列在该清单项目最后，并在"序号"栏中以"补"字示之。

措施项目清单以"项"为计量单位，相应数量为"1"。

【例 3】 以某钢结构多层厂房为例，说明措施项目清单编写格式要求，见表 2-5 所示。

措 施 项 目 清 单 **表 2-5**

工程名称：某多层工业厂房工程 第 1 页 共 1 页

序 号	项 目 名 称	序 号	项 目 名 称
1	临时设施	3	环境保护
2	垂直运输机械	4	（以下略）

5）其他项目清单的编制

其他项目清单是指分部分项工程项目、措施项目以外，因招标人的要求而发生的与拟建工程有关的其他费用项目和相应数量的清单。工程建设标准的高低、工程的复杂程度、工程的工期长短、工程的组成内容等直接影响其他项目清单项目的设置。计价办法"其他项目清单项目设置及其计价办法"表中列出两部分共 4 项，编制其他项目清单时，应结合拟建工程的实际选用，其不足部分，清单编制人可作补充，补充项目应列在该清单项目最后，并以"补"字在"序号"栏中示之。

其他项目清单以"项"为计量单位，相应数量为"1"。

【例 4】 以某钢结构多层厂房为例，说明其他项目清单编写格式要求，见表 2-6 所示。

其他项目清单 表 2-6

工程名称：某多层工业厂房工程 第1页 共1页

序 号	项 目 名 称	序 号	项 目 名 称
1	招标人部分 (1)预留金 (2)材料购置费(彩钢门窗)	2	投标人部分 (1)总承包服务费 (2)零星工作项目费

“招标人部分”是指招标人提出费用项目，并由招标人预估金额的部分。主要包括预留金、材料购置费。预留金主要考虑可能发生的工程量变更而预留的金额，此处提出的工程量变更主要指工程量清单有误引起工程量的增加和施工中的设计变更引起工程量的增加等。材料购置费是指招标人拟自行采购材料所需的估算金额。预估的预留金、材料购置费应在清单“总说明”中注明金额数量。

“投标人部分”是指招标人提出费用项目、数量，由投标人自主报价的部分，主要包括总承包服务费、零星工作项目费。总承包服务费是指为配合协调招标人工程分包和材料采购所需的费用，此处提出的工程分包是指国家允许分包的工程。零星工作项目费是指完成招标人预估提出的，并与拟建工程有关的零星工作所需的费用，按零星工作项目表确定。

6）零星工作项目表

零星工作项目表应由招标人根据自身的需要，预估列出人工、材料、机械名称和可能发生的数量。人工按工种，材料、机械按名称、规格、型号列出。计量单位为基本计算单位。

【例 5】 以某钢结构多层厂房为例（数据是假设的），说明零星工作项目表编写格式要求，见表 2-7 所示。

零星工作项目表 表 2-7

工程名称：某多层工业厂房工程 第1页 共1页

序 号	名 称	计量单位	数 量
1	人工：(1)木工	工日	25
	(2)搬运工	工日	50
2	材料：(1)镀锌薄钢板 20 号	m^2	18
	(2)板材	m^3	2
3	机械：(1)载重汽车 4t	台班	15
	(2)推土机	台班	5

7）有关问题说明

工程量清单格式中的封面、总说明、分部分项工程量清单、措施项目清单是招标投标实行工程量清单计价必然发生的。其他项目清单、零星工作项目表应视拟建工程的具体情况，由招标人决定，是否发至投标人。

(3) 工程量清单报价

1）一般规定

工程量清单报价是指投标人根据招标人发出的工程量清单的报价。工程量清单报价价款应包括按招标文件规定完成清单所列项目的全部费用。工程量清单报价应由分部分项工程量清单报价、措施项目费报价、其他项目费报价、规费、税金所组成。

工程造价应在政府宏观调控下，由市场竞争形成。在这一原则指导下，投标人的报价应在满足招标文件要求的前提下实行人工、材料、机械台班消耗量自定，价格费用自选、全面竞争、自主报价的方式。

投标企业应根据招标文件中提供的工程量清单，同时遵循招标人在招标文件中要求的报价方式和工程内容，填写投标报价单。也可以依据企业定额和市场价格信息进行确定。如果是用企业定额，应以建设部 1995 年发布的《全国统一建筑工程基础定额》提供的人工、材料、机械消耗量为基础，而且必须与《计价规范》中的项目编码、项目名称、计量单位、工程量计算规则相统一，以便在投标报价中可以直接套用。

清单报价采用综合单价。综合单价是指完成每分项工程每计量单位合格建筑产品所需的全部费用。综合单价应包括为完成工程量清单项目，每计量单位工程量所需的人工费、材料费、施工机械使用费、管理费、利润，并考虑风险、招标人的特殊要求等而增加的费用。工程量清单中的分部分项工程费、措施项目费、其他项目费均应按综合单价报价。规费、税金按国家有关规定执行。

“全部费用”的含意，应从如下三方面理解：一是考虑到我国的现实情况，综合单价包括除规费、税金以外的全部费用。二是综合单价不但适用于分部分项工程量清单，也适用于措施项目清单、其他项目清单。三是全部费用包括：完成每分项工程所含全部工程内容的费用；完成每项工程内容所需的全部费用；工程量清单项目中没有体现的，施工中又必然发生的工程内容所需的费用；因招标人的特殊要求而发生的费用；考虑风险因素而增加的费用。

由于《计价规范》不规定具体的人工、材料、机械费的价格，所以投标企业可以依据当时当地的市场价格信息，用企业定额计算得出的人工、材料、机械消耗量，乘以工程中需支付的人工、购买材料、使用机械和消耗能源等方面的市场单价得出工料综合单价，或根据所在地区建设工程工程量清单计价办法进行编制。同时必须考虑工程本身的内容、范围、技术特点要求以及招标文件的有关规定、工程现场情况，以及其他方面的因素，如工程进度、质量好坏、资源安排及风险等特殊性要求，灵活机动地进行调整，组成各分项工程的综合单价作为报价，该报价应尽可能地与企业内部成本数据相吻合，而且在投标中具有一定的竞争能力。

对于属于企业性质的施工方法、施工措施和人工、材料、机械的消耗水平、取费等《计价规范》都没有具体规定，放给企业由企业自己根据自身和市场情况来确定。

综合单价不应包括招标人自行采购材料的价款，否则是重复计价。该部分价款已由招标人预估，并在清单“总说明”中注明金额，按规定，投标人在报价时，应把招标人预估的金额，记入“其他项目清单”报价款中。

措施项目费报价的编制应考虑多种因素，除工程本身的因素外，还应考虑水文、地质、气象、环境、安全等和施工企业的实际情况。详细项目可参考“措施项目一览表”，如果出现表中未列的措施项目，编制人可在清单项目后补充。其综合单价的确定可参见企业定额或建设行政主管部门发布的系数计算。

综合单价的计算程序应按建设工程工程量清单计价办法的规定执行。

在综合单价确定后，投标单位便可以根据掌握的竞争对手的情况和制定的投标策略，填写工程量清单报价格式中所列明的所有需要填报的单价和合价以及汇总表。如果有未填报的单价和合价，视为此项费用已包含在工程量清单的其他单价和合价中，结算时不得追加。

2）工程量清单报价格式

工程量清单报价格式是投标人进行工程量清单报价的格式，除封面外，包括总说明、投标总价、工程项目总价表、单项工程费汇总表、单位工程费汇总表、分部分项工程量清单计价表、措施项目清单计价表、其他项目清单计价表、零星工作项目计价表。工程量清单报价格式应与招标文件一起发至投标人。

3）封面的填写

封面由投标人按规定内容填写、签字、盖章，其中“投标人”一栏应填写单位名称；“编制人”为造价工程师时也可填“注册证号”。封面的格式，见表 2-8 所示。

封　面　　**表 2-8**

＿＿＿＿＿＿＿＿工程

工程量清单报价表

投　标　人：＿＿＿＿＿＿＿＿（单位签字盖章）

法定代表人：＿＿＿＿＿＿＿＿（签字盖章）

造价工程师

及注册证号：＿＿＿＿＿＿＿＿（签字盖执业专用章）

编　制　人：＿＿＿＿＿＿＿＿（签字盖章、造价专业人员资格证书号）

编 制 时 间：＿＿＿＿＿＿＿＿

4）总说明的编制

总说明主要应包括两方面的内容。一是对招标人提出的包括清单在内有关问题的说明。二是有利于自身中标等问题的说明。总说明应包括下列具体内容：

① 工程量清单报价文件包括的内容。

② 工程量清单报价编制依据。

③ 工程质量、工期。

④ 优惠条件的说明。

⑤ 优越于招标文件中技术标准的备选方案的说明。

⑥ 对招标文件中的某些问题有异议时的说明。

⑦ 其他需要说明的问题。

【例 6】 以某多层工业厂房工程为例，说明总说明编写格式要求。总说明应按照建设工程工程量清单计价办法规定的具体内容填写，不足部分，投标人可以补充。见表 2-9 所示。

总　说　明　　**表 2-9**

工程名称：某多层工业厂房工程　　第 1 页　共 1 页

1. 该报价文件，按招标人要求包括建筑工程(钢结构)、装饰工程。 2. 该报价文件是依据建设工程工程量清单计价办法和招标文件，并结合本企业的实际情况进行编制的。 3. 工程质量和施工工期达到招标人的要求。 4. 如能中标，将不计取总包服务费。 5.（以下略）

5）投标总价的填写

① 按规定的内容填写、签字和盖章。

② 表中的投标总价应按工程项目总价表的合计金额填写。

投标总价的格式，见表 2-10 所示。

投标总价 **表 2-10**

建设单位：________________

工程名称：________________

投标总价(小写)：____________

(大写)：____________

投　标　人：____________（单位签字盖章）

法定代表人：____________（签字盖章）

编 制 时 间：____________

6）工程项目总价表的编制

① 表中单项工程名称应按单项工程费汇总表的工程名称填写。

② 表中金额应按单项工程费汇总表的合计金额填写。

工程项目总价表的格式（数据是假设的），见表 2-11 所示。

工程项目总价表 **表 2-11**

工程名称：某多层工业厂房工程　　第 1 页　共 1 页

序　号	单 项 工 程 名 称	金额(元)
1	1 号多层工业厂房	1236489.08
2	2 号多层工业厂房	1852413.26
	合　计	3088902.34

7）单项工程费汇总表的编制

① 表中单位工程名称应按单位工程费汇总表的工程名称填写。

② 表中金额应按单位工程费汇总表的合计金额填写。

单项工程费汇总表的格式（数据是假设的），见表 2-12 所示。

单项工程费汇总表 **表 2-12**

工程名称：2 号多层工业厂房工程　　第 1 页　共 1 页

序　号	单 位 工 程 名 称	金额(元)
1	建筑工程(钢结构)	1407504.16
2	装饰工程	444909.10
	合　计	1852413.26

8）单位工程费汇总表的编制

表中的金额应分别按分部分项工程量清单计价表、措施项目清单计价表、其他项目清单计价表的合计金额和按建设工程工程量清单计价办法规定计算的规费、税金填写。单位工程费汇总表的格式（数据是假设的），见表 2-13 所示。

9）分部分项工程量清单报价

分部分项工程量清单报价应注意以下两点：一是分部分项工程量清单计价表的项目编

单位工程费汇总表 **表 2-13**

工程名称：2号多层工业厂房工程 第1页 共1页

序号	项目名称	金额(元)
1	分部分项工程量清单计价合计	897654.87
2	措施项目清单计价合计	444909.10
3	其他项目清单计价合计	34765.67
4	规费	6754.98
5	税金	23419.54
	合计	1407504.16

码、项目名称、计量单位、工程数量必须按分部分项工程量清单的相应内容填写，不得增加或减少、不得修改。二是分部分项工程量清单报价，其核心是综合单价的确定。

综合单价的计算一般应按下列顺序进行：

① 确定工程内容。根据工程量清单项目和拟建工程的实际，确定该清单项目的主体及其相关工程内容，并选用相应定额。

② 计算工程数量。按现行建筑工程量计算规则的规定，分别计算工程量清单项目所包含的每项工程内容的工程数量。

③ 计算单位含量。分别计算工程量清单项目的每计量单位应包含的各项工程内容的工程数量。

④ 确定消耗量。根据确定的工程内容，根据企业定额或参照“分部分项工程量清单项目设置及其消耗量定额”表中定额名称及其编号，分别选定定额，确定人工、材料、机械台班消耗量。

⑤ 选择单价。应根据建设工程工程量清单计价办法规定的费用组成，参照其计算方法，或参照工程造价管理机构发布的人工、材料、机械台班信息价格，确定相应单价。

⑥“工程内容”的人、材、机价款。计算清单项目每计量单位所含某项工程内容的人工、材料、机械台班价款。

工程内容的人、材、机价款＝Σ[人、材、机消耗量×人、材、机单价]

⑦ 工程量清单项目人、材、机价款。计算工程量清单项目每计量单位人工、材料、机械台班价款。

工程量清单项目人、材、机价款＝工程内容的人、材、机价款之和

⑧ 选定费率。应根据建设工程工程量清单计价办法规定的费用项目组成，参照其计算方法，或参照工程造价主管部门发布的相关费率，结合本企业和市场的情况，确定管理费率、利润率。

⑨ 计算综合单价：

(A) 建筑工程综合单价＝工程量清单项目人、材、机价款×(1＋管理费率＋利润率)；

(B) 装饰装修工程综合单价＝工程量清单项目人、材、机价款＋工程量清单项目人、材、机价款中人工费×(管理费率＋利润率)；

(C) 安装工程综合单价＝工程量清单项目人、材、机价款＋工程量清单项目人、材、机价款中人工费×(管理费率＋利润率)。

综合单价不应包括招标人自行采购材料的价款，但建筑工程应考虑对管理费、利润的影响。

合价＝综合单价×相应清单项目工程数量。

分部分项工程量清单计价表的格式（数据是假设的），见表 2-14 所示。

分部分项工程量清单计价表 **表 2-14**

工程名称：某体育馆工程 第 1 页 共 1 页

序 号	项目编码	项 目 名 称	单位	工程数量	金额(元)	
					综合单价	合价
1	010601002001	钢网架 1. 钢材品种、规格：螺栓球、套筒采用 45 号钢，高强度螺栓采用 20MnTiB，其余采用 Q235 钢；2. 网架节点形式、连接方式：螺栓球形节点，螺栓连接；3. 网架跨度、安装高度：32m 宽；25m 高；4. 探伤要求：超声波探伤；5. 油漆品种、刷漆遍数：红丹防锈漆两遍	t	366.96	4254.87	1561367.10
		小计				1561367.10
		合计				1561367.10

10）措施项目清单报价

措施项目清单计价表中的序号、项目名称应按措施项目清单的相应内容填写，不得减少或修改。但投标人可根据拟建工程的施工组织设计，增加其不足的措施项目并报价。

措施项目清单计价表中的金额，建设工程工程量清单计价办法提供了二种计算方法。

当以定额的计价方法报价时，一般应按下列顺序进行：

① 根据措施项目清单和拟建工程的施工组织设计，确定措施项目。

② 确定该措施项目所包含的工程内容。

③ 以现行的建筑工程量计算规则，分别计算该措施项目所含每项工程内容的工程量。

④ 根据确定的工程内容，参照“措施项目设置及其消耗量定额”（计价方法）表中的消耗量定额，确定人工、材料、机械台班消耗量。

⑤ 根据建设工程工程量清单计价办法规定的费用组成，参照其计算方法，或参照工程造价主管部门发布的信息价格，确定相应单价。

⑥ 计算措施项目所含某项工程内容的人工、材料、机械台班的价款。

措施项目所含工程内容人、材、机价款＝Σ(人、材、机消耗量×人、材、机单价)×措施项目所含每项工程内容的工程量。

⑦ 措施项目人工、材料、机械台班价款：

措施项目人、材、机价款＝Σ措施项目所含某项工程内容的人工、材料、机械台班的价款。

⑧ 根据建设工程工程量清单计价办法规定的费用项目组成，参照其计算方法，或参照工程造价主管部门发布的相关费率，结合本企业和市场的情况，确定管理费率、利润率。

⑨ 金额：

(A) 建筑工程金额＝措施项目人、材、机价款×(1＋管理费率＋利润率)；

(B) 装饰装修工程金额＝措施项目人、材、机价款＋措施项目人、材、机价款中人工费×(管理费率＋利润率)；

(C) 安装工程金额＝措施项目人、材、机价款＋措施项目人、材、机价款中人工费×(管理费率＋利润率)。

当以工程造价管理机构发布的费率计算时，措施项目费（包括人工、材料、机械台班和管理费、利润）计算如下：

① 建筑工程措施项目费＝分部分项工程费的(人工费＋材料费＋机械台班费)×相应措施项目费率；

② 装饰装修工程措施项目费＝分部分项工程费的人工费×相应措施项目费率；

③ 安装工程措施项目费＝分部分项工程费的人工费×相应措施项目费率。

措施项目清单计价表的格式（数据是假设的），见表 2-15 所示。

措施项目清单计价表 **表 2-15**

工程名称：2 号多层工业厂房工程 第 1 页 共 1 页

序号	项目名称	金额(元)
1	临时设施	37654.87
2	垂直运输机械	4909.10
3	环境保护	6000.00
4	(以下略)	
	合计	48563.97

11) 其他项目清单报价

其他项目清单计价表中的序号、项目名称应按其他项目清单中的相应内容填写，不得增加或减少、不得修改。

其他项目清单报价是比较简单的，应按“其他项目清单项目设置及其计价方法”表的要求报价。

①“招标人部分”的金额应按招标人在“总说明”中提出的金额填写（包括除规费、税金以外的全部费用）。

②“投标人部分”的总承包服务费，由投标人根据提供的服务所需的费用填写（包括除规费、税金以外的全部费用）。零星工作项目费按“零星工作项目计价表”的合计金额填写。

其他项目清单计价表的格式（数据是假设的），见表 2-16 所示。

其他项目清单计价表 **表 2-16**

工程名称：2 号多层工业厂房工程 第 1 页 共 1 页

序号	项目名称	金额(元)
1	招标人部分：(1)预留金	100000.00
	(2)材料购置费(彩钢门窗)	400000.00
	小计	500000.00
2	投标人部分：(1)总承包服务费	25000.00
	(2)零星工作项目费	8500.00
	小计	33500.00
	合计	533500.00

12) 零星工作项目报价

零星工作项目计价表中的序号、名称、计量单位、数量应按零星工作项目表的相应内容填写，不得增加或减少、不得修改。

零星工作项目计价表的综合单价，投标人应在招标人预测名称及预估相应数量的基础上，考虑零星工作特点进行确定，工程竣工时，按实进行结算。

零星工作项目计价表的格式（数据是假设的），见表2-17所示。

零星工作项目计价表 **表2-17**

工程名称：某多层工业厂房工程 第1页 共1页

序号	名称	计量单位	数量	金额(元)	
				综合单价	合价
1	人工：(1)木工 (2)搬运工	工日 工日	25 50	50.00 20.00	1250.00 1000.00
	小计				2250.00
	合计				2250.00

13）报价款组成

报价款包括分部分项工程量清单报价款、措施项目清单报价款、其他项目清单报价款、规费、税金等，是投标人响应招标人的要求完成拟建工程的全部费用。但“社会保障费”、“意外伤害保险费”某些省规定由专门机构收取，所以报价时不得重复计算，由此所涉及的税金，也暂不计算。

规费＝(分部分项工程量清单报价款＋措施项目清单报价款＋其他项目清单报价款)×规费率

税金＝(分部分项工程量清单报价款＋措施项目清单报价款＋其他项目清单报价款＋规费)×税金率

14）有关问题说明

工程量清单报价格式中的封面、总说明、投标总价、单位工程费汇总表、分部分项工程量清单计价表、措施项目清单计价表是招标投标实行工程量清单计价必然发生的。工程项目总价表、单项工程费汇总表、其他项目清单计价表、零星工作项目计价表，视工程发包方式不同和拟建工程的具体情况不同由招标人决定是否发至投标人。

15）清单综合单价分析表

分部分项工程费、措施项目费、其他项目费的报价单填写完成后，还应按照招标人要求填写这三部分的综合单价分析表及主要材料价格表，目的是为了在评标时便于评委对投标单位的最终总报价以及分项工程的综合单价的合理性进行分析、评分，剔除不合理的低价，消除恶意竞争的后果，有利于业主在保证工程建设质量的同时，选择一个合理的、报价较低的中标单位。

① 分部分项工程量清单综合单价分析表

(A) 项目编码、项目名称按分部分项工程量清单计价表相应内容填写。

(B) 工程名称为清单项目所含工程内容的工程名称。

(C) 工程量为清单项目一个计量单位工程量所含某项工程内容的工程数量。

(D) 各项费用为某工程内容一个计量单位的费用乘以相应工程量。

分析后所得的合价，应与报价时的相应综合单价一致。

分部分项工程量清单综合单价分析表的格式（数据是假设的），见表2-18所示。

分部分项工程量清单综合单价分析表 **表 2-18**

工程名称：某多层工业厂房工程 第1页 共1页

序 号	项目编码	项目名称	工程内容	综合单价组成(元)					
				人工费	材料费	机械费	管理费	利润	综合单价
1	010607001001	金属网 1. 材料品种:铝合金防盗网 2. 固定形式:膨胀螺栓	安装	2.00	6.00	0.90	3.00	0.50	12.40
		合 计		2.00	6.00	0.00	3.00	0.50	12.40

② 措施项目费分析表

(A) 凡“措施项目清单项目设置及其消耗量定额（计价方法）表”中措施项目能与定额衔接的，费用分析时，应按相应定额分项工程项目逐项分析。

(B) 措施项目不能与定额衔接的，可以“项”进行费用综合分析。

(C) 分析的每项措施项目费最终结果，应与报价时一致。

措施项目费分析表的格式（数据是假设的），见表 2-19 所示。

措施项目费分析表 **表 2-19**

工程名称：某多层工业厂房工程 第1页 共1页

序 号	措施项目名 称	单位	数量	金 额（元）					
				人工费	材料费	机械费	管理费	利 润	小 计
1	临时设施费	项	1	250.00	35000.00	600.00	700.00	450.00	37000.00
2	环境保护费	项	1	450.00	6500.00	890.00	2100.00	43.00	9983.00
3	（以下略）								
	合 计			700.00	41500.00	1490.00	2800.00	493.00	46983.00

③ 主要材料价格表

招标人提出的“主要材料价格表”中的材料名称应为拟建工程使用的主要材料名称。

以某多层工业厂房工程为例（数据是假设的），说明主要材料价格表编写格式要求。见表 2-20 所示。

主要材料价格表 **表 2-20**

工程名称：某多层工业厂房 第1页 共2页

序 号	材料编码	材料名称	规格、型号	单 位	单价(元)
1	57	角钢	∟100×10	t	2077.29
2	26	螺纹钢筋	ϕ20	t	2384.79
3	167	三等板材		m^3	1225.88
4		（以下略）			

(4) 工程结算

1) 工程量的调整

由于施工中的诸多原因，发生了工程量的变更，因而引起了报价款额的变化，遵照谁引起风险谁承担责任的原则，应按下列规定进行价款的调整。

① 分部分项工程量清单有漏项，或设计变更增加新的分部分项工程量清单项目，其工程数量可由承包人按建设工程工程量清单计价办法进行计算，经发包人确认后，作为工程结算的依据。

由于招标人的原因，不论是工程量清单有误，还是设计变更等原因引起的分部分项工程量清单项目和工程量增加或减少均要按实调整。

② 分部分项工程量清单有多余项目，或设计变更减少了原有分部分项工程量清单项目，可由承包人提出，经发包人确认后，作为工程结算的依据。

③ 分部分项工程量清单工程量有误，或设计变更引起分部分项工程量清单工程量的变化，可由承包人按实际进行调整，经发包人确认后，作为工程结算的依据。

2）价款的调整

① 由于工程量的变动，需调整或新编综合单价，合同中应有约定，否则应按建设工程工程量清单计价办法的规定执行。

（A）分部分项工程量清单漏项，或由于设计变更增加了新的分部分项工程量清单项目，其综合单价可由承包人根据建设工程工程量清单计价办法，参照工程造价管理机构发布的相关价格、费用信息进行编制，经发包人确认后，作为工程结算的依据。

（B）分部分项工程量清单有多余项目，或设计变更减少了原有分部分项工程量清单项目，其原有价款，结算时应给予扣除。

（C）分部分项工程量清单有误而调增的工程量，或由于设计变更引起分部分项工程量清单工程量的增加，其增加部分的综合单价，应按下列方法确定：

当增加的幅度在原有工程量15%以内时（含15%），增加部分的综合单价应按原有综合单价确定。

当增加部分的幅度在15%以上时，超过15%部分的综合单价，可由承包人根据建设工程工程量清单计价办法的规定，参照工程造价管理机构发布的相关价格、费用信息进行编制，经发包人确认后，作为工程结算的依据。但新编综合单价低于原有综合单价时，应执行原有综合单价。

（D）分部分项工程量清单有误而调减的工程量，或由于设计变更引起分部分项工程量清单工程量的减少，其减少后剩余部分工程量的综合单价应按原有综合单价确定。

② 由于分部分项工程量清单工程量的调整，可能引起措施项目清单或其他方面费用的变化，应通过索赔方式给予补偿。但不否认其他原因发生的索赔或工程发包人可能提出的索赔。

③ 其他项目清单中“招标人部分”的金额、“投标人部分”的零星工作项目费，应按承包人实际完成的工程量进行结算。

3）工程结算价款组成

工程结算价款一般应包括下列内容：

① 分部分项工程量清单报价款。

② 措施项目清单报价款。

③ 其他项目清单价款＝该清单原报价款额－“招标人部分”的金额（预留金、材料购置费）－“投标人部分”的零星工作项目费＋实际完成的零星工作项目费。

④ 工程量的变更而调整的价款。

（A）分部分项工程量清单漏项或设计变更增加新的工程量清单项目，应调增的价款。

$$调增价款＝\sum(漏项、新增项目工程量\times相应新编综合单价)$$

(B) 分部分项工程量清单多余项目，或设计变更减少了原有分部分项工程量清单项目，应调减的价款。

调减价款＝∑(多余项目原有价款＋设计变更减少的项目原有价款)

(C) 分部分项工程量清单有误而调增的工程量，或设计变更引起分部分项工程量清单工程量增加，应调增的价款。

调增价款＝∑[某工程量清单项目调增工程量(15%以内部分)×相应原综合单价]
＋∑[某工程量清单项目调增工程量(15%以外部分)×相应新编综合单价]

(D) 分部分项工程量清单有误而调减的工程量，或设计变更引起分部分项工程量清单工程量减少，应调减的价款。

调减价款＝∑(某工程量清单项目调减的工程量×相应原综合单价)

⑤ 索赔费用。

⑥ 规费。

规费＝(①＋②＋③＋④＋⑤＋实际发生的发包人自行采购材料的价款)×规费率

其中建筑、装饰装修、安装工程的“规费”不包括社会保障费、意外伤害保险费。

⑦ 税金。

税金＝[(①＋②＋③＋④＋⑤＋实际发生的发包人自行采购材料的价款)×(①＋社会保障费率＋意外伤害保险费率)＋⑥]×税金率

2.1.3 建筑工程计价的分类

根据我国建筑工程概预算编制的程序，基本建设预算的分类及作用如下：

(1) 投资估算

投资估算，一般是指在项目建议书或可行性研究阶段，建设单位向国家或主管部门申请基本建设投资时，为了确定建设项目的投资总额而编制的经济文件。它是国家或主管部门审批或确定基本建设投资计划的重要文件。投资估算主要根据估算指标、概算指标或类似工程预（决）算等资料进行编制。

(2) 设计概算

设计概算，是指在初步设计或扩大初步设计阶段，由设计单位根据初步设计图纸、概算定额或概算指标，设备预算价格，各项费用的定额或取费标准，建设地区的自然、技术经济条件等资料，预先计算建设项目由筹建至竣工验收、交付使用全部建设费用的经济文件。

设计概算的主要作用是：

1) 国家确定和控制建设项目总投资的依据。未经规定的程序批准，不能突破总概算的这一限额。

2) 编制基本建设计划的依据。每个建设项目，只有当初步设计和概算文件被批准后，才能列入基本建设计划。

3) 进行设计概算、施工图预算和竣工决算“三算”对比的基础。

4) 实行投资包干和招标承包制的依据，也是银行办理工程拨款、贷款和结算，以及实行财政监督的重要依据。

5) 考核设计方案的经济合理性，选择最优设计方案的重要依据。利用概算对设计方案进行经济性比较，是提高设计质量的重要手段之一。

(3) 修正概算

修正概算是指当采用三阶段设计时，在技术设计阶段，随着设计内容的具体化，建设规模、结构性质、设备类型和数量等方面内容与初步设计可能有出入，为此，设计单位应对投资进行具体核算，对初步设计的概算进行修正而形成的经济文件。

修正概算的作用与设计概算基本相同。一般情况下，修正概算不应超过原批准的概算。

(4) 施工图预算

施工图预算，是指在施工图设计阶段，设计全部完成并经过会审，单位工程开工之前，设计咨询和施工单位根据施工图纸，施工组织设计，预算定额或规范，人材机单价和各项费用取费标准，建设地区的自然、技术经济条件等资料，预先计算和确定单项工程和单位工程全部建设费用的经济文件。

施工图预算的主要作用是：

1) 确定建筑安装工程预算造价的具体文件。

2) 签订建筑安装工程施工合同、实行工程预算包干、进行工程竣工结算的依据。

3) 银行拨付工程价款的依据。

4) 施工企业加强经营管理，搞好经济核算，实行对施工预算和施工图预算“两算对比”的基础，也是施工企业编制经营计划、进行施工准备的依据。

5) 建设单位编制标底和施工单位编制报价文件的依据。

(5) 施工预算

施工预算是指施工阶段，在施工图预算的控制下，施工单位根据施工图计算的分项工程量、施工定额、单位工程施工组织设计等资料，通过工料分析，计算和确定拟建工程所需的人工、材料、机械台班消耗量及其相应费用的技术经济文件。

施工预算的主要作用是：

1) 施工企业对单位工程实行计划管理，编制施工作业计划的依据。

2) 施工队向班组签发施工任务单，实行班组经济核算，考核单位用工限额领料的依据。

3) 班组推行全优综合奖励制度，实行按劳分配的依据。

4) 施工企业开展经济活动分析，进行“两算”对比的依据。

(6) 工程结算

工程结算，是指一个单项工程、单位工程、分部工程或分项工程完工，并经建设单位及有关部门验收或验收点交后，施工企业根据合同规定，按照施工时现场实际情况记录、设计变更通知书、现场签证、预算定额或计价规范、人工材料机械单价和各项费用取费标准等资料，向建设单位办理结算工程价款、取得收入，用以补偿施工过程中的资金耗费，确定施工盈亏的经济文件。

工程结算一般有定期结算、阶段结算、竣工结算等方式。其作用是：

1) 施工企业取得货币收入，用以补偿资金耗费的依据。

2) 进行成本控制和分析的依据。

(7) 竣工决算

竣工决算，是指在竣工验收阶段，当一个建设项目完工并经验收后，建设单位编制的从筹建到竣工验收、交付使用全过程实际支付的建设费用的经济文件，其内容有文字说明和决算报表两部分组成。

竣工决算的主要作用是：

1）国家或主管部门验收小组验收时的依据。

2）全面反映基本建设经济效果、核定新增固定资产和流动资产价值、办理交付使用的依据。

综上所述，建设预算的各项技术经济文件均以价值形态贯穿整个基本建设过程之中，如图 2-1 所示。

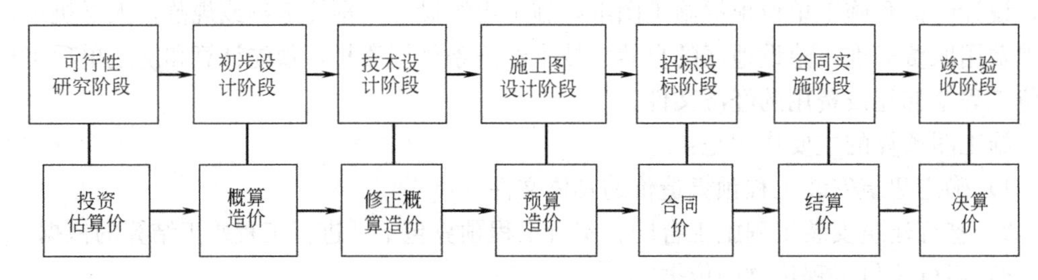

图 2-1　基本建设过程的价值形态

估算、概算、预算、结算、决算从申请建设项目，确定和控制基本建设投资，到确定基建产品计划价格，进行基本建设经济管理和施工企业经济核算，最后以决算形成企、事业单位的固定资产。总之，这些经济文件反映了基本建设中的主要经济活动，在一定意义上说，它们是基本建设经济活动的血液，这是一个有机的整体，缺一不可。申请项目要编估算，设计要编概算，施工要编预算，并在其基础上投标报价，签订工程合同；竣工时要编结算和决算。同时，国家要求，决算不能超过预算，预算不能超过概算。

2.1.4　建筑工程计价的费用组成

2.1.4.1　建筑安装工程费用项目组成

根据建设部、财政部建标［2013］44 号“关于印发《建筑安装工程费用项目组成》的通知，我国现行的建筑安装工程费用构成由分部分项工程费用、措施项目费用、其他项目费用、规费和税金组成。这是工程量清单计价模式下的建筑工程费用项目组成，见图 2-2。这种费用组成把实体消耗所需的费用、非实体消耗所需的费用、招标人特殊要求所需的费用分别列出，清晰、简单，突出非实体消耗的竞争性。分部分项工程费、措施项目费、其他项目费均实行“综合单价”，体现了与国际惯例做法的一致性。考虑到我国的实际情况，将规费、税金单独列出。

（1）综合单价费用组成

“综合单价费用组成”是工程量清单计价活动中的依据，实行综合单价是工程量清单计价的特点之一，综合单价包括完成清单项目一个计量单位合格产品所需的全部费用。根据我国的实际情况，《建设工程工程量清单计价规范》（GB 50500—2013）规定，综合单价由人工费、材料费、机械使用费、管理费和利润组成，各分项工程的综合单价是否均能发生上述五项费用，视分项工程不同而定。

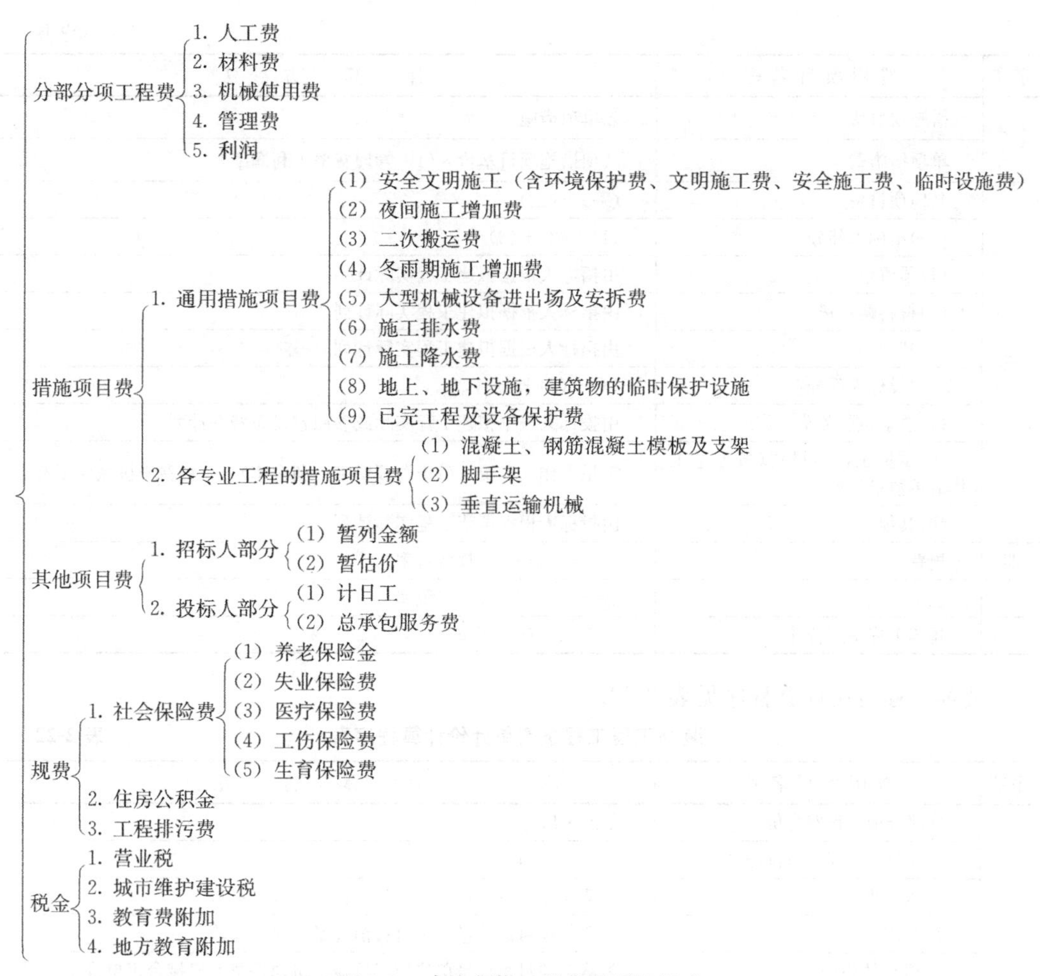

图 2-2　建筑安装工程费用项目组成

(2) 工程量清单计价的计算程序

根据原建设部第 107 号部令《建筑工程施工发包与承包计价管理办法》的规定，发包与承包价的计算方法分为工料单价法和综合单价法，在此主要介绍综合单价法计价程序。建筑工程费用计算程序见表 2-21。

建筑工程工程量清单计价计算程序表　　　　表 2-21

序号	费用项目名称	计算方法
一	分部分项工程费合价	$\sum J_i \cdot L_i$
	分部分项工程费单价(J_i)	1+2+3+4+5
	1. 人工费	∑清单项目每计量单位工日消耗量×人工单价
	2. 材料费	∑清单项目每计量单位材料消耗量×材料单价
	3. 机械使用费	∑清单项目每计量单位施工机械台班消耗量×机械台班单价
	4. 管理费	(1+2+3)×管理费费率
	5. 利润	(1+2+3)×利润率
	分部分项工程量(L_i)	按工程量清单数量计算

续表

序号	费用项目名称	计算方法
二	措施项目费	∑单项措施费
	单项措施费	某项措施项目基价×(1+管理费率+利润率)
三	其他项目费	(一)+(二)
	(一)招标人部分	(1)+(2)+(3)
	(1)预留金	由招标人根据拟建工程实际计列
	(2)材料购置费	由招标人根据拟建工程实际计列
	(3)其他	由招标人根据拟建工程实际计列
	(二)投标人部分	(4)+(5)+(6)
	(4)总承包服务费	由投标人根据拟建工程实际或参照省发布费率计列
	(5)零星工作项目费(按零星工作清单数量计列)	零星工作人工费×(1+管理费率+利润率)+材料费+机械使用费
	(6)其他	由投标人根据拟建工程实际计列
四	规费	(一+二+三)×规费费率
五	税金	(一+二+三+四)×税率
六	建筑工程费用合计	一+二+三+四+五

装饰工程费用计算程序见表 2-22。

装饰工程工程量清单计价计算程序表　　表 2-22

序号	费用项目名称	计算方法
一	分部分项工程费合价	$\sum J_i \cdot L_i$
	分部分项工程费单价(J_i)	1+2+3+4+5
	1. 人工费	∑清单项目每计量单位工日消耗量×人工单价
	2. 材料费	∑清单项目每计量单位材料消耗量×材料单价
	3. 机械使用费	∑清单项目每计量单位施工机械台班消耗量×机械台班单价
	4. 管理费	“1”×管理费费率
	5. 利润	“1”×利润率
	分部分项工程量(L_i)	按工程量清单数量计算
二	措施项目费	∑单项措施费
	单项措施费	某项措施项目基价+其中人工费×(管理费率+利润率)
三	其他项目费	(一)+(二)
	(一)招标人部分	(1)+(2)+(3)
	(1)预留金	由招标人根据拟建工程实际计列
	(2)材料购置费	由招标人根据拟建工程实际计列
	(3)其他	由招标人根据拟建工程实际计列
	(二)投标人部分	(4)+(5)+(6)
	(4)总承包服务费	由投标人根据拟建工程实际或参照省发布费率计列
	(5)零星工作项目费(按零星工作清单数量计列)	零星工作人工费×(1+管理费率+利润率)+材料费+机械使用费
	(6)其他	由投标人根据拟建工程实际计列
四	规费	(一+二+三)×规费费率
五	税金	(一+二+三+四)×税率
六	建筑工程费用合计	一+二+三+四+五

2.2 钢结构工程计价的发展及现状

2.2.1 钢结构的发展给钢结构的计价提出了新的要求

钢结构由于具有强度高、自重轻、抗震性能好、施工速度快、地基费用省、占用面积小、外形美观、易于产业化等优点，近年来在我国得以迅速地发展，已逐步改变了由混凝土结构和砌体结构一统天下的局面。尤其是我国建筑业朝着安全、抗震、环保、效益型方向发展，钢结构建筑这一可持续发展的“绿色产业”，成为现代化建筑的必然趋势，是当前乃至今后很长一段时间内我国建设领域和建筑技术发展的重点。例如，佛山岭南明珠体育馆是佛山的标志性建筑，它由日本环境设计研究院设计，占地 $22hm^2$，总投资约 5.4 亿元人民币，该项目设计新颖，结构独特，三个馆呈圆弧形斗拱钢结构设计，是现行比较少见的大型钢结构，其最大跨度 133m，结点约 4600 个，总重量约 9900t，外形像一颗熠熠生辉的明珠。但是，金属结构多年来只作为定额的一个分部工程列出，项目不全，步距较大，计价不准，跟不上钢结构的发展要求；新的计价规范也只列有 24 项，步距较大，大型钢结构工程还存在计价难的问题，项目还需要进一步细划，在规范的基础上要做的工作还很多。甚至有必要单独编制金属结构工程工程量清单及计算规则。

2.2.2 钢结构定额与清单报价的发展与现状

金属结构行业是一个正在崛起的新兴行业，随着钢结构企业的不断增多，市场竞争日趋激烈，低于成本价的恶性竞争屡禁不止，严重损害了大多数企业的根本利益，扰乱了市场正常秩序。为了规范市场竞争行为，上海市金属结构行业协会曾多次召开专题会议，商讨钢结构定额的编制，并与上海市标准定额总站沟通了很长时间，取得了政府各部门的支持。目前上海市建委将组织“上海市工程量清单计价规范”课题组，参加单位有标准定额总站、市招投标办、市交易中心等。其中金属结构工程量清单计价规范授予了上海市金属结构行业协会来完成。

为此，上海市召开了上海市金属结构工程量清单计价规范座谈会，广泛听取业内各制作安装企业的意见和建议，为编制本市钢结构工程常用项目的工程量计价标准做准备。全国其他省份也积极运作，新的钢结构规范实施细则和配套的定额将应运而生。通过钢结构工程定额与清单报价的发展与现状，就能看到全国钢结构工程定额与清单报价的发展与现状，发展趋势非常乐观。

第3章 钢结构工程识图

3.1 钢结构识图的基本知识

3.1.1 常用型钢的标注方法

常用型钢的标注方法应符合表3-1中的规定。

常用型钢的标注方法 **表3-1**

序号	名称	截面	标注	说明
1	等边角钢		$b \times t$	b为肢宽 t为肢厚
2	不等边角钢	B	$B \times b \times t$	B为长肢宽；b为短肢宽； t为肢厚
3	工字钢		N　Q N	轻型工字钢加注Q字 N为工字钢的型号
4	槽钢		N　Q N	轻型槽钢加注Q字 N为槽钢的型号
5	方钢	b	b	
6	扁钢	b	$b \times t$	
7	钢板		$\frac{-b \times t}{l}$	$\frac{\text{宽} \times \text{厚}}{\text{板长}}$
8	圆钢		ϕd	
9	钢管		$DN \times \times$ $d \times t$	内径 外径×壁厚

续表

序号	名称	截面	标注	说明
10	薄壁方钢管		B $b\times t$	薄壁型钢加注 B 字 t 为壁厚
11	薄壁等肢角钢		B $b\times t$	
12	薄壁等肢卷边角钢	a	B $b\times a\times t$	
13	薄壁槽钢	h	B $h\times b\times t$	
14	薄壁卷边槽钢	a	B $h\times b\times a\times t$	
15	薄壁卷边 Z 型钢	h a	B $h\times b\times a\times t$	
16	T 型钢		TW × × TM × × TN × ×	TW 宽翼缘 T 型钢 TM 中翼缘 T 型钢 TN 窄翼缘 T 型钢
17	H 型钢		HW × × HM × × HN × ×	HW 宽翼缘 H 型钢 HM 中翼缘 H 型钢 HN 窄翼缘 H 型钢
18	起重机钢轨		QU××	详细说明产品规格型号
19	轻轨及钢轨		××kg/m钢轨	

3.1.2　螺栓、孔、电焊铆钉的表示方法

螺栓、孔、电焊铆钉的表示方法应符合表 3-2 中的规定。

3.1.3　常用焊缝的表示方法

焊接钢构件的焊缝除应按现行的国家标准《焊缝符号表示法》(GB 324—2008) 中的规定外，还应符合本节的各项规定。

(1) 单面焊缝的标注方法应符合下列规定：

1) 当箭头指向焊缝所在一面时，应将图形符号和尺寸标注在横线的上方，如图 3-1 (*a*) 所示；当箭头指向焊缝所在的另一面（相对应的那面）时，应将图形符号和尺寸标注在横线的下方，如图 3-1 (*b*) 所示。

螺栓、孔、电焊铆钉的表示方法 **表 3-2**

序号	名 称	图 例	说 明
1	永久螺栓		1. 细"+"线表示定位线 2. M 表示螺栓型号 3. ϕ 表示螺栓孔直径 4. d 表示膨胀螺栓、电焊铆钉直径 5. 采用引出线标注螺栓时，横线上标注螺栓规格，横线下标注螺栓孔直径
2	高强度螺栓		
3	安装螺栓		
4	胀锚螺栓		
5	圆形螺栓孔		
6	长圆形螺栓孔		
7	电焊铆钉		

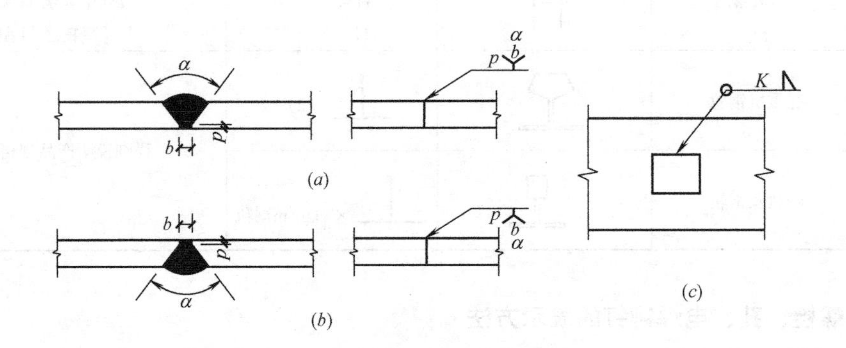

图 3-1 单面焊缝的标注方法

2）表示环绕工作件周围的焊缝时，其围焊焊缝的符号为圆圈，绘在引出线的转折处，并标注焊角尺寸 K，如图 3-1（c）所示。

（2）双面焊缝的标注，应在横线的上、下都标注符号和尺寸。上方表示箭头一面的符号和尺寸，下方表示另一面的符号和尺寸，如图 3-2（a）所示；当两面的焊缝尺寸相同时，只需在横线上方标注焊缝的符号和尺寸，如图 3-2（b）、（c）、（d）所示。

（3）3 个和 3 个以上的焊件相互焊接的焊缝，不得作为双面焊缝标注。其焊缝符号和尺寸应分别标注，如图 3-3 所示。

（4）相互焊接的 2 个焊件中，当只有 1 个焊件带坡口时（如单面 V 形），引出线箭头

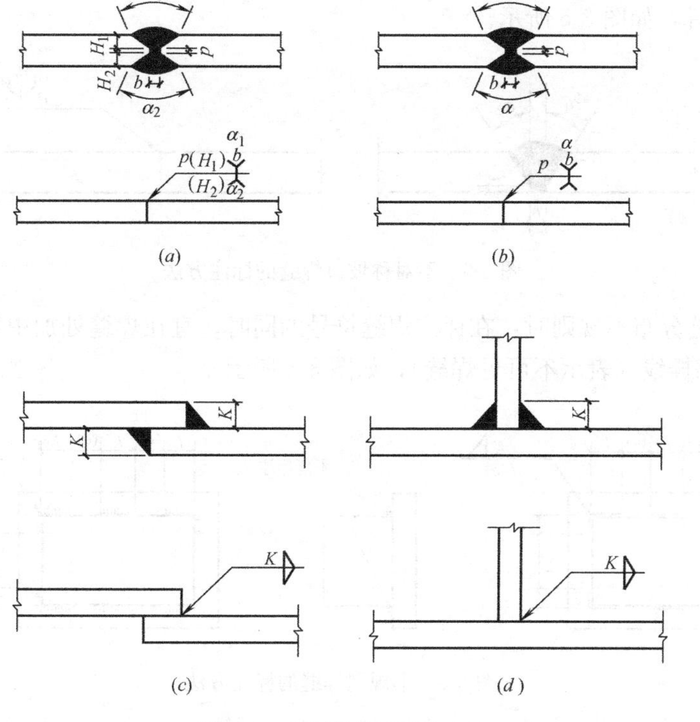

图 3-2　双面焊缝的标注方法

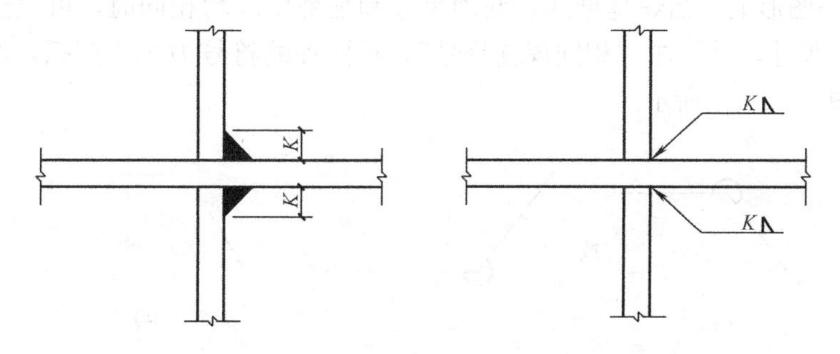

图 3-3　3 个以上焊件的焊缝标注方法

必须指向带坡口的焊件，如图 3-4 所示。

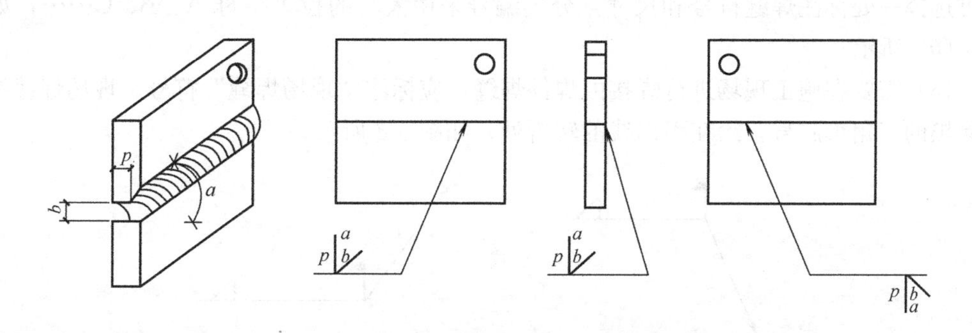

图 3-4　1 个焊件带坡口的焊缝标注方法

（5）相互焊接的 2 个焊件，当为单面带双边不对称坡口焊缝时，引出线箭头必须指向较大坡口的焊件，如图 3-5 所示。

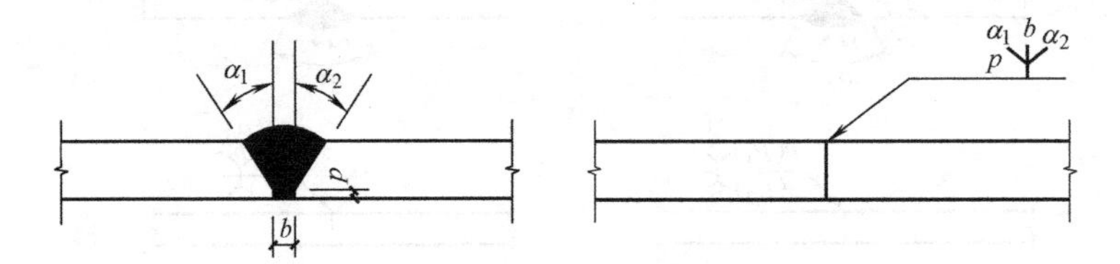

图 3-5　不对称坡口焊缝的标注方法

（6）当焊缝分布不规则时，在标注焊缝符号的同时，宜在焊缝处加中实线（表示可见焊缝），或加细栅线（表示不可见焊缝），如图 3-6 所示。

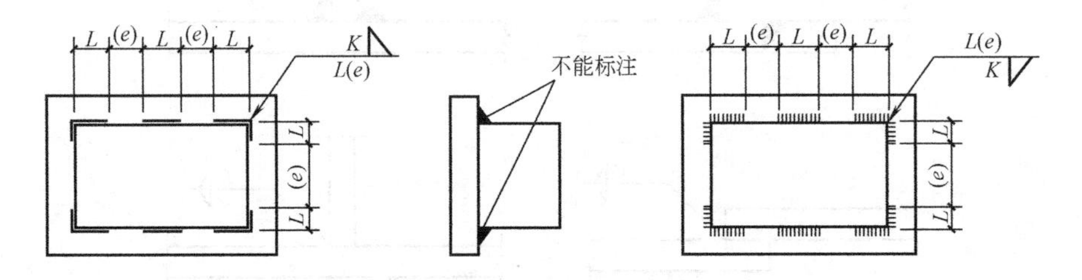

图 3-6　不规则焊缝的标注方法

（7）相同焊缝符号应按下列方法表示：

1）在同一图形上，当焊缝型式、断面尺寸和辅助要求均相同时，可只选择一处标注焊缝的符号和尺寸，并加注“相同焊缝符号”，相同焊缝符号为 3/4 圆弧，绘在引出线的转折处，如图 3-7（*a*）所示。

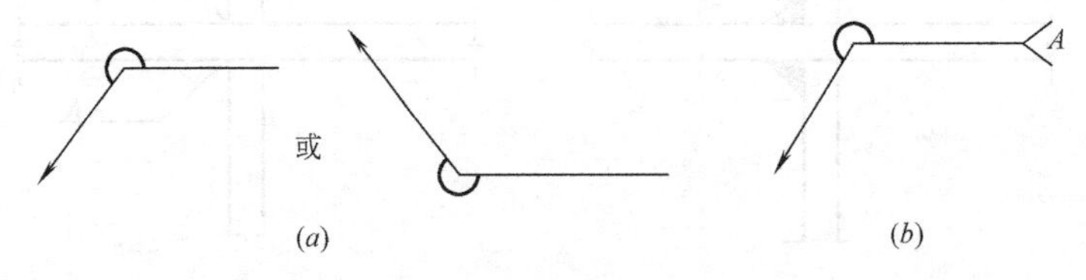

图 3-7　相同焊缝的表示方法

2）在同一图形上，当有数种相同的焊缝时，可将焊缝分类编号标注。在同一类焊缝中可选择一处标注焊缝符号和尺寸。分类编号采用大写的拉丁字母 A、B、C……，如图 3-7（*b*）所示。

（8）需要在施工现场进行焊接的焊件焊缝，应标注“现场焊缝”符号。现场焊缝符号为涂黑的三角形旗号，绘在引出线的转折处，如图 3-8 所示。

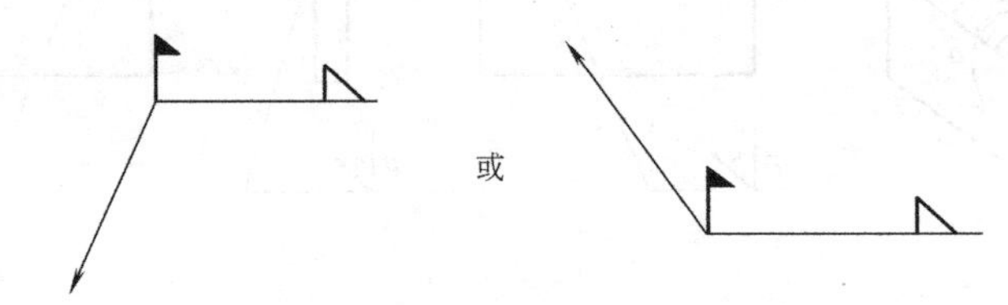

图 3-8　现场焊缝的表示方法

（9）图样中较长的角焊缝（如焊接实腹钢梁的翼缘焊缝），可不用引出线标注，而直接在角焊缝旁标注焊缝尺寸值 K，如图 3-9 所示。

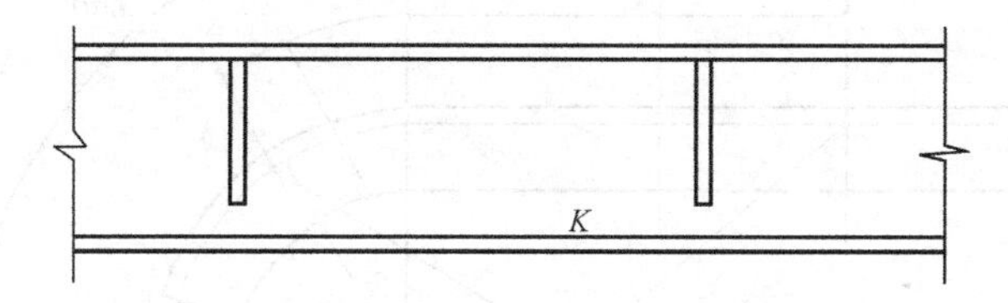

图 3-9　较长焊缝的标注方法

（10）熔透角焊缝的符号应按图 3-10 的方式标注。熔透角焊缝的符号为涂黑的圆圈，绘在引出线的转折处。

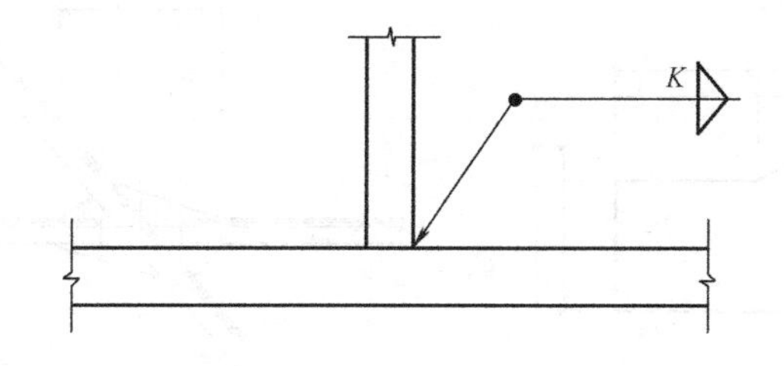

图 3-10　熔透角焊缝的标注方法

（11）局部焊缝应按图 3-11 方式标注。

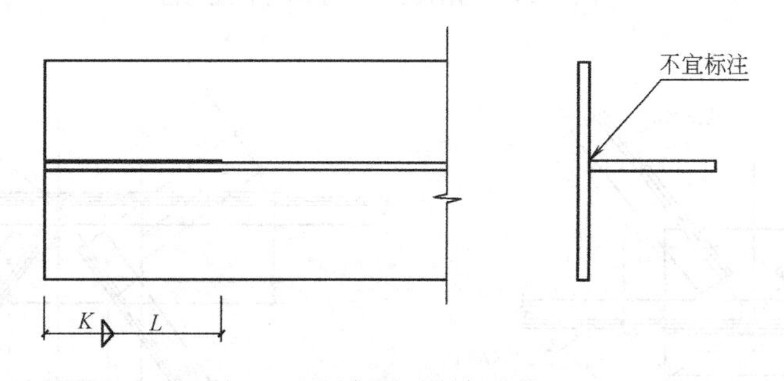

图 3-11　局部焊缝的标注方法

3.1.4　尺寸标注

（1）两构件的两条很近的重心线，应在交汇处将其各自向外错开，如图 3-12 所示。

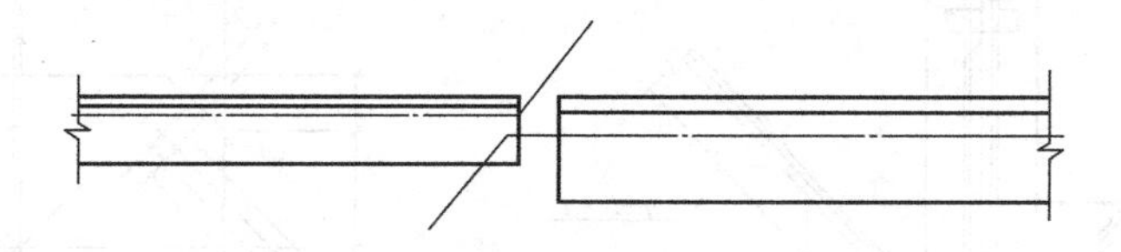

图 3-12　两构件重心线不重合的表示方法

（2）弯曲构件的尺寸应沿其弧度的曲线标注弧的轴线长度，如图 3-13 所示。
（3）切割的板材，应标注各线段的长度及位置，如图 3-14 所示。
（4）不等边角钢的构件，必须标注出角钢一肢的尺寸，如图 3-15 所示。

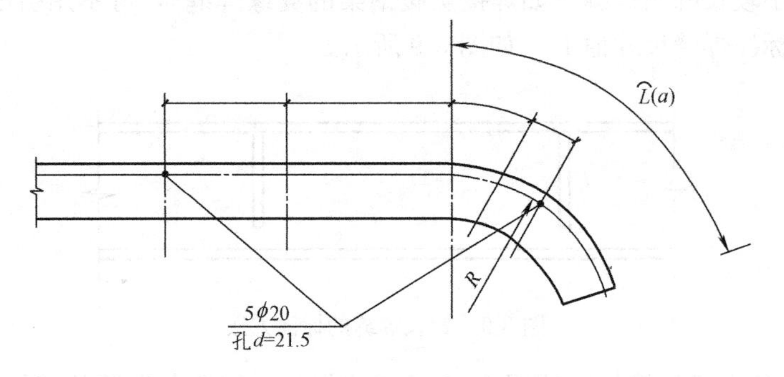

图 3-13　弯曲构件尺寸的标注方法

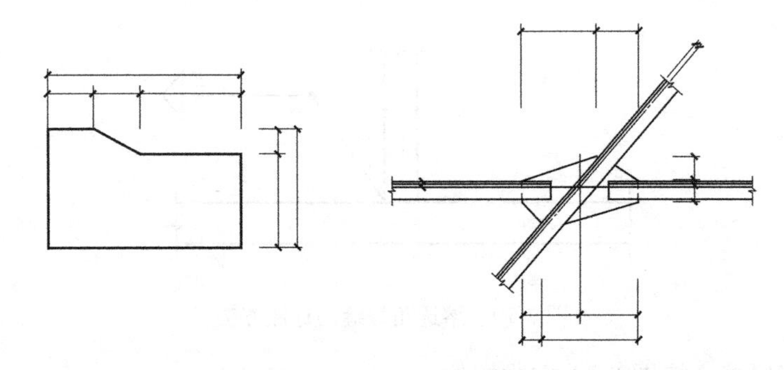

图 3-14　切割板材尺寸的标注方法

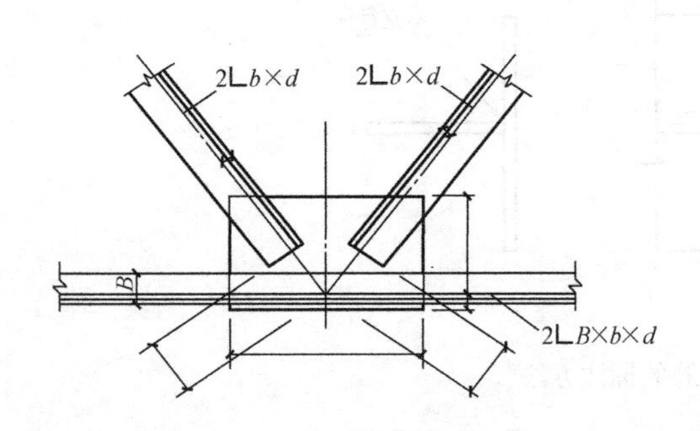

图 3-15　节点尺寸及不等边角钢的标注方法

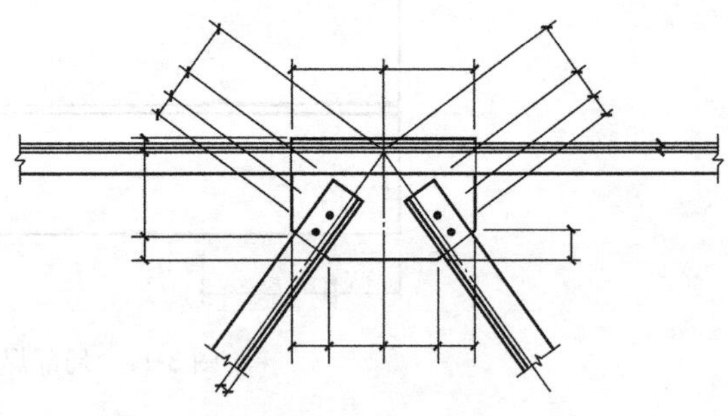

图 3-16　节点尺寸的标注方法

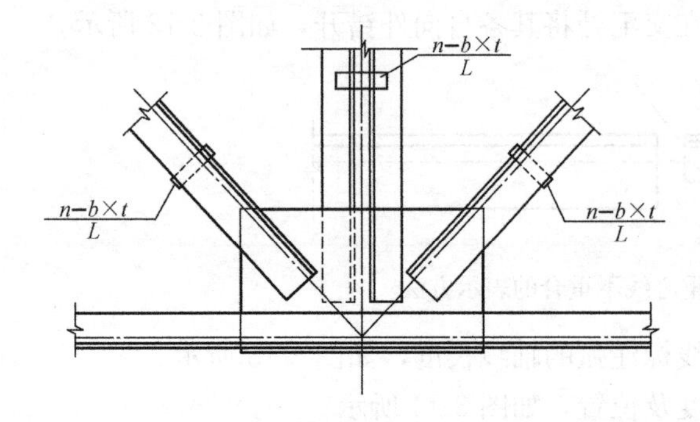

图 3-17　缀板的标注方法

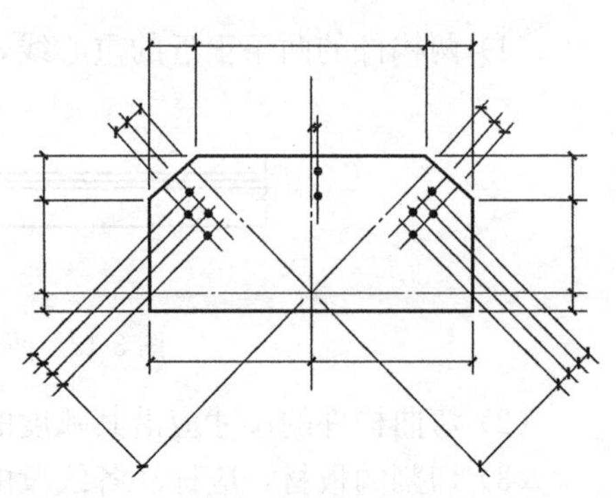

图 3-18　非焊接节点板尺寸的标注方法

(5) 节点尺寸，应注明节点板的尺寸和各杆件螺栓孔中心或中心距，以及杆件端部至几何中心线交点的距离，如图 3-16 所示。

(6) 双型钢组合截面的构件，应注明缀板的数量及尺寸，如图 3-17 所示。引出横线上方标注缀板的数量及缀板的宽度、厚度，引出横线下方标注缀板的长度尺寸。

(7) 非焊接的节点板，应注明节点板的尺寸和螺栓孔中心与几何中心线交点的距离，如图 3-18 所示。

3.1.5 常用构件代号（表 3-3）

常用构件代号 表 3-3

序号	名称	代号	序号	名称	代号	序号	名称	代号
1	板	B	19	圈梁	QL	37	承台	CT
2	屋面板	WB	20	过梁	GL	38	设备基础	SJ
3	空心板	KB	21	连续梁	LL	39	桩	ZH
4	槽形板	CB	22	基础梁	JL	40	挡土墙	DQ
5	折板	ZB	23	楼梯梁	TL	41	地沟	DG
6	密肋板	MB	24	框架梁	KL	42	柱间支撑	ZC
7	楼梯板	TB	25	框支梁	KZL	43	垂直支撑	CC
8	盖板或沟盖板	GB	26	屋面框架梁	WKL	44	水平支撑	SC
9	挡雨板或檐口板	YB	27	檩条	LT	45	梯	T
10	吊车安全走道板	DB	28	屋架	WJ	46	雨篷	YP
11	墙板	QB	29	托架	TJ	47	阳台	YT
12	天沟板	TGB	30	天窗架	CJ	48	梁垫	LD
13	梁	L	31	框架	KJ	49	预埋件	M-
14	屋面梁	WL	32	刚架	GJ	50	天窗端壁	TD
15	吊车梁	DL	33	支架	ZJ	51	钢筋网	W
16	单轨吊车梁	DDL	34	柱	Z	52	钢筋骨架	G
17	轨道连接	DGL	35	框架柱	KZ	53	基础	J
18	车挡	CD	36	构造柱	GZ	54	暗柱	AZ

注：1. 预制钢筋混凝土构件、现浇钢筋混凝土构件、钢构件和木构件，一般可直接采用本表中的构件代号。在绘图中，当需要区别上述构件的材料种类时，可在构件代号前加注材料代号，并在图纸中加以说明。

2. 预应力钢筋混凝土构件的代号，应在构件代号前加注“Y-”，如 Y-DL 表示预应力钢筋混凝土吊车梁。

3.2 建筑工程施工图的内容及要求

建造房屋要经过两个过程，一是设计，二是施工。为施工服务的图样称为建筑施工图，简称施工图。施工图由于专业的分工不同，又分为建筑施工图（简称建施）、结构施工图（简称结施）和设备施工图（简称设施如给排水、采暖通风、电气等）。

一套施工图一般由图纸目录、施工总说明、建筑施工图、结构施工图、设备施工图等组成。本章仅概括地叙述钢结构工程的建筑施工图和结构施工图的内容及要求。

3.2.1 建筑施工图的内容及要求

建筑施工图是在确定了建筑平面图、立面图、剖面图初步设计的基础上绘制的，它必须满足施工的要求。建筑施工图是表示建筑物的总体布局、外部造型、内部布置、细部构造、内外装饰以及一些固定设施和施工要求的图样，它所表达的建筑构配件、材料、轴线、尺寸（包括标高）和固定设施等必须与结构、设备施工图取得一致，并互相配合与协调。总之，建筑施工图主要用来作为施工放线、砌筑基础及墙身、铺设楼板、楼梯、屋面、安装门窗、室内外装饰以及编制预算和施工组织设计等的依据。

建筑施工图一般包括施工总说明（有时包括结构总说明）、总平面图、门窗表、建筑平面图、建筑立面图、建筑剖面图和建筑详图等图纸。

（1）建筑施工图的有关规定

建筑施工图除了要符合一般的投影原理以及视图、剖面和断面等基本图示方法外，还应严格遵守国家标准《房屋建筑制图统一标准》（GB/T 50001—2010）、《建筑制图标准》（GB/T 50104—2010）、《建筑结构制图标准》（GB/T 50105—2010）和《建筑工程设计文件编制深度规定》（2003）的规定。

（2）施工总说明和建筑总平面图

施工总说明主要对图样上未能详细注写的用料和做法等要求作出具体的文字说明。中小型房屋建筑的施工总说明一般放在建筑施工图内。

建筑总平面图是表明新建房屋所在基地有关范围内的总体布局，它反映新建房屋、构筑物等位置和朝向，室外场地、道路、绿化等的布置，地形、地貌、标高以及原有环境的关系和临界情况等；也是房屋及其他设施施工定位、土方施工以及绘制水、暖、电等管线总平面图和施工总平面图的依据。建筑总平面图一般包括：

1）图名、比例。

2）应用图例来表明新建区、扩建区或改建区的总体布置，表明各建筑物和构筑物的位置，道路、广场、室外场地和绿化等的布置情况以及各建筑物的层数等。在总平面图上一般应画上所采用的主要图例及其名称。此外对于《建筑制图标准》中缺乏而需要自定的图例，必须在总平面图中绘制清楚，并注明名称。

3）确定新建或扩建工程的具体位置，一般根据原有建筑或道路来定位，并以米为单位标注出定位尺寸。当新建成片的建筑物和构筑物或较大的公共建筑或厂房时，往往用坐标来确定每一建筑物及道路转折点等的位置。对地势起伏较大的地区，还应画出地形等高线。

4）注明新建房屋底层室内地面和室外整平地面的绝对标高。

5）画上风向频率玫瑰图及指北针，来表示该地区的常年风向频率和建筑物、构筑物等的朝向，有时也可只画单独的指北针。

（3）建筑平面图

建筑平面图主要来表示建筑物的平面形状、水平方向各部分（如出入口、走廊、楼梯、房间、阳台等）的布置和组合关系、门窗位置、墙和柱的布置以及其他建筑构配件的位置和大小等。

一般地说，多层房屋应画出各层平面图。但当有些楼层的平面布置相同或仅有局部不同时，则只需要画出一个共同的平面图（也称标准层平面图）。对于局部不同之处，只需另绘局部平面图。平面图一般采用1：100或1：200、1：50的比例。平面图的主要内容：

1）层次、图名、比例；

2）纵横定位轴线及其编号；

3）各房间的组合和分隔，墙、柱的断面形状及尺寸；

4）门窗型号及其布置；

5）楼梯梯级的形状，梯段的走向和级数；

6）其他构件如台阶、花台、雨篷、阳台以及各种装饰等的位置、形状和尺寸，厕所、盥洗、厨房等的固定设施的布置等；

7）标出平面图中的应标注的尺寸、标高以及某些坡度及其下坡方向的标注；

8）底层平面图中应表明剖面图的剖切位置线和剖视方向及其编号；表示房屋朝向的指北针；

9）屋面平面图中应表示出屋顶形状，屋面排水方向、坡度或泛水，以及其他构配件的位置和某些轴线等；

10）详图索引符号；

11）各房间名称。

如图3-19某工程底层平面图，从图中可知，建筑物轴线长36m，轴线宽12m，该建筑物定位轴线取在钢柱中，由结构施工图中可查出钢柱的截面尺寸，所以该建筑物的长、宽即可确定，建筑面积就可以计算了。另外钢结构围护墙板的计算也是以外皮长度计算面积的。此图也用来计算坡道、散水、墙体等工程量，同时也用来验证建筑施工图中设计师提供的门窗表是否正确。

（4）建筑立面图

建筑立面图用来表示建筑物的体型和外貌，并表明外墙面装饰要求等的图样。建筑立面图有多个立面，通常将房屋的主要出入口或反映房屋外貌主要特征的立面图称为正立面图，从而确定背立面图和左、右侧立面图，有时也可按房屋的朝向来确定立面图的名称，如南立面图、北立面图、东立面图和西立面图。有时也可按立面图两端的轴线编号来定立面图的名称。当某些房屋的平面形状比较复杂，还需加画其他方向或其他部位的立面图。如果房屋的东西立面布置完全对称，则可合用而取名东（西）立面图。立面图的主要内容：

1）图名、比例；

2）立面图两端的定位轴线及其编号；

3）门、窗的形状、位置及其开启方向符号；

4）屋顶外形；

5）各外墙面、台阶、花台、雨篷、窗台、雨水管、水斗、外墙装饰和各种线脚等的位置、形状、用料、做法（包括颜色）等；

6）标高及其必须标注的局部尺寸；

7）详图索引符号。

立面图可用来计算墙板的面积，统计墙板、屋面板收边包角的长度。由于钢结构建筑中，经常将窗台以下设计成砖墙，所以立面图和平面图配合即可求出砖墙的工程量。立面

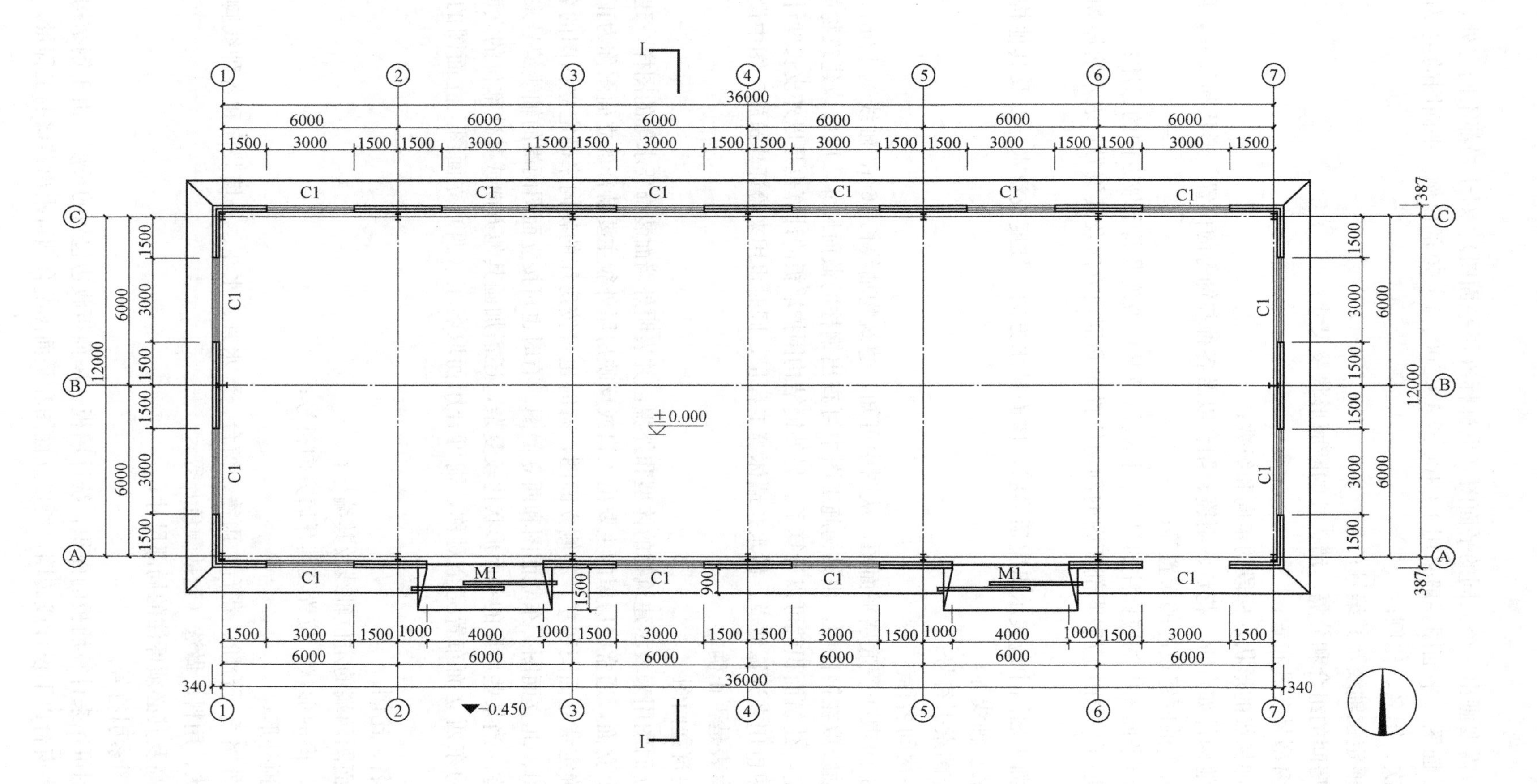

C1
M1
±0.000
−0.450
36000
12000
6000
3000
1500
4000
1000
900
387
340

图 3-19　底层平面图

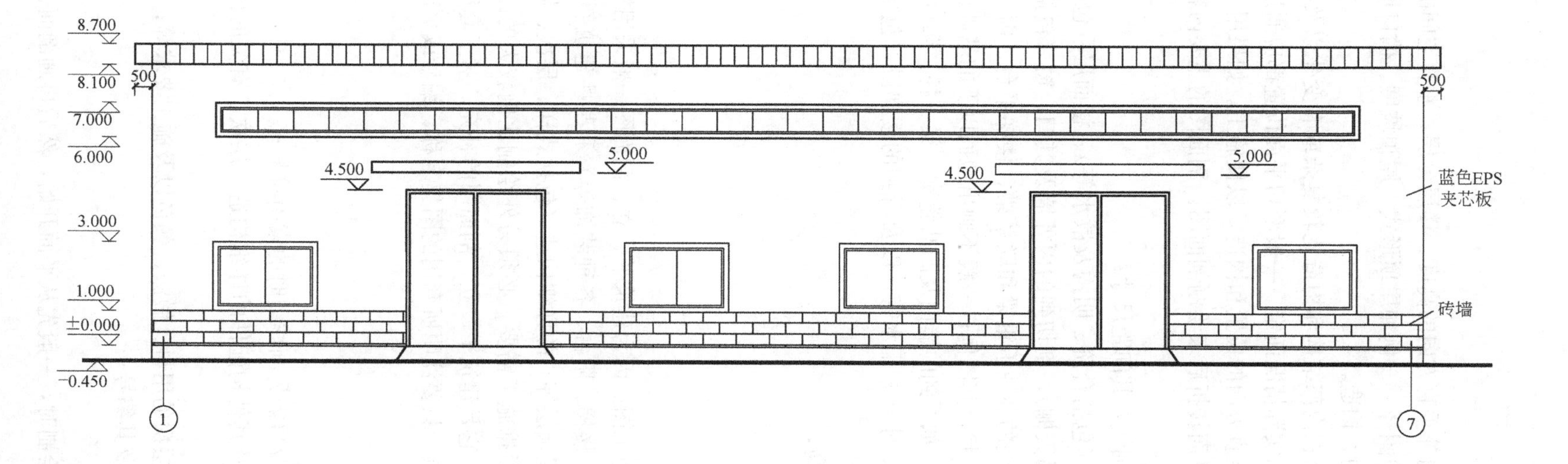
8.700
8.100
7.000
6.000
3.000
1.000
±0.000
−0.450
500
500
4.500
5.000
4.500
5.000
蓝色EPS
夹芯板
砖墙
1
7
图 3-20　建筑立面图

图示例如图 3-20。

(5) 建筑剖面图

建筑剖面图表示建筑物内部垂直方向的高度、楼层分层、垂直空间的利用以及简要的结构形式和构造方式等情况的图样——例如屋顶形式、屋顶坡度、檐口形式、楼板搁置方向、楼梯的形式及简要的结构、构造。

剖面图的剖切位置应选择在内部结构和构造比较复杂或有变化以及有代表性的部位，其数量视建筑物的复杂程度和实际情况而定。一般剖切平面位置都应通过门、窗洞口，借此来表示门窗洞口的高度和竖直方向的位置和构造，以便施工。如果用一个剖切平面不能满足要求时，则允许将剖切平面转折后来绘制剖面图。剖面图的主要内容：

1) 图名、比例；

2) 外墙（或柱）的定位轴线及其间距尺寸；

3) 剖切到的室内外地面（包括台阶、明沟及散水等）、楼面层（包括吊天棚）、屋顶层（包括隔热通风防水层及吊天棚），剖切到的内外墙及其门、窗（包括过梁、圈梁、防潮层、女儿墙及压顶），剖切到的各种承重梁和联系梁、楼梯平台、雨篷、阳台以及剖切到的孔道、水箱等的位置、形状及其图例；一般不画出地面以下的基础；

4) 未剖切到的可见部分，如看到的墙面及凹凸轮廓、梁、柱、阳台、门、窗、踢脚、勒脚、台阶（包括平台踏步）、水斗和雨水管，以及看到的楼梯段（包括栏杆扶手）和各种装饰等的位置形状；

5) 竖直方向的尺寸和标高；

6) 详图索引符号；

7) 某些用料注释。

剖面图示例如图 3-21。

(6) 建筑详图

建筑详图是建筑细部的施工图。因为建筑平、立、剖面图一般采用较小的比例，因而某些建筑构配件（如门、窗、楼梯、阳台、各种装饰等）和某些建筑剖面节点（如檐口、窗台、明沟以及楼地面层和屋顶层等）的详细构造（包括式样、层次、做法、用料和详细尺寸等）都无法表达清楚。根据施工需要，必须另外绘制比例较大的图样，才能表达清楚，这种图样称为建筑详图，它是建筑平、立、剖面图的补充。对于套用标准图集或通用详图的建筑构配件和剖面节点，只要注明所套用的图集名称、编号或页次，则可不必再画出详图。

建筑详图的主要内容有：

1) 图名、比例；

2) 详图符号及其编号以及再需另画详图时的索引符号；

3) 建筑构配件的形状以及其他构配件的详细构造、层次、有关的详细尺寸和材料图例等；

4) 详细注明各部分和各层次的用料、做法、颜色以及施工要求等；

5) 需要画上的定位轴线及其编号；

6) 需要标注的标高等。

建筑平、立、剖面图在绘制时，一般先从平面开始，然后再画剖面、立面等。画时要

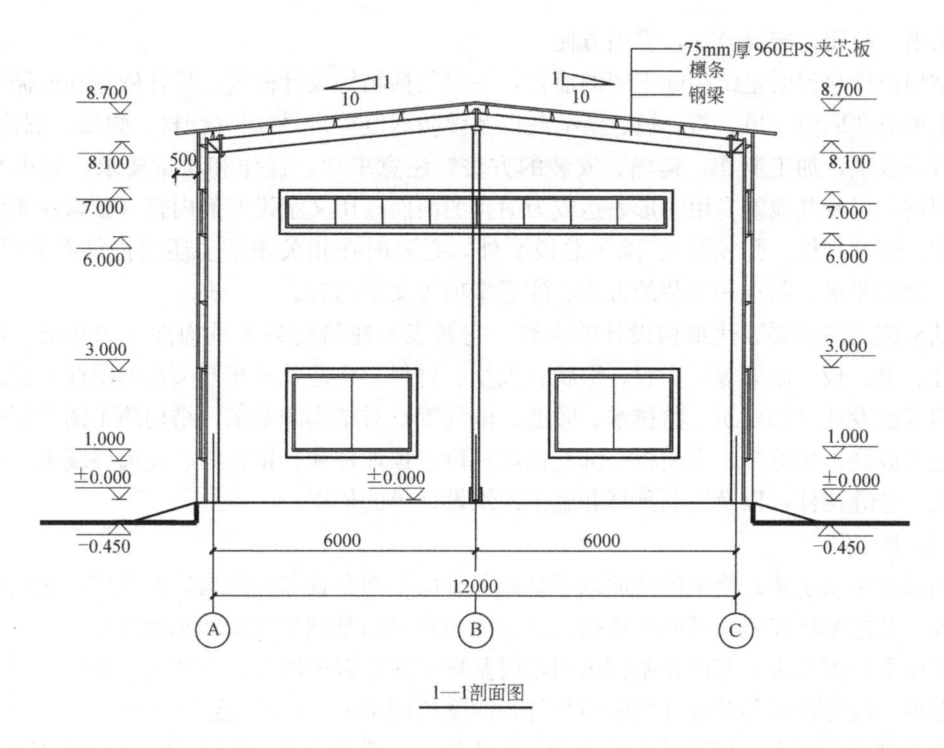

图 3-21　建筑剖面图 1：100

从大到小，从整体到局部，逐步深入。绘制建筑平、立、剖面图必须注意保持它们的完整性和统一性。例如立面图上的外墙面的门、窗布置和它们的宽度应与平面图上相应的门、窗布置和门、窗宽度相一致。剖面图上外墙面的门、窗布置和它们的高度应与立面图上相应的门、窗布置和门、窗高度相一致。同时，立面图上各部位的高度尺寸，除了根据使用功能和立面造型外，是从剖面图中构配件的构造关系来确定的，因此在设计和绘图中，立面图和剖面图相应的高度关系必须一致，立面图和平面图相应的宽度关系也必须一致。

建筑平、立、剖面图在绘制时，一般都是先画定位轴线；然后画出建筑构配件的形状和大小；再画出各个建筑细部；画上尺寸线、标高符号、详图索引符号等，最后注写尺寸、标高数字和有关说明。

3.2.2　结构施工图的内容及要求

建筑结构设计内容包括计算书和结构施工图两大部分。计算书以文字及必要的图表详细记载结构计算的全部过程和计算结果，是绘制结构施工图的依据。结构施工图以图形和必要的文字、表格描述结构设计结果，是制造厂加工制造构件、施工单位工地结构安装的主要依据。结构施工图一般有基础图（含基础详图）、上部结构的布置图和结构详图等。具体地说包括结构设计总说明、基础平面图、基础详图、柱网布置图、支撑布置图、各层（包括屋面）结构平面图、框架图、楼梯（雨篷）图、构件及节点详图等等。

钢结构的施工图数量与工程大小和结构复杂程度有关，一般十几张至几十张。施工图的图幅大小、比例、线型、图例、图框以及标注方法等要依据《房屋建筑制图统一标准》和《建筑结构制图标准》进行绘制，以保证制图质量，符合设计、施工和存档的要求。图面要清晰、简明，布局合理，看图方便。

结构设计总说明是结构施工图的前言，一般包括结构设计概况，设计依据和遵循的规范，主要荷载取值（风、雪、恒、活荷载以及设防烈度等），材料（钢材、焊条、螺栓等）的牌号或级别，加工制作、运输、安装的方法、注意事项、操作和质量要求，防火与防腐，图例，以及其他不易用图形表达或为简化图面而改用文字说明的内容（如未注明的焊缝尺寸、螺栓规格、孔径等）。除了总说明外，必要时在相关图纸上还需提供有关设计、材质、焊接要求、制造和安装的方式、注意事项等文字内容。

结构施工图主要表达结构设计的内容，它是表示建筑物各承重构件（如基础、承重墙、柱、梁、板、屋架等）布置、形状、大小、材料、构造及其相互关系的图样。它还要反映出其他专业（如建筑、给排水、暖通、电气等）对结构的要求。结构施工图主要用来作为施工放线、挖基槽、支模板、绑扎钢筋、设置预埋件和预留孔洞、浇捣混凝土，安装梁、板、柱等构件，以及编制预算和施工组织设计等的依据。

（1）基础图

基础图是表示建筑物室内地面以下基础部分的平面布置和详细构造的图样，它是施工时放线、开挖基坑和施工基础的依据。基础图通常包括基础平面图和基础详图。

基础平面图是表示基础在基槽未回填时基础平面布置的图样，主要用于基础的平面定位、名称、编号以及各基础详图索引号等，制图比例可取 1∶100 或 1∶200。

在基础平面图中，只要画出基础墙、构造柱、承重柱的断面以及基础地面的轮廓线，至于基础的细部投影都可省略不画。这些细部的形状，将具体放在基础详图中。基础墙和柱的外形线是剖到的轮廓线，应画成粗实线。基础平面图一般采用 1∶100 的比例绘制。条形基础和独立基础的外形线是可见轮廓线，则画成中实线。基础平面图中必须表明基础的大小尺寸和定位尺寸。基础代号注写在基础剖切线的一侧，以便在相应的基础断面图中查到基础底面的宽度。基础的定位尺寸也就是基础墙、柱的轴线尺寸（应注意它们的定位轴线及其编号必须与建筑平面图相一致）。基础平面图的主要内容概括如下：

1）图名、比例；

2）纵横定位轴线及其编号；

3）基础的平面布置，即基础墙、构造柱、承重柱以及基础底面的形状、大小及其与轴线的关系；

4）基础梁（圈梁）的位置和代号；

5）断面图的剖切线及其编号（或注写基础代号）；

6）轴线尺寸、基础大小尺寸和定位尺寸；

7）施工说明；

8）当基础底面标高有变化时，应在基础平面图对应部位的附近画出一段基础垫层的垂直剖面图，来表示基底标高的变化，并标注相应的基底标高。

基础详图一般采用垂直断面图来表示，主要绘制各基础的立面图、剖（断）面图，内容包括基础组成、做法、标高、尺寸、配筋、预埋件、零部件（钢板、型钢、螺栓等）编号，比例可取 1∶10 到 1∶50。基础详图的主要内容概括如下：

1）图名、比例；

2）基础断面图中轴线及其编号（若为通用断面图，则轴线圆圈内不予编号）；

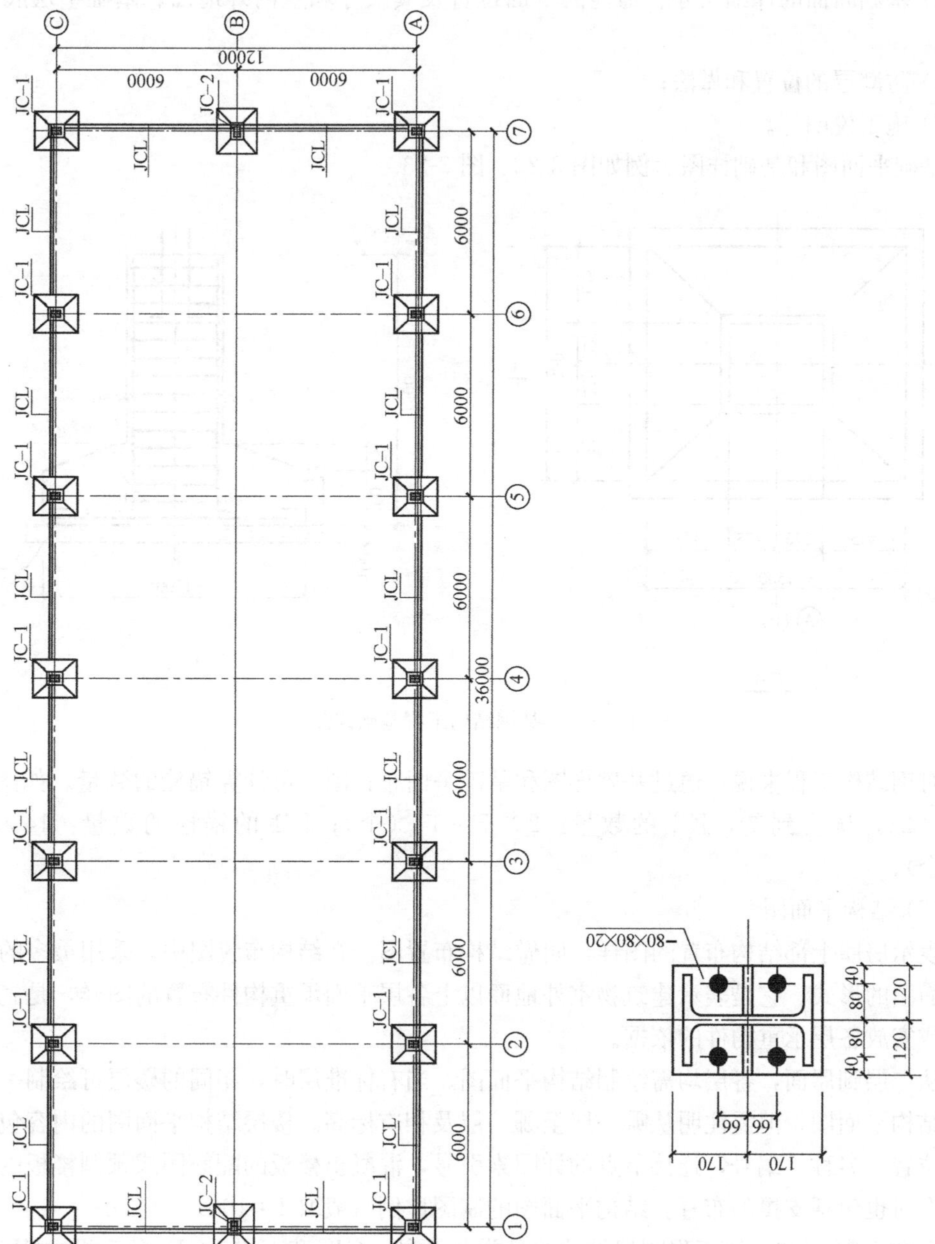

图 3-22　某钢结构工程基础平面布置图

3）基础断面形状、大小、材料、配筋；

4）基础梁和基础圈梁的截面尺寸及配筋；

5）基础圈梁与构造柱的连接做法；

6）基础断面的详细尺寸、锚栓的平面位置及其尺寸和室内外地面、基础垫层底面的标高；

7）防潮层的位置和做法；

8）施工说明等。

基础平面图和基础详图示例如图 3-22、图 3-23。

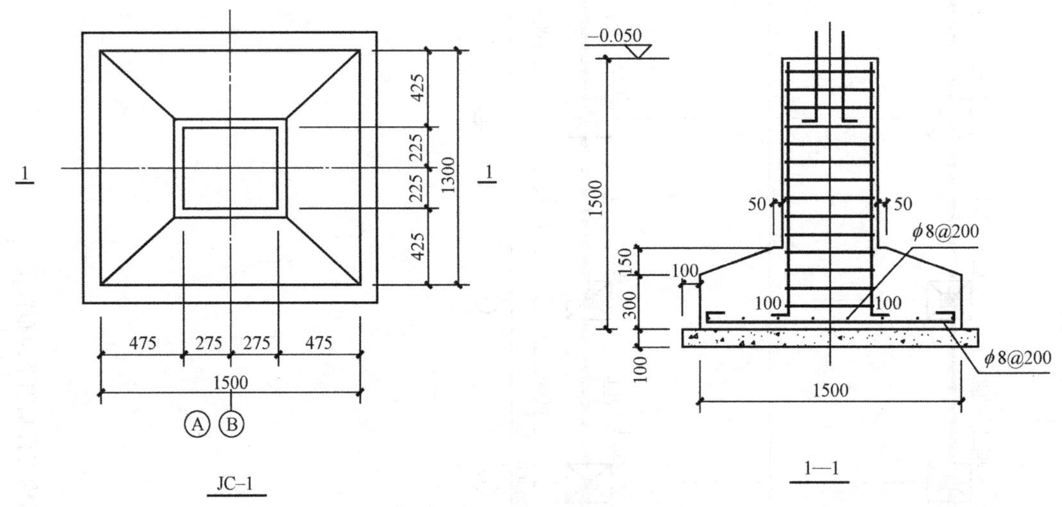

图 3-23　某钢结构工程基础详图

对钢结构工程来说，通过基础详图和基础平面布置图，可计算锚栓的数量。如图3-22 和图 3-23，从①到⑦，JC1 的数量：2×7＝14（个）；JC1 的锚栓的数量：14×4＝56（个）。

（2）结构平面图

表示房屋上部结构布置的图样，叫做结构布置图。在结构布置图中，采用最多的是结构平面图的形式。它是表示建筑物室外地面以上各层平面承重构件布置的图样，是施工时布置或安放各层承重构件的依据。

从二层到屋面，各层均需绘制结构平面图。当有标准层时，相同的楼层可绘制一个标准层结构平面图，但需注明从哪一层至哪一层及相应标高。楼层结构平面图的内容包括梁柱的位置、名称、编号，连接节点的详图索引号，混凝土楼板的配筋图或预制楼板的排板图，有时也包括支撑的布置。结构平面图的制图比例一般取 1∶100。

由图 3-24 可知，该工程刚架设计的种类是两种，GJ1 和 GJ2。GJ1 有 5 榀、GJ2 有 2 榀；抗风柱 2 根，再配合刚架施工图和抗风柱施工图，就可计算主钢构的用量；另外，结构平面布置图也反映了柱间支撑和屋面支撑的布置、系杆的布置的情况，配合相关的详图，可统计该部分的工程量。

（3）屋顶结构平面图

屋顶结构平面图是表示屋面承重构件平面布置的图样，其内容和图示要求与楼面结构

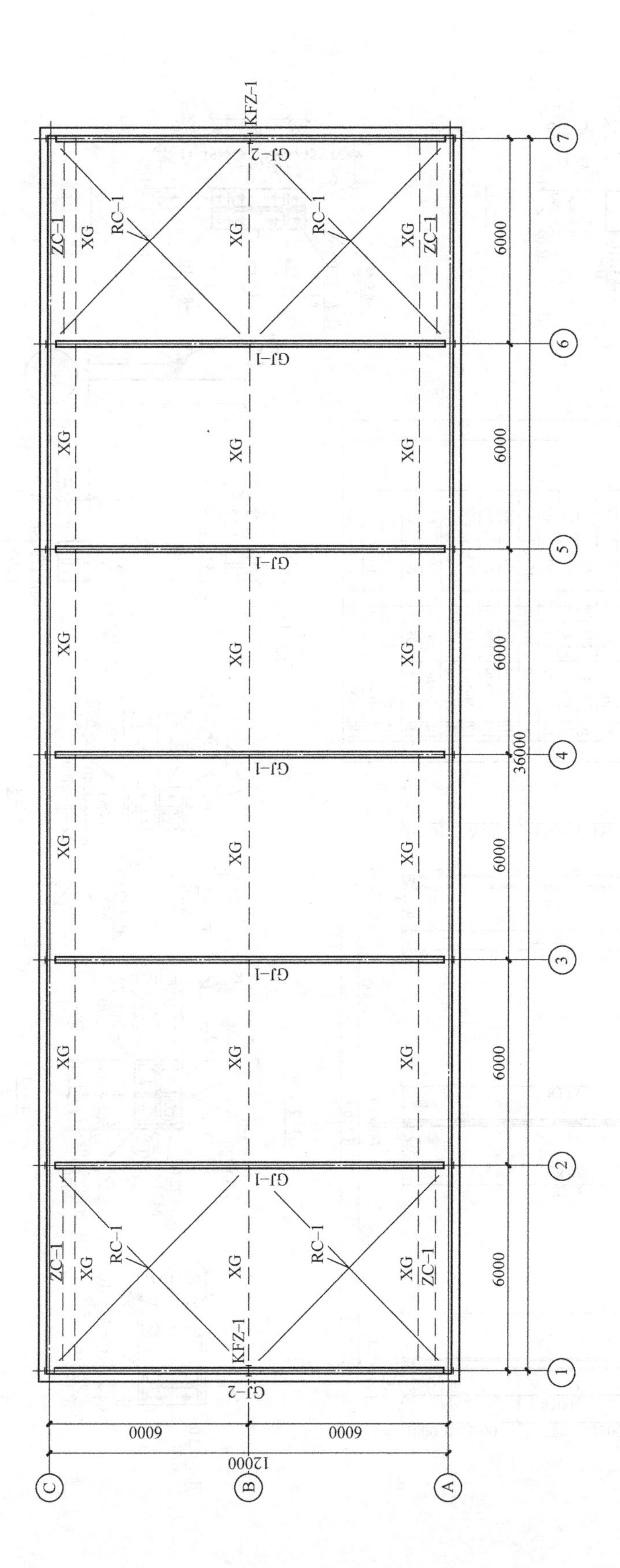

图 3-24　某钢结构工程结构平面布置图

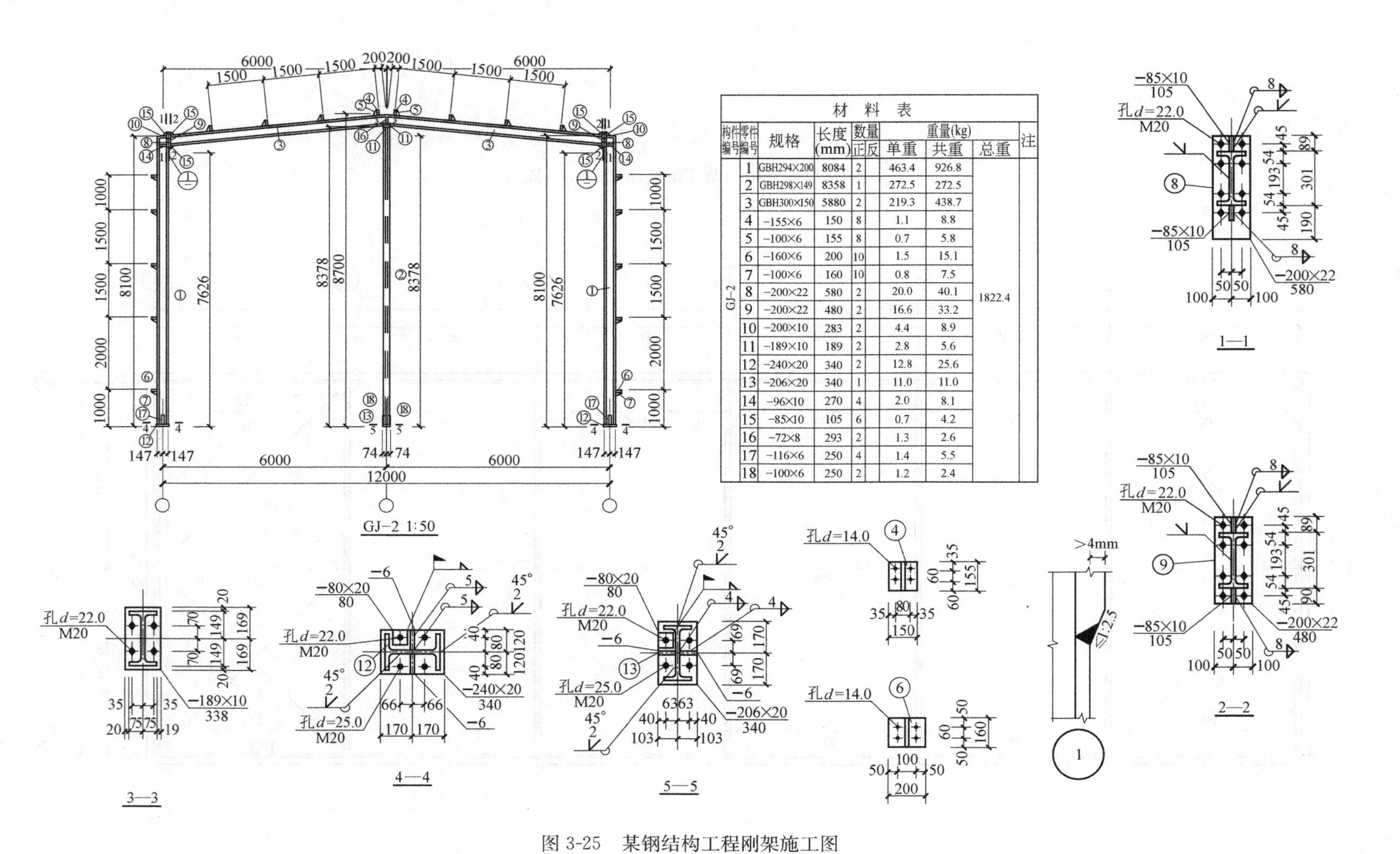

构件编号	零件编号	规格	长度(mm)	数量 正	数量 反	重量(kg) 单重	重量(kg) 共重	重量(kg) 总重	注
GJ-2	1	GBH294×200	8084	2		463.4	926.8	1822.4	
	2	GBH298×149	8358	1		272.5	272.5		
	3	GBH300×150	5880	2		219.3	438.7		
	4	−155×6	150	8		1.1	8.8		
	5	−100×6	155	8		0.7	5.8		
	6	−160×6	200	10		1.5	15.1		
	7	−100×6	160	10		0.8	7.5		
	8	−200×22	580	2		20.0	40.1		
	9	−200×22	480	2		16.6	33.2		
	10	−200×10	283	2		4.4	8.9		
	11	−189×10	189	2		2.8	5.6		
	12	−240×20	340	2		12.8	25.6		
	13	−206×20	340	1		11.0	11.0		
	14	−96×10	270	4		2.0	8.1		
	15	−85×10	105	6		0.7	4.2		
	16	−72×8	293	2		1.3	2.6		
	17	−116×6	250	4		1.4	5.5		
	18	−100×6	250	2		1.2	2.4		

图 3-25 某钢结构工程刚架施工图

平面图基本相同。由于屋面排水需要，屋面承重构件可根据需要按一定的坡度布置，并设置天沟板。此外，屋顶结构平面图中常附有屋顶水箱等结构以及上人孔等。

屋面结构平面图的主要内容概括如下：

1）图名、比例；

2）定位轴线及其编号；

3）下层承重墙和门窗洞的布置，本层柱子的位置；

4）楼层或屋顶结构构件的平面布置，如各种梁（楼面梁、屋面梁、雨篷梁、阳台梁、门窗梁、圈梁等）、楼板（或屋面板）的布置和代号等；

5）单层厂房则有柱、吊车梁、连系梁（或墙梁）、柱间支撑结构布置图和屋架及支撑布置图；

6）轴线尺寸和构件定位尺寸（含标高尺寸）；

7）附有有关屋架、梁、板等与其他构件连接的构造图；

8）施工说明等。

(4) 钢框架、门式刚架施工图及其他详图

在多层钢框架和门式刚架结构中，框架和刚架的榀数很多，但为了简化设计和方便施工，通常将层数、跨度相同且荷载区别不大的框架和刚架按最不利情况归类设计成一种，因此框架和刚架的种类较少，一般有一到几种。框架和刚架图即用于绘制各类框架和刚架的立面组成、标高、尺寸、梁柱编号名称，以及梁与柱、梁与梁、柱与柱的连接详图索引号等，如在框架和刚架平面内有垂直支撑，还需绘制支撑的位置、编号和节点详图索引号、零部件编号等。框架和刚架图的制图比例可有两个，轴线比例一般取1：50左右，构件横截面比例可取1：10至1：30。

楼梯图和雨篷图分别绘制楼梯和雨篷的结构平、立（剖）面详图，包括标高、尺寸、构件编号（配筋）、节点详图、零部件编号等。

构件图和节点详图应详细注明全部零部件的编号、规格、尺寸，包括加工尺寸、拼装定位尺寸、孔洞位置等，制图比例一般为1：10或1：20。

材料表用于配合详图进一步明确各零部件的规格、尺寸，按构件（并列出构件数量）分别汇列全部零部件的编号、截面规格、长度、数量、重量和特殊加工要求，为材料准备、零部件加工和保管以及技术指标统计提供资料和方便。

除了总说明外，必要时在相关图纸上还需提供有关设计、材质、焊接要求、制造和安装的方式、注意事项等文字内容。

刚架施工图示例如图3-25。

目前钢结构设计的软件较多，基本上都随图显示材料表，这为我们计算用钢量提供了方便。但是，大部分的材料表显示的并不是材料的净用量，含有一定的损耗或计算余量，使用时根据情况有选择性的参考。一般情况，如作设计概算，可以完全使用材料表的数量；如果做投标报价，还是复核一下材料表的数量为好。

第4章　钢结构工程构造分析

4.1　门式刚架

在工业发达国家，门式刚架轻型房屋已经发展数十年，目前已广泛地应用于各种房屋中。近年来，我国也开始较多地采用这种结构。随着我国《门式刚架轻型房屋钢结构技术规程》（GB 51022—2015）的颁布，对我国轻型钢结构的推广和应用起了促进和更加规范化的作用。

4.1.1　门式刚架结构形式简介

门式刚架分为单跨（图 4-1a）、双跨（图 4-1b）、多跨（图 4-1c）刚架以及带挑檐的（图 4-1d）和带毗屋的（图 4-1e）刚架等形式。多跨刚架中间柱与刚架斜梁的连接，可采用铰接（俗称摇摆柱）。多跨刚架宜采用双坡或单坡屋盖（图 4-1f），必要时也可采用由多个双坡单跨相连的多跨刚架形式。

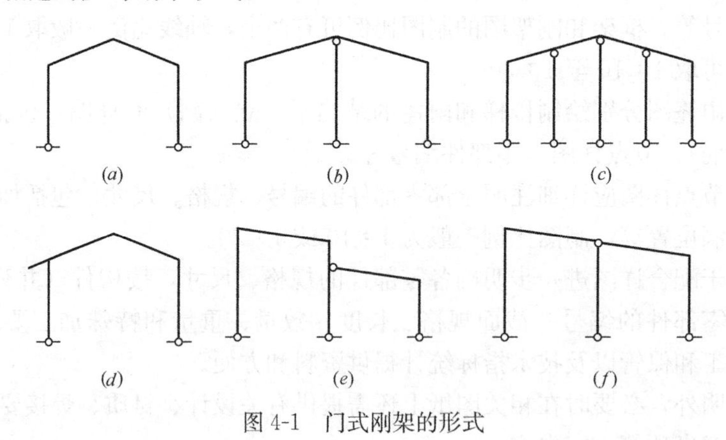

图 4-1　门式刚架的形式

4.1.2　门式刚架的构造设计

在门式刚架轻型房屋钢结构体系中，屋盖应采用压型钢板屋面板和冷弯薄壁型钢檩条，主刚架可采用变截面实腹刚架，外墙宜采用压型钢板墙板和冷弯薄壁型钢墙梁，也可采用砌体外墙或底部为砌体、上部为轻质材料的外墙。门式刚架为平面结构体系，为保证结构的整体性、稳定性及空间刚度，在每榀刚架间应由纵向构件或支撑系统连接。主刚架斜梁下翼缘和刚架柱内翼缘的平面外稳定性，由与檩条或墙梁相连接的隅撑来保证；主刚架间的交叉支撑可采用张紧的圆钢。门式刚架轻型房屋钢结构构造详见图 4-2，目前有檩体系为常用。

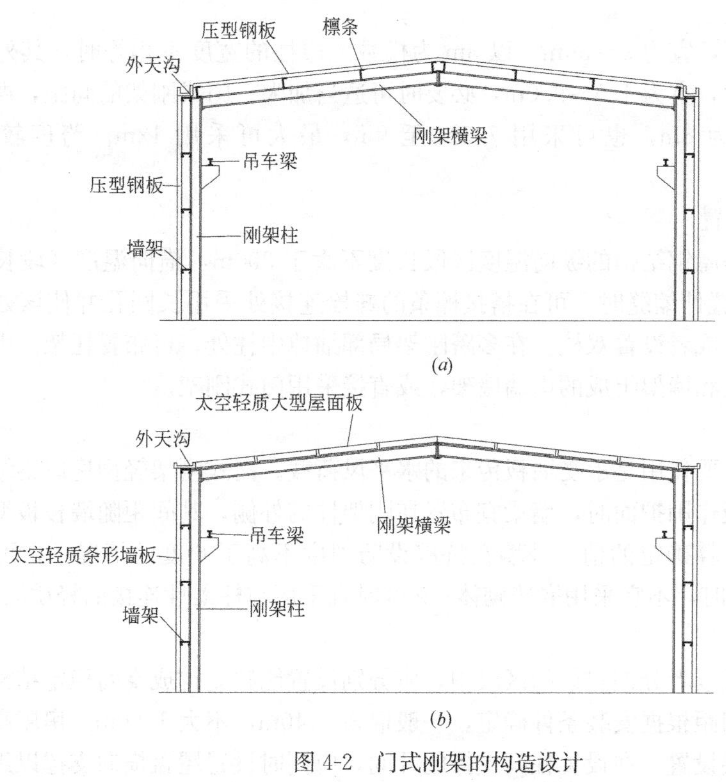

图 4-2　门式刚架的构造设计

(*a*) 有檩体系；(*b*) 无檩体系

单层门式刚架轻型房屋可采用隔热卷衬做屋盖隔热和保温层，也可以采用带隔热层的板材作屋面。根据跨度、高度及荷载不同，门式刚架的梁、柱可采用变截面或等截面的实腹焊接 H 形截面或轧制 H 形截面。设有桥式吊车时，柱宜采用等截面构件。变截面构件通常改变腹板的高度，做成楔形，必要时也可以改变腹板厚度。结构构件在运输单元内一般不改变翼缘截面，必要时可改变翼缘厚度，邻接的运输单元可采用不同的翼缘截面。

门式刚架可由多个梁、柱单元构件组成，柱一般为单独单元构件，斜梁可根据运输条件划分为若干个单元。单元构件本身采用焊接，单元之间可通过端板以高强度螺栓连接。门式刚架轻型房屋屋面坡度宜取 1/20～1/8，在雨水较多的地区宜取其中的较大值。

门式刚架的柱脚多按铰接支承设计，通常为平板支座，设一对或两对地脚螺栓。当用于工业厂房且有桥式吊车时，宜将柱脚设计为刚接。

4.1.3　门式刚架结构设计要素

(1) 建筑尺寸

门式刚架的跨度，应取横向刚架柱轴线间的距离。门式刚架的高度，应取柱脚至柱与斜梁上皮之间的高度。门式刚架的高度，应根据使用要求的室内净高确定，设有吊车的厂房应根据轨顶标高和吊车的净高要求而定。柱的轴线可取通过柱下端（较小端）中心的竖向直线；工业建筑边柱的定位轴线宜取柱外皮；斜梁的轴线可取斜梁上表面平行的轴线。

门式刚架的跨度，宜为9～36m，以3m为模数。边柱的宽度不相等时，其外侧要对齐。门式刚架的高度，宜为4.5～9.0m，必要时可适当加大。门式刚架的间距，即柱网轴线在纵向的距离宜为6m，也可采用7.5m至9m，最大可采用12m。跨度较小时可用4.5m。

（2）结构平面布置

门式刚架轻型房屋钢结构的纵向温度区段长度不大于300m，横向温度区段长度不大于150m。当需要设置伸缩缝时，可在搭接檩条的螺栓连接处采用长圆孔并使该处屋面板在构造上允许胀缩；或者设置双柱。在多跨刚架局部抽掉中柱处，可布置托架。山墙处可设置由斜梁、抗风柱和墙架组成的山墙墙架，或直接采用门式刚架。

（3）墙梁布置

墙梁即墙檩，主要作用是承受墙板传来的水平风荷载。门式刚架轻型房屋钢结构的侧墙，在采用压型钢板作围护面时，墙梁宜布置在刚架柱的外侧，其间距随墙板板型及规格而定，但不应大于计算确定的值。外墙在抗震设防烈度不高于6度的情况下，可采用砌体；当为7度、8度时，不宜采用嵌砖砌体；9度时宜采用与柱柔性连接的轻质墙板。

（4）支撑布置

在每个温度区段或者分期建设的区段中，应分别设置能独立构成空间稳定结构的支撑体系。柱间支撑的间距根据安装条件确定，一般取30～40m，不大于60m。房屋高度较大时，柱间支撑要分层设置。在设置柱间支撑的开间，应同时设置屋盖横向支撑以组成几何不变体系。端部支撑宜设在温度区段端部的第二个开间，这种情况下，在第一开间的相应位置宜设置刚性系杆。刚架转折处（如柱顶和屋脊）也宜设置刚性系杆。

由支撑斜杆等组成的水平桁架，其直腹杆宜按刚性系杆考虑，可由檩条兼作；若刚度或承载力不足，可在刚架斜梁间设置钢管、H型钢或其他截面形式的杆件。

门式刚架轻型房屋钢结构的支撑，宜采用张紧的十字交叉圆钢组成，用特制的连接件与梁柱腹板相连；有吊车时宜采用单角钢或双角钢。连接件应能适应不同的夹角。圆钢端部应有丝扣，校正定位后将拉条张紧固定。

4.1.4 门式刚架维护结构

门式刚架维护结构，按其是否需要保温，分为单层彩色压型钢板（简称单层彩钢板）、复合彩色压型钢板。

（1）单层彩色压型钢板（图4-3）

彩色压型板是采用彩色涂层钢板，经辊压冷弯成各种波形的压型板，它适用于工业与民用建筑、仓库、特种建筑、大跨度钢结构房屋的屋面、墙面以及内外墙装饰等，具有质轻、高强、色泽丰富、施工方便快捷、抗震、防火、防雨、寿命长、免维护等特点，现已被广泛推广应用。

（2）聚苯乙烯泡沫夹芯板（简称EPS夹芯板）（图4-4）

聚苯乙烯泡沫夹芯板是由彩色钢板作表层，闭孔自熄型聚苯乙烯泡沫做芯材，通过自动化连续成型机将彩色钢板压型后用高强度粘合剂粘合而成的一种高效新型复合建筑材料，主要适用于公共建筑、工业厂房的屋面、墙壁和洁净厂房以及组合冷库、楼房接层、

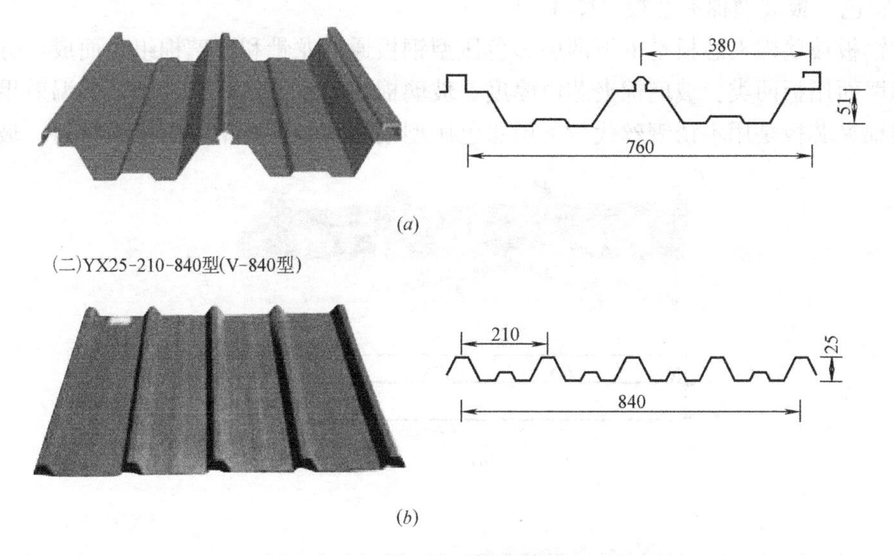

图 4-3 彩色压型板

(a) 屋面板；(b) 墙板

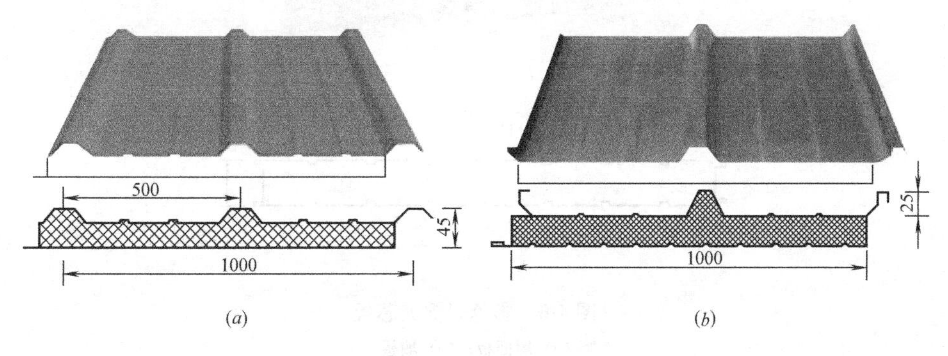

图 4-4 聚苯乙烯泡沫夹芯板

(a) 屋面板；(b) 墙板

商亭等，它具有保温、防水一次完成，施工速度快、经久耐用、美观大方等特点。目前生产的聚苯乙烯泡沫夹芯板分为拼接式、插接式、隐藏式和咬口式、阶梯式等多种形式。聚

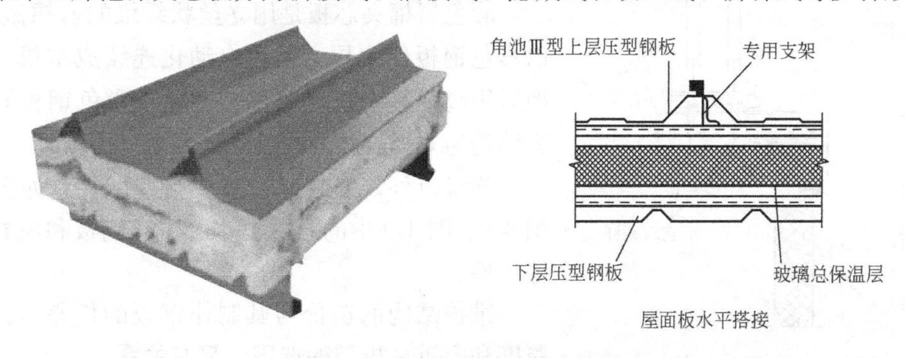

图 4-5 彩色钢板玻璃棉夹芯板

苯乙烯泡沫夹芯由厚度、聚苯乙烯泡沫的容重等指标来控制其保温效果。

(3) 彩色钢板玻璃棉夹芯板（图 4-5）

彩色钢板玻璃棉夹芯板是上下两层彩色压型钢板通过龙骨和玻璃棉组合而成，分为屋面用板和墙面用板两类。玻璃棉夹芯由厚度、玻璃棉的容重等指标来控制其保温效果。挂网式玻璃棉夹芯板是用不锈钢丝代替下层彩色压型钢板的一种新型保温屋面材料。玻璃棉夹芯板具有良好的防火性能，广泛适用于大型公共建筑、工业厂房及其他建筑的墙面和屋面。这是一种现场复合板。

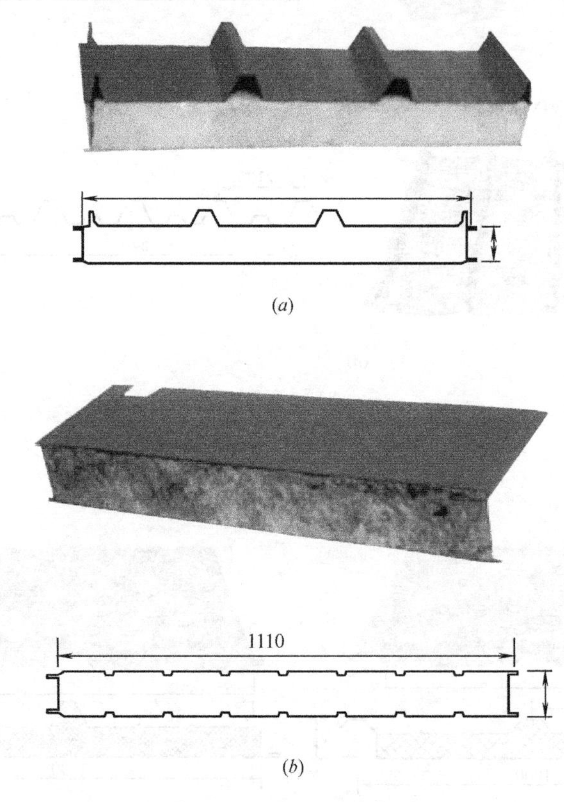

图 4-6 彩色岩棉夹芯板

(a) 屋面板；(b) 墙板

(4) 彩色岩棉夹芯板（图 4-6）

彩色岩棉夹芯板是用立丝状纤维的岩棉做芯材，以彩色钢板作表层，通过自动化连续成型机，经压型后用高强粘合剂粘合而成。由于彩色钢板和芯材岩棉均为非燃烧体，故其防火性能极佳。

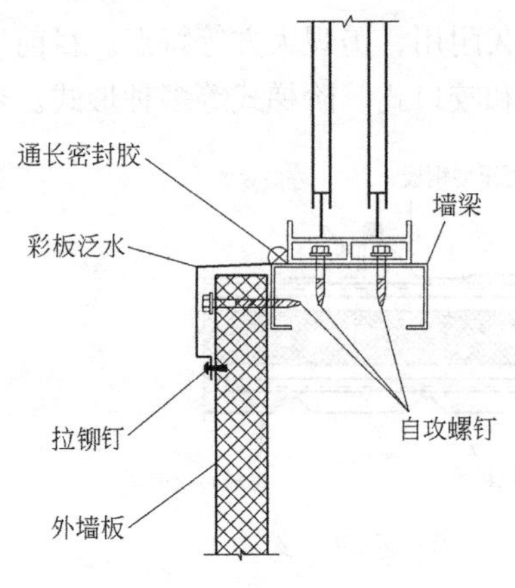

图 4-7 窗套下部详图

除板以外，安装时还需要一些配件，如图 4-7、图 4-8、图 4-9 中的彩板泛水、窗套侧板和屋脊盖板等折件。

维护结构的造价与其制作钢板的板厚、夹芯的厚度和容重、板型的选用，都有关系。

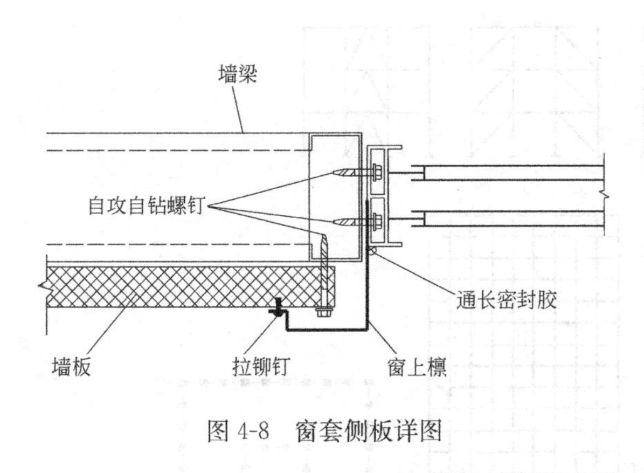

图 4-8　窗套侧板详图

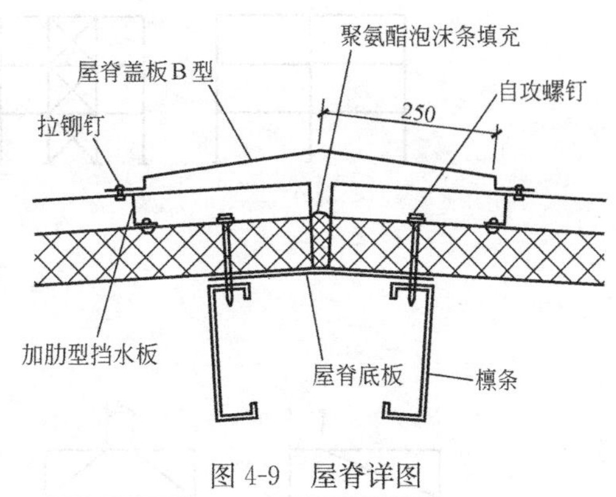

图 4-9　屋脊详图

4.2　框架钢结构体系

框架钢结构是一种常用的钢结构形式，多用于大跨度公共建筑、工业厂房和一些对建筑空间、建筑体型、建筑功能有特殊要求的建筑物和构筑物中，如剧院、商场、体育馆、火车站、展览厅、造船厂、飞机厂、停车库、仓库、工业车间、电厂锅炉钢架等，并在高层和超高层建筑中有了越来越广泛的应用，如最近以来，钢结构框架住宅体系，越来越受到人们的重视。

4.2.1　框架钢结构体系简介

框架结构一般可分为单层单跨、单层多跨和多层多跨等结构形式，以满足不同建筑造型和功能的需求，见图 4-10。

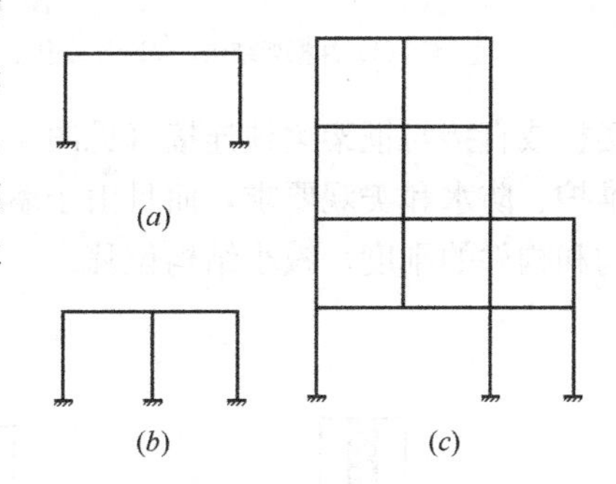

图 4-10　不同层、跨形态的框架结构
(a) 单层单跨；(b) 单层多跨；(c) 多层多跨

根据结构的抗侧力体系的不同，钢结构框架可分为纯框架、中心支撑框架、偏心支撑框架、框筒，见图 4-11。

纯框架结构延性好，但抗侧力刚度较差；中心支撑框架通过支撑提高框架的刚度，但支撑受压会屈曲，支撑屈曲将导致原结构的承载力降低；偏心支撑框架可通过偏心梁段剪切屈服限制支撑的受压屈曲，从而保证结构具有稳定的承载力和良好的耗能性能，而结构抗侧力刚度介于纯框架和中心支撑框架之间；框筒实际上是密柱框架结构，由于梁跨小、刚度大，使周围柱近似构成一个整体受弯的薄壁筒体，具有较大的抗侧刚度和承载力，因而框筒结构多用于高层建筑。

4.2.2　钢框架外维护结构的构造

钢框架结构因为钢梁、钢柱截面小，墙板一般采用预制板材。预制板材主要有钢板、挤压铝板、以钢板为基材的铝材罩面的复合板、夹芯板、预制轻混凝土大板等。各种墙板的夹层或内侧应配有隔热保温材料，并由密封材料保证墙体的水密性。墙板通过连接件与

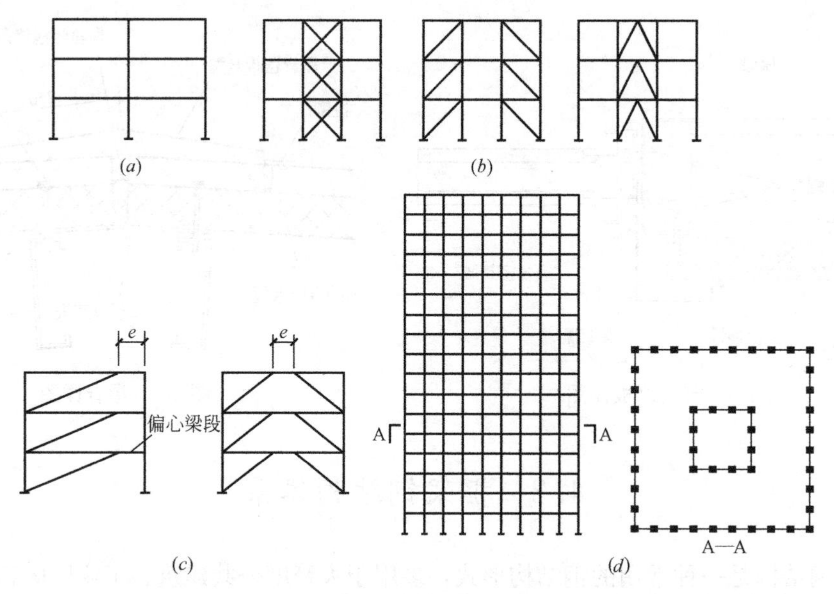

图 4-11　框架的立面形式
(a) 纯框架结构；(b) 各种中心支撑框架结构；(c) 偏心支撑框架结构；(d) 框架结构

楼板或直接与框架梁柱连接（见图 4-12）。当墙板直接与框架梁柱连接时，不仅满足建筑维护、防水和美观要求，而且由于墙板对框架梁柱的加劲作用，在一定程度上可以提高结构和构件的刚度，减小结构位移。

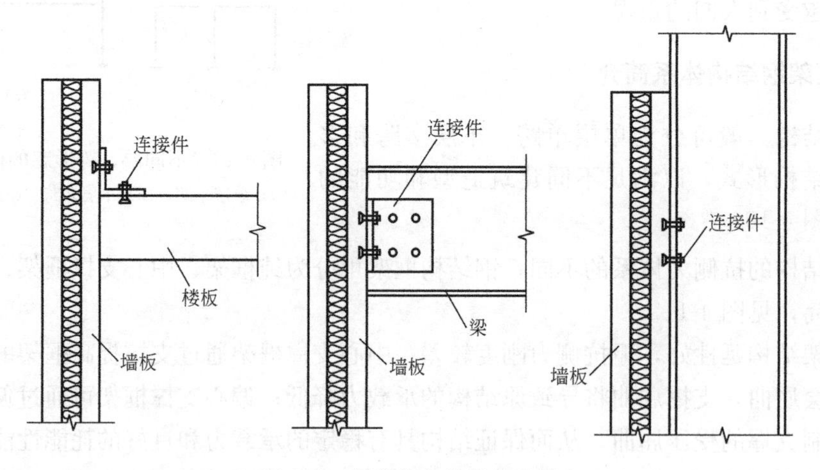

图 4-12　外墙板与结构的连接

现代多层民用钢结构建筑外墙面积相当于总建筑面积的 30%～40%，施工量大，且高空作业，故难度大，建筑速度缓慢；同时出于美观要求，耐久性要求和减轻建筑物自重等因素的考虑，外围护墙已走上了采取标准化、定型化、预制装配、多种材料复合等构造方式，多采用轻质薄壁和高档饰面材料，幕墙就是其中的主要一种类型。

幕墙是悬挂于骨架结构上的外围护墙，除承受风荷载外，不承受其他外来荷载，并通过连接固定体系将其自重和风荷载传递给骨架结构。幕墙控制着光线、空气、热量等内外交流，幕墙按材料区分，有轻质混凝土悬挂板、玻璃、金属、石板材等幕墙种类。

目前国内的装配式轻质混凝土墙板可分为两大体系，一类为基本是单一材料制成的墙板，如高性能 NALC 板，即配筋加气混凝土条板，该板具有较良好的承载、保温、防水、耐火、易加工等综合性能。另一类为复合夹芯墙板，该板内外侧为强度较高的板材，中间设置聚苯乙烯或矿棉等芯材，其种类较多。如天津大学等单位研究的 CS 板，即由两片钢丝网，中间夹 60～80mm 的聚苯乙烯板，并配置斜插焊接钢丝，形成主体骨架，后在两侧面浇筑细石混凝土，其保温、隔热、防渗、强度和刚度等均能达到规范要求。

4.2.2.1 外墙板连接构造

(1) 外墙板与钢框架梁连接构造（图 4-13）

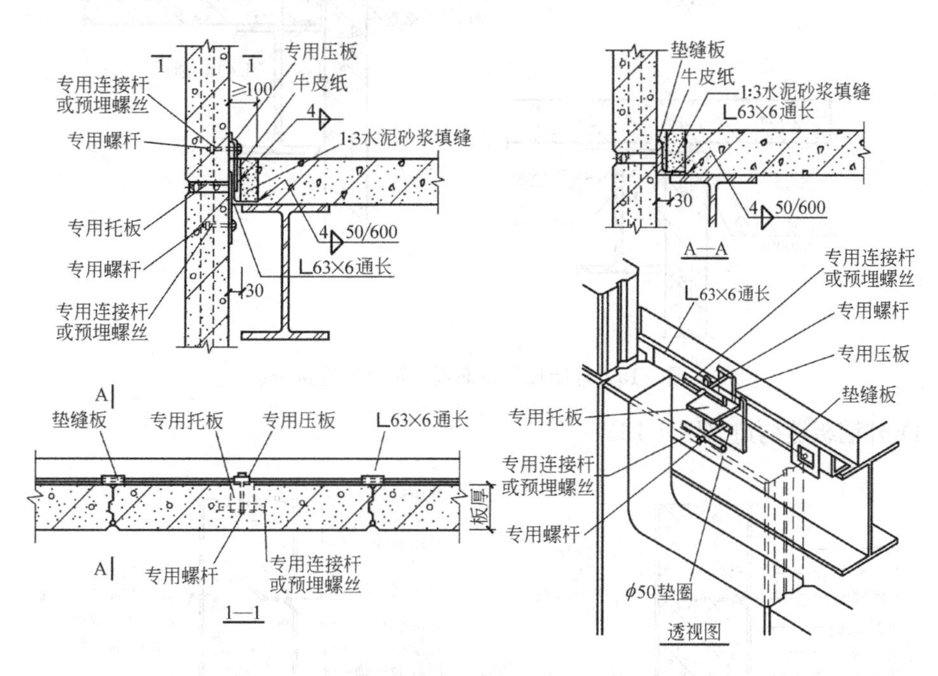

图 4-13 外墙板与钢框架梁连接构造

(2) 外墙板阳角处与钢框架梁连接构造（图 4-14）

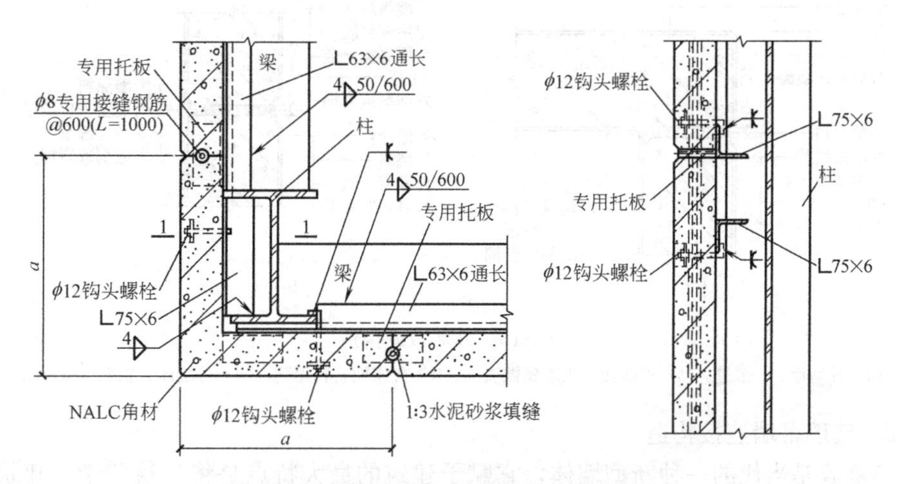

图 4-14 外墙板阳角处与钢框架梁连接构造

(3) 外墙板与屋面板、钢框架连接构造(图 4-15)

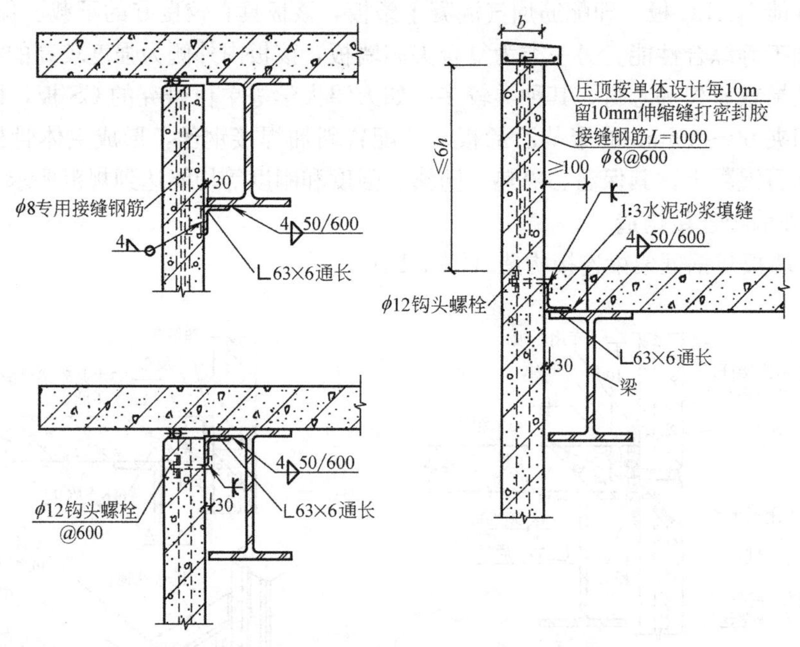

图 4-15 外墙板与屋面板、钢框架连接构造

(4) 外墙板缝构造(图 4-16)

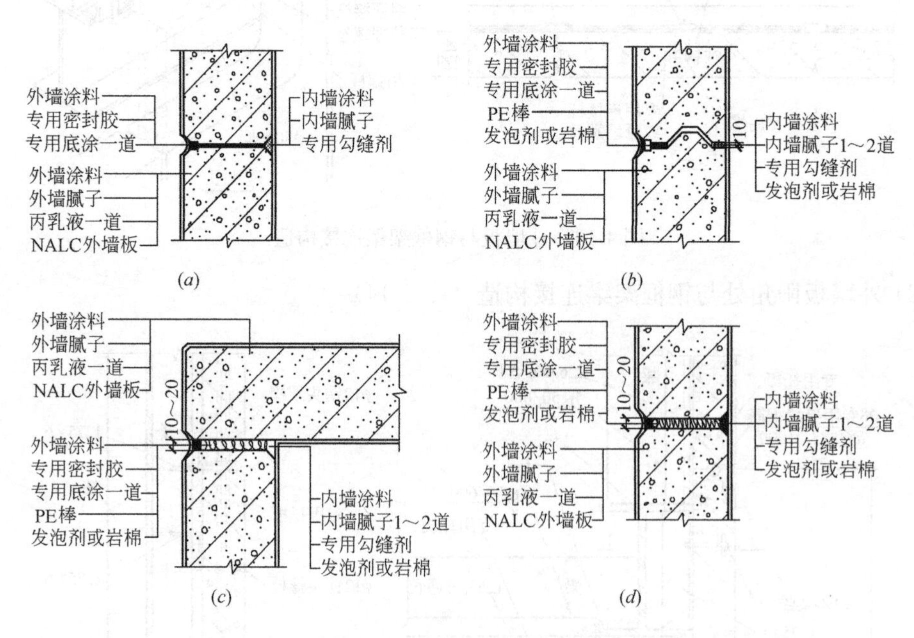

图 4-16 外墙板缝构造

(*a*) 外墙面、一般缝;(*b*) 外墙面、胀缩缝做法一;(*c*) 外墙面、转角缝;(*d*) 外墙面、胀缩缝做法二

4.2.2.2 玻璃幕墙连接构造

玻璃幕墙是当代的一种新型墙体,它赋予建筑的最大特点是将建筑美学、建筑功能、建筑节能和建筑结构等因素有机地统一起来,建筑物从不同角度呈现出不同的色调,随阳

光、月色、灯照的变化给人以动态的美。玻璃幕墙不仅装饰效果好，而且质量轻，安装速度快，是外墙轻型化、装配化较理想的形式。但由于光反射，在建筑密集区造成光污染，带来诸多不便。在设计时应充分考虑环境条件。玻璃幕墙在世界上已有40余年的历史，进入20世纪70年代，随着多、高层建筑的发展，在世界各大洲的主要城市均建有宏伟华丽的玻璃幕墙建筑。如纽约世界贸易中心、芝加哥石油大厦、西尔斯大厦都采用了玻璃幕墙，香港中国银行大厦、北京长城饭店和上海联宜大厦也相继采用。

(1) 玻璃幕墙类型

玻璃幕墙以其构造方式分为有框和无框两类。在有框玻璃幕墙中，又有明框和隐框两种。明框玻璃幕墙的金属框暴露在室外，形成外观上可见的金属格构；隐框玻璃幕墙的金属框隐蔽在玻璃的背面，室外看不见金属框。隐框玻璃幕墙又可分为全隐框玻璃幕墙和半隐框玻璃幕墙两种，半隐框玻璃幕墙可以是横明竖隐，也可以是竖明横隐。在无框玻璃幕墙中，又有全玻璃幕墙、挂架式玻璃幕墙两种玻璃幕墙。全玻璃幕墙不设边框，以高强粘结胶将玻璃连接成整片墙。

(2) 玻璃幕墙材料

玻璃幕墙主要由玻璃和固定它的骨架系统两部分组成。所用材料概括起来，基本上有幕墙玻璃、骨架材料和填缝材料三种。

1) 幕墙玻璃

玻璃幕墙的饰面玻璃主要有热反射玻璃（镜面玻璃）、吸热玻璃（染色玻璃）、双层中空玻璃及夹层玻璃、夹丝玻璃、钢化玻璃等品种。

2) 骨架材料

玻璃幕墙的骨架主要由构成骨架的各种型材以及连接固定用的各种连接、紧固件组成。型材可采用角钢、方钢管、槽钢等，但最多的还是经特殊挤压成型的各种铝合金幕墙型材。

3) 填缝材料

填缝材料用于幕墙玻璃装配及块与块之间的缝隙处理，一般是由填充材料、密封材料与防水材料组成。

(3) 玻璃幕墙的构造

1) 明框玻璃幕墙

明框玻璃幕墙的玻璃镶嵌在框内，成为四边有铝框的幕墙构件。幕墙构件镶嵌在横梁及立柱上，形成梁、立柱均外露，铝框分格明显的立面。

明框玻璃幕墙是最传统的形式，最大特点在于横梁和立柱本身兼龙骨及固定玻璃的双重作用。横梁上有固定玻璃的凹槽，而不用其他配件。这种类型应用最广泛，工作性能可靠，相对于隐框幕墙，施工技术要求较低（图4-17）。

2) 隐框玻璃幕墙

在隐框玻璃幕墙中，金属框隐蔽在玻璃的背面，外面不露骨架，也不见窗框，使得玻璃幕墙外观更加新颖、简洁。隐框玻璃幕墙的横梁不是分段与立柱连接的，而是作为铝框的一部分与玻璃组成一个整体组件后，再与立柱连接。图4-18为隐框玻璃幕墙构造示意。

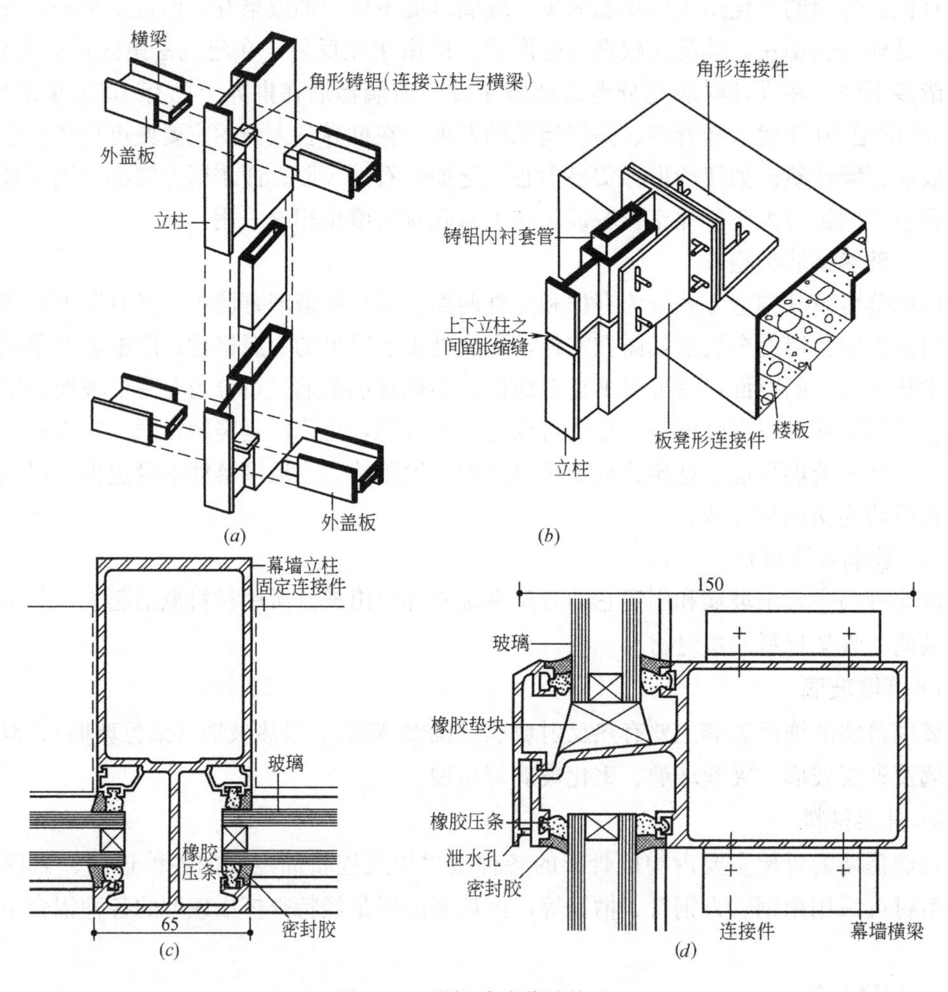

图 4-17　明框玻璃幕墙构造

(a) 立柱与横梁的连接；(b) 立柱与楼板的连接；(c) 立柱上玻璃固定；(d) 横梁上玻璃固定

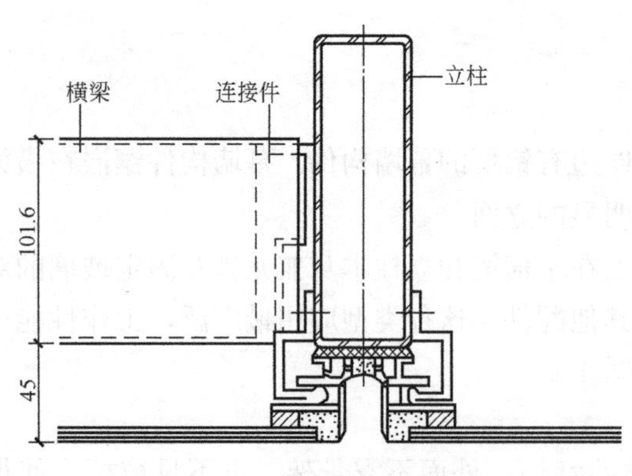

图 4-18　隐框玻璃幕墙构造

3）挂架式玻璃幕墙

挂架式玻璃幕墙又称点式玻璃幕墙，采用四爪式不锈钢挂件与立柱相焊接，每块玻璃四角在厂家加工钻 4 个 ϕ20 孔，挂件的每个爪与 1 块玻璃 1 个孔相连接，即 1 个挂件同时与 4 块玻璃相连接，或 1 块玻璃固定于 4 个挂件上（图 4-19）。

4）无框玻璃幕墙

无框玻璃幕墙的含义是指在视线范围内不出现金属框料，形成在某一层范围内幅面比较大的无遮挡透明墙面。为了增强玻璃墙面的刚度，必须每隔一定的距离用条形玻璃作为加强肋板，称为肋玻璃。面玻璃与肋玻璃相交部位宜留出一定的间隙，用硅酮系列密封胶注满。无框玻璃幕墙一般选用比较

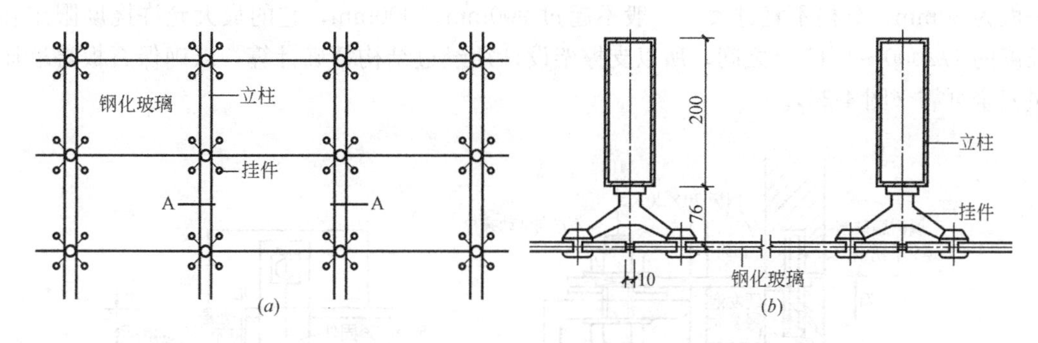

图 4-19　挂架式玻璃幕墙示意

(a) 挂架式玻璃幕墙立面；(b) 节点剖面

厚的钢化玻璃和夹层钢化玻璃，选用的单片玻璃面积和厚度，主要应满足最大风压情况下的使用要求。

4.2.2.3　金属幕墙

目前，大型建筑外墙装饰多采用玻璃幕墙、金属幕墙，且常为其中两种组合共同完成装饰及维护功能，形成闪闪发光的金属墙面，具有其独特的现代艺术感。

金属幕墙按结构体系划分为型钢骨架体系、铝合金型材骨架体系及无骨架金属板幕墙体系等。按材料体系划分为铝合金板（包括单层铝板、复合铝板、蜂窝铝板数种）、不锈钢、搪瓷或涂层钢、铜等薄板等。

金属幕墙由在工厂定制的折边金属薄板作为外围护墙面。金属幕墙与玻璃幕墙从设计原理到安装方式等方面都很相似。图 4-20、图 4-21、图 4-22 表示几种不同板材的节点构造。

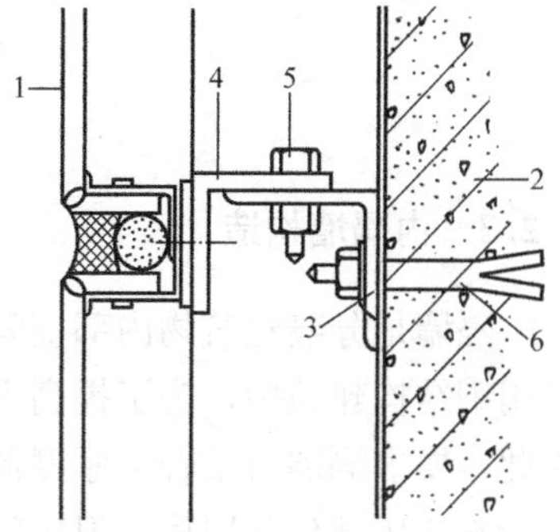

图 4-20　单板或铝塑板节点构造

1—单板或铝塑板；2—承重柱（或墙）；3—角支撑；4—直角型铝材横梁；5—调整螺栓；6—锚固螺栓

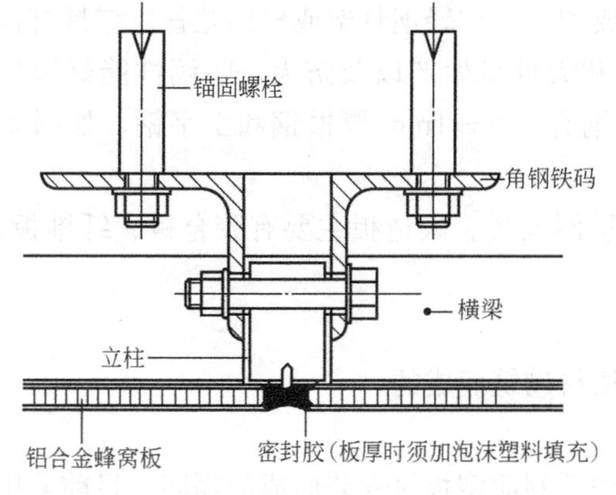

图 4-21　铝合金蜂窝板节点构造（一）

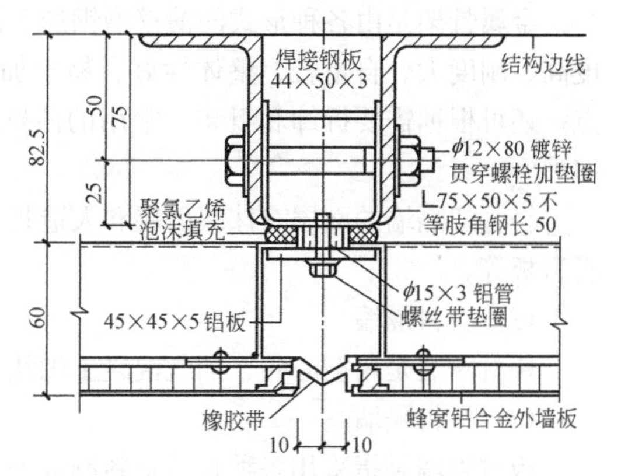

图 4-22　铝合金蜂窝板节点构造（二）

4.2.2.4　石板材幕墙

主要采用天然花岗石做面料的幕墙，背后为金属支撑架。花岗石色彩丰富，质地均匀，强度及抗拒大气污染等各方面性能较佳，因此深受欢迎。用于高层的石板幕墙，板厚一般为 30mm，分格不宜过大，一般不超过 900mm×900mm，它的最大允许挠度限定在长度的 1/2000～1/1500 之间，所以支撑架设计须经过结构精确计算，以确保石板幕墙质量安全可靠（图 4-23）。

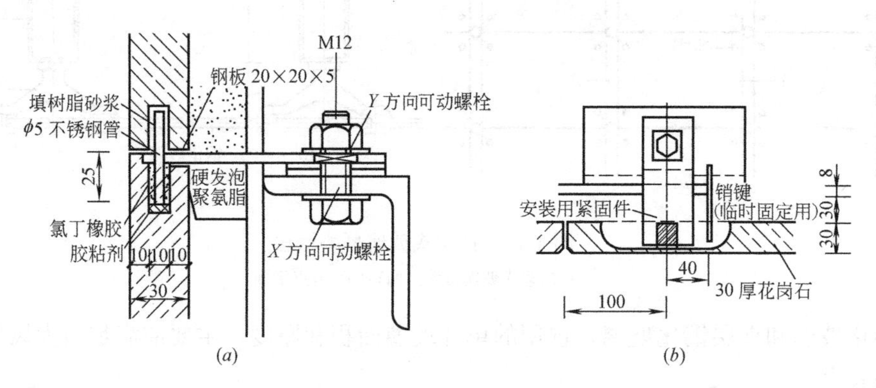

图 4-23 花岗石板幕墙节点构造

(a) 水平缝；(b) 垂直缝

4.2.3 内隔墙构造

隔墙是分隔建筑物内部空间的非承重内墙，其本身的重量由楼板或梁来承担。在多层民用钢结构建筑中，为了提高平面布局的灵活性，大量采用隔墙以适应建筑功能的变化。因此，要求隔墙自重轻、厚度薄、便于安装和拆卸，有一定的隔声能力，同时还要能够满足特殊使用部位如厨房、卫生间等处的防火、防水、防潮等要求。

隔墙按构造形式分为轻骨架隔墙、块材隔墙、板材隔墙三大类。

(1) 轻骨架隔墙

轻骨架隔墙由骨架和面层两部分组成。骨架的种类很多，常用的有木骨架和金属骨架。

金属骨架是由各种形式的薄壁型钢加工制成的，也称轻钢骨架或轻钢龙骨。它具有强度高、刚度大、自重轻、整体性好、易于加工和大批量生产以及防火、防潮性能好等优点，还可根据需要拆卸和组装。常用的薄壁型钢有 0.8～1mm 厚槽钢和工字钢，如图 4-24 所示。

轻骨架隔墙的面层有抹灰面层和人造板面层两大类。人造板主要有胶合板、纤维板、石膏板等。

(2) 块材隔墙

块材隔墙是用空心砖、加气混凝土砌块等块材砌筑而成的。

(3) 板材隔墙

板材隔墙是指采用各种轻质材料制成的各种预制薄型板材安装而成的隔墙。目前采用的大多为条板，常见的有加气混凝土条板、石膏条板、蜂窝纸板、水泥刨花板、泰柏板等。这些条板自重轻，安装方便。

1) 加气混凝土条板隔墙

加气混凝土主要是由水泥、石灰、砂、矿渣等加发泡剂（铝粉），经过原料处理和养

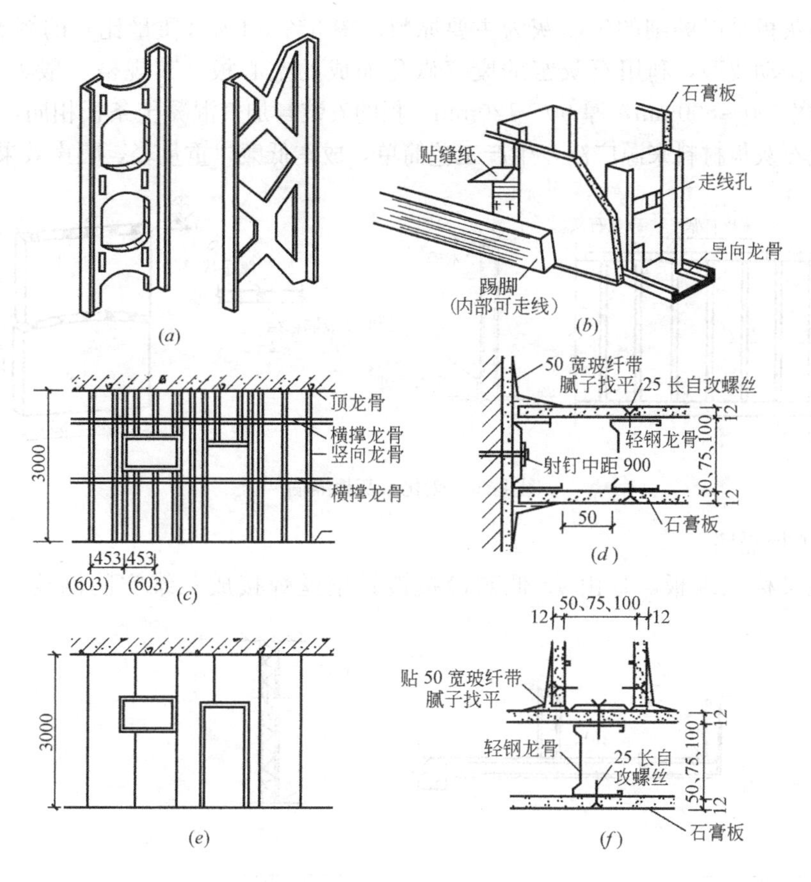

图 4-24　薄壁轻钢骨架隔墙

(a) 薄壁轻钢骨架；(b) 墙体组装示意；(c) 龙骨排列；(d) 靠墙节点；
(e) 石膏板排列；(f) 丁字隔墙节点

护等工序制成的。加气混凝土条板的规格为长 2700～3000mm，宽 600～800mm，厚 80～100mm。条板安装一般是在地面上用一对对口木楔在板底将板楔紧，墙板之间用水玻璃砂浆或 108 胶砂浆粘结，如图 4-25 所示。

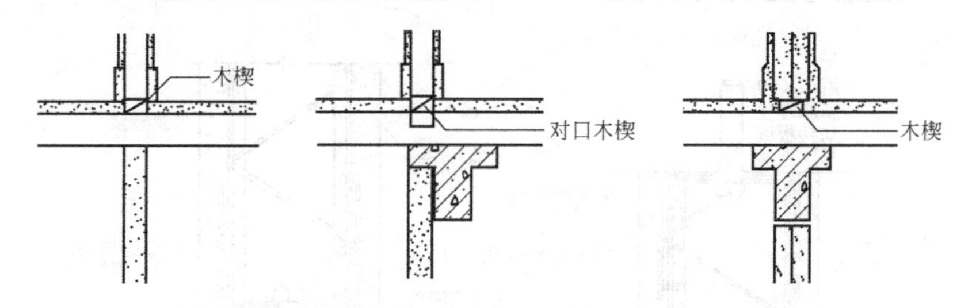

图 4-25　加气混凝土板隔墙与楼板的连接

加气混凝土条板具有自重轻，节省水泥，运输方便，施工简单，可锯、可刨、可钉等优点。但吸水性大、耐腐蚀性差、强度较低。不宜用于具有高温、高湿或有化学、有害空气介质的建筑中。

2）碳化石灰板隔墙

碳化石灰板是以磨细的生石灰为主要原料，掺 3%～4%（质量比）的短玻璃纤维，加水搅拌，振动成型，利用石灰窑的废气碳化而成的空心板。其规格一般为长 2700～3000mm，宽 500～800mm，厚 90～120mm。板的安装与加气混凝土条板相同，如图 4-26 所示。碳化石灰板材料来源广泛，生产工艺简单，成本低廉，重量轻，隔声效果好。

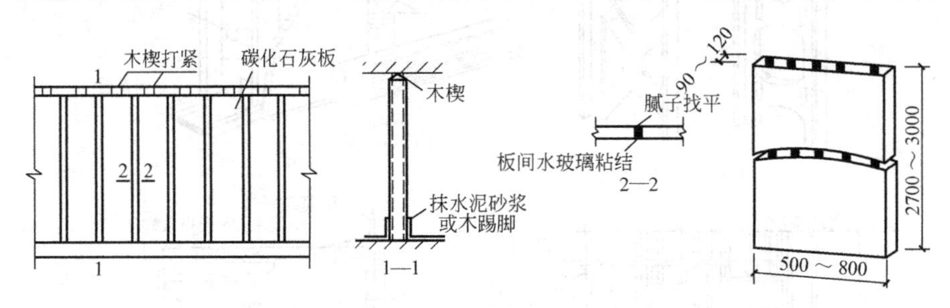

图 4-26　碳化石灰板隔墙

3）泰柏板隔墙

泰柏板又称三维板，是由 $\phi 2$ 低碳冷拔镀锌钢丝焊接成三维空间网笼，中间填充

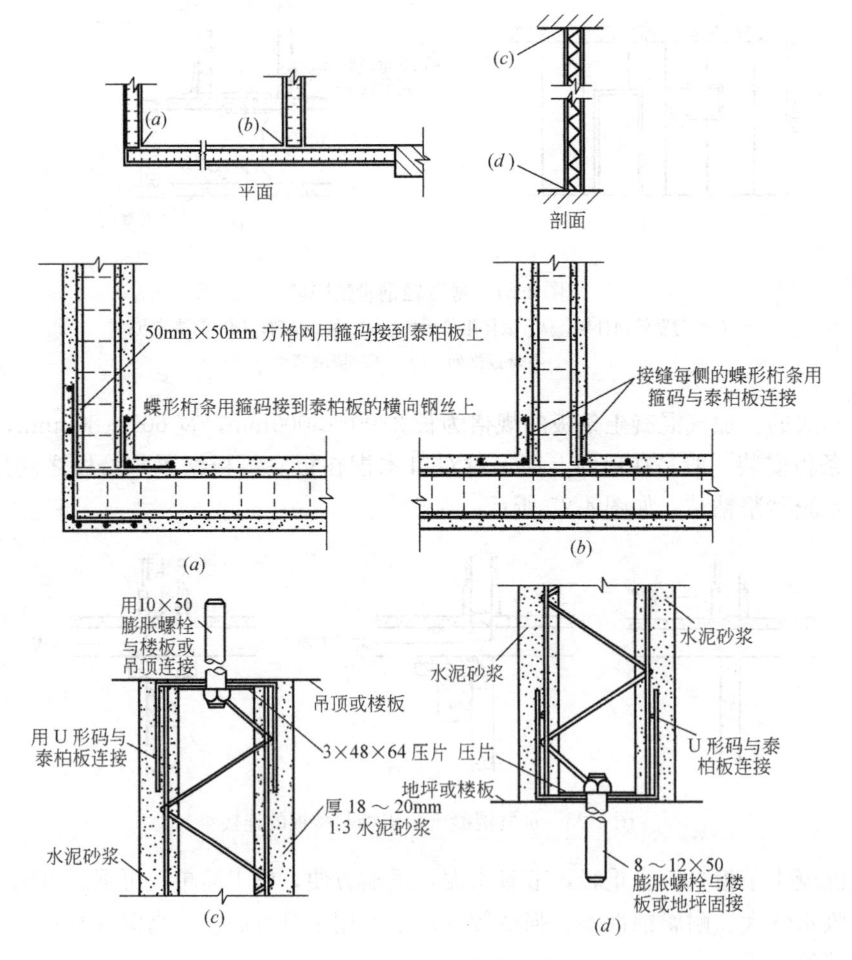

图 4-27　泰柏板复合墙体

(*a*) 转角交接；(*b*) 丁字交接；(*c*) 上部与楼板或吊顶的连接；(*d*) 下部与地坪或楼板的连接

50mm 厚的阻燃聚苯乙烯泡沫塑料构成的轻质板材，然后在现场安装并双面抹灰或喷涂水泥砂浆而组成的复合墙体，如图 4-27 所示。

泰柏板约长 2400～4000mm，宽 1200～1400mm，厚 75～76mm。它自重轻，强度高，保温、隔热性能好，具有一定的隔声能力和防火性能，故被广泛用作工业与民用建筑的内、外墙、轻型屋面以及小开间建筑的楼板等。

4.2.4 楼板构造

4.2.4.1 楼板形式分类

钢框架结构的楼盖按楼板形式分类，一般有三种主要形式：

（1）现浇钢筋混凝土组合楼盖

这类组合楼盖楼面刚度较大，但由于在现场浇筑混凝土板，施工工序复杂，需要搭设脚手架，安装模板和支架，绑扎钢筋，浇筑混凝土及拆模等作业，施工进度慢。

（2）压型钢板—混凝土板组合楼盖（见图 4-28*a*、*b*）

压型钢板—混凝土板组合楼盖是目前在多层乃至高层钢结构中采用最多的一类，它不仅具备很好的结构性能和合理的施工工序，而且综合经济效益显著。这类组合楼盖有压型钢板—混凝土板、剪力键和钢梁三部分组成。

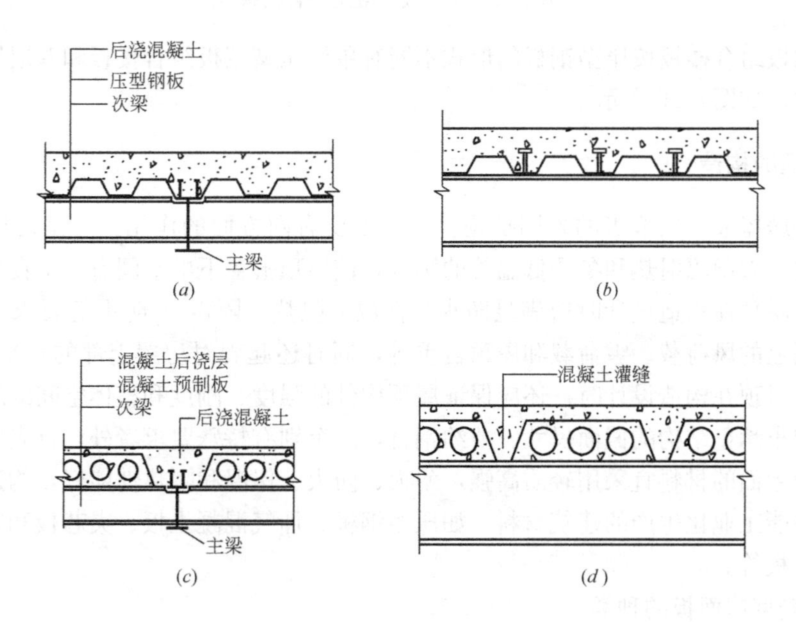

图 4-28 组合楼盖的类型

（*a*）压型钢板楼板的组合梁；肋平行于钢梁；（*b*）压型钢板楼板的组合梁；肋垂直于钢梁
（*c*）预制钢筋混凝土板，板跨平行于钢梁；（*d*）预制钢筋混凝土板，板跨垂直于钢梁

（3）预制钢筋混凝土板组合楼盖（见图 4-28*c*、*d*）

这类楼盖采用预制钢筋混凝土板或预制预应力钢筋混凝土板，支承于已焊有栓钉连接件的钢梁上，在有栓钉处混凝土边缘留有槽口，然后用细石混凝土浇灌槽口与板件缝隙。这类楼盖多用于旅馆和公寓建筑，因为这类建筑预埋管线少，楼板隔声效果好，一般无须吊顶。缺点是楼板施工时会干扰钢结构的吊装，且传递水平力的性能较差。

4.2.4.2　压型钢板组合楼板

它是利用凹凸相同的压型钢板做衬板，与现浇混凝土浇筑在一起支承在钢架上构成整体型楼板。

压型钢板组合楼板主要由面层、组合板和钢梁三部分组成，如图 4-29 所示。该楼板整体性、耐久性好，并可利用压型钢板肋间的空隙敷设室内电力管线。主要适用于大空间、多高层民用建筑和大跨度工业厂房中。

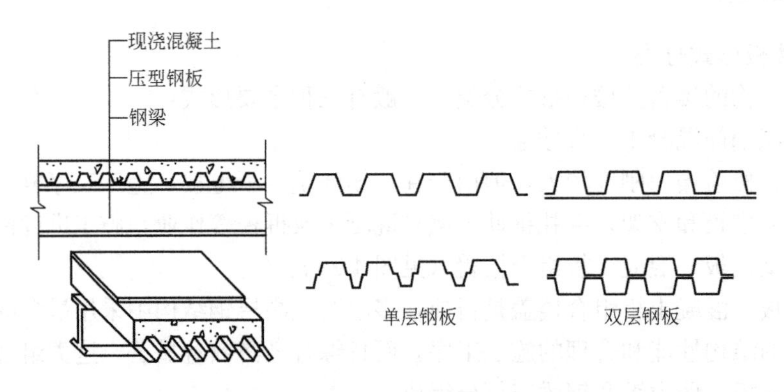

图 4-29　压型板混凝土组合楼板

压型钢板组合楼板按压型钢板的形式不同有单层压型钢板组合楼板和双层压型钢板组合楼板两种，如图 4-29 所示。

4.2.5　屋顶的构造

屋顶是房屋最上层覆盖的外围护构件。它主要有两方面的作用：一是防御自然界的风、雨、雪、太阳辐射热和冬季低温等的影响，使屋顶覆盖下的空间有一个良好的使用环境。因此，屋顶在构造设计时应满足防水、保温、隔热、隔声 、防火等要求；二是承受作用于屋顶上的风荷载、雪荷载和屋顶自重等，同时还起着对房屋上部的水平支撑作用。所以，要求屋顶在构造设计时，还应保证屋顶构件的强度、刚度和整体空间的稳定性。

为了减小承重结构的截面尺寸、节约钢材，除个别有特殊要求者外，首先应采用轻型屋面。轻型屋面的材料宜采用轻质高强，耐火、防火、保温和隔热性能好，构造简单，施工方便，并能工业化生产的建筑材料。如压型钢板、加气混凝土板、夹芯板和各种轻质发泡水泥复合板等。

4.2.5.1　轻型屋面板的种类

(1) 压型钢板

压型钢板是采用镀锌钢板、冷轧钢板、彩色钢板等作原料，经辊压冷弯成各种波形的压型板，具有轻质高强、美观耐用、施工简便、抗震防火的特点。它的加工和安装已做到标准化、工厂化、装配化。

我国的压型钢板是由冶金工业建筑研究总院首先开发研制成功的，至今已有十多年历史。目前已有国家标准《建筑压型钢板》和部颁标准《压型金属板设计施工规程》，并已正式列入《冷弯薄壁型钢结构技术规范》(GB 50018—2002) 中使用。

压型钢板的截面呈波形，从单波到 6 波，板宽 360～900mm。大波为 2 波，波高 75～

130mm，小波（4～7 波）波高 14～38mm，中波波高达 51mm。板厚 0.6～1.6mm（一般可用 0.6～1.0mm）。压型钢板的最大允许檩距，可根据支承条件、荷载及芯板厚度，由产品规格中选用。

压型钢板的重量为 0.07～0.14kN/m^2。分长尺和短尺两种。一般采用长尺，板的纵向可不搭接。适用于平坡屋顶。

（2）夹芯板

实际上这是一种保温和隔热与面板一次成型的双层压型钢板。由于保温和隔热芯材的存在，芯材的上、下均需加设钢板。上层为小波的压型钢板，下层为小肋的平板。芯材可采用聚氨酯、聚苯或岩棉，芯材与上下面板一次成型。也有在上下两层压型钢板间在现场增设玻璃棉保温和隔热层的做法，但这种做法仍属加设保温层的压型钢板系列。夹芯板的板型见表 4-1。

夹芯板的重量为 0.12～0.25kN/m^2。一般采用长尺，板长不超过 12m，板的纵向可不搭接，也适用于平坡屋顶。

（3）GRC 板

所谓 GRC（Glass Fiber Reinforced Cement）是指用玻璃纤维增强的水泥制品。目前 GRC 网架板的面板是用水泥砂浆作基材、玻璃纤维作增强材料的无机复合材料，肋部仍为配筋的混凝土。市场上有两种产品：一种 GRC 复合板就是上述的含义，仅面板为玻璃纤维与水泥砂浆的复合，由于板本身不隔热（或保温），尚需在面板上另设隔热、找平及防水层。第二种 GRC 复合夹芯板，是将隔热层贴于面板下面或上下面板的中间，使板具有隔热作用，使用时只需在面板上部设防水层。对于保温的 GRC 板，其全部荷载比上述另加保温层的第一种 GRC 板为轻。

（4）加气混凝土屋面板

这种屋面板的自重 0.75～1.0kN/m^2，是一种承重、保温和构造合一的轻质多孔板材，以水泥（或粉煤灰）、矿渣、砂和铝粉为原料，经磨细、配料、浇筑、切割并蒸压养护而成，具有容重轻、保温效能高、吸声好等优点。这种板因系机械化工厂生产，板的尺寸准确，表面平整，一般可直接在板上铺设卷材防水，施工方便。目前国外多以这种板材作为屋面和墙体材料。

（5）发泡水泥复合板（太空板）

这是承重、保温、隔热为一体的轻质复合板；是一种由钢或混凝土边框、钢筋桁架、发泡水泥芯材、玻纤网增强的上下水泥面层复合而成的建筑板材，可应用于屋面板、楼板和墙板中。通过多次静力荷载、动力荷载及保温、隔热、隔声、耐火等一系列试验表明，这种板的刚度、强度和使用性能均符合国家相关技术规范的要求。

屋面板的重量为 0.6～0.72kN/m^2，上铺 0.1kN/m^2 的 SBS 改性沥青防水卷材，可承受 1.0～5.0kN/m^2 的外荷载设计值，墙板的重量为 1.1kN/m^2。

4.2.5.2 各种屋面板的安装、构造

（1）加气混凝土屋面板

敷设钢筋法是钢结构屋面板安装的基本方法，它通过每块板板端接合处焊在钢梁或钢檩条上的穿筋压片限定板位，且通过板缝灌浆固定板材的拉结钢筋，从而可靠地将屋面板安装在钢梁或钢檩条上，如图 4-30 所示。

常用夹芯板板型及檩距（m） **表 4-1**

序号	板型	截面形状(mm)	板厚S(mm)	面板厚(mm)	支撑条件	荷载(kN/m²)/檩距(m) 0.5(0.6)	1.0	1.5	2.0
1	JxB45-500-1000	1000 500 500 19 20 聚苯乙烯泡沫塑料 彩色涂层钢板 S 45 47 22 3.0 22 3.5 27 23 适用于:屋面板	75	0.6	简支 连续	5.0	3.8	3.1	2.4
			100	0.6	简支 连续	5.4	4.0	3.4	2.8
			150	0.6	简支 连续	6.5	4.9	4.0	3.3
2	JxB42-333-1000	1000 S 42 适用于:屋面板	50	0.5	简支 连续	(4.7) (5.3)	(3.6) (4.1)	(3.0) (3.3)	
			60	0.5	简支 连续	(5.0) (5.6)	(3.9) (4.3)	(3.1) (3.5)	
			80	0.5	简支 连续	(5.5) (6.2)	(4.4) (4.8)	(3.4) (3.9)	
3	JxB-Qy-1000	1000 S 适用于:墙板	50	0.5	简支 连续	3.4 3.9	2.9 3.4	2.4 2.7	
			60	0.5	简支 连续	3.8 4.4	3.3 3.7	2.6 3.0	
			80	0.5	简支 连续	4.5 5.2	3.7 4.2	2.9 3.3	
4	JxB-Q-1000	彩色涂层钢板 聚苯乙烯 S 拼接式加芯墙板	50	0.5	简支 连续	3.4 3.9	2.9 3.4	2.4 2.7	
			60	0.5	简支 连续	3.8 4.4	3.3 3.7	2.6 3.0	
			80	0.5	简支 连续	4.5 5.2	3.7 4.2	2.9 3.3	
		1222(1172) 1200(1150) S S-6 S-7 22 4 23 聚苯乙烯 插接式加芯墙板 1000 25 28 S 24 岩棉 插接式加芯墙板	同序号 3						

注：表中屋面板的荷载标准值，已含板自重。墙板为风荷载标准值，均按挠跨比 1/200 确定檩距，当挠跨比为 1/250 时，表中檩距应乘以系数 0.9。

屋面板搁置在钢梁或钢檩条上必须两端搁置，简支受力。搁置长度不小于 40mm，且必须平整。屋面上凡需开洞部位都应在洞口用钢材加固，钢材大小应视洞口及荷载大小而定，如图 4-31 所示。

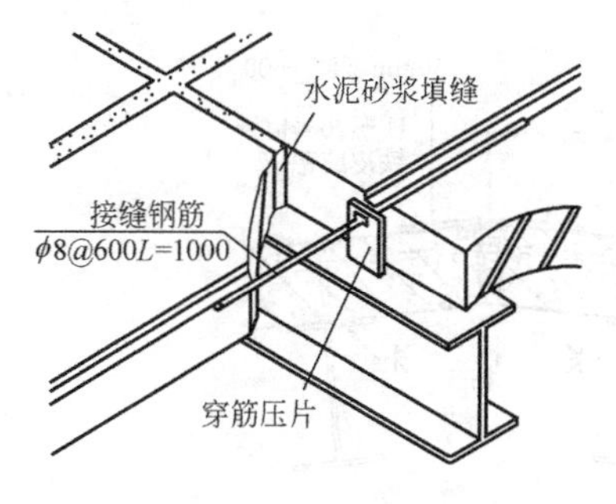

图 4-30　屋面板安装

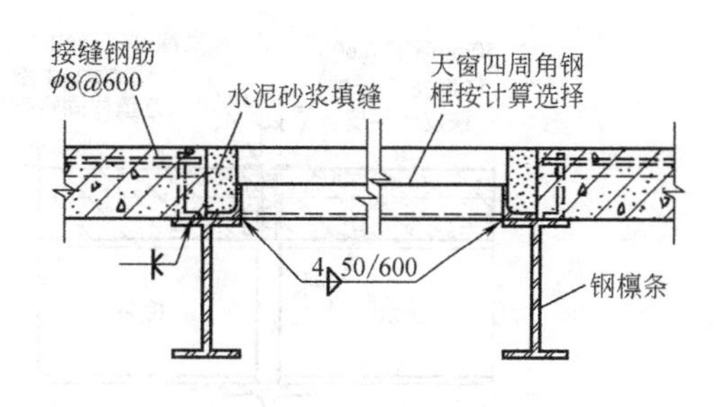

图 4-31　屋面洞口

屋面排水应采用结构找坡，不应建筑找坡。如小型屋面需建筑找坡时，除应考虑荷载增加的因素外，还应采取措施防止砂浆收缩造成不良影响。

屋面防水一般采用卷材防水，可直接在加气混凝土板面上粘贴卷材，或者在板面上做一层专用界面剂和砂浆，再贴卷材，如图 4-32 所示。女儿墙檐口构造如图 4-33 所示。

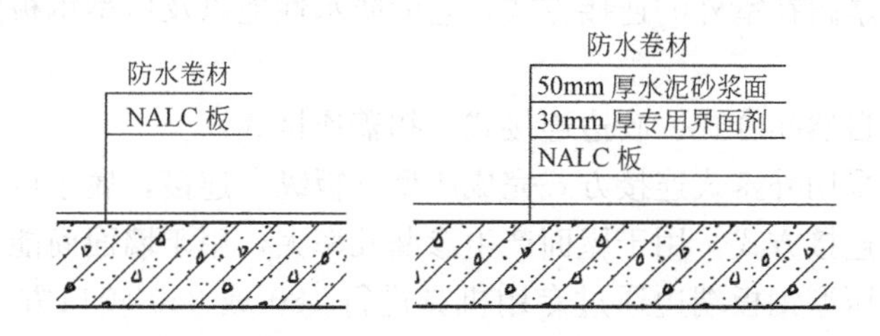

图 4-32　屋面卷材防水

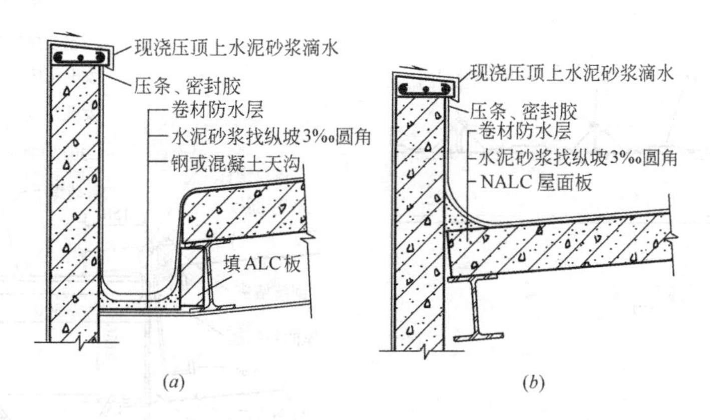

图 4-33　女儿墙檐口

大规模建筑屋面屋脊处和长度方向每隔 15～18m 应设变形缝，如图 4-34 所示。

(2) 压型钢板屋面

压型钢板按成型后的波高可分为低波板（波高 12～35mm）、中波板（波高 30～50mm），高波板（波高大于 50mm）。屋面板应采用中波板、高波板。

屋面板安装：分为外露式连接（也称穿透式连接）、隐藏式连接。

外露式连接（穿透式连接）：主要指使用紧固体穿透压型钢板将其固定于檩条或墙梁上的方式，紧固件固定位置为屋面板固定于压型板波峰，墙面板固定于波谷。

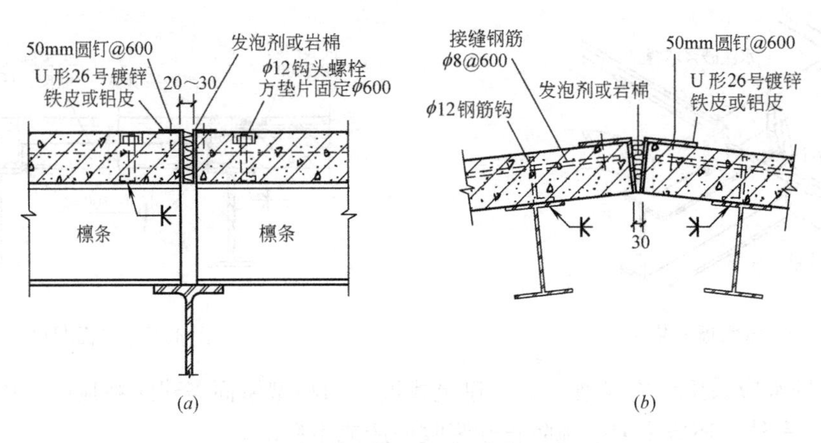

图 4-34 屋面变形缝

隐藏式连接：主要指用于将压型钢板固定于檩条或墙梁上的专有连接支架，以及紧固件通过相应手法不暴露在室外的连接方式，它的防水性能以及压型钢板防腐蚀能力均优于外露式连接。

板缝搭接分为自然扣合式、咬边连接式、扣盖连接式。

自然扣合式：采用外露式连接方式完成压型钢板纵向连接，属于压型钢板（压型钢板端波扣合后）早期连接方式，用于屋面产生渗漏几率大，用于墙面尚能满足基本要求。

咬边连接式：压型钢板端边通过专用机具进行 180°或 360°咬口方式完成压型钢板纵

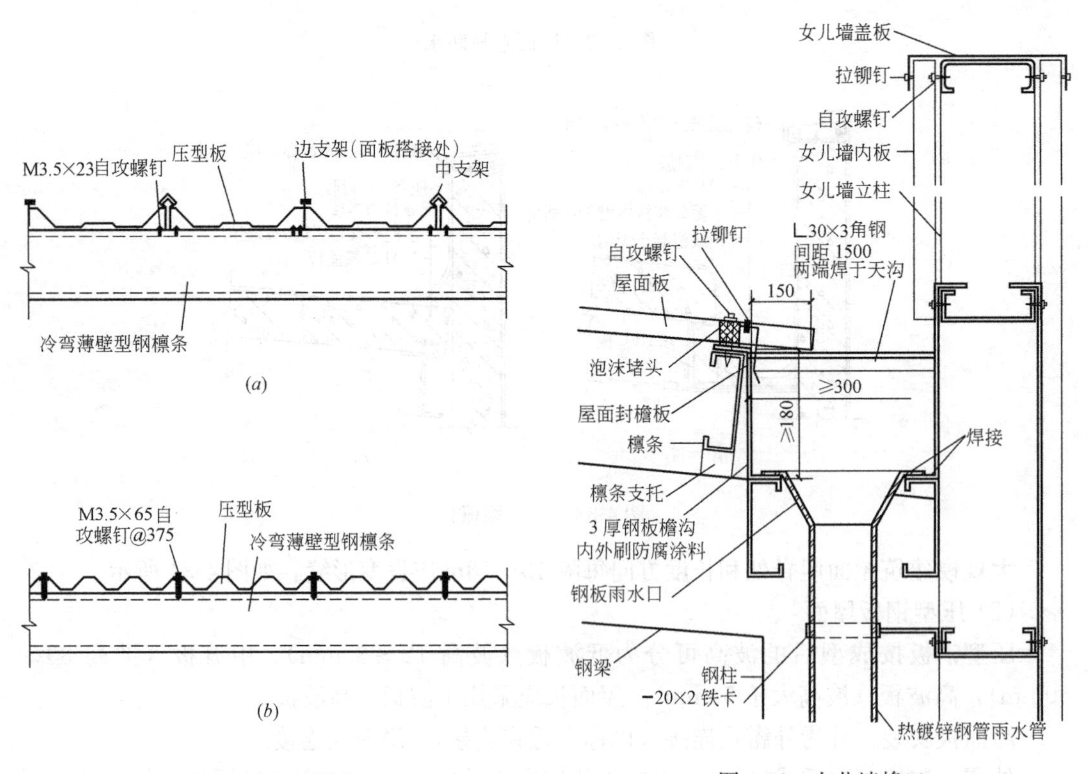

图 4-35 板缝搭接
(a) 咬边式；(b) 扣合式

图 4-36 女儿墙檐口

向连接，属于隐藏式连接范围，180°咬边是一种非紧密式咬合，360°咬边是一种紧密式咬合，咬边连接的板型比自然扣合连接的板型防水安全度明显增高，是值得推荐使用的板型。

扣盖连接式：压型钢板板端对称设置卡口构造边，专用通长扣盖与卡口构造边扣压形成倒钩构造，完成压型钢板纵向搭接，亦属于隐藏式连接范围，防水性能较好，此连接方式有赖于倒钩构造的坚固，因此对彩板本身的刚度要求高于其他构造。

图 4-35 为板缝连接处，图 4-9 为屋脊处构造，图 4-36 为女儿墙檐口处构造。

(3) 夹芯保温板屋面

夹芯板板型有平板、波纹板，屋面主要采用波纹式板。板与檩条的连接可分为外露式连接、隐藏式连接两种方式。夹芯板板厚为 30～250mm，建筑围护常用夹芯板厚范围为 50～100mm。

图 4-37 为屋面板接缝处构造。

图 4-9 为屋脊处构造。

图 4-38 为檐口处构造。

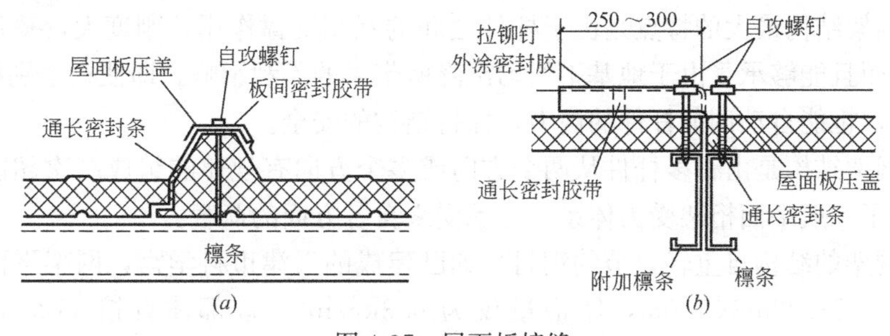

图 4-37　屋面板接缝

(a) 屋面板横向连接；(b) 屋面板横向连接

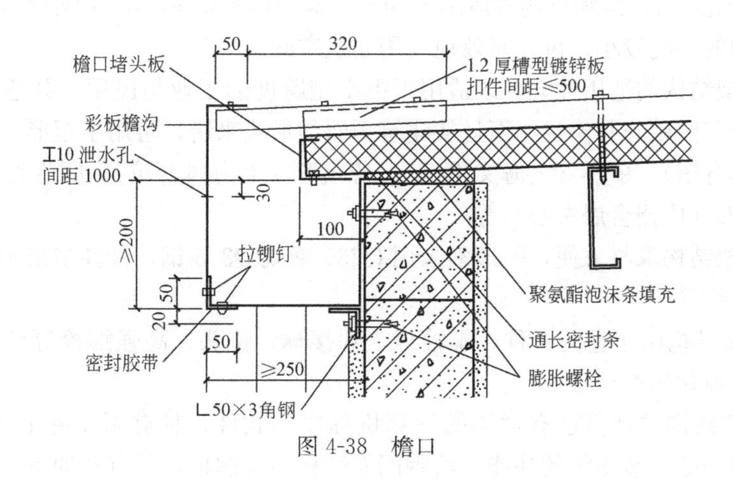

图 4-38　檐口

4.3　网架结构体系

4.3.1　网架结构形式简介

钢网架的结构重量轻，刚度大，整体效果好，抗震能力强，由很多杆件从两个或多个

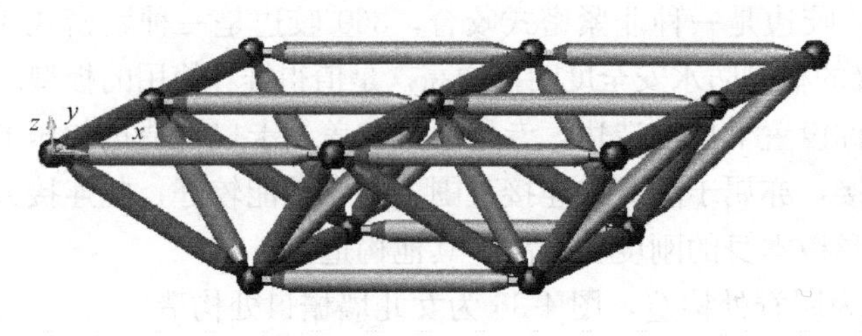

图 4-39　网架结构实体图

方向有规律地组成高次超静定空间结构，它改变了一般平面桁架受力体系，能承受来自各方的荷载，见图 4-39。钢网架结构的适应性大，既能适用于中小跨度的建筑，也适用于矩形、圆形、扇形、及各种多边形的平面建筑形式。钢网架结构的取材方便，一般多用于 Q235 钢或 Q345 钢，杆件截面形式多采用钢管或型钢。钢网架由于结构、杆件、接点的规格化，适于工厂化生产，加速了工程的进度，提高了质量。通过多年的实践和发展，钢网架结构的计算及深化设计已有通用的计算机计算程序，制图简单，加上网架具有的特点和优越性，给我国网架结构的发展提供了有利的条件。

(1) 钢网架的特点

1) 钢网架结构最大的特点是由于杆件之间的互相支撑作用，刚度大，整体性好，抗震能力强，而且能够承受由于地基不均匀沉降所带来的不利影响。即使在个别杆件受到损伤的情况下，也能自动调节杆件的内力，保持结构的安全。

2) 钢网架结构是由很多杆件从两个方向或多个方向有规律的组成高次超静定空间结构，它改变了一般平面桁架受力体系，能承受来自各方面的荷载。

3) 钢网架的结构自重轻，节约钢材。如已建成的天津市科学宫，网架平面尺寸×网高：14.84m×23.32m×1.0m，用钢量仅为 6.3kg/m^2；首都体育馆 112.2m×99m×6.0m，用钢量为 65kg/m^2，北京首都机场航空货运楼 198m×81m×3.2m，用钢量为 25kg/m^2，广州新白云国际机场货运站 608m×120.5m×2.397m，用钢量为 32kg/m^2。由于钢网架结构的高度较小，可以有效地利用建筑空间。

4) 钢网架结构的适用性大，既适用于中小型跨度的工业与民用公共建筑，也适用于大跨度的工业与民用公共建筑。而且从建筑平面的形式来讲，可用于矩形（北京体育馆）、圆形（上海体育馆）、扇形（上海文化馆）、马鞍形（上海体育馆）、飘带形（广州奥林匹克中心）、鱼形（广州会展中心）等。

5) 钢网架结构取材方便，一般多采用 Q235 钢或 Q345 钢，杆件多采用高频焊管或无缝钢管或其他钢管。

6) 钢网架结构由于它的杆件、螺栓球、焊接球、锥头、高强螺栓等已标准化、系列化，适应于工业化生产。

7) 钢网架结构的计算已有通用的计算机程序和软件，具有制作施工图，查看内力、作材料表和网架的安装图等的功能，给钢网架结构的发展提供了有利的条件。

(2) 钢网架的结构形式

网架常采用平面桁架和角锥体形式，近年来又成功地研究了三层网架以及周边支承和多点支承相结合的支承形式。

周边支承的网架可分为周边支承在柱上或周边支承在圈梁上两类形式。周边支承在柱上时，柱距可取成网格的模数，将网架直接支承在柱顶上，这种形式一般用于大、中型跨度的网架。周边支承在圈梁上时，它的网格划分比较灵活，适用于中小跨度的网架。

多点支承的网架可分为四点支承的或多点支承的网架：四点支承的网架，宜带悬挑，一般悬挑出中间跨度的 1/3。多点支承的连续跨悬挑出中间跨度的 1/4。这样可减少网架跨中弯距，改善网架受力行能，节约钢材。多点支承网架可根据使用功能布置支点，一般

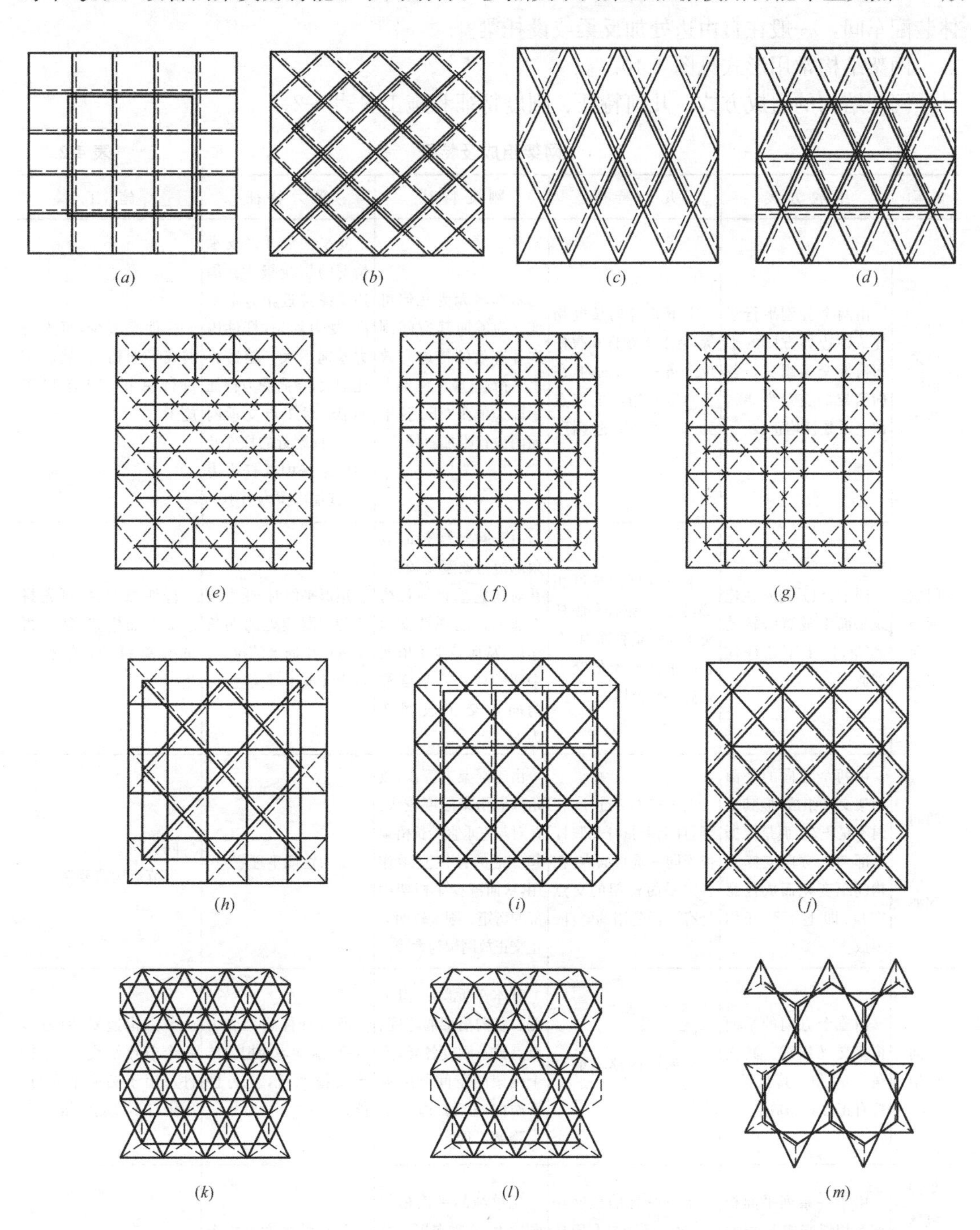

图 4-40　网架形式

(*a*) 两向正交正放网架；(*b*) 两向正交斜放网架；(*c*) 两向斜交斜放网架；(*d*) 三向网架；(*e*) 单向折线形网架；(*f*) 正放四角锥网架；(*g*) 正放抽空四角锥网架；(*h*) 棋盘形四角锥网架；(*i*) 斜放四角锥网架；(*j*) 星形四角锥网架；(*k*) 三角锥网架；(*l*) 抽空三角锥网架；(*m*) 蜂窝形三角锥网架

多用于厂房、仓库、展览厅等建筑。对点支承网架一般受力最大的是柱帽部分，设计施工时，应注意柱帽处的处理。

周边支承和多点支承相结合的网架多用于厂房结构。三边支承的网架多用于机库和船体装配车间，一般在自由边处加反梁或设托梁。

网架结构常用形式见图 4-40。

网架结构的组成方式、几何特征、刚度特征和施工见表 4-2。

网架组成及特征 **表 4-2**

名称	组成方式	几何特征	刚度特征	受力特征	施工
两向正交正放网架	由两个分别平行于建筑物边界方向的平面桁架交叉组成。各向桁架的交角为 90°，即上下弦杆均正放	上下弦杆的长度相等，且上下弦杆和腹杆位于同一垂直面内，在各向平面桁架的交点处有一根公用的竖杆	基本单元为几何可变。为增加其空间刚度并有效的传递有效水平荷载，应沿网架支承周边的上（下）弦平面内设置附加斜杆	受平面尺寸及支承情况的影响极大。周边支撑接近正方形平面，受力均匀，杆件内力差别不大。随边长比加大，单向受力特征明显。对于点支承网架，支撑附近的杆件及主桁架跨中弦杆内力大，其他部位内力小	杆件类型少，可先拼装成平面桁架，然后再进行总拼，较有利于施工
斜放网架两向正交	同上，只是将它在建筑平面上放置时转动 45°角，即上下弦杆均斜放	上下弦杆的长度相等，且上下弦杆和腹杆位于同一垂直面内，在各向平面桁架的交点处有一根公用的竖杆	由于网架为等高，故角部短桁架刚度较大，并对与它垂直的长桁架起一定的弹性支承作用，从而减少了桁架中部的弯矩。刚度较两向正交正放网架为大	矩形平面时，受力较均匀。网架处的四角支座产生向上的拉力，可设计成不带角柱	杆件类型少，可先拼装成平面桁架，然后再进行总拼，较有利于施工
两向斜交斜放网架	由两个方向的平面桁架交叉组成，但其交角不是正交，而是根据下部两个方向支撑结构间距变化而成任意交角，即上下弦杆均斜放	上下弦杆的长度相等，且上下弦杆和腹杆位于同一垂直面内，在各向平面桁架的交点处有一根公用的竖杆	由于网架为等高，故角部短桁架刚度较大，并对与它垂直的长桁架起一定的弹性支承作用，从而减少了桁架中部的弯矩。刚度较两向正交正放网架为大	受力性能不理想	同上。 但节点构造复杂
三向网架	由三个方向的平面桁架交叉组成。其交角为 60°角。其上下弦杆有正放和斜放	同上。 网架的网格一般是正三形	基本单元为几何不变。各向桁架的跨度、节点数及刚度各异，整个网架的空间刚度大于两向网架。适合于大跨度工程	所有杆件均为受力杆件，能均匀的把力传至支撑系统，受力性能好	节点构造复杂（最多一个节点汇交 13 跟杆件）；用于圆形平面时，周边有不规则网格
单向折线形网架（折线形网架）	由于一系列平面桁架互相斜交成 V 形而成，即上下弦杆均正放，也可看成无上下弦杆的正放四角锥	上下弦杆的长度相等，且上下弦杆和腹杆位于同一垂直面内，在各向平面桁架的交点处有一根公用的竖杆	比单纯的平面桁架刚度大，不需布置支撑体系。为加强其空间，应在其周边增设部分上弦杆件	只有沿跨度方向上下弦杆，呈单向受力状态	杆件类型较少

续表

名称	组成方式	几何特征	刚度特征	受力特征	施工
正放四角锥网架	已倒置四角锥为组成单元,将各个倒置的四角锥底边相连,再将锥顶用与上弦杆平行的杆件连接起来,其上下弦杆均与边界平行,即上下弦杆均正放	上下弦平面内的网格均呈正方形,上弦网格的形心与下弦网格的角点投影重合,并且没有垂直腹杆	空间刚度比其他四角锥网架及两向网架为大	受力比较均匀	上下弦杆等长。如果腹杆与上下弦平面为45°角,则杆件全部等长。如以四角锥为预制单元,有利于定形化生产。屋面板规格少
正放抽空四角锥网架	同上。 除周边网格中的锥体不变外,其余网格可根据网架的支承情况有规律的抽掉一些锥体而成	上下弦平面内的网格均呈正方形,上弦网格的形心与下弦网格的角点投影重合,并且没有垂直腹杆	空间刚度较正放四角锥网架为小	下弦杆内力增大,且均匀性较差	同上。 但杆件数目减少,相应构造简单
棋盘形四角锥网架	将斜放四角锥网架转动45°角而成,即上下弦正放,下弦杆斜放	上弦网格正交正放,下弦网格正交斜放,上下弦的网格投影重合	同上。 当周边布置成满锥时,刚度较好	这种网架受压上弦杆短,受拉下弦杆长,能充分发挥杆件截面的作用,受力合理	节点汇交杆件少,上弦节点处6根,下弦节点出8根,节点构造简单
斜放四角锥网架	以倒置四角锥为组成单元,但以各个倒置的四角锥体底边的角与角相连,即上弦杆斜放,下弦杆正放	上弦网格正交斜放,而下弦网格与边界平行	空间刚度叫正放四角锥网架为小	这种网架受压上弦杆短,受拉下弦杆长,能充分发挥杆件截面的作用,受力合理	节点汇交杆件少,上弦节点处6根,下弦节点出8根,节点构造简单
星性四角锥网架	其组成单元体由两个倒置的三角小桁架正交而成,在节点处有一根公用的竖杆。将单元体的上弦连接起来就形成网架的上弦,将各星体顶点相连就形成网架下弦,即上弦杆斜放,下弦杆正放	上弦杆为倒三角形的底边,下弦杆为倒三角形顶点的连线,网架的斜腹杆均与上弦杆位于同一垂直面内	其刚度稍差,不如正放四角锥网架	同上。 其竖杆受压,内力等于上弦节点荷载	节点汇交杆少,上下弦节点处5根,节点构造简单
三角锥网架	以倒置三角锥为组成单元,将各个倒置的三角锥体底边相连即形成网架的上弦,再将锥顶用杆件连接起来即形成网架的下弦。三角锥的三角棱即为网架的斜腹杆	其上下网格均为三角形。倒置三角形的锥顶与上弦三角形的投影重合,平面为六边形	基本单元为几何不变体系,整体抗扭和抗弯刚度较好。适用于大跨度工程中	受力比较均匀	如果网架刚度为$h=\sqrt{\frac{2}{3}}s$,s为弦杆长度,则全部杆件均等长。上下弦节点汇交的杆件均为9根,可统一节点构造

续表

名称	组成方式	几何特征	刚度特征	受力特征	施工
抽空三角锥网架	同上。 适当抽去一些三角锥单元的腹杆和下弦杆	上弦平面为正三角形，下弦平面为正三角形及正六边形组合成，平面为六边形	刚度较三角锥差。为增加刚度，其周边宜布置成满锥	下弦杆内力增大且均匀性稍差	节点和杆件数量比三角锥数量少。上弦网格与三角锥网格一样密，有利于铺设屋面板。下弦杆稀疏，有利于施工及省料
蜂窝形三角锥网架	将倒置的三角锥体底面角与角相连形成网架的上弦。锥顶用杆件相连即形成网架的下弦	上弦平面为有规律排列的三角形与六边形。下弦网格为单一的六边形。其斜腹杆与下弦杆位于同一平面内	刚度较三角锥差。为增加刚度，其周边宜布置成满锥	这种网架受压上弦杆短，受拉下弦杆长，能充分发挥杆件截面的作用，受力合理	在常见的网架形式中，杆件数和节点数量少。但上弦平面的三角形及六边形网格增加了屋面板的规格

除以上所述平面桁架系网架及角锥体网架两大类外，还有三层网架及组合网架等结构形式。

三层网架分全部三层和局部三层两种，一般中等跨度的网架，可采用后者。因材料关系，内力值受到限制的情况下采用局部三层网架会取得良好的效果。对大跨度的机库或体育馆则全部采用三层网架较为合理；三层网架对中、小跨度来说，因构造复杂，一般不采用，近年来有些跨度超过 50m 的网架也有采用的。

所谓组合网架是指利用钢筋混凝土屋面板代替网架上弦杆的一种结构形式，它可使屋面板与网架结构共同工作，节约钢材，改善网架的受力性质。这是一种有很大发展前途的结构形式。这种组合网架不但适用于屋面，更适用于屋盖，因目前尚属于发展阶段，应用面有限，故本书不做介绍。

本书中的大、中、小跨度划分系针对屋盖网架而言；当跨度 $L_2>60$m 为大跨度；$L_2=30\sim60$m 为中跨度；$L_2<30$m 为小跨度。

4.3.2 网架结构构造

(1) 节点形式

网架的杆件连接主要有焊接球节点、螺栓球节点和板节点三种。从已建成的网架统计，焊接球节点最多，螺栓球次之，板节点最少。

空心球节点构造简单、造价低、承受杆件的内力大，它分不加肋和加肋两种。为提高空心球的承载力，还提出对球加双肋和十字肋的办法。球的直径一般最大为 500mm。个别网架公司，曾在某工程中采用 800mm×32mm 的大球；螺栓球节点在中小跨度中，甚至在大跨度中应用逐渐增多，主要优点是现场施工简单；支座节点多采用平板式支座。根据网架结构和使用要求，近年来采用了各种受力明确、可自由转动的弧形球铰式支座。在大中跨度网架中，也采用了可转动的板式橡胶支座。

(2) 杆件和节点的设计和构造

1) 杆件

网架杆件可采用普通型钢和薄壁型钢。管材可采用高频电焊钢管或无缝钢管，当有条件适应采用薄壁管形截面。杆件的钢材应按国家标准《钢结构设计规范》(GB 50017—

2003）的规定采用。网架杆件的截面应根据承载力和稳定性的计算和验算确定。确定网架杆件的长细比时，其计算长度 l_0 应按表 4-3 采用。

网架杆件计算长度 l_0 **表 4-3**

杆 件	节 点		
	螺栓球	焊接空心球	节点板
弦杆及支座腹杆	l	$0.9l$	l
腹 杆	l	$0.8l$	$0.8l$

注：l—杆件几何长度（节点中心间距离）。

网架杆件的长细比不宜超过下列数值：

受压杆件 180

受拉杆件：一般杆件 400

支座附近杆件 300

制作承受动力荷载杆件 250

常用钢管直径（mm）有：ϕ48（$1\frac{7}{8}$in）、ϕ51（2in）、ϕ57（$2\frac{1}{4}$in）、ϕ60（$2\frac{3}{8}$in）、ϕ63（$2\frac{1}{2}$in）、ϕ70（$2\frac{3}{4}$in）、ϕ76（3in）、ϕ83（$3\frac{1}{4}$in）、ϕ89（$3\frac{1}{2}$in）、ϕ95（$3\frac{3}{4}$in）、ϕ102（4in）、ϕ108（$4\frac{1}{4}$in）、ϕ114（$4\frac{1}{2}$in）、ϕ127（5in）、ϕ152（6in）、ϕ159（$6\frac{1}{4}$in）等。

常用的钢管壁厚有：3mm、3.5mm、4mm、4.5mm、5mm、6mm、7mm、8mm、10mm、12mm 等。

杆件长度和网架网格尺寸有关，确定网格尺寸时除考虑最优尺寸及屋架板制作条件因素外，也应考虑一般常用的定尺长度，以避免剩头过长造成浪费。钢管出厂一般均有负公差。

2）节点

网架节点有焊接钢板节点、螺栓球节点和焊接球节点。

焊接钢板节点可由十字节点板和盖板组成，适用于连接型钢杆件。十字节点板宜由二块带企口的钢板对插焊成，也可由三块钢板焊成（图 4-41*a*、*b*）。小跨度网架的受拉节点可不设置盖板。十字节点板节点与盖板所用钢材应与网架杆件钢材一致。焊接钢板节点可用于两向网架，也可用于四角锥体组成的网架。常用焊接板节点的构造形式可按《网架结

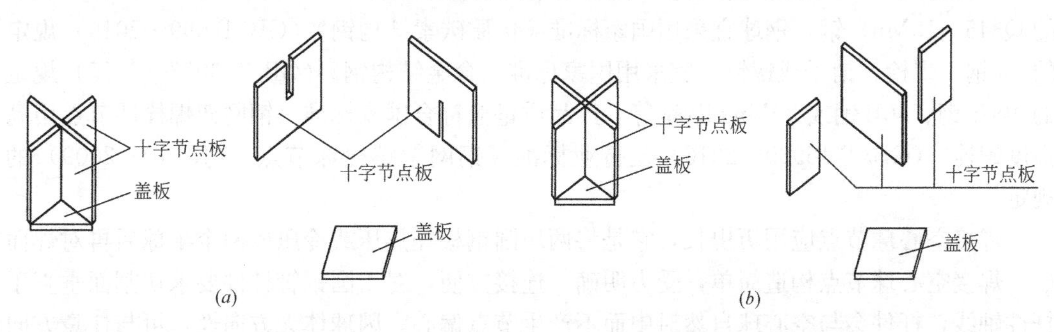

图 4-41 十字节点板

构设计与施工规程》(JGJ 7—1991) 选用。

螺栓球节点由以下部件构成：球体、高强度螺栓、六角形套筒、销子（或螺钉)、锥头或封板。球体是锻压或构造的实心钢球，在钢球中按照网架结构汇交的角度进行钻孔并车出螺纹。球的大小根据螺栓直径和伸入球的螺纹长度确定。为了缩小球的体积，在杆件端头焊上锥形套筒，螺栓通过套筒再与螺栓球相连，螺栓上放置一个两侧开有长槽的无纹螺母，用一个销钉穿入长槽通过螺栓小孔将螺栓与无纹螺母连在一起。螺栓可以在杆件端部转动，当螺栓插入球的螺母后，便可以用扳手拧动无纹螺母，螺母转动时通过销钉带动螺栓转动，螺栓的螺纹便逐渐拧入球体内，直到最后紧固为止，见图 4-42 所示为拧紧螺栓的过程，相当于对节点施加预应力的过程。预应力的大小与拧紧程度成正比。此时螺栓受预拉力，套筒受预压力；在节点上形成自平衡内力，而杆件不受力。当网架承受荷载后，拉杆内力通过螺栓受拉传递，随着荷载的增加，套筒预压力也随之减小，到破坏时杆件拉力全由螺栓承受。对于压杆，则通过套筒受压来传递内力，螺栓预拉力随荷载的增加而减少，到破坏时杆件压力全由套筒承受。

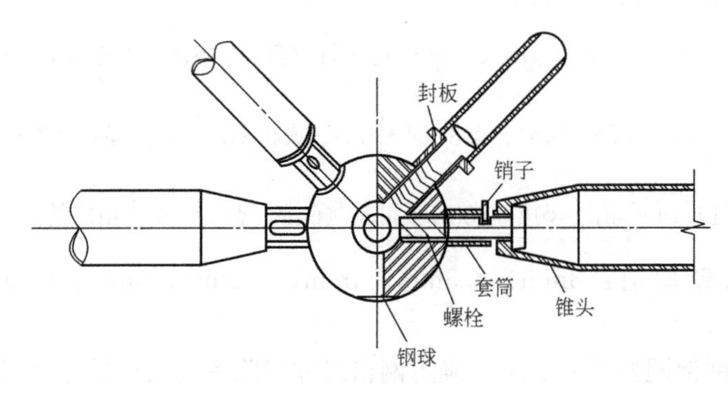

图 4-42　螺栓球节点

螺栓球节点的优点是安装、拆卸方便。球体与杆件的规格便于系列化、标准化，适用于工厂化生产。采用螺栓球节点的结构适应性较大，用同一尺寸的螺栓球和杆件可以拼装各种不同形式的网架结构。但也存在如节点构造复杂、机械加工量大、加工工艺要求高、需要钢件品种多、制造费用较高等问题。一般适用中、小跨度网架，杆件最大拉力以不超过 700kN，杆件长度以不超过 3m 为宜。

螺栓球节点的钢管、封板、锥头和套筒宜采用国家标准《碳素结构钢》(GB/T 700—2006) 规定的 Q235 钢或国家标准《低合金结构钢技术条件》(GGB/T 1591—2008) 规定的 Q345 (16Mn) 钢。钢球宜采用国家标准《优质碳素结构钢》(GB/T 699—2015) 规定的 45 钢。螺栓、销子或螺钉，宜采用国家标准《合金结构钢》(GB/T 3077—2015) 规定的 40Cr 钢、40B 钢或 20MnTiB 钢等。产品质量应符合国家标准《钢网架螺栓球节点用高强度螺栓》(GB/T 16939—2016) 及行业标准《钢网架螺栓球节点》(JG 10—2009) 的规定。

焊接空心球节点应用历史长，它是将两块圆钢板经热压或冷压成两个半球后再对焊而成。焊接空心球节点构造简单，受力明确，连接方便，对于圆钢管杆件要求切割面垂直于杆件轴线，杆件会与空心球自然对中而不产生节点偏心。因球体无方向性，可与任意方向的杆件连接，见图 4-43。但球体的制造需要冲压设备，冲压时钢板需用圆形毛坯，钢材

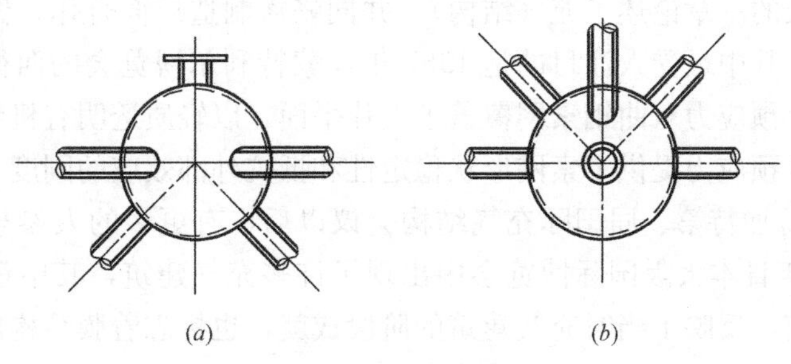

图 4-43　焊接球节点

的利用率低，节点用钢量约占整个网架用钢量的 10%～30%，它较板节点用钢量稍多。焊接球节点的焊接工作量大，仰、立焊缝较多，且对焊接质量和杆件尺寸的准确度要求较高。

焊接空心球的钢材宜采用国家标准《碳素结构钢》（GB/T 700—2006）规定的 Q235 或国家标准《低合金高强度结构钢》（GB/T 1591—2008）规定的 Q345（16Mn）钢。产品质量应符合行业标准《钢网架焊接空心球节点》(JG/T 11—2009）的规定。

网架屋面维护结构同门式刚架、钢框架，在此不再详述。

4.4　索膜结构简介

4.4.1　索膜结构的发展

4.4.1.1　膜建筑的起源与发展

一片只能承受拉力的柔性薄膜，在受到一种有压差的气体压力时，能出现充气现象。每一个充气受压的薄膜都能承受外力，这就使得这种加压介质变成支撑介质，即成为一种结构物件，这就是充气承重结构。充气结构可以是封闭的如肥皂泡，也可以是开敞的如飞翔的动物的翅膀。由此看来，充气结构是以自然界的有机体和无机体中常见的物理现象为基础的。充气结构已经在技术领域应用了几个世纪，如帆船、降落伞、热气球等，如工业革命以来经常遇到的情况一样，在充气结构的一般应用方面，建筑再次落后于其他技术领域。最早将充气原理用到建筑上的是英国的工程师 F. W. 兰彻斯特，他在 1918 年获得了《一个供野战医院、仓库或类似功能的改进的帐篷结构》的专利。

像许多专利申请案一样，F. W. 兰彻斯特的专利在当时只是一种构思，而没有真正地成为使用的产品。1946 年有一位名为华特・贝尔德（Walter Bird）的美国工程师为美国军方做了一个直径 15m 圆形充气的雷达罩，用来保护雷达不受气候侵袭，又可让电波无阻的通过，从而使沉睡了多年的专利付诸实用，并由此产生了一个新的工业。1956 年以后，美国一共建立了约 50 多家的膜结构公司，制造各种膜产品，应用于体育设施、展览场、设备仓库、轻工业厂房等。但早期的膜结构产品多因设计人不周全，或制作粗糙，或业主维护不当，以致造成许多不幸事件，大多数的膜结构企业亦因之倒闭。1960 年间，德国斯图加特大学的井赖・奥托先生（Frei Otto），对充气结构的发展作了详细论述，先后于 1962 和 1965 年发表了研究膜结构的成果（1962 年 F・奥托所著的《拉力结构》第一册出版，其中很长的一章论述了充气结构)，并同帐篷制造厂商合作，做了一些帐篷式膜结构和钢索结构，其中最受人注目的是1967年在蒙特利尔博览会的西德馆，它通过支撑在不同高度桅杆上预应力双曲钢索网覆盖了大片平面，以轻质透明有机织物片作为维护结构连接于索网下，预应力提供了索网形状稳定性和抵抗外部效应的刚度。

1967年斯图特加特第一届国际充气结构会议以后，有更多的人参与继续进行充气结构的研究。1970年日本大阪国际博览会中出现了许多充气建筑，其中最具代表性的建筑有富士馆和美国馆，反映了当时充气建筑的阶段成就，也标志着膜结构成为现代工程结构的开端。

当初大阪博览会上的美国馆，由于是临时性的展览建筑，采用的膜材算不上先进，但在强度上也经受了两次速度高达每小时 140km 以上台风的考验。通过这个工程使设计者认识到，需要一种强度更高、耐久性更好、不燃、透光和能自洁的建筑织物，20世纪70年代美国制造商开发的玻璃纤维织物即满足了如上的要求。主要的改进是涂覆的面层采用了聚四氟乙烯（PTFE，商品名称 Teflon 特氟隆）。这种材料于1973年首次应用于美国加利福尼亚拉维思学院一个学生活动中心的屋顶上。经过20多年的考验，材料还保持着70%～80%的强度，仍然透光并且没有褪色，拉维思学院膜结构的使用经验表明，涂覆PTEE面层的玻璃纤维织物，不但有足够的强度承受张力，在使用功能上也具有很好的耐久性，从乐观的估计来说，这种材料的使用年限将远不止当初所估计的25年。几乎同时即1973年，在圣克·克罗拉的加州分校建造了一座气承式游泳馆（活动屋顶）的学生活动中心，从此永久性膜结构便正式在美国风行。

1960年，美国的发明家和工程师富勒（B. Fuller）提出了“张拉整体（Tensegrity)”的概念，即以连续的受拉钢索为主，以不连续的压杆为辅，组成一种结构体系，然而他的概念始终没有在工程中实现。盖格创造性地把这个概念运用到以索、膜与压杆组成的“索穹顶”（cable dome）设计上，荷载从中心受拉环通过一系列辐射状脊索，受拉环索与斜拉索传到周围的受压圈梁上。索穹顶首先用在1986年韩国汉城奥运会的体操馆与击剑馆上，其直径分别为120m与93m。其后又得到了不断的发展，跨度最大的是美国佛罗里达州的“太阳海岸穹顶”，直径达210m（见图4-44）。此外，美国李维（M. Levy）也继承了“张拉整体”的构想，并采用了富勒的三角形网格，设计了双曲抛物面的张拉整体穹

图4-44 美国佛罗里达州的“太阳海岸穹顶”

顶，其代表作为1996年在美国亚特兰大举行的奥运会主馆——佐治亚穹顶，这个240m×192m的椭圆形索膜结构成为世界上最大的室内体育馆。依靠索来支承膜的索穹顶是膜结构体系的一大进展。

张拉膜结构利用预应力技术，既可以将膜材固定在如网架这样的刚性支撑上，也可以利用索网将其绷紧而承重如悬挂结构，或可以将两者结合共同来实现膜结构的设计理念。张拉膜结构的产生与发展，促进了预应力钢结构的发展，同时，使得膜建筑以其丰富的建筑造型展现在世人面前。正如人们所看到的一样，20世纪70、80年代后，随着世界经济的迅猛发展，特别是机械、化工、计算机等科学技术的不断创新，膜材的进一步突破，膜建筑如雨后春笋般的，大量用于滨海旅游、博览会、文艺、体育等大空间的公共建筑上。膜建筑以其优美的曲线和曲面所塑造的形态，与自然环境的完美结合，打破了以往梁柱结构的坚硬的造型约束，展示了更自由的建筑形体和更丰富的建筑语言。它时而生动活泼；时而飘逸自然；时而刚劲有力…夜晚，在周围环境光和内部照明的共同作用下，膜结构表面发出自然柔和的光辉，令人陶醉。20世纪末，英国所建造的千年穹顶（Millennium Domn）（图4-45），直径320m，以12根高达100m的桅杆所支撑的圆形屋顶的张力膜结构，集中体现了20世纪建筑技术的精华，展示了膜结构无与伦比的魅力，预示着膜结构将成为21世纪建筑的主流。

图4-45　英国建造的千年穹顶

4.4.1.2　膜建筑在我国的发展与展望

膜结构在我国也经过了一定的发展时期。早在20世纪60年代，上海展览馆就采用过一个临时性的空气支承式膜结构，此后很长时间进展不大。最近这十几年，中国的膜结构取得了很大的进展，并且出现了向大型工程发展的趋势，其中在体育场中的应用是具有举足轻重的影响。1997年上海第八届全运会的八万人体育场，其挑篷采用了以径向悬挑钢桁架组成的大跨度空间结构，上覆以伞形膜结构，这是中国首次将膜结构应用到大面积的永久性建筑上。接着是专门用于足球比赛的上海虹口体育场，采用了鞍形大悬挑空间索桁架支承的膜结构。这两个体育场采用的是进口的玻璃纤维织物，施工安装也主要依靠外国公司。这在很大程度上传播了国外的先进经验，也激励了中国人用自己的力量修建膜结构，影响深远。继上海体育场之后，国内最大的膜结构工程当属青岛颐中体育场的看台屋盖，见图4-46。青岛颐中体育场膜结构，为我国第一个自行设计和安装的整体张拉索膜结

图 4-46　青岛颐中体育场

构。罩篷是由 60 个锥形膜单元组成的脊谷式张拉膜结构，长轴 266m，由 86m 长的直线段和两端半径为 90m 的半圆弧组成，短轴 180m；立柱顶点标高 42.5m，内环索标高约 36.5m，篷盖悬挑沿周边均约 40m；膜覆盖面积约 30，000m^2，可容纳 6 万名观众，于 2000 年 7 月竣工。整个篷盖由钢结构支撑系统、钢索、膜组成的一个典型索膜张拉体系，每个单元由一个立柱支撑，通过谷索、脊索、内外边索的张拉作用成形。

膜结构目前被列入世界最轻的建筑结构之中。膜建筑屋面的重量仅为常规钢屋面的 1/30，这很显然降低了墙体与基础的造价；由于膜工程中所有的加工与制作均在工厂内完成，施工现场的安装施工工期几乎要比传统的建筑施工周期快一倍；膜建筑中所用的膜材，热传导性较低，单层膜的保温效果可与砖墙相比，优于玻璃，其半透明性在建筑内部产生均匀的自然漫散射光，减少了白天电力照明的时间，非常节能；膜材对紫外线有较高的过滤性，可过滤大部分的紫外线；同时膜材有很高的自洁性，通过雨水的冲刷，可保持外观的自洁，所以说膜建筑是 21 世纪的绿色环保建筑；由于膜建筑自重轻，可以不需要内部支撑而覆盖大面积的空间，人们可更自由地创造更大的建筑空间，从目前我们所掌握的技术来看，我们可建造 1000m 的跨度。也就是说，跨度越大，越能体现出膜建筑的经济性；膜建筑在吸声、防火方面也表现不俗；由于膜建筑的特点，建筑师可充分地展开想象的翅膀，实现传统建筑所实现不了的建筑梦想。目前膜建筑被广泛地用于以下各个领域：

文化设施——展览中心、剧场、会议厅、博物馆、植物园、水族馆等；

体育设施——体育场、体育馆、健身中心、游泳馆、网球馆、篮球馆等；

商业设施——商场、购物中心、酒店、餐厅、商店门头（挑檐）、商业街等；

交通设施——机场、火车站、公交车站、收费站、码头、加油站、天桥连廊等；

工业设施——工厂、仓库、科研中心、处理中心、温室、物流中心等；

景观设施——建筑入口、标志性小品、步行街、停车场等。

我们相信，随着社会的发展，在 21 世纪，膜建筑可谓前程似锦。

4.4.2　索膜建筑的结构形式

由膜面和支承结构共同组成的，属于建筑物或构筑物的一部分或整个结构称为膜结构。纵观膜建筑的发展成就，它的结构类型和形式比较多。按支承方式来分，有充气膜结构和张力膜结构。其中充气膜结构又有气承式和气肋式，就是向气密性好的膜材所覆盖的空间注入空气，利用内外空气的压力差使膜材受拉，结构就具有一定的刚度来承重。而张力膜结构是对膜施加预应力，使得结构具有一定的刚度和稳定的形状。它又分为刚性支承体系、柔性支承体系和混合支承体系。所谓刚性支承体系，又称框架膜结构，膜直接张复在刚架、网架（网壳）等变形较小的结构上；柔性支承体系，又称索膜结构，膜张复在柔性索、索网、索结构上，索与膜共同受力；混合支承体系，膜部分张复在刚架等刚性支撑上，部分张复在柔性索上。按膜对建筑覆盖的形式来分，膜结构又分为开敞式膜结构、封闭式膜结构和开合式膜结构。按膜材层数来分，有单层膜结构、双层膜结构。双层膜结构，内膜为保温、隔热，满足声学性能，外膜为直接受荷载作用。

我国2002年由上海市建设工程标准定额管理总站编制的《膜结构技术规程》，在综合考虑了国内外的实践经验的基础上，根据造型需要和支撑条件等，将膜结构分为以下四种结构形式：

（1）气承式膜结构：主要依靠膜曲面的气压差来维持膜曲面的形状。该结构要求有密闭的充气空间，并应设置维持内压的充气装置。

（2）索系支承式膜结构：由空间索系作为主要的受力构件，在索系上布置按要求设计的张紧的膜材。见图4-44美国佛罗里达州的“太阳海岸穹顶”。

（3）骨架支承式膜结构：由钢构件或其他刚性结构作为承重骨架，在骨架上布置按设计要求的张紧的膜材，见图4-47枣庄三中体育场看台。

图4-47　枣庄三中体育场看台

（4）整体张拉式膜结构：由桅杆等支撑结构提供吊点，并在周边设置锚固点，通过预张拉而形成的稳定体系，如千年穹顶。

4.4.3　索膜结构建造材料

4.4.3.1　膜材

用于膜结构中的膜材是一种具有高强度、柔韧性很好的柔性材料。它是由织物基材和涂层复合而成的一种复合材料，其构造见图4-48。膜材的弹性模量较低，这有利于膜材形成复杂的曲面造型。

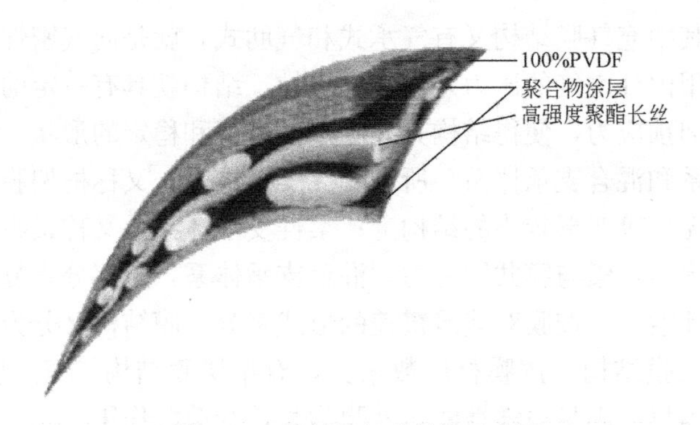

图 4-48　膜材的组成结构示意图

膜结构对膜材有以下性能要求：

(1) 高抗张拉强度；

(2) 高抗撕裂强度；

(3) 材料尺寸的稳定性，即对伸长率的要求；

(4) 抗弯折性，要有一定的柔软度；

(5) 要有较高的透明度和放射太阳光的能力；

(6) 耐久性，包括防水、耐热、抗腐、自洁性；

(7) 防火性能；

(8) 可加工性，便于裁剪和拼接。

膜材的优点很多，是理想的膜结构覆盖材料。它轻质高强，中等强度的 PVC 膜，其厚度仅 0.61mm，但它的拉伸强度相当于钢材的一半；中等强度的 PTFE 膜，其厚度仅 0.8mm，但它的拉伸强度已达到钢材的水平。膜材对自然光有反射、吸收和透射能力；它不燃、难燃或阻燃；具有耐久、防火、气密良好等特性；表面经处理（涂覆 PVC 或 PVDF）的膜材，自身不发粘，有很好的自洁性能。但它也有不足之处，例如膜材的不可回收性，使得膜材成为并不完全彻底的环保材料。不过，我们正在努力克服。

膜材基本上是一种织布，织材由纤维构成。通常运用的纤维可分为下列几种：

(1) 尼龙（ Nylon）：抗拉力较 Polyester 稍佳，但其弹力系数较低，使得在载重的情形下可能造成皱褶的几率大为升高，且受湿度变化的影响较大，使得在裁切前后容易产生误差，并且易受紫外线影响而逐渐失去抗拉力。

(2) 聚酯类（Polyester）：其抗拉力较 Nylon 稍差，但其具有良好的张力、耐久性、成本低的特点，刚性大的特质能弥补其不足。聚酯为最常用之基材。未处理的 Polyester 纤维易受紫外线破坏，但在保护涂层覆盖后，与同样处理的 Nylon 相比更能抵抗紫外线，因此就实用而言，Polyester 的抗紫外线能力较 Nylon 为佳。

(3) 玻璃纤维（Fiber Glass）：具有弹性系数高及抗拉强度高的优点，但其纤维易受重复的压折而破坏，为克服此缺点，运用较细纤维能在一定的程度上降低破坏的可能。玻璃纤维不易受紫外线破坏，因此大量应用于永久性的建构上。

(4) 人造纤维（Kevlar）：具有弹性系数高及抗撕裂能力强的特点，伸缩性较玻璃纤维为佳，但不及 Nylon 与 Polyester。暴露于紫外线下同样会使基材的特性恶化。

涂层材料常运用的有以下几种：

（1）聚氯乙烯（PVC）：柔软、弹性大，可随织布的曲率变化而紧密附着在基材上，能抵抗紫外线并且能有颜色之变化。常用于 Nylon 与 Polyester 之被覆处理。

（2）聚四氟乙烯（PTFE）：化学性质稳定，能抵抗湿度的变化及有机物质的破坏，防火并且不易随时间而老化，被覆之后可提高织布的抗拉强度及弹性系数。目前只有白色的涂层可选择。

（3）硅树脂（Silicone）：通常用于玻璃纤维的覆盖层，弹性能维持长久，可提高织布的抗拉强度及弹性系数，防火、抗紫外线。Silicone 覆盖层与 PTFE 覆盖层的玻璃纤维膜材物理性质相当。

（4）涂层处理：涂层通常是为了额外保护织布上的覆盖层免于紫外线的破坏而增加的又一层涂层，增加了膜材的自洁性。如 PVC 上再涂覆 PVDF 二氟化乙烯等。

由以上基层和涂层组合，常用建筑膜材由以下几种：

（1）PTFE 玻璃纤维膜材：由聚四氟乙烯（PTFE）涂层和玻璃纤维基层复合而成。PTFE 膜材，品质卓越，价格也较高。由于聚四氟乙烯 PTFE 和玻璃纤维都是不宜老化的材料，它们的化学性质均非常稳定，故该膜材被叫做“永久性膜材”。

（2）PVC 聚酯纤维膜材：在聚酯纤维（PES）基布上涂层聚氯乙烯（PVC）的膜材。该膜材价格适中，应用广泛，但需将其表面进行处理才能使用，否则很容易老化和吸尘。

（3）硅树脂玻璃纤维膜材：在玻璃纤维基布上涂层硅树脂的膜材。该膜材质地较软，可以折叠，使用较少。

（4）PTFE 芳纶膜材：在芳纶基布上涂层 PTFE 的膜材。芳纶纤维的抗拉强度比玻璃纤维的抗拉强度大近一倍，且不宜被拉长变形，还可以折叠，由于它带有天然的淡黄色，影响了它的使用。

（5）加面层的 PVC 膜材：在 PVC 膜材表面上，再涂覆聚四氟乙烯或聚氟乙烯，性能优于纯 PVC 膜材，价格相应略高于纯 PVC 膜材。

不同基层与不同涂层组合后，膜材的性能差别很大。

常用的彩色膜材几乎都是 PVC 类膜材，也有在硅树脂玻璃纤维膜材表面进行彩色处理的膜材。彩色的 PVC 膜材有亚克力（Acrylic）表面处理的，也有 PVDF 和 PVF 表面处理的膜材，其表面处理的方式与白色的 PVC 膜材一样。彩色膜材也有双色的，即膜材两面有不同的颜色，使得膜结构有不同的视觉效果。

目前，在国外市场上使用的新型膜材主要有以下几种：

（1）PTFE/PVC 聚酯纤维膜材：一面涂层 PTFE，另一面涂层 PVC 的聚酯纤维膜材。由德国的杜肯膜材公司生产，它将 PTFE 膜材的自洁性和 PVC 膜材的柔软性合为一体，大大提高了膜材的使用效果。

（2）纯 PTFE 膜材：即在 PTFE 基布上涂层 PTFE，所用的材料全部是 PTFE。该材料非常柔软，可以折叠，拼接方法与 PTFE 玻璃纤维相同，同时该材料的透光率可达到 40％。

（3）ETFE 膜材：有全透明和半透明的 ETFE 膜材。该材料没有基布，一般用于充气式双层形式。

（4）PTFE 膜贴合玻璃纤维膜材：该材料是将两层 PTFE 膜通过高温高压将其贴合在玻璃纤维网布上的膜材，该材料的透光率可达到 50％以上，是需要透光的工程首选的理想材料。

(5) 吸声膜材：采用特殊的织布工艺和涂层处理的玻璃纤维网格布，可起到吸声和隔声的作用。一般用于双层膜结构的内膜材料。

目前，膜材的分类国内还未见较为统一的标准。由上海市建设工程标准定额管理总站编制的《膜结构技术规程》采用国外的分类标准。国外的膜材按基材和涂层将其分为A、B、C三大类，A类膜材是玻璃纤维基材加聚四氟乙烯涂层，一般简称A膜；B类膜材是玻璃纤维基材加聚氯乙烯、氟化树脂等涂层，一般简称B膜；C类膜材是聚酯纤维、聚乙烯醇类纤维和聚酰胺类纤维基材氯丁橡胶、聚氯乙烯等涂层，一般简称C膜。

在实际工程中，膜材应根据建筑物的使用年限、建筑功能、建筑物所处的环境、建筑物防火要求及建筑的荷载、工程造价、膜材的抗老化试验等因素，进行合理与正确的选择，使膜结构在设计、施工中作到安全可靠、技术先进、经济合理。国家标准《建筑结构可靠度设计统一标准》(GB 50068—2001) 中第1.0.5条规定，将易于替换的结构构件的设计使用年限定为25年，临时性的设计使用年限定为5年。

不同种类、不同品牌及同一品牌不同型号的膜材，其性能和价格各不相同。膜材的选择在很大程度上取决于建筑物的功能、防火要求、设计寿命和投资额。一般来说，应考虑下列因素：

(1) 强度，包括膜材的抗拉强度和抗撕裂强度等。这主要由膜面的工作应力来决定。

(2) 耐久性，包括抗老化性能、徐变性能及适应气候的能力。

(3) 防火性能，即要求材料是阻燃的还是不燃的，这往往是由建筑物的功能和当地对建筑材料防火性能的要求而决定的。

(4) 价格，膜材的价格往往起决定性作用。

(5) 膜材的可加工性能、幅宽及拟建工程的膜面形状等。

4.4.3.2 索及膜结构配件

索是膜结构建筑的重要受力构件。大多数膜结构工程都是通过钢索来张拉膜面的。按索的应用形式来分，有形成自由造型的边索、维持形状和稳定的脊索和谷索、顶升飞柱及传递荷载的拉索等。

由若干根高强钢丝按几种不同方式制成的钢缆索，可承受结构的张力，简称为钢索。从钢索材料构成要素来进行分类，大致可分为钢缆绳、钢绞线和半平行钢丝索三类。半平行钢丝索是由若干高强度钢丝并拢经大节距扭绞而成，能够充分发挥高强钢丝的强度，弹性模量也与高强钢丝接近，大多用于大跨度建筑或重要的膜结构建筑中；钢绞线是由若干根钢丝捻绞在一起而成，由于各钢丝之间受力不均匀，其抗拉强度和弹性模量都要低于半平行钢丝索；钢丝绳是由若干股钢绞线沿同一方向缠绕而成，其抗拉强度和弹性模量又略低于钢绞线，其优点是较柔软，适用于需要弯曲且曲率较大的构件，在一些小型膜结构中应用较多。

索在应用过程中，要做防腐处理。钢索的防腐处理一般有三种：钢绞线镀锌、裹以树脂防护套、表面喷涂。国内用于膜结构的钢索大多为镀锌钢索。国外膜结构用索大都为不锈钢索。一般来说，外露的拉索宜采用不锈钢拉索，以充分体现膜结构的轻盈、美观；穿在膜套中的边索可以考虑采用无油镀锌索。由于不锈钢索制成材料强度高，索具小巧、精致、耐久，所以条件许可时，应优先选用。

索具的选择与钢索宜配套。其力学性能应满足以下要求：

(1) 在索破断拉力的作用下，没有明显的屈服；

(2) 在各种荷载组合和外界环境变化下，确保安全可靠；

(3) 在动荷载反复作用下，不会出现疲劳失效，也不会导致索端头的局部疲劳失效。

索具应做表面镀锌处理，并应做超声波探伤。索具与索的连接处应进行密封处理，还应保证索具与索的连接处的强度不低于索的抗拉强度的 95%。

索和索具的强度校核大都采用容许应力法。对于索，安全系数一般不小于 2.0，即索的抗拉破断力应不小于其最大工作应力的 2.0 倍。索具的安全系数一般不小于 2.2。

在膜结构工程中，有些部位还配有必要的配件，如图 4-49 所示。这些配件一般可根据图纸，到专门的厂家加工生产。

图 4-49　膜角配件

4.4.4　索膜结构的计量与计价

根据《建筑工程工程量清单计价规范》(GB 50500—2013)，膜结构报价工程量计算规则是：按设计图示尺寸以需要覆盖的水平面积计算，如图 4-50 所示。

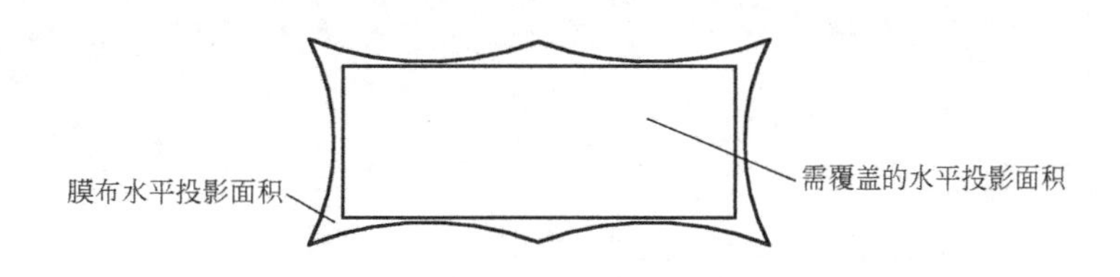

图 4-50　膜结构工程量计算示意图

支持和拉固膜布的钢柱、拉杆、金属网架及钢筋绳、锚固的锚头等应包括在报价内。

支承柱的钢筋混凝土的柱基、锚固的钢筋混凝土基础以及地脚螺栓等按混凝土及钢筋混凝土相关项目编码列项。

膜结构投标报价采用综合单价，包括膜材、钢结构支承、索及其他膜结构配件（不包括基础的费用，若有基础，另外报价）。

膜材的价格受市场影响较大，不同品牌、不同材质的膜材价格差异很大。一般来说，PVC 膜材的价格比较便宜，目前国产的产品不少，加工制作也比较方便，一般用于对防火性能及耐久性要求不是很高的建筑或小品等。PVC 涂层覆盖聚酯纤维膜材目前在国内的市场价格为 80～140 元/m^2，加工费在 50～70 元/m^2，膜结构的支承结构用钢量一般在 10～30kg/m^2，现阶段国内膜结构公司的投标价（含配套钢结构）一般在 650～900 元/m^2。

PTFE 涂层覆盖玻璃纤维膜材目前的市场价格为 400～700 元/m^2，加工难度较大，加工费用也较高，目前国内采用的较少。国外建成工程的造价折合人民币一般在 1800～3000 元/m^2。

索膜结构的计量与计价详见第 7.5 节【案例 6】。

第 5 章　钢结构工程的制作与安装

5.1　钢结构的加工制作

5.1.1　钢结构的制作特点

钢结构的含义极为广泛。广义地说，凡以钢铁为基材，经过机械加工组装而成的结构构件，均可属钢结构制造的范畴。但是，一般钢结构制造厂所从事的钢结构仅限于工业厂房、高层建筑、塔桅等钢结构构件的制作。这种结构也称为建筑钢结构。由于钢结构建筑具有强度高、结构轻巧、施工工期短、制作安装精度高等特点，再加上操作技术上的不断进步，从最早的铆接发展为焊接，而且在现场安装时采用更方便和灵活的高强螺栓连接，从而大大提高了生产效率，更适合于大型工业厂房及高层建筑、超高层建筑的建造。因此，钢结构在当今世界上被广泛地采用。其制作特点如下：

(1) 钢结构制作的基本元件大多系热轧型材和板材。用这些元件组成薄壁细长构件，外部尺寸小，质量轻，承载力高。虽然说，钢材的规格和品种有一定的限度，但我们可以把这些元件组成各种各样的几何形状和尺寸的构件，以满足设计者的要求。构件的连接可以焊接、栓接、铆接、粘结来形成刚接和铰接等多种连接形式。

(2) 完整的钢结构产品，需要使用机械设备和成熟的工艺方法，将基本元件进行各种操作处理，达到规定的产品预定的要求目标。现代化的钢结构制造厂应具有进行冲、切、剪、折、割、钻、铆、焊、喷、压、滚、弯、卷、刨、铣、磨、锯、涂、抛、热处理、无损检测等加工能力的设备，并辅以各种专用胎具、模具、夹具、吊具等工艺装备，对所设计的钢结构构件，几乎所有的形状和尺寸都能按设计达到要求，而且制作也渐渐趋向于高精度、高水平。

(3) 钢结构间的连接也由原来的铆接发展成焊接和高强度螺栓连接。目前钢结构构件的连接，大多为混合式，一般在工厂的制作均以焊接居多，现场的以螺栓连接居多，或者部分相互交叉使用。

5.1.2　钢结构工程制作的准备工作

建筑钢结构工程由于构件类型多、技术复杂、制作工艺要求严格，一般均由专业工厂来加工，并组织大流水作业生产。加工前应做好准备工作，包括：审查设计图纸；绘制加工工艺图，并据此编制钢结构制作的指导书；备料，不仅应算出材料的净用量，还要考虑一定的损耗量，目前国内外都以采取增加加工余量的方法来代替损耗。

钢结构工程加工前，要做好以下准备工作：

(1) 编制工艺规程

钢结构构件的制作是一个严密的流水作业过程，除生产计划外，制作单位应编制出完整、正确的施工工艺规程，以确保技术上的先进性、经济上的合理性以及具有良好的劳动条件和安全性。对于普遍通用性的问题，则可以制定工艺守则，说明工艺要求和工艺规程。

（2）划分工号、编制工艺流程表

根据产品的特点、工程量的大小和安装施工进度，将整个工程划分成若干个生产工号或生产单元，以便分批投料、配套加工、配套出成品。

从施工详图中摘出零件，编制出工艺流程表或工艺过程卡，内容包括零件名称、件号、材料牌号、规格、件数、工序顺序号、工序名称和内容、所用设备和工艺装备的名称及编号、工时定额等。除此之外，关键零件应标注加工尺寸和公差，重要工序应画出工序图等。

（3）配料与材料拼装

根据来料尺寸和用料要求统筹安排、合理配料。当钢材不是根据所需的尺寸采购，或零件尺寸过长、大而无法生产、运输时，还应根据材料的实际需要进行拼接，并按相应的要求确定拼接位置。

（4）编制工艺卡和零件流水卡

根据工程设计图纸和技术文件提出的构件成品要求，确定各加工工序的精度要求和质量要求，并结合单位的设备状态和实际的加工能力、技术水平，确定各个零件下料、加工的流水顺序，即编制出零件流水卡。工艺卡包含的内容一般为确定各工序采用的设备和工装模具；确定各工序的技术参数、技术要求、加工余量、加工公差、检验方法及标准，以及确定材料定额和工时定额等。

（5）工艺试验

工艺试验分焊接试验、摩擦面的抗滑移系数试验和工艺性试验三种，通过试验获得的技术资料和数据是编制技术文件的重要依据，用以指导工程施工。

（6）组织技术交底

钢结构构件的生产从投料开始，经过下料、加工、装配、焊接等一系列的工序过程，在这样一个综合性的加工生产过程中要确保工程质量，就要求制作单位在投产前必须组织技术交底，并通过对制作中的难题进行研究讨论和协商，达到意见统一，以解决生产过程中的具体问题。

5.1.3 钢结构构件的加工制作

（1）放样

根据加工工艺图，以1∶1的要求放出各种接头节点的实际尺寸，并对图纸尺寸进行核对。对平面复杂的结构如圆弧等，要在平整的地面上放出整个结构的大样，制作出样板和样杆以作为下料、铣平、剪制、制孔等加工的依据。在制作样板和样杆时应考虑加工余量（一般为5mm）；对焊接构件应按工艺需要增加焊接收缩量（如表5-1），钢柱的长度必须增加荷载压缩的变形量。如图纸要求桁架起拱，放样时上、下弦应同时起拱，并规定垂直杆的方向仍然垂直水平线，而不与下弦垂直。

放样应在专门的钢平台或平板上进行，平台应平整，尺寸应满足工程构件的尺寸要

焊接收缩余量 表5-1

结构类型	焊件特征和板厚	焊缝收缩量(mm)
钢板对接	各种板厚	长度方向每米焊缝0.7； 宽度方向每个接口1.0
实腹结构及焊接H型钢	断面高小于等于100mm 且板厚小于等于25mm	四条纵焊缝每米共缩0.6； 焊透梁高收缩1.0； 每对加劲焊缝，梁的长度收缩0.3
	断面高小于等于100mm 且板厚大于25mm	四条纵焊缝每米共缩1.4； 焊透梁高收缩1.0； 每对加劲焊缝，梁的长度收缩0.7
	断面高大于100mm的各种板厚	四条纵焊缝每米共缩0.2； 焊透梁高收缩1.0； 每对加劲焊缝，梁的长度收缩0.5
格构式结构	屋架、托架、支架等轻型桁架	接头焊缝每个接口为1.0； 搭接贴角焊缝每米0.5
	实腹柱及重型桁架	搭接贴角焊缝每米0.25
圆筒形结构	板厚小于等于16mm	直焊缝每个接口周长收缩1.0； 环焊缝每个接口周长收缩1.0
	板厚大于16mm	直焊缝每个接口周长收缩2.0； 环焊缝每个接口周长收缩2.0

求，放样划线应准确清晰。样板和样杆是构件加工的标准，应使用质轻、坚固不宜变形的材料（如铁皮、扁板、塑料等）制成并精心使用，妥善保管，其允许偏差应符合相应的规定。

（2）号料

根据放样提供的构件零件的材料、尺寸、数量，在钢材上画出切割、铣、刨边、弯曲、钻孔等加工位置，并标出零件的工艺编号。号料前，应根据图纸用料要求和材料尺寸合理配料，尺寸大、数量多的零件应统筹安排、长短搭配、先大后小或套材号料；号料时，应根据工艺图的要求尽量利用标准节头节点，使材料得到充分的利用而损耗率降到最低值；大型构件的板材宜使用定尺料，使定尺的宽度或长度为零件宽度或长度的倍数；另外，根据材料厚度和切割方法适当增加切割余量（如表5-2）。号料的允许偏差应符合相应的规定。

切割余量 表5-2

序号	切割方式	材料厚度(mm)	割缝宽度留量(mm)
1	剪、冲下料		不留
2	气割下料	≤10	1～2
		10～20	2.5
		20～40	3.0
		40以上	4.0

（3）下料

钢材的下料方法有气割、机械剪切、等离子切割和锯切等，下料的允许偏差应符合相应的规定。

1）气割

利用氧气和燃料燃烧时产生的高温熔化钢材，并以高压氧气流进行吹扫，使金属按要求的尺寸和形状切割成零件。它可以对各种钢材进行切割，而氧气的纯度对气体消耗量、切割速度、切割质量有很大的关系。

氧气切割是钢材切割工艺中最简单、最方便的一种，近年来又通过提高火焰的喷射速度使效率和质量大为提高，目前多头切割和电磁仿形、光电跟踪等自动切割也已经广泛使用。

2）机械剪切

用剪切机和冲切机切割钢材是最方便的切割方法，适用于较薄板材和曲线切割。当钢板厚度较大时，不容易保证其平直，且离剪切边缘 2～3mm 的范围内会产生严重的冷作硬化，使脆性增大。剪切采用碳工具钢和合金工具钢，剪切的间隙应根据板厚调整。

3）等离子切割

利用特殊的割炬，在电流、气流及冷却水的作用下，产生高达 2000～3000℃的等离子弧熔化而进行切割。切割时不受材质的限制，具有切割速度高、切口狭窄、热影响区小、变形小且切割质量好的特点，可用于切割用氧割和电弧所不能切割或难以切割的钢材。切割时，应先清除钢材表面切割区域的铁锈、油污等；切割后，断口上不得有裂纹和大于 1.0mm 的缺棱。

（4）边缘加工

有些构件如支座支承面、焊接对接口、焊缝坡口和尺寸要求严格的加劲板、隔板、腹板、有孔眼的节点板等，以及由于切割下料产生硬化的边缘或带有有害组织的热影响区，一般均需边缘加工进行刨边、刨平或刨坡口，其方法有刨边、铣边、铲边、切边、磨边、碳弧气刨和气割坡口等。刨边使用刨床，比较费工，生产效率低，成本高；铣边的光洁度比刨边的差一些；铲边使用风镐，设备简单，操作方便，但生产效率低，劳动强度大，加工质量不高；碳弧气刨利用碳棒与被刨削的金属间产生的电弧将工件熔化，压缩空气随即将熔化的金属吹掉；气割坡口将割炬嘴偏斜成所需要的角度，然后对准开坡口的位置运行割炬。边缘加工的允许偏差应符合相应的规定。

（5）平直

钢材在运输、装卸、堆放和切割过程中，有时会产生不同的弯曲波浪变形，如变形值超过规范规定的允许值时，必须在下料之前及切割之后进行平直矫正。常用的平直方法有人工矫正、机械矫正、火焰矫正和混合矫正等。钢材校正后的允许偏差应符合相应的规范规定。

1）人工矫正

人工矫正采用锤击法，锤子使用木锤，如用铁锤，应设平垫；锤的大小、锤击点和着力的轻重程度应根据型钢的截面尺寸和板料的厚度合理选择。该法适用于薄板或比较小的型钢构件的弯曲、局部凸出的矫正，但普通碳素钢在低于－16℃、低合金钢低于－12℃时，不得使用本法，以免产生裂纹。矫正后的钢材表面不应有明显的凹面和损伤，锤痕深度不应大于 0.5mm。

采用本法时，应根据型钢截面的尺寸和板厚合理选择锤的大小，并根据变形情况确定锤击点和着力的轻重程度。当型钢边缘局部弯曲时，亦可配合火焰加热。

2）机械矫正

机械矫正适用于一般板件和型钢构件的变形矫正，但普通碳素钢在低于－16℃、低合金钢低于−12℃时不得使用本法。板料变形采用多辊平板机，利用上、下两排辊子将板料的弯曲部分矫正调直；型钢变形多采用型钢调直机。

3）火焰矫正

火焰矫正变形一般只适用于低碳钢和16Mn钢，对于中碳钢、高合金钢、铸铁和有色金属等脆性较大的材料，则由于冷却收缩变形产生裂纹而不宜采用。其中，点状加热适于矫正板料局部弯曲或凹凸不平；线状加热多用于10mm以上板的角变形和局部圆弧、弯曲变形的矫正；三角形加热面积大，收缩量也大，适于型钢、钢板及构件纵向弯曲的矫正。火焰加热的温度一般为700℃，最高不应超过900℃。

4）混合矫正

混合矫正法适用于型材、钢构件、工字梁、吊车梁、构架或结构构件的局部或整体变形的矫正，常用方法有矫正胎加撑直机、压力机、油压机或冲压机等，或用小型液压千斤顶，或加横梁配合热烤。该法是将零部件或构件两端垫以支承件，通过压力将其凸出变形部位矫正。

（6）弯曲

钢板或型钢冷弯的工艺方法有滚圆机滚弯、压力机压弯以及顶弯、拉弯等，各种工艺方法均应按型材的截面形状、材质、规格及弯曲半径制作相应的胎膜，并经试弯符合要求后方准正式加工。大型设备用模具压弯可一次成型；小型设备压较大圆弧是应多次冲压成型，并边压边移位，边用样板检查至符合要求为止。冷弯后零件的自由尺寸的允许偏差应符合相应的规定。

煨弯是钢材热加工的一种方式，它是将钢材加热到1000～1100℃（暗黄色）时立即进行煨弯，并在500～550℃（暗黑色）之前结束。钢材加热如超过1100℃，则晶格将会发生裂隙，材料变脆，致使质量急剧降低而不能使用；如低于500℃，则钢材产生蓝脆而不能保证煨弯的质量，因此一定要掌握好加热温度。

（7）制孔

1）钻孔

钻孔有人工钻孔和机床钻孔两种方式，前者采用手枪式或手提式电钻直接钻孔，多用于钻直径较小、板厚较薄的孔，也可以采用手抬式压杠电钻钻孔，其不受工件位置和大小的限制，可钻一般钢结构的孔；后者采用台式或立式摇臂钻床钻孔，其施钻方便，工效和精度都较高。如钻制精度要求高的A、B级螺栓孔或折叠层数多、长排连接、多排连接的群孔时，可借助钻模卡在工件上制孔。各级螺栓孔孔径和孔距的允许偏差应符合相应规范规定。

2）扩孔

扩孔采用扩孔钻或麻花钻，当麻花钻扩孔时，需将后角修小，以使切屑少而易于排出，可提高孔的表面光洁度，其主要用于构件的安装和拼装。

3）锪孔

锪孔是将已钻好的孔的上表面加工成一定形状的孔，常用的有锥形埋头孔、圆柱形头孔等。锥形埋头孔应用专用的锥形孔钻制孔，或用麻花钻改制；圆柱形埋头孔应用柱形钻，钻前端设导向柱，以确保位置的正确。

4）冲孔

冲孔一般用于冲制非圆孔（圆孔多用钻孔）和薄板孔。冲孔的直径应大于板厚，否则易损坏冲头。如大批量冲孔时，应按批抽查孔的尺寸及孔的中心距，以便及时发现问题而及时纠正；当环境温度低于－20℃时应禁止冲孔；冲裁力应按相应的公式计算得到。

5）铰孔

铰孔是用绞刀对已经粗加工的孔进行精加工，可提高孔的表面光洁度和精度。

（8）钢球制造

钢球有加劲肋和不加劲肋的两种，在管形杆件桁（网）架结构中，常用焊接空心球来连接钢管杆件。将加热到800～900℃的钢板放置于专用模具中，并以2000～3000kN的压力制成半球；用自动气割切去多余的边缘，再用车床车出坡口；将两个半球在专用胎具上调整好直径、椭圆度、错口、间隙，最后用环焊缝把两个半球焊成整个钢球。

影响热压球质量的因素主要有钢板轧制的公差；模具（阴模、阳模）的公差；材料加热时钢板中心与边缘温度的不一致；轧制时球在模具的底部和上口容易增厚而中部容易减薄等。钢球外观的质量应符合相应的规定，而焊缝质量采用超声波探伤检查。

5.2 钢构件的组装与预拼装

5.2.1 钢构件的组装

组装是将制备完成的零件或半成品按要求的运输单元，通过焊接或螺栓连接等工序装配成部件或构件。构件的大小应根据运输道路、现场条件、运输和安装单位的机械设备能力与结构受力的允许条件来确定，只要条件允许，构件应划分得大一些，以减少现场的安装工作量，提高钢结构工程的施工质量。

组装应按工艺方法的组装次序进行，当有隐蔽焊缝时，必须先施焊，经检验合格后方可覆盖；为减少大件组装焊接的变形，一般应先采取小件组装，经矫正后再整体大部件组装；组装要在平台上进行，平台应测平，胎膜需牢固地固定在平台上；根据零件的加工编号，严格检验核对其材质、外形尺寸，毛刺飞边应清除干净，对称零件要注意方向以免错装；组装好的构件或结构单元，应按图纸用油漆编号。

组装方法有地样法、仿形复制法、立装法、卧装法和胎膜法等。

地样法是在装配平台上以1∶1的比例放出构件实样，然后根据零件在实样上的位置分别组装构成，适用于桁架、构架等小批量结构的组装；仿形复制法先按地样法组装成单面（单片）结构，然后将定位点焊牢并翻身作为复制胎膜，并在其上装配另一单面结构，往返两次组装，适用于横断面互为对称的桁架结构；立装法是根据构件的特点和零件的稳定位置，选择自上而下或自下而上的组装，适用于放置平稳、高度不大的结构或大直径的圆筒；卧装法是将构件处于卧位后进行组装，适用于断面不大但长度较大的细长构件；胎膜法是将构件的零件用胎膜定位在装配的位置上，然后进行组装，拼装胎膜时，应注意预留各种加工余量，适用于构件批量大、精度要求高的产品。

组装时各种连接方法的优缺点和适用范围见表5-3。

各种钢结构连接方法的优缺点及适用范围　　表 5-3

连接方法		优　缺　点	适　用　范　围
焊接		1. 构造简单,加工方便,易于自动化操作 2. 不削弱杆件截面,可节约钢材 3. 对疲劳较敏感	除少数直接承受动力荷载的结构连接,如繁重工作制吊车梁与有关构件的连接在目前情况下不宜用焊接外,其他可广泛用于工业及民用建筑钢结构中
铆接		1. 韧性和塑性较好,传力可靠,质量易于检查 2. 构造复杂,用钢量多,施工麻烦	1. 直接承受动力荷载的结构连接 2. 按荷载、计算温度及钢号宜选用铆接的结构
普通螺栓	C级	1. 杆径与孔径间有较大空隙,结构拆装方便 2. 只能承受拉力 3. 费料	1. 适用于安装和需要装拆的结构 2. 用于承受拉力的连接,如有剪力作用,需另设支托
	A级 B级	1. 杆径与孔径间孔隙小,制造和安装较复杂 2. 能承受拉力和剪力	用于较大剪力的安装连接
高强螺栓		1. 连接紧密 2. 受力好,耐疲劳 3. 安装简单迅速,施工方便 4. 便于养护和加固	1. 用于直接承受动力荷载结构的连接 2. 钢结构的现场拼装和高空安装连接的重要部位,应优先采用 3. 在铆接结构中,松动的铆钉可用高强螺栓代换 4. 凡不宜用焊接而用铆接的,可用高强螺栓代替

(1) 焊接连接

应根据钢结构的种类，焊缝的质量要求，焊缝形式、位置和厚度等选定合适的焊接方法，并以此选用焊条、焊丝、焊剂型号、焊条直径以及焊接的电焊机和电流。选择的焊条、焊丝型号应与主体金属相适应，当采用两种不同强度的钢材焊接连接时，可采用与低强度钢材相适应的焊接材料。为减少焊接变形，应选择合理的焊接顺序，如对称法、分段逆向焊接法、跳焊法等。

焊缝的外观质量用肉眼和低倍放大镜检查，要求焊缝金属表面焊波均匀，不得有表面气孔、咬边、焊瘤、弧坑、表面裂缝和严重飞溅等缺陷。焊缝的内部质量主要用超声波探伤，检查项目包括夹渣、气孔、未焊透和裂缝等。

型钢的工厂接头位置，在桁架中宜设在受力不大的节间内或节点处；在工字钢和槽钢梁上宜设在跨度中央 1/4～1/3 的范围内，工字钢和槽钢柱的接头位置不限。如经过计算，并能保证焊接质量的，则其接头位置也不受限制。

近年来开始采用的对接焊连接的工厂接头，能节约连接用的角钢和钢板，经济效益好。为此，型钢应斜切，斜度为 45°；肢部较厚的应双面焊，或开成有缺口；焊接时应考虑焊缝的变形，以减少焊后矫正变形的工作量；对工字钢、槽钢应区别受压和受拉部位，对角钢应区别拉杆和压杆，受拉部位和拉杆应用斜焊缝，受压部位和压杆应用直焊缝。

1) 实腹工字形截面构件

钢结构中受力大的部位或断面构件，当轧制 H 型钢不能满足要求时，都采用焊接 H 型钢，可以采用手工焊、CO_2 半自动焊和 CO_2 自动焊。先将腹板放在装配台上，再将两块翼缘板立放两侧，3 块板对齐后通过专用夹具将起夹紧或顶紧，并在对准装配线后进行定位焊；在梁的截面方向预留焊缝收缩量，并加撑杆。上、下翼缘的通长角焊缝可以在平焊位置或 45°船形位置采用自动埋弧焊。构件长度方向应在焊接成型检验合格后再进行端头加工，焊接连接梁的端头开坡口时应预留收缩量。其允许偏差应符合相应的规定。

2) 封闭箱形截面构件

钢结构构件的柱子和受力大的部位的梁均采用封闭箱形断面。先利用构件内的定位隔板将箱形截面和受力隔板的挡板焊好，再将受力隔板和柱内两相对面的非受力隔板焊好，最后封第4块板，点焊成型后进行矫正。在柱子两端焊上引弧板，再按要求把柱的四棱焊好，检查合格后再用电渣焊焊接受力隔板的另两侧。

箱形结构封闭后，在受力隔板的两相对焊缝处用电钻把柱板打一通孔，相对的两条焊缝用两台电渣焊机对称施焊。待各部焊缝焊完后，矫正外形尺寸，再焊上连接板，加工好下部坡口。

3）十字形截面构件

钢结构构件下部柱子多采用十字形截面，并包钢筋混凝土，组装时由两个T形和一个工字形焊接而成。由于十字形端面的拘束度小，焊接时容易变形，故除严格控制焊接顺序外，整个焊接工作必须固定在模架上（或再加临时支撑）进行。

4）桁架

桁架组装多用仿形装配法，即先在平台上放实样，据此装配出第一榀桁架，并施行定位焊之后再用它作为胎膜进行复制。在组装台上按图纸要求的尺寸（包括拱度）进行放线，焊上模架。先放弦杆，矫正外形尺寸后点焊定形，点焊的数量必须满足脱胎时桁架不变形。桁架的上弦节点与上弦杆应进行塞焊。为保证质量，节点板的厚度和塞焊深度应保证设计的尺寸。

5）钢板

钢板组装系在装配平台上进行，将钢板零件摆列在平台上，调整粉线，用撬杆等工具将钢板平面对接接缝对齐，用定位焊固定；对接焊缝的两端设引弧板，尺寸不小于100mm×100mm。

焊接构件组装的允许偏差应符合相应的规定。

（2）螺栓连接

1）高强螺栓

高强螺栓连接按其受力状况可分为摩擦型连接、摩擦-承压型连接、承压型连接和张拉型连接等类型，而摩擦型连接是目前钢结构中广泛使用的基本连接形式。高强螺栓从外形上可分为大六角头和扭剪型两种；按性能等级可分为8.8级、10.9级和12.9级等。大六角头的高强螺栓有8.8级和10.9级两种，其连接副含一个螺栓、一个螺母、两个垫圈（螺头和螺母两侧各一个）；扭剪型高强螺栓只有12.9级，其连接副含一个螺栓、一个螺母、一个垫圈。

高强螺栓连接应先对构件的摩擦面进行处理，常用的方法有喷砂、喷丸、砂轮打磨和酸洗。喷砂的范围不小于4倍的板厚，喷砂面不得有毛刺、泥土和溅点。打磨的方向应与构件的受力方向垂直，打磨后的表面应呈铁色，且无明显的不平；不得涂刷油漆后再打磨。

对每一个连接接头，应先用临时螺栓或冲钉定位，本身不得作为临时安装螺栓。安装高强螺栓时，螺栓应自由穿入孔内，不得强行敲打和气割扩孔；如不能自由穿入，可用绞刀进行修整。螺栓穿入的方向宜一致，应便于操作，并注意垫圈的正反面。拧紧一般应分初拧和终拧，但对大型节点应分初拧、复拧和终拧，终拧时应采用专用扳手将尾部的梅花头拧掉；复拧扭矩应等于初拧扭矩，大六角螺栓的初拧扭矩宜为终拧的一半；施拧宜由螺栓群中央顺序向外拧紧，并于当天终拧完毕。高强螺栓紧固后应按相应的标准进行检验和测定，如发现欠拧、漏拧时应补拧，超拧时应更换。

连接钢板的孔径应略大于螺栓直径，并应采取钻孔成型的方法，钻孔后的钢板表面应平整，孔边无飞边和毛刺，连接板表面无焊接飞溅物、油污等，螺栓孔径的允许偏差应符合相应的规定。

2）普通螺栓

普通螺栓连接是将普通螺栓、螺母、垫圈机械地连接在一起。普通螺栓按形式分为六角头螺栓、双头螺栓、沉头螺栓等；按制作精度可分为A、B、C三级（A、B级为精制螺栓，C级为粗制螺栓），钢结构中除特殊说明外，一般采用C级螺栓。螺母的强度设计应选用与之匹配的螺栓中最高性能等级的螺栓强度，当螺母拧紧到螺栓保证荷载时，必须不发生螺纹脱扣。垫圈按形状分为圆平垫圈、方形垫圈、斜垫圈和弹簧垫圈四种。螺栓的排列位置主要有并列和交错排列两种，确定螺栓间的间距时，既要考虑连接效果（连接强度和变形），又要考虑螺栓的施工。

安装永久螺栓前应检查建筑物各部分的位置是否正确，其精度是否满足相应规范的要求。螺栓头下面的垫圈一般不应多于两个，螺母头下面的垫圈一般不应多于1个，并不得采用大螺母代替垫圈；螺栓拧紧后的外露螺纹不应少于两个螺距。对大型接头应采用复拧，以保证接头内各个螺栓能均匀受力。精致螺栓的安装孔内宜先放入临时螺栓和冲钉，当条件允许时也可直接放入永久螺栓。螺栓孔不得使用气割扩孔，扩孔后的A、B级螺栓孔不允许使用冲钉。普通螺栓的连接对螺栓的紧固力没有要求，以操作工的手感及连接接头的外形控制为准，使被连接接触面能密贴而无明显间隙即可。

5.2.2 钢结构构件的预拼装

为保证安装的顺利进行，应根据构件或结构的复杂程度、设计要求或合同协议规定，在构件出厂前进行预拼装；有些复杂的构件，由于受运输、安装设备能力的限制，也应在加工厂先行拼装，待调整好尺寸后进行编号，再拆开运往现场，并按编号的顺序对号入座进行安装。预拼装一般分平面预拼装和立体预拼装（管结构）两种状态，预拼装的构件应处于自由状态，不得强行固定。预拼装时构件与构件的连接为螺栓连接，其连接部位的所有节点连接板均应装上；除检查各部位的尺寸外，还应用试孔器检查板叠孔的通过率。为保证穿孔率，零件钻孔时可将孔径缩小一级（3mm），在拼装定位后再进行扩孔至设计孔径的尺寸；对于精制螺栓的安装孔，在扩孔时应留0.1mm左右的加工余量，以便铰孔。施工中错孔在3mm以内时，一般用绞刀铣孔或锉刀锉孔，其孔径扩大不得超过原孔径的1.2倍；错孔超过3mm，可采用与母材材质相匹配的焊条补焊堵孔，修磨平整后重新打孔。预拼装检验合格后，应在构件上标注上下定位中心线、标高基准线、交线中心点等必要标记，必要时焊上临时撑杆和定位器等。其允许偏差应符合相应的规定。

5.3 钢结构的安装

5.3.1 安装前的准备工作

（1）在建筑钢结构的施工中，钢结构安装是一项很重要的分部工程，由于其规模大、结构复杂、工期长、专业性强，因此操作时除应执行国家现行《钢结构设计规范》(GB 50017—

2013)、《钢结构工程施工质量验收规范》(GB 50205—2001）外，还应注意以下几点：

1）在钢结构详图设计阶段，即应与设计单位和生产厂家相结合，根据运输设备、吊装机械、现场条件以及城市交通规定的要求确定钢构件出厂前的组装单元的规格尺寸，尽量减少现场或高空的组装，以提高钢结构的安装速度。

2）安装前，应按照施工图纸和有关技术文件，结合工期要求、现场条件等，认真编制施工组织设计，作为指导施工的技术文件；应进行有关的工艺试验，并在试验结论的基础上，确定各项工艺参数，编出各项操作工艺；应对基础、预埋件进行复查，运输、堆放中产生的变形应先矫正。

3）安装时，应在具有相应资格的责任工程师的指导下进行。根据施工单位的技术条件组织专业技术培训，使参与安装的有关人员确实掌握有关知识和技能，并经考试取得合格证。

4）安装用的专用机具和检测仪器，如塔式起重机、气体保护焊机、手工电弧焊机、气割设备、碳弧气刨、栓钉焊机、电动和手动高强螺栓扳手、超声波探伤仪、激光经纬仪、测厚仪、水平仪、风速仪等，应满足施工要求，并应定期进行检验。土建施工、构件制作和结构安装三个方面使用的钢尺，必须用同一标准进行检查鉴定，并应具有相同的精度。

5）在确定安装方法时，必须与土建、水电暖卫、通风、电梯等施工单位结合，作好统筹安排、综合平衡工作；安装顺序应保证钢结构的安全稳定和不导致永久变形，并且能有条不紊地进行。

6）安装宜采用扩大组装和综合的方法，平台或胎架应具有足够的刚度，以保证拼装精度。扩大拼装时，对宜变形的构件应采取夹固措施；综合安装时，应将结构划分为若干独立的体系或单元，每一体系或单元的全部构件安装完后，均应具有足够的空间刚度和稳定性。

7）安装各层框架构件时，每完成一个层间的柱后应立即矫正，并将支撑系统装上后，方可继续安装上一个层间，同时考虑下一层间的安装偏差。柱子等矫正时，应考虑风力、温差和日照的影响而产生的自然变形，并采取一定的措施予以消除。吊车梁和吊车轨道的矫正应在主要构件固定后进行。各种构件的连接接头必须经过校正、检查合格后，方可紧固和焊接。

8）设计中要求支撑面刨光顶紧的接点，其接触的两个面必须保证有70%的贴紧，当0.3mm的塞尺检查时，插入深度的面积不得大于总面积的30%，边缘最大间隙不得大于0.8mm。

(2）钢结构工程安装前，应作好以下准备工作：

1）技术准备

① 应加强与设计单位的密切结合。认真审查图纸，了解设计意图和技术要求，并结合施工单位的技术条件，确保设计图纸实施的可能性，从而减少出图后的设计变更。

② 了解现场情况，掌握气候条件。钢结构的安装一般均作为分包项目进行，因此，对现场施工场地可堆放构件条件、大型机械运输设备进出场条件、水电源供应和消防设施条件、临时用房条件等，需要进行全面的了解，统一规划；另外，对自然气候条件，如温差、风力、湿度及各个季节的气候变化等进行了解，以便于采取相应的技术措施，编制好

钢结构安装的施工组织设计。

③ 编制施工组织设计。应在了解和掌握总承包施工单位编制的施工组织设计中对地下结构与地上结构施工、主体结构与裙房施工、结构与装修、设备施工等安排的基础上，择优选定施工方法和施工机具。对于需要采取的新材料、新技术，应组织力量进行试制试验（如厚钢板的焊接等）。

2）施工组织与管理准备

明确承包项目范围，签订分包合同；确定合理的劳动组织，进行专业人员技术培训工作；进行施工部署安排，对工期进度、施工方法、质量和安全要求等进行全面交底。

3）物质准备

加强与钢构件加工单位的联系，明确由工厂预拼装的部位和范围及供应日期；进行钢结构安装中所需各种附件的加工订货工作和材料、设备采购等工作；各种机具、仪器的准备；按施工平面布置图的要求，组织钢构件及大型机械进场，并对机械进行安装及试运行。

4）构件验收

构件制作完后，检查和监理部门应按施工图的要求和《钢结构工程施工质量验收规范》(GB 50205—2001）的规定，对成品进行验收。

钢构件成品出厂时，制造单位应提交产品、质量证明书和下列技术文件：

① 设计更改文件、钢结构施工图，并在图中注明修改部位。

② 制作中对问题处理的协议文件。

③ 所用钢材和其他衬料的质量证明书和试验报告。

④ 高强度螺栓摩擦系数的实测资料。

⑤ 发运构件的清单。

钢构件进入施工现场后，除了检查构件规格、型号、数量外、还需对运输过程中易产生变形的构件和易损部位进行专门检查，发现问题应及时通知有关单位做好签证手续以便备案，对已变形构件应予以矫正，并重新检验。

5）基础复测

① 基础施工单位至少在吊装前七天提供基础验收的合格资料。

② 基础施工单位应提供轴线、标高的轴线基准点和标高水准点。

③ 基础施工单位在基础上画出有关轴线和记号。

④ 支座和地脚螺栓的检查分二次进行，即首次在基础混凝土浇灌前与基础施工单位一起对地脚螺栓位置和固定措施检查，第二次在钢结构安装前作最终验收。

⑤ 提供基础复测报告，对复测中出现的问题应通知有关单位，提出修改措施。

⑥ 为防止地脚螺栓在安装前或安装时螺纹受到损伤，宜采用锥形防护套将螺纹进行防护。

6）测量仪器及丈量器具

测量仪器和丈量器具是保证钢结构安装精度的检验工具，土建、钢结构制作、结构安装和监理单位均应按规范要求，执行统一标准。

7）构件检验

① 检查构件型号、数量。

② 检查构件有无变形，发生变形应予矫正和修复。

③ 检查构件外形和安装孔间的相关尺寸，划出构件的轴线。

④ 检查连接板、夹板、安装螺栓、高强螺栓是否齐备，检查摩擦面是否生锈。

⑤ 不对称的主要构件（柱、梁、门架等）应标出其重心位置。

⑥ 清除构件上污垢、积灰、泥土等，油漆损坏处应及时补漆。

5.3.2 钢结构安装平面控制网的布置

（1）平面控制网的布置

钢结构安装的测量放线工作，既是各阶段诸工序的先行工序，又是主要工序的控制手段，是保证工程质量的中心环节。钢结构施工中的测量、安装和焊接必须三位一体，以测量为控制中心，密切配合，互相制约。钢结构安装控制网应选择在结构复杂、拘束度大的轴线上，施工中首先应控制其标准点的安装精度，并考虑对称原则及高程投递，便于施测。控制线间距以 30m 至 50m 为宜，点间应通视易量。网形应尽量组成与建筑物平行的闭合图，以便闭合校核。当地下层与地上层平面尺寸及形状差异较大时，可选用两套控制网，但应尽量选用纵横线各一条共用边，以保证足够的准确度。

量距的精度应高于 1/20000，测角和延长直线的精度应高于 $\pm 5''$；控制网应不少于 3 条线，以便校核；高程可用相对标高或设计标高的要求进行控制。

标高点宜设在各层楼梯间，用钢尺测量。当按相对标高安装时，建筑物高度的累计偏差不得大于各节柱制作允许偏差的总和；当按设计标高安装时，应以每节柱为单位进行标高的调整工作，将每节柱焊缝的收缩变形和在荷载下压缩变形值加到柱的制作长度中去。第一节柱子的标高，可采用加设调整螺母的方法，精确控制柱子的标高；同一层柱顶的标高差必须控制在规范允许值内，它直接影响着梁安装的水平度；考虑深基开挖后土的回弹值，则安装至 ± 0.000 时应进行调整，安装中可不考虑建筑物的沉降量。

（2）放线

钢构件在工厂制作时应标定安装用轴线及标高线，在中转仓库进行预检时，应用白漆标出白三角，以便观测。钢构件安装及钢筋混凝土构件放线，均用记号笔标注，标高线及主轴线均用白漆标注。现场地面组拼的钢构件，必须校核其尺寸，保证其精度。

（3）竖向投点

建筑钢结构安装的竖向投递点宜采用内控法，激光经纬仪投点采用天顶法。布点应合理，各层楼应预留引测孔，投递网经闭合检验后方可排尺放线。每节柱控制网的竖向投递，必须从底层地面控制轴线引测到高层，而不应从下节柱的轴线引测，以免产生累积误差。当超高层钢结构控制网的投测在 100m 以上时，因激光光斑发散影响到投测精度时，需采用接力法将网点反至固定层间，经闭合校验合格后作为新的基点和上部投测的标准。

（4）安装精度的测控

影响钢结构垂直度的主要因素有钢构件的加工制作、控制网的竖向投递精度、钢梁施焊后焊缝横向收缩变形、高空的风振、电梯井柱与边柱的垂直度等，因此要加强构件的验收管理和预检工作；采用合理的施焊顺序，摸索和掌握收缩规律，坚持预留预控值，综合处理；风大停测或设挡风设施；安装主梁时对相邻柱的垂直度进行监测等措施。

安装中每节柱子垂直度的校正应选用两台经纬仪，在相互垂直位置投点，固定支架在柱顶的连接板上；水平仪可放在柱顶测设，并设有光学对点器，激光仪支托焊在钢柱上，并设有相应的激光靶与柱顶固定。竖向投递网点以±0.000处设点为基线向上投点。

第一节柱子的标高，有柱顶下控制标高线来确定柱子的支垫高度，以保证上部结构的精度；柱脚变形差值留在柱子底板与混凝土基础的间隙中。采用相对标高法测定柱的标高时，先抄出下节柱顶标高，并统计出标高值，根据此值与相应的预检柱的长度值，进行综合处理，以控制层间标高符合规范要求；同时要防止标高差的累计使建筑物总高度超限。

柱底位移控制时，下节柱施焊后投点与柱顶，测得柱顶位移值，根据柱子垂直度综合考虑下节柱底的位移值，既减小垂直偏差，又减小柱连接处的错位。安装带有贯通梁的钢柱时，为严防错位和扭转而影响上部梁的安装方向，故应在柱间连接板处加垫板调整。

安装次梁时，次梁面的标高应调整与主梁一致；压型钢板安装及栓钉焊接应放线；特殊结构的放线要根据设计图纸的不同而异，并应在技术交底书中标明控制方法。

由于不考虑温差、日照因素对测量柱垂直度的影响，故无论在什么时候，都以当时经纬仪的垂直平面进行测量校正，这样温度变化将会使柱子顶部产生一个位移值。这些偏差在安装柱与柱之间的主梁时用外力强制复位，使柱顶回到设计位置，再紧固柱子和梁接头腹板上的高强螺栓，使结构的几何形状固定下来。这时柱子断面内可产生300～400N/cm^2的温度应力，但经试验证实，它比由于构件加工偏差或安装积累偏差进行强制校正时的内应力要小得多。

(5) 竣工测量

竣工测量不仅是验收和评价工程是否按设计施工的基本依据，更是工程交付使用后进行管理、维修、改建及扩建的依据。做好竣工测量的关键是从施工准备开始就有次序地、一项不漏地积累各项预检资料，尤其还要保管好设计图纸、各种设计变更通知和洽商记录。

工程验收后，建筑场地的平面控制网和标高控制网应是竣工测量的第一份资料，也是以后实测竣工位置（坐标与标高）的基本依据；原地面的实测标高与基坑开挖后的坑底标高，可作为实际土方量计算的依据，也是基础实际挖深的依据；建筑物定位放线、垫层上底线以及±0.000首层平面放线的验收资料是确定建筑物位置的主要资料，也是绘制竣工总平面图的依据；建筑场地内的各种地下管线与构筑物的验收资料都是绘制总图的依据。凡按图施工没有变更的，可在新的原施工图上加盖“竣工图”标志；无大变更的，可在新的原施工图上修改，变更内容须反映在竣工图上或在相应部位用文字说明、标注变更设计、洽商记录的编号，并附上洽商记录复印件。竣工总图的内容应包括总平面图，上、下水道图，动力管道图以及电力与通讯线路图，其绘制内容应符合相应的规定。

5.3.3 钢结构工程的安装

(1) 安装顺序

安装多采用综合法，其顺序一般是平面内从中间的一个节间（如标准节间框架）开始，以一个节间的柱网为一个单元，先安装柱，后安装梁，然后往四周扩展；垂直方向自上而下，组成稳定结构后分层安装次要构件，一节间一节间地完成，以便消除安装误差累积和焊接变形，使误差减低到最小限度。在起重机起重能力允许的情况下，为减少高空作业、确定安装质量、减少吊装次，应尽量在地面组拼好，一次吊装就位。

(2) 安装要点

1) 安装前，应对建筑物的定位轴线、平面封闭角、底层柱的安装位置线、基础标高和基础混凝土强度进行检查，待合格后才能进行安装。

2) 凡在地面拼装的构件，需设置拼装架组拼，易变形的构件应先进行加固。组拼后的尺寸经校验无误后，方可安装。

3) 合理确定各类构件的吊点。三点或四点吊凡不易计算者，可加设倒链协助找重心，待构件平衡后起吊。

4) 钢构件的零件及附件应随构件一并起吊。对尺寸较大、质量较大的节点板，应用铰链固定在构件上；钢柱上的爬梯、大梁上的轻便走道也应牢固固定在构件上；调整柱子垂直度或支撑夹板，应在地面与柱子绑好，并一起起吊。

5) 当天安装的构件，应形成空间稳定体系，以确保安装质量和结构的安全。

6) 每个流水段一节柱的全部钢构件安装完毕并验收合格后，方能进行下一流水段钢结构的安装。

7) 安装时，应注意日照、焊接等温度引起的热影响，施工中应有调整因构件伸长、缩短、弯曲引起的偏差的措施。

(3) 安装校正

安装前，首先确定是采用设计标高安装还是采用相对标高安装。柱子、主梁、支撑等大构件安装时，应立即进行校正；校正正确后，应立即进行永久固定，以确保安装质量。

柱子安装时，应先调整标高，再调整位移，最后调整垂直偏差；应按规范规定数值进行校正，标准柱子的垂直偏差应校正到±0.000；用缆风绳或支撑校正柱子时，必须使缆风绳或支撑处于松弛状态，并使柱子保持垂直，才算完毕；当上柱和下柱发生扭转错位时，可在连接上下柱的临时耳板处，加垫板进行调整。

主梁安装时，应根据焊缝收缩量预留焊缝变形量。对柱子垂直度的监测，除监测两端柱子的垂直度变化外，还要监测相邻用梁连接的各根柱子的变化情况，以柱子除预留焊缝收缩值外，各项偏差均符合规范的规定。当每一节柱子的全部构件安装、焊接、栓接完成并验收合格后，才能从地面引测上一节柱子的定位轴线。各部分构件的安装质量检查记录，必须是安装完成后验收前的最后一次实测记录，中间的检查记录不得作为竣工验收的记录。

(4) 构件连接

钢柱之间常用坡口焊连接；主梁与钢柱的连接，一般上、下翼缘用坡口焊连接，而腹板用高强螺栓连接；次梁与主梁的连接基本上是在腹板处用高强螺栓连接，少量再在上、下翼缘处用坡口焊连接。柱与梁的焊接顺序是先焊接顶部柱、梁的节点，再焊接底部柱、梁的节点，最后焊接中间部分的柱、梁节点。高强螺栓连接两个连接构件的紧固顺序是先主要构件，后次要构件；工字形构件的紧固顺序是上翼缘——下翼缘——腹板；同一节柱上各部梁柱节点的紧固顺序是柱子上部的梁柱节点——柱子下部的梁柱节点——柱子中部的梁柱节点；每一节安设紧固高强螺栓的顺序是摩擦面处理——检查安装连接板——临时螺栓连接——高强螺栓连接紧固——初拧——终拧。

(5) 压型钢板安装

建筑钢结构的楼盖一般多采用压型钢板与现浇钢筋混凝土叠合层组合而成，它既是楼盖的永久性支承模板，又与现浇层共同工作，是建筑物的永久组成部分。

压型钢板分为开口式和封闭式两种。开口式分为无痕（上翼加焊剪力钢筋）、带压痕（带加劲肋、上翼压痕、腹板压痕）、带加劲肋三种。封闭式分无痕、带压痕（在上翼缘）、带加劲肋和端头锚固等几种形式。其配件有抗剪连接件，包括栓钉、槽钢和弯筋。栓钉的端部镶嵌脱氧和稳弧焊剂；配件包括堵头板和封边板。焊接瓷环是栓钉焊一次性辅助材料，其作用是熔化金属成型，焊水不外溢，起铸模作用；熔化金属与空气隔绝，防止氧化；集中电弧热量并使焊肉缓冷；释放焊接中有害气体，屏蔽电弧光与飞溅物；充当临时支架。

1）压型钢板安装

压型钢板安装时其工序间的流程为：

钢结构主体验收合格——打设支顶桁架——压型钢板安装焊接——栓钉焊接——封板焊接——交验后设备管道、电路线路施工，钢筋绑扎——混凝土浇筑。其施工要点是：

① 压型钢板在装、卸、安装中严禁用钢丝绳捆绑直接起吊；运输及堆放应有足够的支点，以防变形；铺设前应将弯曲变形者校正好；钢梁顶面要保持清洁，严防潮湿及涂刷油漆。

② 下料、切孔采用等离子弧切割机操作，严禁用乙炔氧气切割；大孔四周应补强。

③ 需支搭临时的支顶架，由施工设计确定，待混凝土达到一定强度后方可拆除。

④ 压型钢板按图纸放线安装、调直、压实并对称电焊，要求波纹对直，以便钢筋在波内通过，并要求与梁搭接在凹槽处，以便施焊。

2）栓钉焊接

将每个焊接栓钉配用耐热的陶瓷电弧保护罩，用焊钉焊机的焊枪顶住，采用自动定时的电弧焊到钢结构上。栓钉焊分栓钉直接焊在工件上的普通栓钉焊和穿透栓钉焊两种，后者是栓钉在引弧后先熔穿具有一定厚度的薄钢板，然后再与工件熔成一体，其对瓷环强度及热冲击性能要求较高。瓷环产品的质量好坏，直接影响栓钉的质量，故禁止使用受潮瓷环，当受潮后要在250℃温度下焙烘1h，中间放潮气后使用；保护罩或套应保持干燥，无开裂现象。

焊钉应具有材料质量证明书，规格尺寸应符合要求，表面无有害皱皮、毛刺、微观裂纹、扭歪、弯曲、油垢、铁锈等，但栓钉头部的径向裂纹和开裂如不超过周边至钉体距离的一半，则可以使用；下雨、雪时不能在露天焊。平焊时，被焊构件的倾斜度不能超过15°。

每日或每班施焊前，应先焊两只焊钉作目检和弯曲30°的试验；当母材温度在0℃以下时，每焊100只焊钉还应增加一只焊钉试验，在−18℃以下时，则不能焊接。如从受拉构件上去掉不合格的焊钉，则去掉部位处应打磨光洁和平整；如去掉焊钉处的母材受损，则采用手工焊来填补凹坑，并将焊补表面修平；如焊钉的挤出焊脚未达到360°，允许采用手工焊补焊，补焊的长度应超出缺陷两边各9.5mm。

栓钉在施焊前必须经过严格的工艺参数试验，对不同厂家、批号、材质及焊接设备的栓焊工艺，均应分别进行试验后确定工艺。栓钉焊的工艺参数包括焊接形式、焊接电压、电流、栓焊时间、栓钉伸长度、栓钉回弹高度、阻尼调整位置，在穿透焊中还包括压型钢板的厚度、间隙和层次。栓焊工艺经过静拉伸、反复弯曲及打弯试验合格后，现场操作时还需根据电缆线的长度、施工季节、风力等因素进行调整。当压型钢板采用镀锌钢板时，应采用相应的除锌措施后焊接。

5.4 钢结构工程的防火与防腐

5.4.1 钢结构的防火

5.4.1.1 概述

火灾作为一种人为灾害是指火源失去控制、蔓延发展而给人民生命财产造成损失的一种灾害性燃烧现象，它对国民经济和人类环境造成巨大的损失和破坏。随着国民经济的高速发展和钢产量的不断提高，近年来，钢结构被广泛地应用于各类建筑工程中，钢结构本身具有一定的耐热性，温度在250℃以内，钢的性质变化很小，温度达到300℃以后，强度逐渐下降，达到450～650℃时，强度为零。因此钢结构防火性能较钢筋混凝土差，一般用于温度不高于250℃的场合。所以研究钢结构防火有着十分重大的意义。

我国目前按建筑设计防火规范进行钢结构设计。国家标准《建筑设计防火规范》、《高层民用建筑设计防火规范》对建筑物的耐火等级及相应的构件应达到的耐火极限均有具体规定，在设计时，只要保证钢构件的耐火极限大于规范要求的耐火极限即可。

目前钢结构构件常用的防火措施主要有防火涂料和构造防火两种类型。

（1）防火涂料

钢结构防火涂料分为薄涂型和厚涂型两类，对室内裸露钢结构、轻型屋盖钢结构及装饰要求的钢结构，当规定其耐火极限在1.5h以下时，应选用薄涂型钢结构防火涂料。室内隐蔽钢结构、高层钢结构及多层厂房钢结构，当规定耐火极限在1.5h以上时，应选用厚涂型钢结构防火涂料。

（2）构造形式

钢结构构件的防火构造可分为外包混凝土材料、外包钢丝网水泥砂浆、外包防火板材、外喷防火涂料等几种构造形式。喷涂钢结构防火涂料与其他构造方式相比较具有施工方便、不过多增加结构自重、技术先进等优点，目前被广泛应用于钢结构防火工程。

5.4.1.2 钢结构防火施工

钢结构防火施工可分为湿式工法和干式工法。湿式工法有外包混凝土、钢丝网水泥砂浆、喷涂防火涂料等。干式工法主要是指外包防火板材。

（1）湿式工法

1）外包混凝土防火，在混凝土内应配置构造钢筋，防止混凝土剥落。施工方法和普通钢筋混凝土施工原则上没有任何区别。由于混凝土材料具有经济性、耐久性、耐火性等优点，一向被用作钢结构防火材料。但是，浇捣混凝土时，要架设模板，施工周期长，这种工法一般仅用于中、低层钢结构建筑的防火施工。

2）钢丝网水泥砂浆防火施工也是一种传统的施工方法，但当砂浆层较厚时，容易在干后产生龟裂，为此建议分遍涂抹水泥砂浆。

3）钢结构防火涂料采用喷涂法施工。方法本身有一定的技术难度，操作不当，会影响使用效果和消防安全。一般规定应由经过培训合格的专业施工队施工。

施工应在钢结构工程验收完毕后进行。为了确保防火涂层和钢结构表面有足够的粘结力，在喷涂前，应清除钢结构表面的锈迹锈斑，如有必要，在除锈后，还应刷一层防锈底漆。且注意防锈底漆不得与防火涂料产生化学反应。另外，在喷涂前，应将钢结构构件连接处的缝隙用防火涂料或其他防火材料填平，以免火灾出现时出现薄弱环节。

鉴于近年来防火涂料市场较混乱，用于保护钢结构的防火涂料必须有国家检测机构的耐火极限检测报告和理化性能检测报告，必须有防火监督部门核发的生产许可证和生产厂家的产品合格证。不满足上述要求的材料不得使用。材料进场时，应按设计要求核对产品名称、技术性能、颜色、制造批号、贮存期限和使用说明。不合格者，不得验收存放。

当防火涂料分底层和面层涂料时，两层涂料相互匹配。且底层不得腐蚀钢结构，不得与防锈底漆产生化学反应，面层若为装饰涂料，选用涂料应通过试验验证。

对于重大工程，应进行防火涂料抽样检验。每 100t 薄型钢结构防火涂料，应抽样检查一次粘结强度，每使用 500t 厚涂型防火涂料，应抽样检测一次粘结强度和抗压强度。

薄涂型钢结构防火涂料，当采用双组分装时，应在现场按说明书进行调配。出厂时已调配好的防火涂料，施工前应搅拌均匀。涂料的稠度应适当，太稠，施工时容易反弹，太稀，易流淌。

薄涂型涂料的底层涂料一般都比较粗糙，宜采用重力式喷枪喷涂，其压力约为 0.4MPa，喷嘴直径为 4～6mm。喷后的局部修补可用手工抹涂。当喷枪的喷嘴直径可调至 1～3mm 时，也可用于喷涂面层涂料。

底涂层喷涂前应检查钢结构表面除锈是否满足要求，灰尘杂物是否已清除干净。底涂层一般喷 2～3 遍，每遍厚度控制 2.5mm 以内，视天气情况，每隔 8～24h 喷涂一次，必须在前一遍基本干燥后喷涂。喷射时，喷嘴应于钢材表面保持垂直，喷口至钢材表面距离在以保持在 40～60cm 为宜。喷射时，喷嘴操作人员要随身携带测厚计检查涂层厚度，直到达到设计规定厚度方可停止喷涂。若设计要求涂层表面平整光滑时，待喷完最后一遍后应用抹灰刀将表面抹平。

薄涂型面涂层很薄，主要起装饰作用，所以，面层应在底涂层经检测符合设计厚度，并基本干燥后喷涂。应注意不要产生色差。

厚涂型钢结构防火涂料不管是双组分、单组分，均需要现场加水调制，一次调配的涂料必须在规定的时间内用完，否则会固化堵塞管道。

厚涂型钢结构防火涂料宜采用压送式喷涂机喷涂，空气压力为 0.4～0.6MPa，喷口直径宜采用 6～10mm。

厚涂型每遍喷涂厚度一般控制在 5～10mm，喷涂必须在前一遍基本干燥后进行，厚度检测方法与薄涂型相同，施工时如发现有质量问题，应铲除重喷。有缺陷应加以修补。

(2) 干式工法

干式防火工法在我国高层钢结构防火施工中曾有过应用，如用石膏板防火，施工时用胶粘剂粘贴。常用的板材有轻质混凝土预制板、石膏板、硅酸钙板等。施工时，应注意密封性，不得形成防火薄弱环节，所采用的粘贴材料预计的耐火时间内应能保证受热而不失去作用。

5.4.2 钢结构的防腐

5.4.2.1 概述

众所周知，钢结构最大的缺点是易于锈蚀，钢结构在各种大气环境条件下使用产生腐蚀，是一种自然现象。新建造的钢结构一般都需仔细除锈、镀锌或刷涂料，以后隔一定的时间又要重新维修。为了减轻或防止钢结构的腐蚀，目前国内外基本采用涂装方法进行防护，即采用防护层的方法防止金属腐蚀。常用的保护层有以下几种：

(1) 金属保护层

金属保护层是用具有阴极或阳极保护作用的金属或合金，通过电镀、喷镀、化学镀、热镀和渗镀等方法，在需要防护的金属表面上形成金属保护层（膜）来隔离金属与腐蚀介质的接触，或利用电化学的保护作用使金属得到保护，从而防止了腐蚀。如镀锌钢材，锌在腐蚀介质中因它的电位较低，可以作为腐蚀的阳极而牺牲，而铁则作为阴极而得到了保护。金属镀层多用在轻工、仪表等制造行业上，钢管和薄铁板也常用镀锌的方法。

(2) 化学保护层

化学保护层是用化学或电化学方法，使金属表面上生成一种具有耐腐蚀性能的化合物薄膜，以隔离腐蚀介质与金属接触，来防止对金属的腐蚀。如钢铁的氧化、铝的电化学氧化，以及钢铁的磷化或钝化等。

(3) 非金属保护层

非金属保护层是用涂料、塑料和搪瓷等材料，通过涂刷和喷涂等方法，在金属表面形成保护膜，是金属与腐蚀介质隔离，从而防止金属的腐蚀。如钢结构、设备、桥梁、交通工具和管道等的涂装，都是利用涂层来防止腐蚀的。

5.4.2.2 钢结构的防腐施工

(1) 基本要求

1) 加工的构件和制品，应经验收合格后，方可进行表面处理。

2) 钢材表面的毛刺、电焊药皮、焊瘤、飞溅物、灰尘和积垢等，应在除锈前清理干净，同时也要铲除疏松的氧化皮和较厚的锈层。

3) 钢材表面如有油污和油脂，应在除锈前清除干净。如只在局部面积上有油污和油脂，一般可采用局部处理措施；如大面积或全部面积上都有，则可采用有机溶剂或热碱进行清洗。

4) 钢材表面上有酸、碱、盐时，可采用热水或蒸汽冲洗掉。但应注意废水的处理，不能造成污染环境。

5) 有些新轧制的钢材，为了防止在短期内存放和运输过程中不锈蚀，而涂上保养漆。对涂有保养漆的钢材，要视具体情况进行处理。如保养漆采用固化剂固化的双组分涂料，而且涂层基本完好，则可用砂布、钢丝绒进行打磨或采用轻度喷射方法处理，并清理掉灰尘之后，即可进行下一道工序的施工。

6) 对钢材表面涂车间底漆或一般底漆进行保养的涂层，一般要根据涂层的现状及下道配套漆决定处理方法。凡不可以作进一步涂装或影响下一道涂层附着力的，应全部清除掉。

(2) 除锈方法的选择

工程实践表明，钢材基层表面处理的质量，是影响涂装质量的主要因素。钢材表面处理的除锈方法主要有：手工工具除锈、手工机械除锈、喷射或抛射除锈、酸洗（化学）除锈和火焰除锈等。各种除锈方法的特点，见表 5-4。不同的除锈方法，其防护效果也不同，见表 5-5。

各种除锈方法的特点 **表 5-4**

除锈方法	设备工具	优　点	缺　点
手工、机械	砂布、钢丝刷、铲刀、尖锤、平面砂磨机、动力钢丝刷等	工具简单，操作方便、费用低	劳动强度大、效率低，质量差，只能满足一般涂装要求
喷射	空气压缩机、喷射机、油水分离器等	能控制质量，获得不同要求的表面粗糙度	设备复杂，需要一定操作技术，劳动强度较高，费用高，污染环境
酸洗	酸洗槽、化学药品、厂房	效率高，适用大批件，质量较高，费用低	污染环境，废液不易处理，工艺要求较严

不同除锈方法的防护效果（年） **表 5-5**

除锈方法	红丹、铁红各两道	两道铁红	除锈方法	红丹、铁红各两道	两道铁红
手工	2.3	1.2	酸洗	>9.7	4.6
A 级不处理	8.2	3.0	喷射	>10.3	6.3

选择除锈方法时，除要根据各种方法的特点和防护效果外，还要根据涂装的对象、目的、钢材表面的原始状态、要求的除锈等级、现有的施工设备和条件以及施工费用等，进行综合考虑和比较，最后才能确定。

5.4.3 钢材涂料的选择和涂层厚度的确定

(1) 涂料的选用原则

涂料品种繁多，对品种的选择是直接决定油漆工程质量好坏的因素之一。一般选择应考虑以下方面因素：

1) 使用场合和环境是否有化学腐蚀作用的气体，是否为潮湿环境；

2) 是打底用，还是罩面用；

3) 按工程质量要求、技术条件、耐久性、经济效果、非临时性工程等因素，来选择适当的涂料品种。不应将优质品种降格使用，也不应勉强使用达不到性能指标的品种。

(2) 涂层厚度的确定

涂层结构形式有：底漆—中间漆—面漆；底漆—面漆；底漆和面漆是一种漆。钢结构涂装设计的重要内容之一，是确定涂层厚度。涂层厚度的确定，应考虑以下因素：

1) 钢材表面原始状况；

2) 钢材除锈后的表面粗糙度；

3) 选用的涂料品种；

4) 钢结构使用环境对涂料的腐蚀程度；

5) 预想的维护周期和涂装维护条件。

涂层厚度，一般是由基本涂层厚度、防护涂层厚度和附加涂层厚度组成。

基本涂层厚度，是指涂料在钢材表面上形成均匀、致密、连续漆膜所需的最薄厚度（包括填平粗糙度波峰所需的厚度）。

防护涂层厚度，是指涂层在使用环境中，在维护周期内受腐蚀、粉化、磨损等所需的厚度。

附加涂层厚度，是指因以后涂装维修和留有安全系数所需的厚度。

涂层厚度应根据需要来确定，过厚虽然可增强防腐力，但附着力和机械性能都要降低；过薄易产生肉眼看不到的针孔和其他缺陷，起不到隔离环境的作用。

施工时涂层厚度应符合设计的相应规定。

第6章 钢结构工程的造价分析

6.1 概 述

6.1.1 钢结构工程的费用组成

工程造价的构成是按工程项目建设过程中各类费用支出或花费的性质、途径等来确定的，它通过费用划分和汇集所形成的工程造价的费用分解结构。工程造价基本构成中，包括用于购买工程项目所含各种设备的费用，用于建筑施工和安装施工所需的支出费用，用于委托工程勘察设计应支付的费用，用于购置土地所需的费用，也包括用于建设单位自身进行项目筹建和项目管理所花费的费用等。总之，工程造价是工程项目按照确定的建设内容、建设规模、建设标准、功能要求和使用要求等全部建成并验收合格交付使用所需的全部费用。

本书所述钢结构工程的造价构成，仅指其开工建造到施工完毕验收这一施工过程的费用。根据造价管理工作的改革，考虑到目前国家实施的定额，关于钢结构工程的列项较少，而钢结构工程材料费占有比例较大，价格浮动也非常频繁，定额已不能满足钢结构工程的计价需要，所以目前钢结构工程的计价一般采用工程量清单计价的较多。这是一种完全市场定价的计价模式，是由建设产品的买方和卖方在建设市场上根据供求状况、信息状况进行自由竞价，从而最终签订工程合同价格的方法。

适用于工程量清单计价模式的建筑工程费用由分部分项工程费、措施项目费、其他项目费、规费和税金组成。工程量清单计价采用综合单价。综合单价是由人工费、材料费、施工机械费、管理费、利润等组成。建筑工程费用计算程序见第2章表2-1。

该费用的计算程序，把实体消耗所需费用、非实体消耗所需费用、招标人特殊要求所需费用分别列出，清晰、简单，突出了非实体消耗的竞争性。综合单价体现了与国际惯例做法的一致性，同时考虑我国的实情，将规费、税金单独列出。

人工、材料、机械台班的消耗量的确定，是由企业定额确定的。

6.1.2 企业定额的概念

所谓企业定额，是指建筑安装企业根据本企业的技术水平和管理水平，编制完成单位合格产品所必需的人工、材料和施工机械台班的消耗量，以及其他生产经营要素消耗的数量标准。企业定额反映企业的施工生产与生产消费之间的数量关系，是施工企业生产力水平的体现，每个企业均应有反映自己企业能力的企业定额。企业的技术和管理水平不同，企业定额的定额水平也就不同。因此，企业定额是施工企业进行施工管理和投标报价的基础和依据，从一定意义上讲，企业定额是企业的商业秘密，是企业参与市场竞争的核心竞争能力的具体表现。

作为企业定额，必须具备以下特点：

(1) 其各项平均消费要比社会平均水平低，体现其先进性。

(2) 可以表现本企业在某些方面的技术优势。

(3) 可以表现本企业局部或全面管理方面的优势。

(4) 所有匹配的单价都是动态的，具有市场性。

(5) 与施工方案能全面接轨。

编制企业定额最关键的工作是确定人工、材料、机械台班的消耗量，从而计算分项工程单价或综合单价。人工消耗量的确定，首先是根据企业环境，拟定正常的施工作业条件，分别计算测定基本用工和其他用工的工日数，进而拟定施工作业的定额时间。材料消耗量的确定是通过企业历史数据的统计分析、理论计算、实验试验、实地考察等方法计算确定材料包括周转材料的净用量和损耗量，从而拟定材料消耗的定额指标。机械台班消耗量的确定，同样需要按照企业的环境，拟定机械工作的正常施工条件，确定机械工作效率和利用系数，据此拟定施工机械作业的定额台班与机械作业相关的工人小组的定额时间。

下面以材料消耗量的测定为例，说明企业定额确定的原则。

【例 1】 某网架工程施工图材料表如表 6-1 所示，檩托 90mm 高，24 个。试确定该工程 2 号杆件的损耗率。

杆件汇总表 **表 6-1**

序　号	杆件编号	规　格	根　数	下料长度(mm)	每米重(kg/m)	重量(kg)
1	1	48×3	104	1729	3.32	1464
2	1A		59	2226		
3	1B		53	2426		
4	2	60×3.5	9	1729	4.87	75.78
						1540

【解】 高频焊管定尺长度是 6000mm。

(1) 本工程 2 号杆件的下料长度是 1729mm，根据材料的定尺长度，应买该型号 ϕ60×3.5 的钢管 3 根，即每根截取 3 根 2 号杆，用料 5187 mm，剩余 813 mm。

(2) 用剩余料（3 根长 813mm 的短管）做檩托。其中 2 根每根截取 9 个檩托，用料：9×90＝810mm；剩料：3mm。

1 根截取 6 个檩托，用料：6×90＝540mm，剩料：813－540＝273mm。

(3) 该工程损耗量是 3×2＋273＝279mm；净用量是 5187×3＋810×2＋540＝17721mm。

$$理论损耗率＝279/17721＝1.57\%$$

不同的钢结构工程，损耗率不同；同一钢结构工程，由于企业的管理水平和技术水平不同，其损耗率也可能不同。按照全国统一基础工程定额的计算规则，一般轻型钢结构取 6%。按照工程量清单计算规则，工程量是按图示尺寸计算的理论重量，损耗应该由承包商在单价中考虑。一般来说，型材损耗 3%以下，板材损耗 5%以下，即 2%～5%。报价时，目前比较认可的材料损耗率为：轻钢取 5%，重钢取 8%。

6.2　钢结构工程的计量

“计量”是指计算工程量和计算人工、材料、机械台班的数量；“计价”是指定额计价和工程量清单计价，也包含人工、材料、机械台班的计价。

工程量是以规定的计量单位表示的工程数量。它是编制建设工程招投标文件和编制建筑安装工程预算、施工组织设计、施工作业计划、材料供应计划、建筑统计和经济核算的依据，也是编制基本建设计划和基本建设财务管理的重要依据。工程量计算的依据一般包括：施工图设计文件、项目管理实施规划（施工组织设计）文件、建设工程工程量清单计价规范等。计算工程量是既费力又费时间的工作，其计算速度的快慢和准确程度，直接影响预算速度和质量。因此，必须认真、准确、迅速地进行工程量计算。

工程量计算大体上分为熟悉图纸、基数计算、计算分项工程量、计算其他不能用基数计算的项目、整理与汇总等五个步骤。所谓基数，是指在工程量计算中需反复使用的基本数据。如在土建工程预算中主要项目的工程量计算，一般都与建筑物中心线长度有关，因此，它是计算和描述许多分项工程量的基数，在计算中要反复多次地使用，为了避免重复计算，一般都事先把它们计算出来，随用随取。

工程量计算过程中，由于钢结构工程材料费价格较高，一般小数点要保留三位。

(1) 单位工程的工程量计算顺序

一个单位工程，其工程量计算顺序一般有以下几种：

1) 按图纸顺序计算：根据图纸排列的先后顺序，由建施到结施；每个专业图纸由前到后，先算平面，后算立面、剖面；先算基本图，再算详图。

2) 按施工顺序计算：按施工顺序计算工程量，就是先施工的先算，后施工的后算。即由场地平整、基础土石方、主体结构一直到装饰工程等施工内容结束为止。这种计算方法，要求编制人具有一定的施工经验，能掌握施工组织施工的全过程，并要求对图纸及工程造价组成非常熟悉，否则会漏项。

应当指出，建施图之间，结施图之间，建施图与结施图之间都是相互关联、相互补充的。无论采用哪一种计算顺序，在计算一项工程量查找图纸中的数据时，都要相互对照着看图，多数项目凭一张图纸是计算不了的。

(2) 分项工程量计算顺序

在同一分项工程内部各个组成部分之间，为了防止重复计算或漏算，也应该遵循一定的计算顺序。分项工程量计算通常采用以下四种不同的顺序：

1) 按照顺时针方向计算：它是从施工图左上角开始，按顺时针方向计算，当计算路线绕图一周后，再重新回到施工图左上角的计算方法。这种方法适用于外墙挖基槽、外墙基础垫层、外墙基础、外墙、圈梁、联系梁、吊车梁、支撑、楼地面、屋面等。

2) 按照横竖分割计算：横竖分割计算是采用先横后竖、先左后右、先上后下的计算顺序。在同一施工图纸上，先计算横向工程量，后计算竖向工程量。在横向采用：先左后右、从上到下；在竖向采用：先上后下，从左至右。这种方法适用于内墙挖基槽、内墙基础、内墙及隔墙等。

3）按照图纸注明编号、分类计算：按照图纸注明编号、分类计算，主要用于图纸上进行分类编号的钢筋混凝土结构、钢结构、门窗、钢筋等构件工程量的计算。如钢结构工程中的刚架、钢框架、吊车梁及联系梁等，都可按照图纸的注明编号、分类计算。

4）按照图纸轴线编号计算：为了计算和审核方便，对于造型或结构复杂的工程，可以根据施工图纸的轴线编号确定工程量计算顺序。因为轴线一般都是按国家制图标准编号的，可以先算横轴线上的项目，再算纵轴线上的项目。不同轴线按照轴线编号顺序，依次进行。

6.2.1 工程量计算方法

在建筑工程中，工程量的计算原则是：先分后和、先零后整。工程量的计算方法一般有分段法、分层法、分块法、补加补减法、平衡法或近似法。

（1）分段法：如果基础断面不同时，所有基础垫层和基础等都应分段计算。又如内外墙各有几种墙厚，或者各段采用的砂浆强度等级不同时，也应分段计算。高低跨单层工业厂房，由于山墙的高度不同，计算墙体时也应分段计算。

（2）分层法：如遇有多层建筑物的各楼层建筑面积不等，或者各层的墙厚及砂浆强度等级不同时，要分层计算。有时为了按层进行工料分析、编制施工预算、下达施工任务书、备工备料等，则均可采用上述类同的办法，分层、分段、分面积计算工程量。

（3）分块法：如果地面、天棚、墙面抹灰等有多种构造和做法时，应分别计算。即先计算小块，然后在总的面积中减去这些小块的面积，得最大的一种面积，对复杂的工程，可用这种方法进行计算。

（4）补加补减法：如每层的墙体都相同，只是顶层多（或少）一个隔墙，可先按照每层都无（有）这一隔墙的情况计算，然后在顶层补加（补减）这一隔墙。

（5）平衡法或近似法：当工程量不大或因计算复杂难以正确计算时，可采用平衡抵消或近似计算的方法。如复杂地形土方工程就可以采用近似法计算。

工程量计算也有一定的技巧。首先计算工程量时，要熟记计算规则，熟悉分项工程规定的内容，这样可以保证项目计算的准确性，同时提高计算速度；其次要充分利用Excel功能，编制工程量计算表，准确而详细的填列工程内容。工程量计算表中各项内容填列的是否准确、详细程度如何，对于整个单位工程的预算编制的准确性和速度快慢影响很大（Excel电子表格的应用，详见第7章案例部分）；另外，要结合设计说明看图纸。在计算工程量时，一定不要忘记建施和结施图纸的设计总说明及每张图纸的说明和标准图集的总说明和分项说明等，因为很多项目的做法及工程量来自于这些说明；最后，要统筹主体兼顾其他工程。主体工程量的计算是全部工程量的计算核心，要积极地为其他工程量提供基本数据。这不仅能加快预算编制速度，还会起到事半功倍的效果。例如，在计算外墙工程量时，同时应将脚手架工程量和外墙装饰工程量一并算出。

6.2.2 钢结构工程量计算规则

钢结构工程，目前采用定额计价的较少，大多采用清单计价或类似于清单计价的方式，工程量的计算总体上来说，是按实计算。下面节录《建设工程工程量清单计价规范》(GB 50500—2013) 中金属结构工程部分关于工程量计算的有关规定。

(1) 工程数量的有效位数应遵守下列规定：

以“吨”为单位，应保留小数点后三位数字，第四位四舍五入；以“立方米”、“平方米”、“米”为单位，应保留小数点后两位数字，第三位四舍五入；以“个”、“项”等为单位，应取整数。

(2) 工程量清单项目设置及工程量计算规则（摘自《房屋建筑与装饰工程工程量计算规范》GB 50854—2013)，见表 6-2～表 6-8。

金属构件的切边，不规则及多边形钢板发生的损耗在综合单价中考虑。防火要求指耐火极限。

钢网架　　表 6-2

项目编码	项目名称	项目特征	计量单位	工程量计算规则	工作内容
010601001	钢网架	1. 钢材品种、规格 2. 网架节点形式、连接方式 3. 网架跨度、安装高度 4. 探伤要求 5. 防火要求	t	按设计图示尺寸以质量计算。不扣除孔眼的质量，焊条、铆钉等不另增加质量	1. 拼装 2. 安装 3. 探伤 4. 补刷油漆

钢屋架、钢托架、钢桁架、钢架桥　　表 6-3

项目编码	项目名称	项目特征	计量单位	工程量计算规则	工作内容
010602001	钢屋架	1. 钢材品种、规格 2. 单榀质量 3. 屋架跨度、安装高度 4. 螺栓种类 5. 探伤要求 6. 防火要求	1. 榀 2. t	1. 以榀计量，按设计图示数量计算 2. 以吨计量，按设计图示尺寸以质量计算。不扣除孔眼的质量，焊条、铆钉、螺栓等不另增加质量	1. 拼装 2. 安装 3. 探伤 4. 补刷油漆
010602002	钢托架	1. 钢材品种、规格 2. 单榀质量 3. 安装高度 4. 螺栓种类 5. 探伤要求 6. 防火要求	t	按设计图示尺寸以质量计算。不扣除孔眼的质量，焊条、铆钉、螺栓等不另增加质量	
010602003	钢桁架				
010602004	钢架桥	1. 桥类型 2. 钢材品种、规格 3. 单榀质量 4. 安装高度 5. 螺栓种类 6. 探伤要求			

注：以榀计量，按标准图设计的应注明标准图代号，按非标准图设计的项目特征必须描述单榀屋架的质量。

钢柱 表 6-4

项目编码	项目名称	项目特征	计量单位	工程量计算规则	工作内容
010603001	实腹钢柱	1. 柱类型 2. 钢材品种、规格 3. 单根柱质量 4. 螺栓种类 5. 探伤要求 6. 防火要求	t	按设计图示尺寸以质量计算。不扣除孔眼的质量，焊条、铆钉、螺栓等不另增加质量，依附在钢柱上的牛腿及悬臂梁等并入钢柱工程量内	1. 拼装 2. 安装 3. 探伤 4. 补刷油漆
010603002	空腹钢柱				
010603003	钢管柱	1. 钢材品种、规格 2. 单根柱质量 3. 螺栓种类 4. 探伤要求 5. 防火要求		按设计图示尺寸以质量计算。不扣除孔眼的质量，焊条、铆钉、螺栓等不另增加质量，钢管柱上的节点板、加强环、内衬管、牛腿等并入钢管柱工程量内	

注：1. 实腹钢柱类型指十字、T、L、H形等；

2. 空腹钢柱类型指箱形、格构等；

3. 型钢混凝土柱浇筑钢筋混凝土，其混凝土和钢筋应按附录 E 混凝土及钢筋混凝土工程中相关项目编码列项。

钢梁 表 6-5

项目编码	项目名称	项目特征	计量单位	工程量计算规则	工作内容
010604001	钢梁	1. 梁类型 2. 钢材品种、规格 3. 单根质量 4. 螺栓种类 5. 安装高度 6. 探伤要求 7. 防火要求	t	按设计图示尺寸以质量计算。不扣除孔眼的质量，焊条、铆钉、螺栓等不另增加质量，制动梁、制动板、制动桁架、车挡并入钢吊车梁工程量内	1. 拼装 2. 安装 3. 探伤 4. 补刷油漆
010604002	钢吊车梁	1. 钢材品种、规格 2. 单根质量 3. 螺栓种类 4. 安装高度 5. 探伤要求 6. 防火要求			

注：1. 梁类型指 H、L、T形、箱形、格构式等；

2. 型钢混凝土梁浇筑钢筋混凝土，其混凝土和钢筋应按本规范附录 E 混凝土及钢筋混凝土工程中相关项目编码列项。

钢板楼板、墙板 表 6-6

项目编码	项目名称	项目特征	计量单位	工程量计算规则	工作内容
010605001	钢板楼板	1. 钢材品种、规格 2. 钢板厚度 3. 螺栓种类 4. 防火要求	m^2	按设计图示尺寸以铺设水平投影面积计算。不扣除单个面积≤0.3m^2柱、垛及孔洞所占面积	1. 拼装 2. 安装 3. 探伤 4. 补刷油漆
010605002	钢板墙板	1. 钢材品种、规格 2. 钢板厚度、复合板厚度 3. 螺栓种类 4. 复合板夹芯材料种类、层数、型号、规格 5. 防火要求		按设计图示尺寸以铺挂展开面积计算。不扣除单个面积≤0.3m^2的梁、孔洞所占面积，包角、包边、窗台泛水等不另加面积	

注：1. 钢板楼板上浇筑钢筋混凝土，其混凝土和钢筋应按附录 E 混凝土及钢筋混凝土工程中相关项目编码列项；
2. 压型钢楼板按本表中钢板楼板项目编码列项。

钢构件 表 6-7

项目编码	项目名称	项目特征	计量单位	工程量计算规则	工作内容
010606001	钢支撑、钢拉条	1. 钢材品种、规格 2. 构件类型 3. 安装高度 4. 螺栓种类 5. 探伤要求 6. 防火要求	t	按设计图示尺寸以质量计算，不扣除孔眼的质量，焊条、铆钉、螺栓等不另增加质量	1. 拼装 2. 安装 3. 探伤 4. 补刷油漆
010606002	钢檩条	1. 钢材品种、规格 2. 构件类型 3. 单根质量 4. 安装高度 5. 螺栓种类 6. 探伤要求 7. 防火要求			
010606003	钢天窗架	1. 钢材品种、规格 2. 单榀质量 3. 安装高度 4. 螺栓种类 5. 探伤要求 6. 防火要求			
010606004	钢挡风架	1. 钢材品种、规格 2. 单榀质量 3. 螺栓种类 4. 探伤要求 5. 防火要求			
010606005	钢墙架				
010606006	钢平台	1. 钢材品种、规格 2. 螺栓种类 3. 防火要求			
010606007	钢走道				
010606008	钢梯	1. 钢材品种、规格 2. 钢梯形式 3. 螺栓种类 4. 防火要求			
010606009	钢护栏	1. 钢材品种、规格 2. 防火要求			

续表

项目编码	项目名称	项目特征	计量单位	工程量计算规则	工作内容
010606010	钢漏斗	1. 钢材品种、规格 2. 漏斗、天沟形式 3. 安装高度 4. 探伤要求	t	按设计图示尺寸以质量计算，不扣除孔眼的质量，焊条、铆钉、螺栓等不另增加质量，依附漏斗或天沟的型钢并入漏斗或天沟工程量内	1. 拼装 2. 安装 3. 探伤 4. 补刷油漆
010606011	钢板天沟				
010606012	钢支架	1. 钢材品种、规格 2. 安装高度 3. 防火要求		按设计图示尺寸以质量计算，不扣除孔眼的质量，焊条、铆钉、螺栓等不另增加质量	
010606013	零星钢构件	1. 构件名称 2. 钢材品种、规格			

注：1. 钢墙架项目包括墙架柱、墙架梁和连接杆件；

2. 钢支撑、钢拉条类型指单式、复式；钢檩条类型指型钢式、格构式；钢漏斗形式指方形、圆形；天沟形式指矩形沟或半圆形沟；

3. 加工铁件等小型构件，按本表中零星钢构件项目编码列项。

金属制品 **表 6-8**

项目编码	项目名称	项目特征	计量单位	工程量计算规则	工作内容
010607001	成品空调金属百页护栏	1. 材料品种、规格 2. 边框材质	m^2	按设计图示尺寸以框外围展开面积计算	1. 安装 2. 校正 3. 预埋铁件及安装螺栓
010607002	成品栅栏	1. 材料品种、规格 2. 边框及立柱型钢品种、规格			1. 安装 2. 校正 3. 预埋铁件 4. 安装螺栓及金属立柱
010607003	成品雨篷	1. 材料品种、规格 2. 雨篷宽度 3. 晾衣杆品种、规格	1. m 2. m^2	1. 以米计量，按设计图示接触边以米计算 2. 以平方米计量，按设计图示尺寸以展开面积计算	1. 安装 2. 校正 3. 预埋铁件及安装螺栓
010607004	金属网栏	1. 材料品种、规格 2. 边框及立柱型钢品种、规格	m^2	按设计图示尺寸以框外围展开面积计算	1. 安装 2. 校正 3. 安装螺栓及金属立柱
010607005	砌块墙钢丝网加固	1. 材料品种、规格 2. 加固方式		按设计图示尺寸以面积计算	1. 铺贴 2. 铆固
010607006	后浇带金属网				

注：抹灰钢丝网加固按本表中砌块墙钢丝网加固项目编码列项。

6.2.3 钢结构涂料用量的计算

在钢结构的涂装施工中，由于结构复杂，高空作业较多，所以涂料的用量是用户比较关心，也是操心最多的问题。在钢结构建筑的工程造价中，防火工程占了很大一部分，在英国，40%～50%的多层结构都采用钢框架，据他们对该类结构的统计，防火工程的造价大概占总工程的20%左右。在中国大约占工程造价的1/3。

要正确理解和掌握涂料用量，需要了解涂料的体积固体分、湿膜和干膜、理论涂布率和实际用量之间的关系。

(1) 涂料的体积固体分、湿膜和干膜

亚洲国家，如日本和中国对于涂料的固体分计算一直是使用重量固体分，而欧美则是使用体积固体分。

使用重量固体分的意义在于涂料的配方计算方面，而对于涂料的施工计算没有多少实际意义。在规定相同的膜厚情况下，使用相对密度大的涂料和相对密度小的涂料，相对密度大的涂料当然用量就多，这样就会增加使用费用；在每平方米上使用规定重量的涂料，则相对密度大的涂料漆膜厚度就薄，就屏蔽作用的涂料而言，那么保护作用明显就减弱。

漆膜的厚度是钢结构保护的重要参数，而厚度是一个体积概念。这也就是为什么欧美国家的涂料用固体概念进行包装的真正原因所在。

体积固体分（%VS，percent volume solids）是涂料中所含的固体分所占百分比，固体分在被涂物表面干燥固化成膜，实际上是真正涂在被涂表面上起到防腐蚀保护或其他功能的实质性材料，其他物质，如溶剂和稀释剂则挥发在大气中。

ASTM D-2697-86（1991年重新批准）描述了固体分在实验室中的测量方法和程序，它要求涂料在空气温度23±1℃时，干燥固化7天。标准的实验室中测试涂料的体积不挥发分的方法是油和颜色化学家协会的No. 1专论（Monograph No. 4 of the Oil and Colour Chemists' Association：OCCA）。

双组分涂料的体积固体分的测量以双组分混合后进行测量是最准确实用的。

对于无机富锌涂料，锌粉间有相关空隙，不适合用排水法来测试，因为这些孔隙会积存水而影响试验的准确性。

有机富锌涂料，最好使用干膜和湿膜的比值来确定体积固体分。湿膜的计算来自于重量的计算，干膜重量可以用一定涂布面积上获知，并且要知道湿膜的密度（用密度计可很容易地测出）。

体积固体分可以说是涂料计算中最重要的概念，它不仅表明了干膜和湿膜间的关系，而且，在计算涂料的涂布率、理论用量、实际用量时，也要用到体积固体分的概念。

通常体积固体分已经在试验中测试出来，并在产品说明中已有说明，如果已知干膜厚度，就可计算出相应的湿膜厚度：

$$湿膜厚度=干膜厚度/体积固体分$$

要计算干膜厚度，只要将上面的公式变换一下就可以了：

干膜厚度＝湿膜厚度×体积固体分

【例 2】 某一钢结构要涂用 200μm 的湿膜厚度（WFT），该涂料的固体分含量为 60%，计算其干膜厚度（DFT）。

【解】 固体含量 60%，说明有 40%的溶剂要挥发掉，如果施工 200μm 的湿膜，则干膜厚度为 120μm。计算方法如下：

干膜厚度＝湿膜厚度×体积固体分＝200μm×60%＝120μm

【例 3】 某一钢结构上要涂用 100μm 的干膜厚度（DFT）该涂料固体分含量为 65%，计算其湿膜厚度（WFT）。

【解】 计算出这一湿膜厚度便于工人在施工中使用湿膜仪控制漆膜厚度。固体分含量 65%，说明有 35%的溶剂要挥发掉，其湿膜厚度为：

湿膜厚度＝干膜厚度/体积固体分＝100/65%＝153.8≈154μm

(2) 涂料的理论涂布率

涂料说明书上应该都标明了涂料的理论涂布率。涂料的涂布率理论表明了每升涂料理论上可以涂覆的面积（m^2/L）。

但是漆膜厚度的设计是会变化的。同样的一个涂料品种，有时可能要求涂干膜厚度 50μm，有的可能要求涂料 75μm，这时的涂布率明显是不同的。干膜厚度厚的情况下，涂料用量明显要多。

只要知道涂料的体积固体分，就可以计算理论涂布率，计算公式如下：

理论涂布率＝10×体积固体分/干膜厚度

【例 4】 某一环氧富锌涂料的体积固体分为 60%，要求 75μm 的干膜厚度，求理论涂布率。

【解】 根据公式计算如下：

理论涂布率＝10×体积固体分/干膜厚度＝10×60/75＝8.0m^2/L

注：读者在计算时要特别注意各数值的单位，否则，可能出错。

(3) 涂料的损耗系数与实际用量

实际上，涂料在使用中会损耗，损耗量根据涂装方法、涂装物的结构形状、风速大小、漆膜的分布、操作工人的技艺等会有很大的不同。在实际施工情况下的损耗有以下几种情况：

1) 大风时进行喷涂会产生很大量的额外涂料消耗；

2) 由于复杂的几何形状而产生的过度复涂，或者是很差的施工技能；

3) 施工后在喷涂泵、喷涂管和涂料桶内都会留有一定的涂料量。

这些涂料损耗率通常在 25%～40%之间，但是也可能高达 50%以上。假定涂料损耗 40%，则说明实际上只有 60%的涂料留在了被涂物体上面。当进行总的涂料用量计算，特别是进行实际的定货时，必须包括这部分损耗。一种习惯上的损耗系数说法是 1.8、2.1 等等。其实这两者还是统一的，只要按 1/(1－损耗率) 就可以得出这个数值。下面用实例来说明这个问题。

对于某涂装工程中通常要设定某一涂料产品的要求达到的干膜厚度，从说明书中又可以知它的体积固体分（%VS），只要知道这一涂装工程的面积，就可以计算出涂料的用量。如果不知道确切的面积，那么就是计算 $1m^2$ 的理论用量，作用是一样的。

不计消耗计算出来的就是理论用量，公式如下：

涂料的理论用量（L）＝面积×干膜厚度/10×体积固体分

实际用量的计算，即再除以实际留在被涂物表面的数值，即（1－损耗率），其计算公式为：

涂料的实际用量（L）＝面积×干膜厚度/10×体积固体分（1－损耗率）

【例 5】 某一工程要求用体积固体分为 65%的无机硅酸锌涂料，干膜厚度要求达到 100μm，面积为 $1000m^2$，计算其无机硅酸涂料的理论用量。假定无机硅酸锌涂料在使用过程中的损耗是 40%，计算其实际用量。

【解】 根据公式，计算如下：

无机硅酸涂料的理论用量（L）＝面积×干膜厚度/10×体积固体分

$=1000m^2 \times 100\mu m/10 \times 65$

$=153.85L$

无机硅酸锌涂料的实际用量（L）＝面积×干膜厚度/10×体积固体分×（1－损耗率）

$=1000m^2 \times 100\mu m/[10 \times 65 \times (1-40\%)]$

$=256.42L \approx 260L$

这里为什么要把小数点进位到 20 倍数呢？因为按惯例，涂料的包装通常是 20L 一桶（组）。所以在说明实际用量时，要把结果按 20 倍进位数来进位。

如果以实际用量（256.42L）除以理论用量（153.85），就会得出 1.67 的系数，这就是平常所习惯使用的损耗系数。这与 $1/(1-40\%)=1.67$ 是一致的。

这里的计算同样要特别注意数值的单位。

(4) 钢结构涂料面积的计算

钢结构必须进行防腐或防火处理。钢结构工程中受力部件有柱、梁、檀条、连接件，如钢管、圆钢、角铁等。一般来说，各部件的防火要求是不同的，因此，面积要分开计算。

1）钢柱

钢柱常用的有两种：一种是方形柱，一种是 H 形柱。

方形柱的面积按长方形计算，其周长 $(a+b)\times 2$，再乘以高度 L，即可得出面积。

H 形柱主要采用的是 H 型钢，计算面积时，先计算出其周长，上下翼缘板的 4 面和腹板的 2 面，即 $(4b+2h)$ 再乘以高度 L，即得出面积。

以上计算的是面积，另外，考虑接头、牛腿等多余面积，可以乘以系数，一般不超过 5%。

2）梁

梁的纵切面一般为 H 形，由于变截面，其中间的弓高不一定相等，此时，中间的弓面应以梯形面计算面积。

3）檩条

一般为C形钢，纵切面为C，比如300×200×100×3的C型钢，为纵高300mm，横端200mm，拐点100mm，壁厚3mm。

计算面积应为：$S=(300\times2+200\times4+100\times4)\times L$。

梁和檩条都是架在柱子上，因此，肯定有部分面积被遮盖，不能涂刷钢结构涂料，因此，应扣去。一般来说，扣除面积不超过8%。

4）其他连接件

在钢结构建筑中，其他连接件为小面积。一般仅为总面积的5%至10%。一般由圆钢拉筋，角钢斜撑，圆管等构成，面积计算方法如下：

角钢：比如∟50×5则表示角钢为等边角钢，边长为50mm；面积为$S=50\times4\times L$；

圆钢及钢管，计算外圆周长×L。

注意在计算时看清图纸，防止漏计或重复计算。

5）网架工程涂刷钢结构涂料面积计算

钢网架由于结构的特殊性，计算方法有些特殊，它是由直径相同或不同的钢管与钢球连接而成。一般为双层结构，每个球平均连接8根钢管。因此，根据球的数目基本上可计算出总面积。

若球数为N，管径为d，两层高度差为h，则总面积约为：

$$S=(N\times95\%)\times8(d/2)2\times\pi\times h/0.866$$

6.3 钢结构工程的计价

目前，钢结构工程的计价可以说走在建筑工程造价改革的前沿，钢结构工程的价格基本上是由市场竞争形成的。钢结构工程在按照统一的计算规则统计完工程量后，投标人的报价在满足招标文件要求的前提下，实行人工、材料、机械消耗量自定，价格费用自选，全面竞争、自主报价的方式。

钢结构工程的计价现在基本上存在两种模式：一种是类似于清单报价，但未严格遵循《建设工程工程量清单计价规范》（GB 50500—2003）的规定的计价模式。其计价组成包括：材料费、加工费、安装费、检测费、运费、脚手架及吊车费、总包服务费、设计费、公司管理费、利润、税金等。表6-9是某钢结构公司作的某工程的报价单，这是目前比较流行的报价方式。一般材料费中工程量包含材料损耗，即材料费＝材料净用量×(1＋材料损耗率)×单价；加工费、安装费、管理费、利润完全由企业根据企业定额和企业情况来自定；运费由具体工程来决定，主要考虑运距、吨位及运输形式；检测费、总包服务费、设计费等由招标文件中的相关条款来确定；脚手架及吊车费主要根据工程特点及施工现场的施工条件，由施工技术措施来决定其报价。

另一种就是严格遵循《建设工程工程量清单计价规范》（GB 50500—2003）规定的一种计价模式。随着工程造价改革的深入，清单计价将是工程报价的主要形式。表6-10是某钢结构公司的一工程的清单报价。

某针织厂天桥钢结构报价 **表 6-9**

序号	项目	分项工程		单位	工程量	单价	分项造价(元)	备注
一	主次钢构	1	梁、柱(材料费)	t	4.4	5300.00	23320.00	
		2	梁、柱(加工费)	t	4.4	1200.00	5280.00	
		3	结构附件(材料费)	t	1.41	5100.00	7191.00	
		4	结构附件(加工费)	t	1.41	1400.00	1974.00	
		5	安装费	t	5.81	400.00	2324.00	
		6	铝合金龙骨	m	59.8	35.00	2093.00	
二	围护系统	1	单层钢板	m^2	90	30.00	2700.00	
		2	阳光板	m^2	88	70.00	6160.00	
		3	花纹钢板	m^2	32	157.00	5024.00	
		4	安装费	m^2	210	20.00	4200.00	
三	建筑附件	1	包角、收边	m^2	210	6.00	1260.00	
		2	自攻钉、拉铆钉	m^2	210	4.00	840.00	
		3	结构胶、防水胶	m^2	210	3.00	630.00	
四	螺栓	1	高强螺栓	套	82	15.00	1230.00	
		2	化学螺栓	套	16	200.00	3200.00	
		3	柱脚锚栓	套	24	30.00	720.00	
五	费用	1	运输	车	2	1500.00	3000.00	
		2	其他费用			10000.00	10000.00	吊装、试验、检测、设计费
		3	管理费	3.00%			2434.38	
		4	利润	2.00%			1671.61	
		5	税金	3.41%			2850.10	
六			合计	元			88102.09	

分部分项工程量清单计价表 **表 6-10**

工程名称：北京现代汽车展厅 第 页 共 页

序号	项目编码	项目名称	计量单位	工程数量	单价(元)	合价(元)
1	010603001001	实腹柱 1. Q345，焊接 H 型钢。 2. 每根重 0.821t。 3. 安装高度：6.43m。 4. 涂 C53-35 红丹醇酸防锈底漆一道 25μm；中间结合漆 C53-35 云铁醇酸防锈漆一道 50μm；中灰面漆 C04-4 醇酸防锈漆两道 50μm	t	5.171	7500	38752.5
2	010603001002	实腹柱 1. Q235B，焊接 H 型钢。 2. 每根重 0.730t。 3. 安装高度：6.43m。 4. 涂 C53-35 红丹醇酸防锈底漆一道 25μm；中间结合漆 C53-35 云铁醇酸防锈漆一道 50μm；中灰面漆 C04-4 醇酸防锈漆两道 50μm	t	32.477	7500	243577.5
3	010604001001	钢梁 1. Q345，焊接 H 型钢。 2. 1.340t。 3. 安装高度：7.89m。 4. 涂 C53-35 红丹醇酸防锈底漆一道 25μm；中间结合漆 C53-35 云铁醇酸防锈漆一道 50μm；中灰面漆 C04-4 醇酸防锈漆两道 50μm	t	7.712	7500	57840
4	010604001002	钢梁 1. Q235B，焊接 H 型钢。 2. 1.01t。 3. 高度：7.89m。 4. 涂 C53-35 红丹醇酸防锈底漆一道 25μm；中间结合漆 C53-35 云铁醇酸防锈漆一道 50μm；中灰面漆 C04-4 醇酸防锈漆两道 50μm	t	30.311	7500	227332.5

续表

序号	项目编码	项 目 名 称	计量单位	工程数量	单价(元)	合价(元)
5	010604001003	钢梁 1. Q235B,标准H型钢。 2. 1.01 t。 3. 安装高度:7.89m。 4. 涂C53-35红丹醇酸防锈底漆一道25μm;中间结合漆C53-35云铁醇酸防锈漆一道50μm; 中灰面漆C04-4醇酸防锈漆两道50μm	t	16.564	7500	124230
6	010605001001	钢板楼板 1. 板型:YX-75-230-690(1)-1.2。 2. 板下涂C53-35红丹醇酸防锈底漆一道25μm。 3. 中间结合漆C53-35云铁醇酸防锈漆一道50μm。 4. 中灰面漆C04-4醇酸防锈漆两道50μm	m^2	378.25	120	45390
7	010605002001	钢板墙板 1. 板型:外板、内板均为白灰色,0.5mm厚,中间为75mm厚带铝箔玻璃丝棉。 2. 安装在C型檩条上	m^2	606.60	220	133452
8	010606001001	钢支撑、钢拉条 1. 采用ϕ20的钢支撑。 2. 涂C53-35红丹醇酸防锈底漆一道25μm。 3. 中间结合漆C53-35云铁醇酸防锈漆一道50μm。 4. 中灰面漆C04-4醇酸防锈漆两道50μm	t	0.409	7500	3067.5
9	010606002001	钢檩条 1. 包括屋面檩条和墙面檩条。 2. 型号:C180×70×20×3.0。 3. 涂C53-35红丹醇酸防锈底漆一道25μm。 4. 中间结合漆C53-35云铁醇酸防锈漆一道50μm。 5. 中灰面漆C04-4醇酸防锈漆两道50μm	t	24.843	5500	136636.5
10	010606005001	钢墙架 1. 材质:Q235B。 2. 型号:C180×70×20×3.0。 3. 涂C53-35红丹醇酸防锈底漆一道25μm。 4. 中间结合漆C53-35云铁醇酸防锈漆一道50μm。 5. 中灰面漆C04-4醇酸防锈漆两道50μm	t	0.533	5500	2931.5
11	010606008001	钢梯 1. 直跑钢楼梯。 2. 材质:Q235B。 3. 涂C53-35红丹醇酸防锈底漆一道25μm。 4. 中间结合漆C53-35云铁醇酸防锈漆一道50μm。 5. 中灰面漆C04-4醇酸防锈漆两道50μm	t	0.475	7500	3562.5
12	010606009001	钢护杆 1. 材质:Q235B。 2. 涂C53-35红丹醇酸防锈底漆一道25μm。 3. 中间结合漆C53-35云铁醇酸防锈漆一道50μm。 4. 中灰面漆C04-4醇酸防锈漆两道50μm	t	0.044	7500	330
13	010606012001	零星钢构件 1. 包括:钢拉条、埋件、屋面和墙面的撑杆、灯箱上的钢构件、楼承板上支托、系杆、隅撑等。 2. 涂C53-35红丹醇酸防锈底漆一道25μm。 3. 中间结合漆C53-35云铁醇酸防锈漆一道50μm。 4. 中灰面漆C04-4醇酸防锈漆两道50μm(以上刷漆不包括埋件)	t	10.655	7500	79912.5

续表

序号	项目编码	项目名称	计量单位	工程数量	单价(元)	合价(元)
14	010901002001	型材屋面 1. YX760型海蓝色咬合式屋面顶板，板厚0.5mm，中间是75mm厚带铝箔的玻璃丝棉，底板为白灰色，板厚0.5mm。 2. 安装在C型檩条上	m^2	2006.40	220	441408
15	010901003001	阳光板屋面 1. 材质：FRP采光板。 2. 图纸未标明板型、板厚	m^2	231.04	150	34656
合计			元	1573079		

其中，主钢构的报价中，主要有材料费（即钢材的净用量×材料单价）、加工费、安装费、运费、防腐漆及探伤的费用组成。同时，钢梁与钢柱工程量中，包含其节点板、加劲肋等附件的工程量；高强螺栓按个统计后，确定其单价，求出合价后，将此费用合并到相应的钢柱或钢梁的综合单价中。运费、防腐漆及探伤的费用的计算也是如此。加工费、安装费完全由企业定额来决定，恕不详述。详见第7章案例分析。

目前钢结构工程钢构件的加工及安装的单价，主要由企业根据自己的具体情况来决定，材料费由市场来控制，材料费的透明度很高，各企业报价价格偏差应该不大，企业之间的竞争主要是来自于管理、企业的实力等方面，清单计价应是建筑工程计价的主要模式。

现将某钢结构施工企业的制作、安装的价格清单列表6-11，供广大读者参考。

将当前钢材的主要规格的价格列表6-12，供广大读者参阅。

某钢结构公司钢结构制作、安装价格清单　　表6-11

项目名称	单位	制作单价	安装单价	备注
一、轻钢厂房				
1. 焊接H型钢钢架	元/t	1100	400	抛丸除锈
2. 热轧H型钢钢架	元/t	800	400	抛丸除锈
3. C型钢檩条	元/t	300	400	抛丸除锈
4. 支撑等	元/t	800	400	抛丸除锈
二、多层钢框架				
1. 钢管柱	元/t	1000	650	抛丸除锈
2. 焊接矩形钢柱	元/t	1500	650	抛丸除锈
3. 热轧H型钢钢梁	元/t	1000	650	抛丸除锈
4. 焊接H型钢钢梁	元/t	1200	650	抛丸除锈
三、高层钢框架				
1. 钢管柱	元/t	1000	800	抛丸除锈
2. 焊接矩形钢柱	元/t	1500	800	抛丸除锈
3. 热轧H型钢钢梁	元/t	1000	800	抛丸除锈
4. 焊接H型钢钢梁	元/t	1300	800	抛丸除锈

注：1. 制作单价含二遍底漆；
2. 高强螺栓、构件运输、面漆等费用单列；
3. C型钢檩条不含油漆费。二遍普通防锈漆：180元/t，钻孔：0.5元/个。

钢结构主要规格材料价格清单 **表 6-12**

<table>
<tr><th colspan="2">项 目 名 称</th><th>单 位</th><th>单价(元/t)</th><th>备 注</th></tr>
<tr><td rowspan="6">钢板系列</td><td>—6mm</td><td>t</td><td>4720</td><td rowspan="6">2005年10月份的钢材价格</td></tr>
<tr><td>—8mm</td><td>t</td><td>4300</td></tr>
<tr><td>—10mm</td><td>t</td><td>4250</td></tr>
<tr><td>—12mm</td><td>t</td><td>3750</td></tr>
<tr><td>—14 mm</td><td>t</td><td>3680</td></tr>
<tr><td>—16mm～—22mm</td><td>t</td><td>3720</td></tr>
<tr><td rowspan="6">方钢管系列</td><td>□50×30×2.5</td><td>t</td><td>3400</td><td rowspan="6">2005年9月份的钢材价格</td></tr>
<tr><td>□50×50×2.5</td><td>t</td><td>3450</td></tr>
<tr><td>□60×40×2.5</td><td>t</td><td>3500</td></tr>
<tr><td>□80×80×3.0</td><td>t</td><td>3530</td></tr>
<tr><td>□100×100×3.0</td><td>t</td><td>3600</td></tr>
<tr><td>□100×60×3.0</td><td>t</td><td>3550</td></tr>
<tr><td rowspan="5">槽钢系列</td><td>[8</td><td>t</td><td>2700</td><td rowspan="5">2005年10月份的钢材价格</td></tr>
<tr><td>[10</td><td>t</td><td>2850</td></tr>
<tr><td>[12.6</td><td>t</td><td>2680</td></tr>
<tr><td>[14</td><td>t</td><td>2680</td></tr>
<tr><td>[16</td><td>t</td><td>2550</td></tr>
<tr><td rowspan="6">角钢系列</td><td>∟50×5</td><td>t</td><td>2870</td><td rowspan="6">2005年10月份的钢材价格</td></tr>
<tr><td>∟63×4</td><td>t</td><td>2470</td></tr>
<tr><td>∟75×5</td><td>t</td><td>3150</td></tr>
<tr><td>∟90×8</td><td>t</td><td>3100</td></tr>
<tr><td>∟100×10</td><td>t</td><td>3150</td></tr>
<tr><td>∟125×15.5</td><td>t</td><td>3150</td></tr>
<tr><td rowspan="5">圆钢管</td><td>Φ48×3.0</td><td>t</td><td>3700</td><td rowspan="5">2005年10月份的钢材价格</td></tr>
<tr><td>Φ60×3.0</td><td>t</td><td>3750</td></tr>
<tr><td>Φ76×3.5</td><td>t</td><td>3750</td></tr>
<tr><td>Φ89×3.5</td><td>t</td><td>3780</td></tr>
<tr><td>Φ114×3.5</td><td>t</td><td>3800</td></tr>
<tr><td rowspan="2">H钢系列</td><td>H200～H300系列</td><td>t</td><td>3300(左右)</td><td rowspan="2">2005年10月份的钢材价格</td></tr>
<tr><td>H400系列</td><td>t</td><td>4300(左右)</td></tr>
<tr><td colspan="2">C型檩条</td><td>t</td><td>3250(左右)</td><td>2005年10月份的钢材价格</td></tr>
</table>

第7章 钢结构工程计量与计价案例分析

7.1 门式刚架工程计量与计价案例分析

【例1】 某建设单位新建一钢结构车间，采用单层门式刚架，施工图如图7-1～图7-18。本案例主要是根据该车间的施工图，编制钢结构部分的工程量清单和进行工程量清单计价（不包括基础及土建部分）。屋面工程量计算参见表7-1。

设计软件：PKPM系列钢结构设计软件STS。

编制依据：施工图和有关标准图；《建设工程工程量清单计价规范》(GB 50500—2013)。

屋面坡度系数表 **表7-1**

坡度			延尺系数 C	隅延尺系数 D
$B/A(A=1)$	$B/2A$	角度 α		
1	1/2	45°	1.4142	1.7321
0.75		36°52′	1.2500	1.6008
0.70		35°	1.2207	1.5779
0.666	1/3	33°40′	1.2015	1.5620
0.65		33°01′	1.1926	1.5564
0.60		30°58′	1.1662	1.5362
0.577		30°	1.1547	1.5270
0.55		28°49′	1.1413	1.5170
0.50	1/4	26°34′	1.1180	1.5000
0.45		24°14′	1.0966	1.4839
0.40	1/5	21°48′	1.0770	1.4697
0.35		19°17′	1.0594	1.4569
0.30		16°42′	1.0440	1.4457
0.25		14°02′	1.0308	1.4362
0.20	1/10	11°19′	1.0198	1.4283
0.15		8°32′	1.0112	1.4221
0.125		7°8′	1.0078	1.4191
0.100	1/20	5°42′	1.0050	1.4177
0.083		4°45′	1.0035	1.4166
0.066	1/30	3°49′	1.0022	1.4157

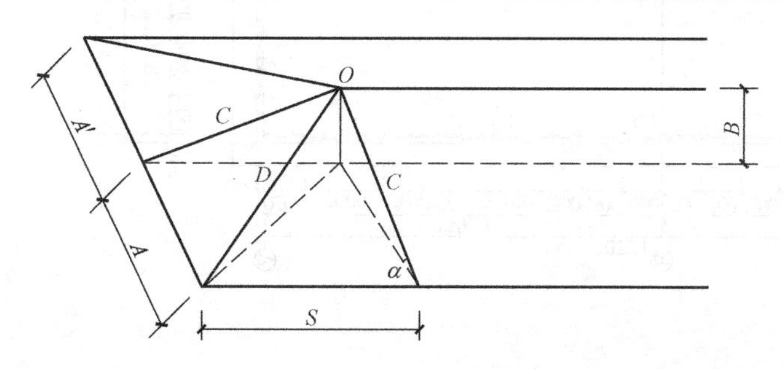

注：1. $A=A'$，且 $S=0$ 时，为等两坡屋面；$A=A'=S$ 时，等四坡屋面；

2. 屋面斜铺屋面＝屋面水平投影面积×C；

3. 等两坡屋面山墙泛水斜长：$A\times C$；

4. 等四坡屋面斜脊长度：$A\times D$。

图7-1 屋面坡度系数示意图

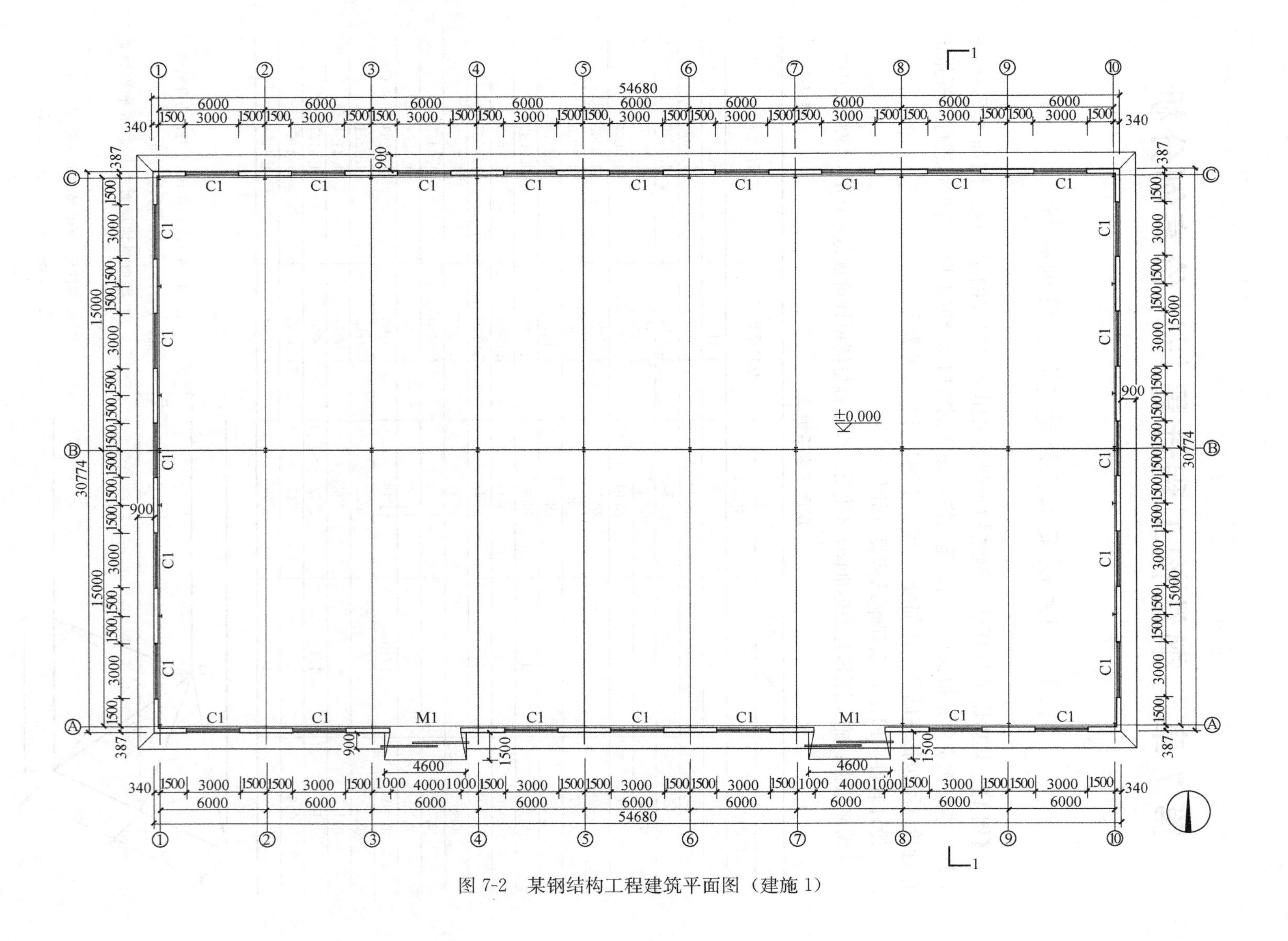

图 7-2 某钢结构工程建筑平面图（建施 1）

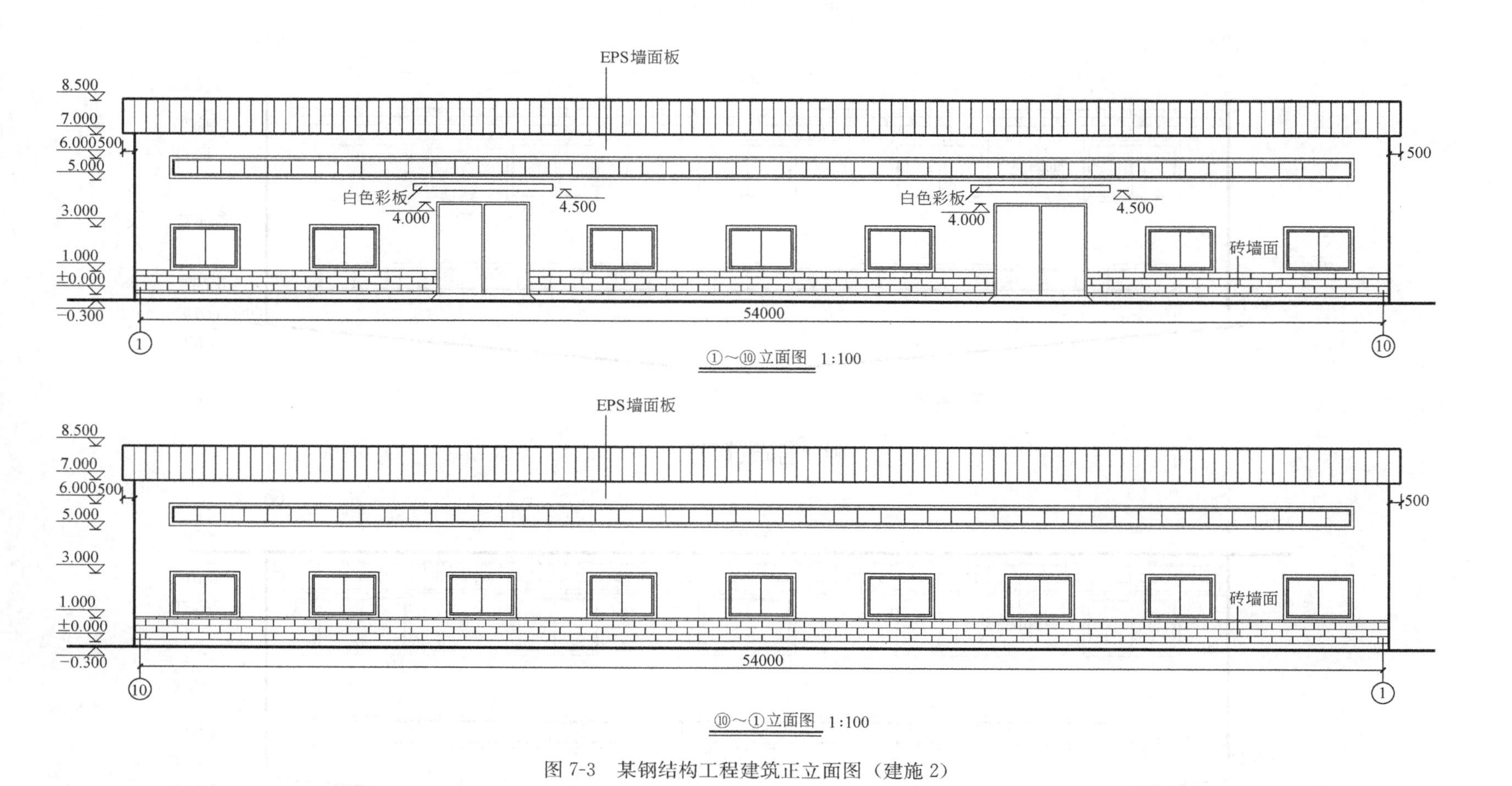

图 7-3　某钢结构工程建筑正立面图（建施 2）

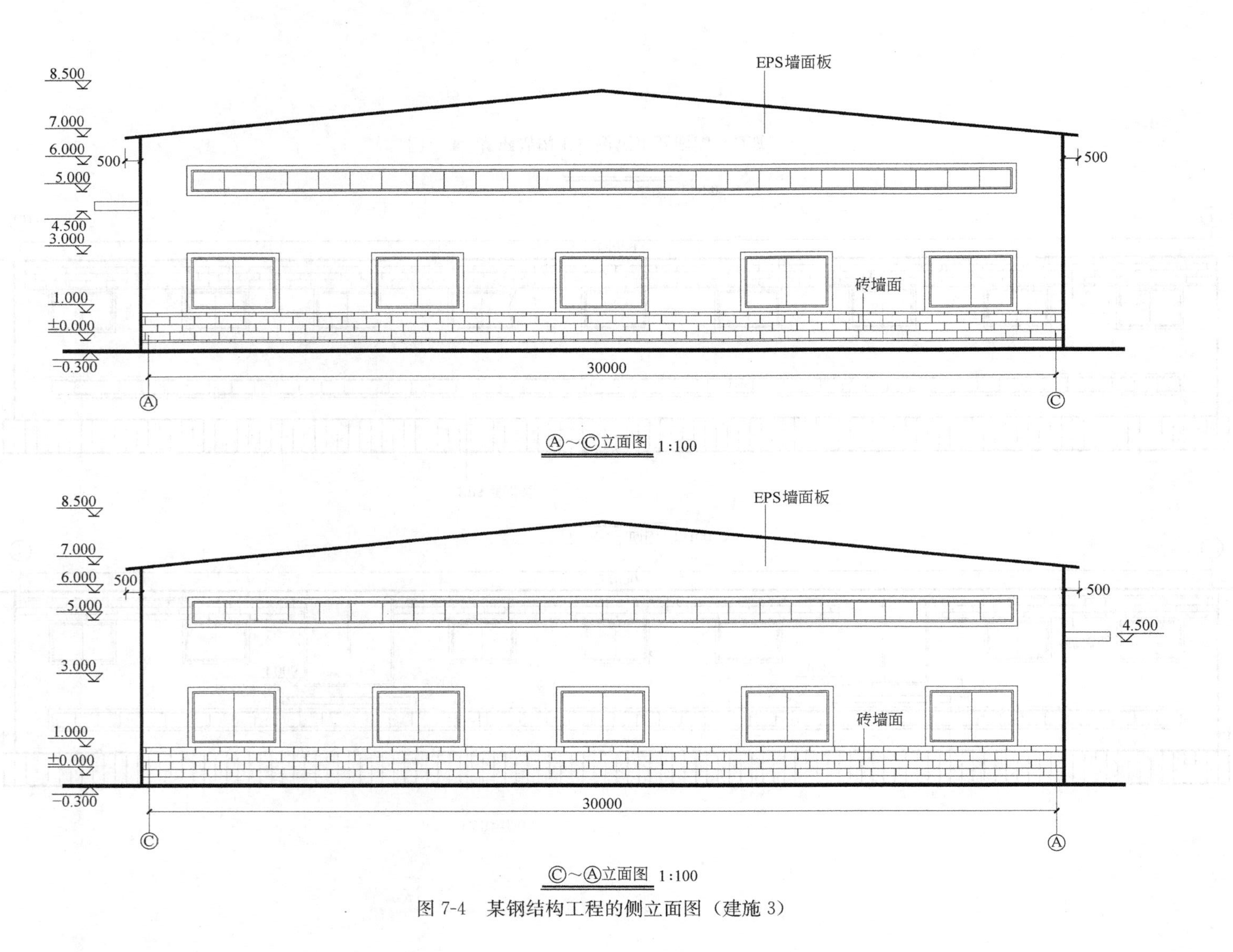

图 7-4 某钢结构工程的侧立面图（建施 3）

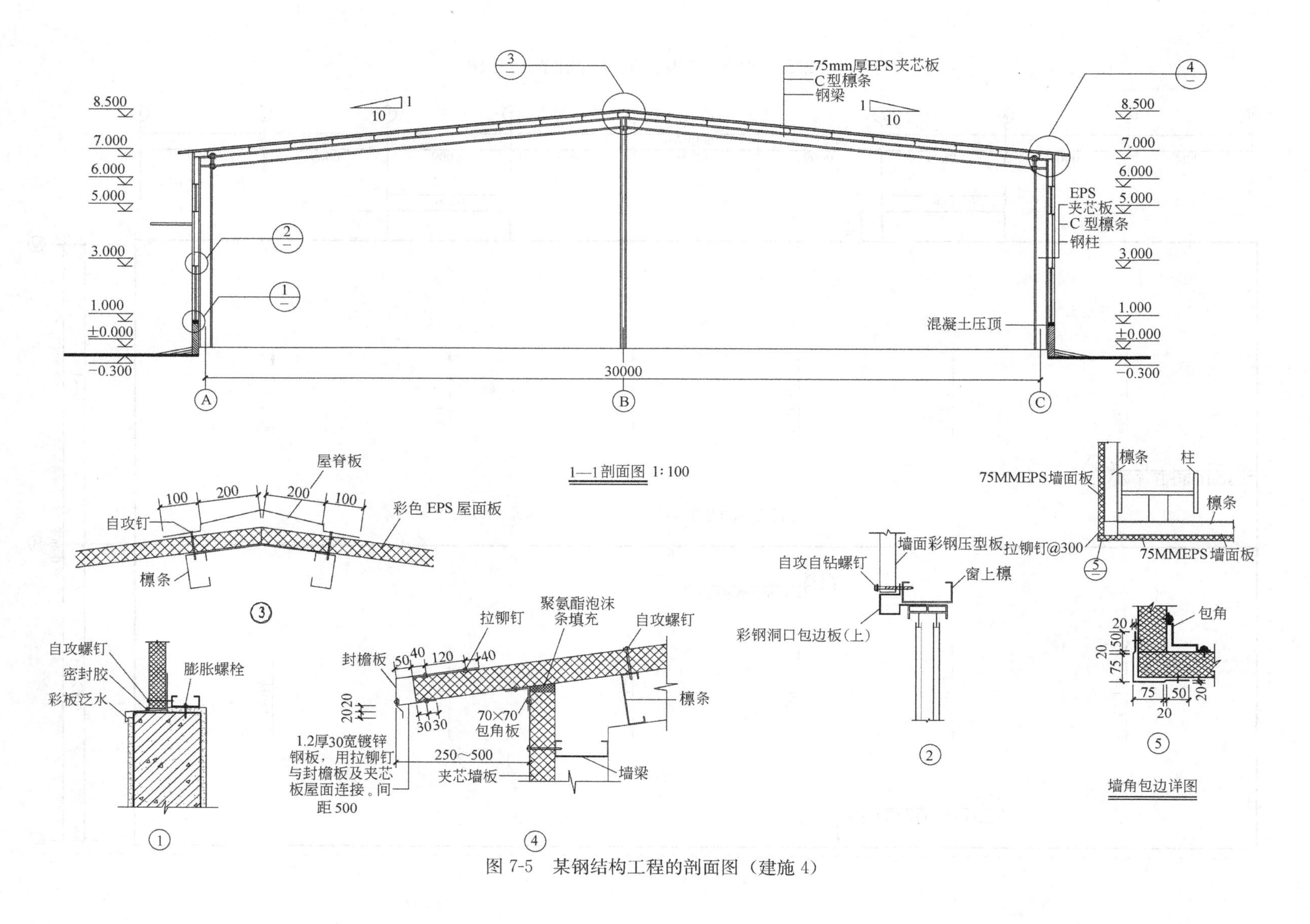

图 7-5　某钢结构工程的剖面图（建施 4）

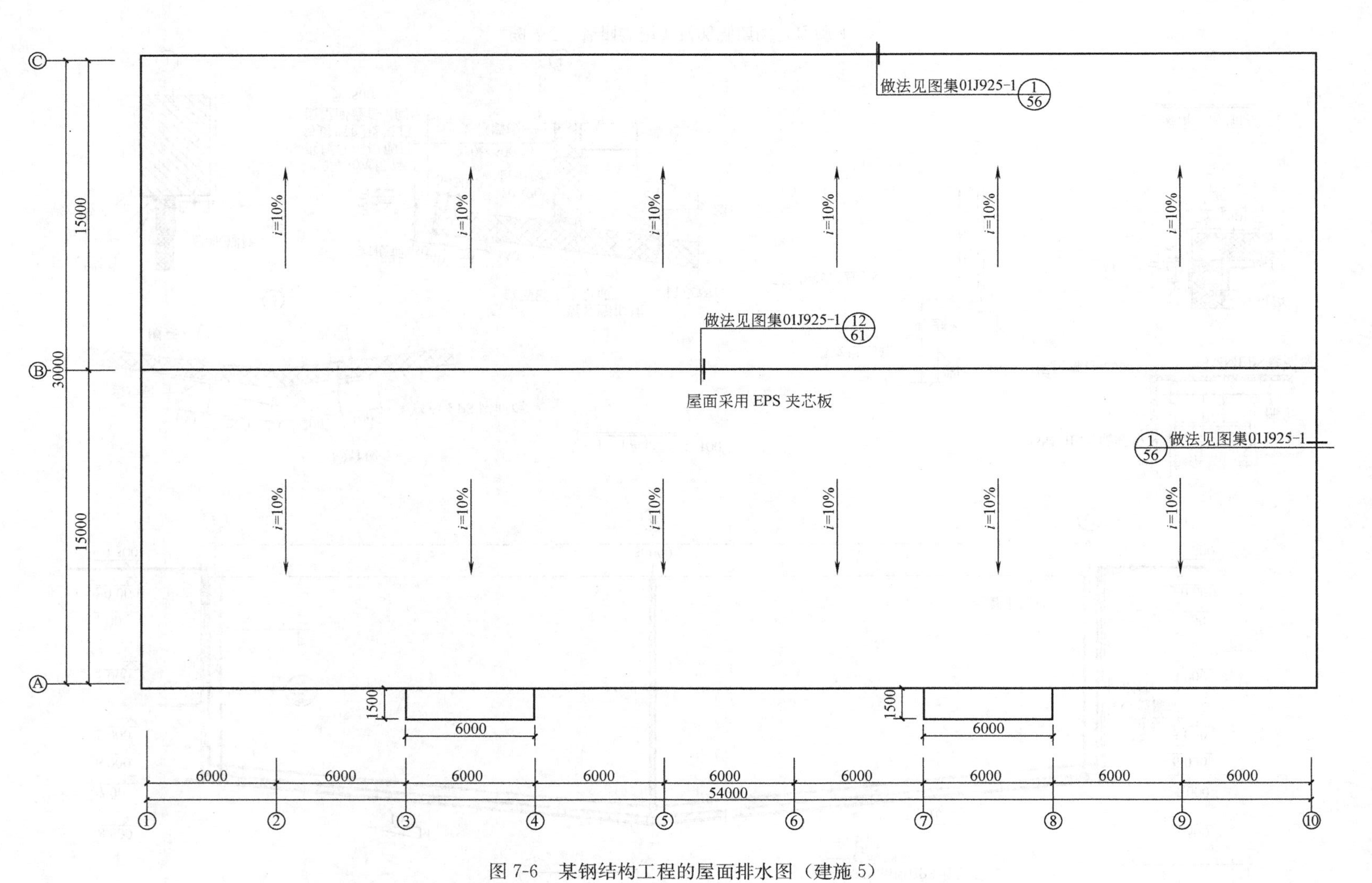

图 7-6　某钢结构工程的屋面排水图（建施 5）

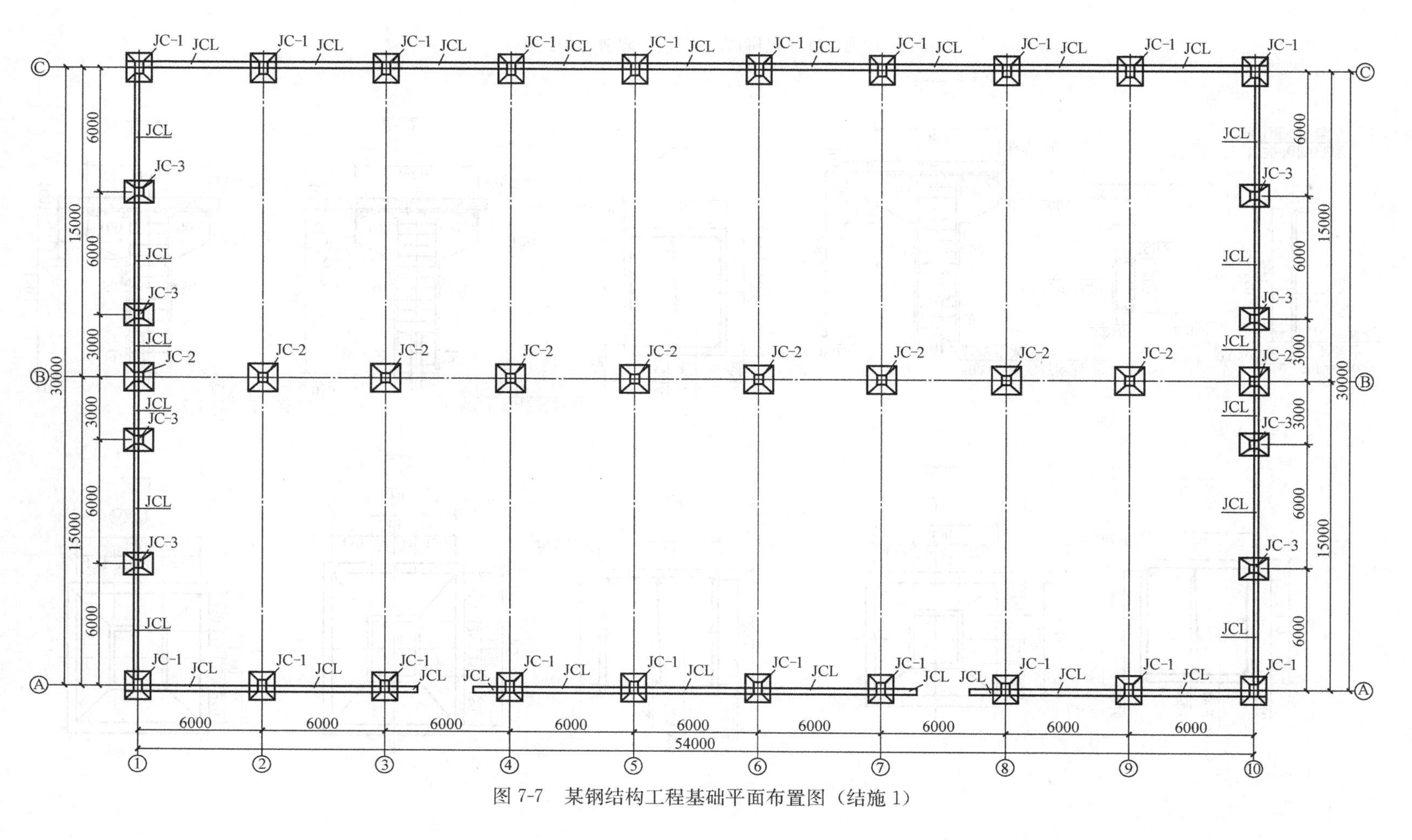

图 7-7　某钢结构工程基础平面布置图（结施 1）

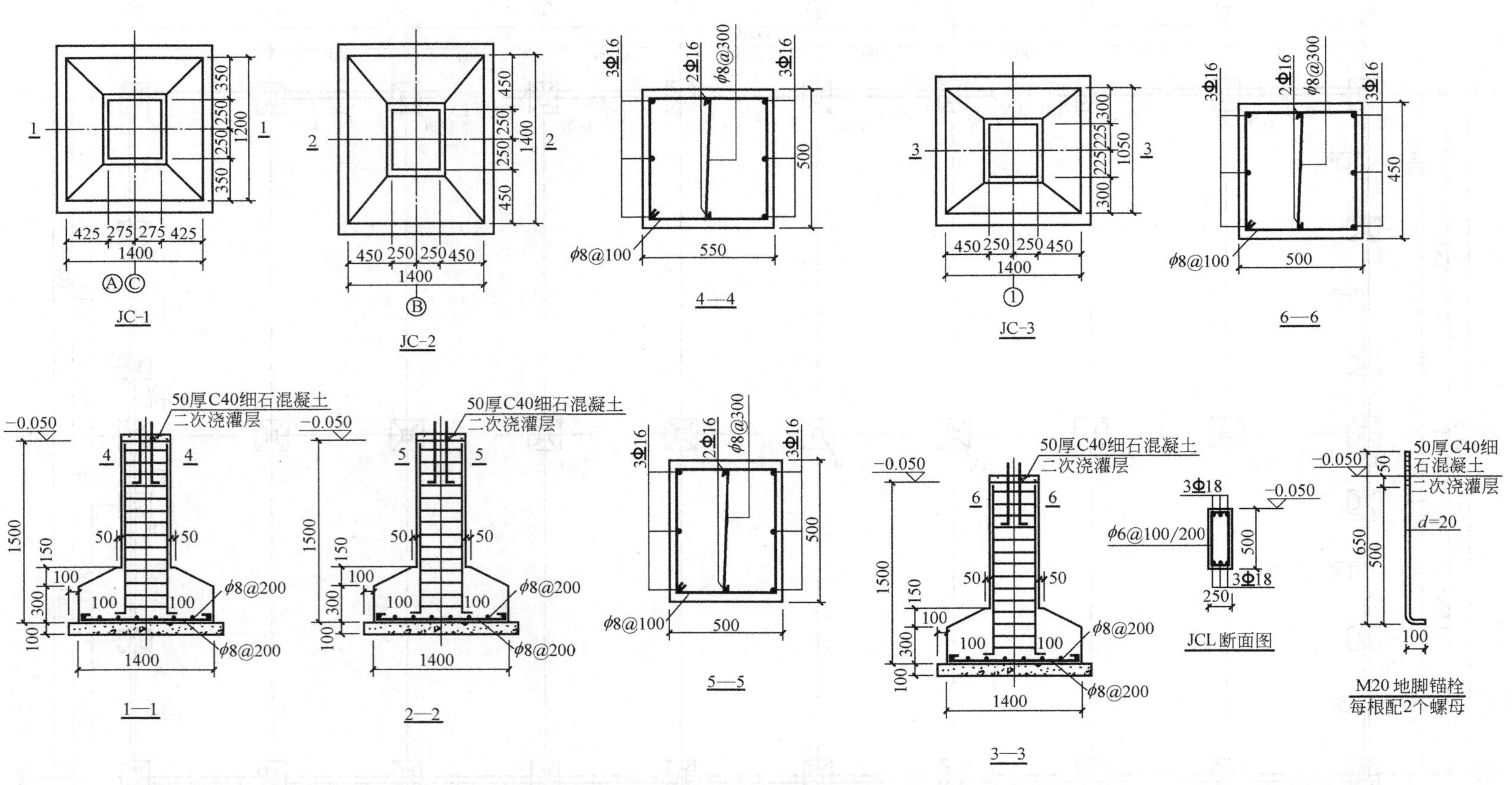

图 7-8 某钢结构工程基础详图（结施 2）

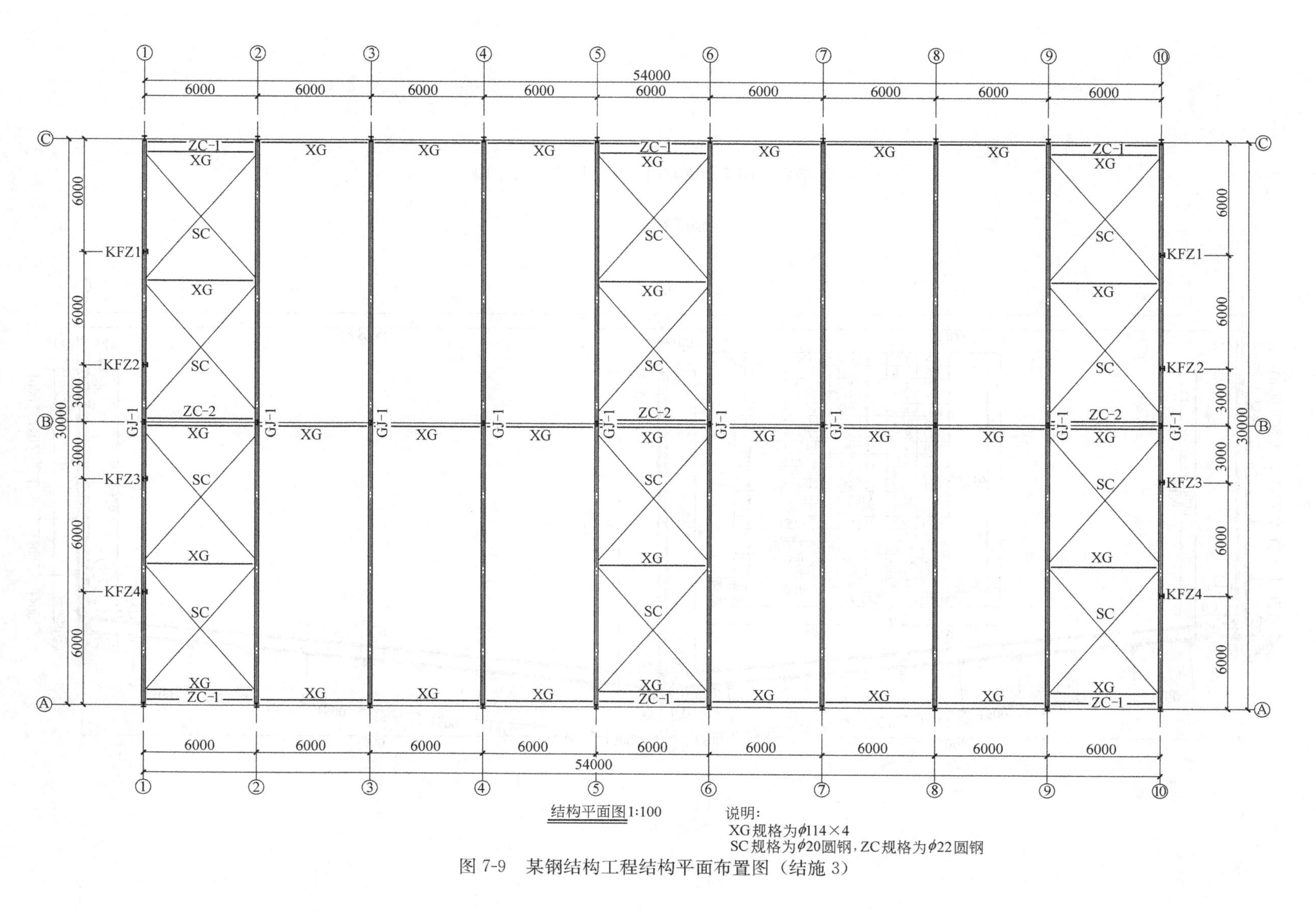

图 7-9　某钢结构工程结构平面布置图（结施 3）

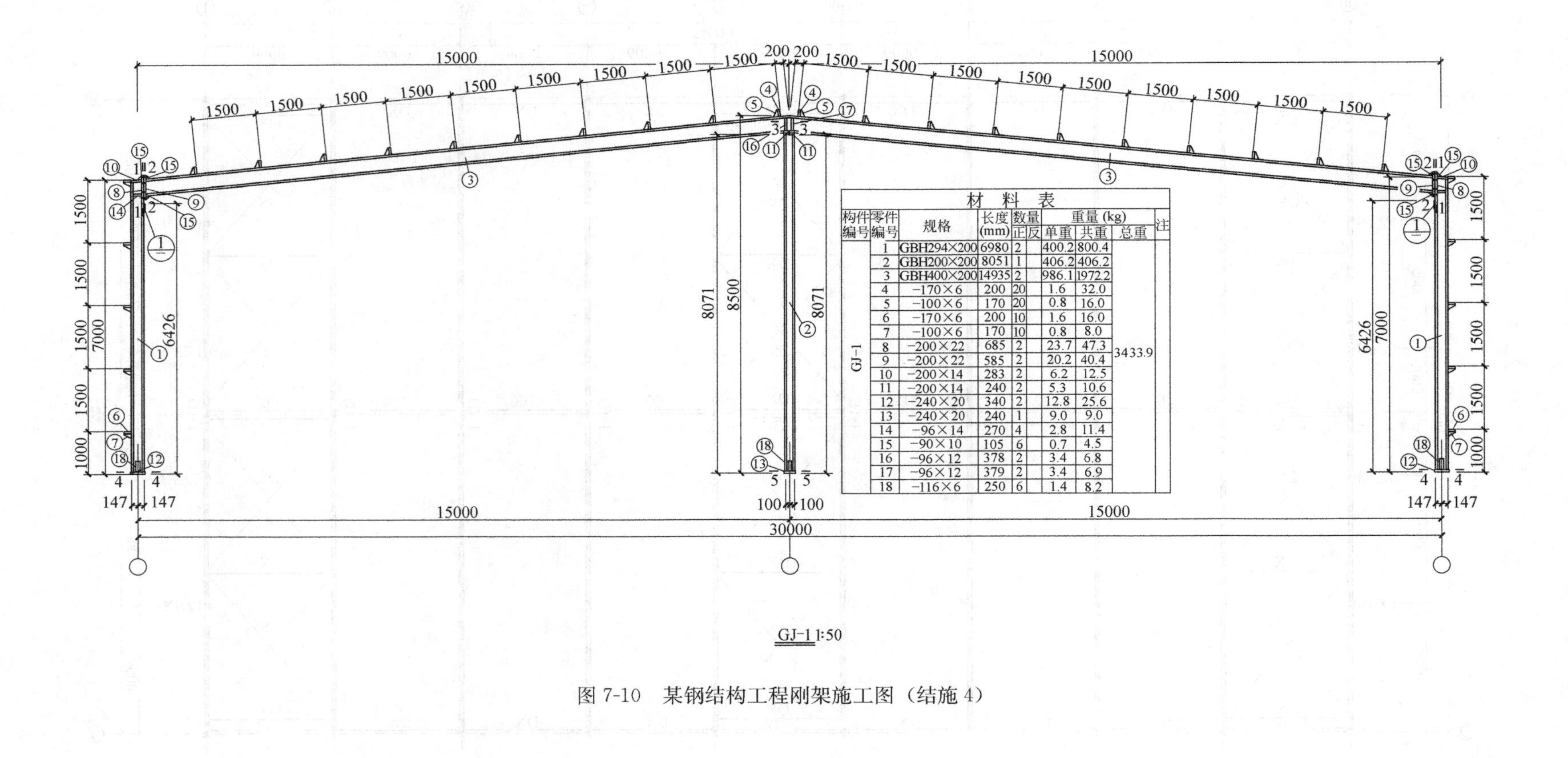

构件编号	零件编号	规格	长度 (mm)	数量 正	数量 反	重量 (kg) 单重	重量 (kg) 共重	重量 (kg) 总重	注
GJ-1	1	GBH294×200	6980	2		400.2	800.4	3433.9	
	2	GBH200×200	8051	1		406.2	406.2		
	3	GBH400×200	14935	2		986.1	1972.2		
	4	−170×6	200	20		1.6	32.0		
	5	−100×6	170	20		0.8	16.0		
	6	−170×6	200	10		1.6	16.0		
	7	−100×6	170	10		0.8	8.0		
	8	−200×22	685	2		23.7	47.3		
	9	−200×22	585	2		20.2	40.4		
	10	−200×14	283	2		6.2	12.5		
	11	−200×14	240	2		5.3	10.6		
	12	−240×20	340	2		12.8	25.6		
	13	−240×20	240	1		9.0	9.0		
	14	−96×14	270	4		2.8	11.4		
	15	−90×10	105	6		0.7	4.5		
	16	−96×12	378	2		3.4	6.8		
	17	−96×12	379	2		3.4	6.9		
	18	−116×6	250	6		1.4	8.2		

图 7-10　某钢结构工程刚架施工图（结施 4）

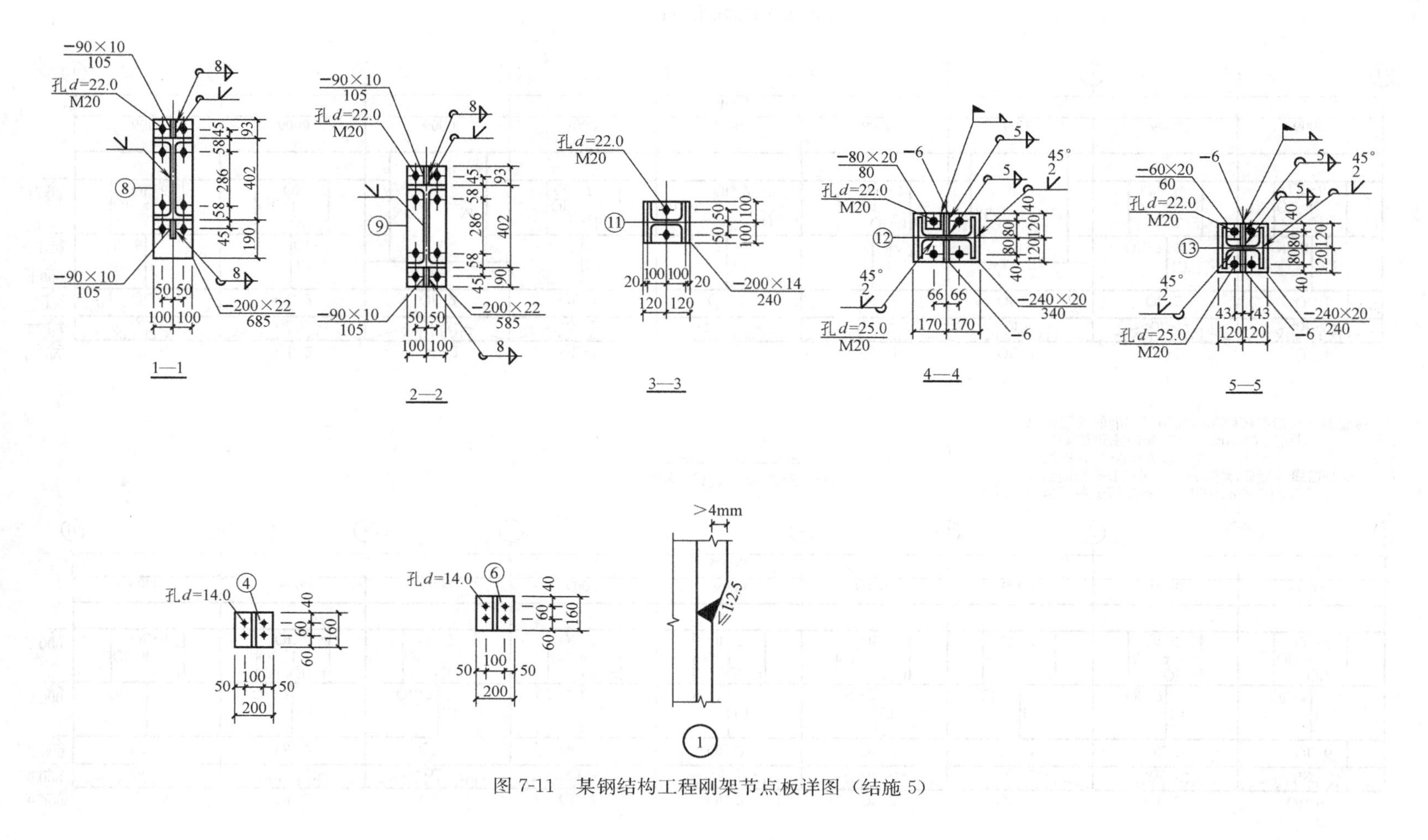

图 7-11　某钢结构工程刚架节点板详图（结施 5）

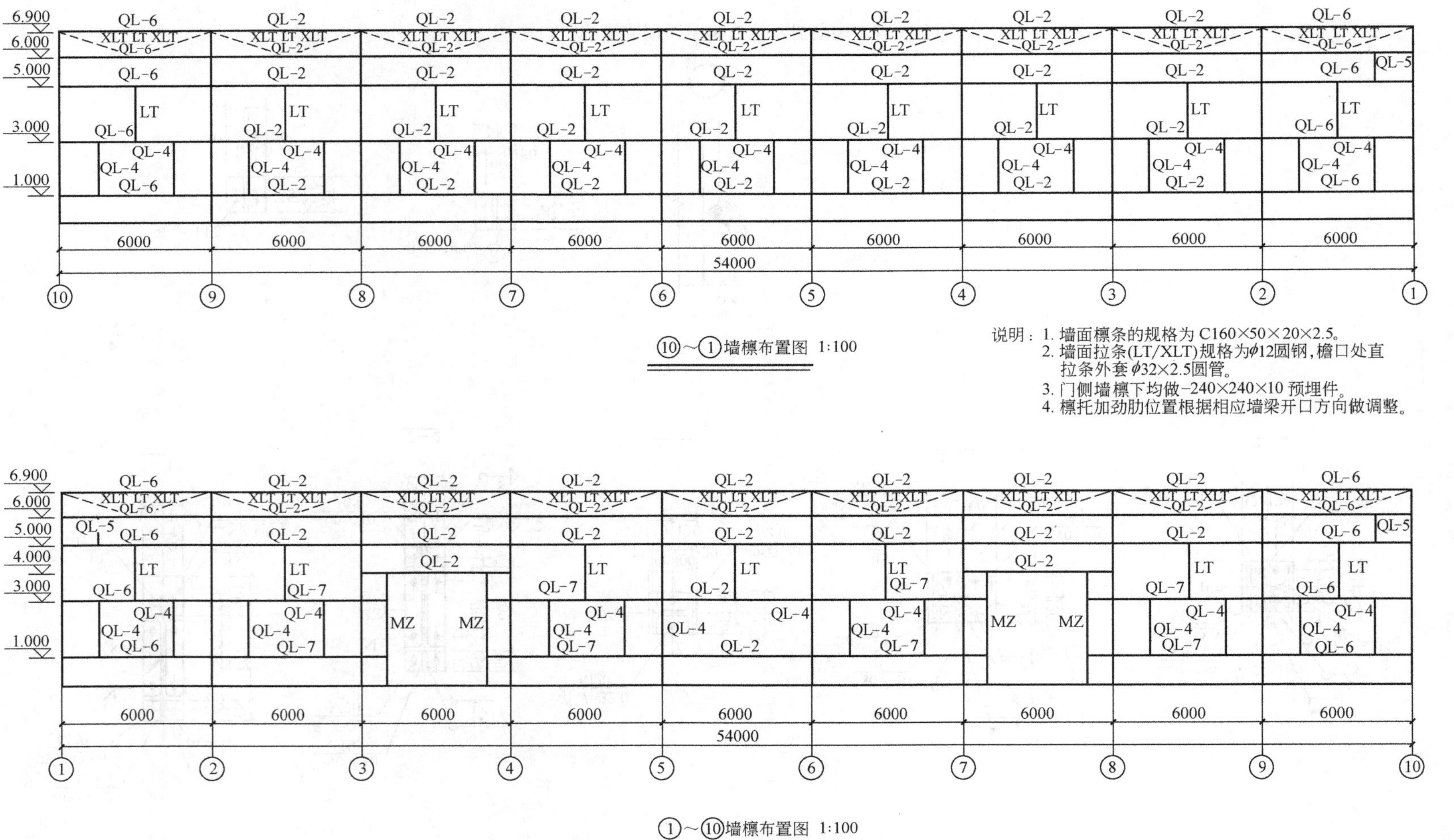

图 7-12　某钢结构工程墙檩布置图（一）（结施 6）

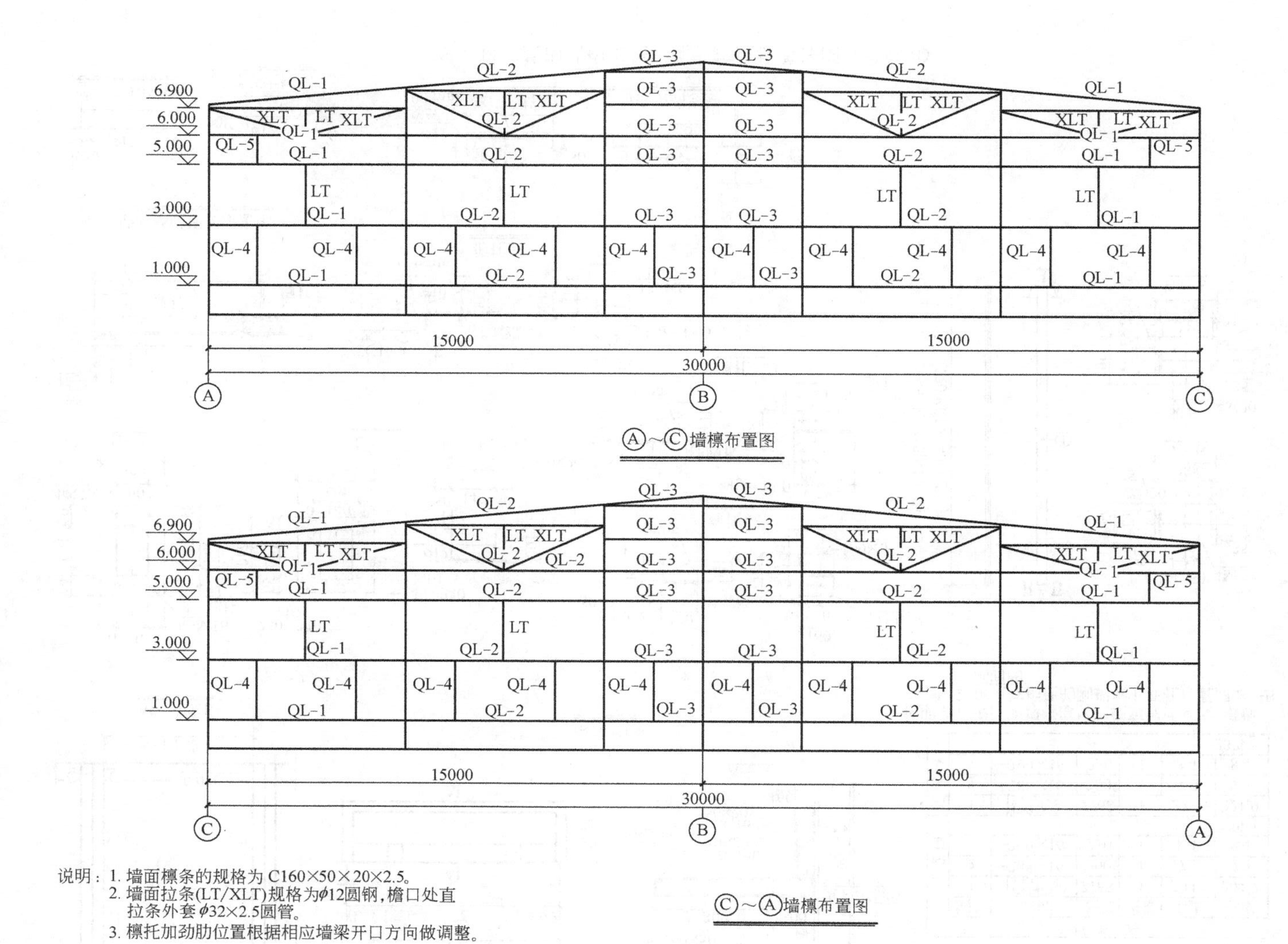

说明：1. 墙面檩条的规格为 C160×50×20×2.5。
2. 墙面拉条(LT/XLT)规格为ϕ12圆钢，檐口处直拉条外套ϕ32×2.5圆管。
3. 檩托加劲肋位置根据相应墙梁开口方向做调整。

图 7-13　某钢结构工程墙檩布置图（二）（结施 7）

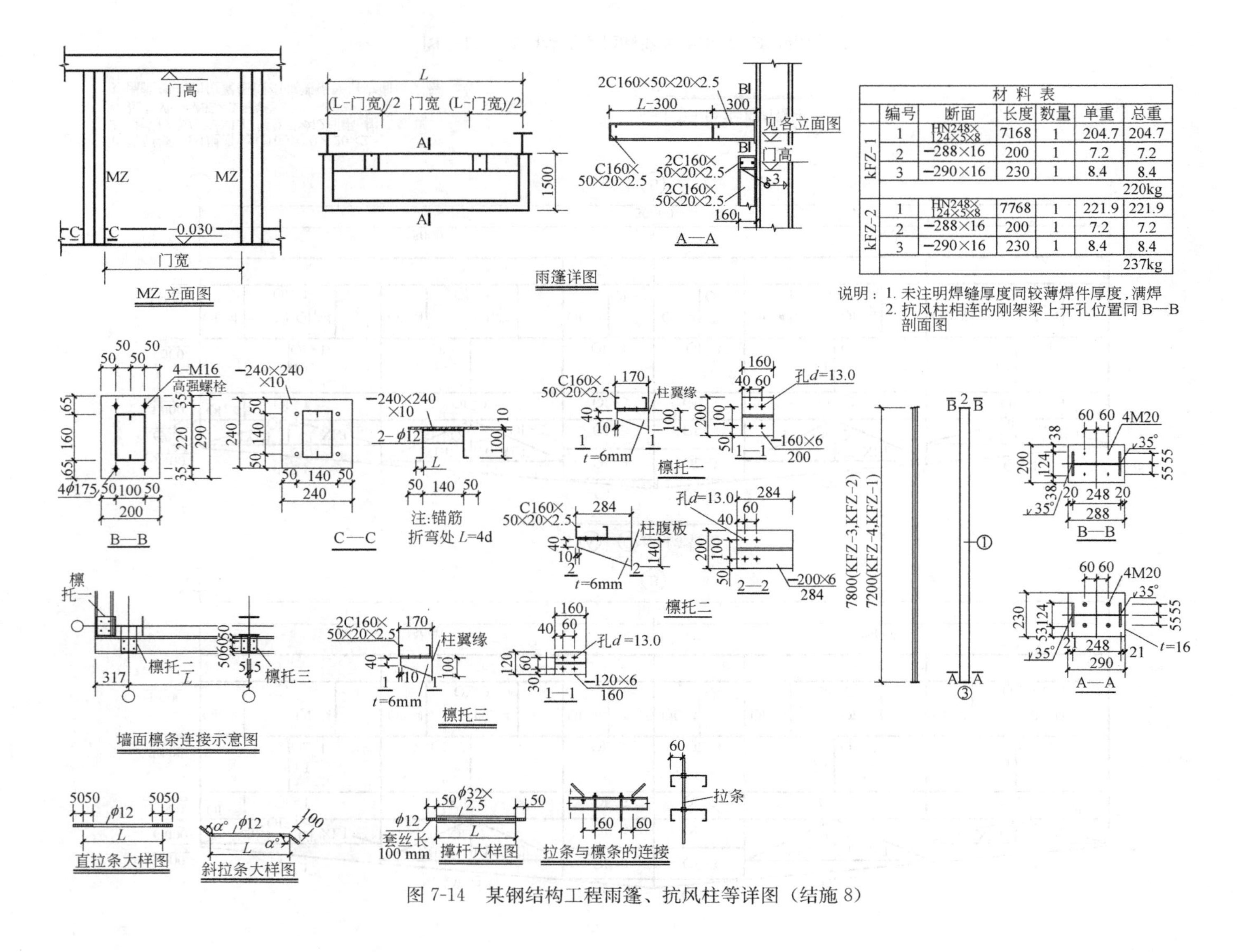

材料表

	编号	断面	长度	数量	单重	总重
kFZ-1	1	HN248×124×5×8	7168	1	204.7	204.7
	2	−288×16	200	1	7.2	7.2
	3	−290×16	230	1	8.4	8.4
						220kg
kFZ-2	1	HN248×124×5×8	7768	1	221.9	221.9
	2	−288×16	200	1	7.2	7.2
	3	−290×16	230	1	8.4	8.4
						237kg

说明：1. 未注明焊缝厚度同较薄焊件厚度，满焊
2. 抗风柱相连的刚架梁上开孔位置同 B—B 剖面图

图 7-14　某钢结构工程雨篷、抗风柱等详图（结施 8）

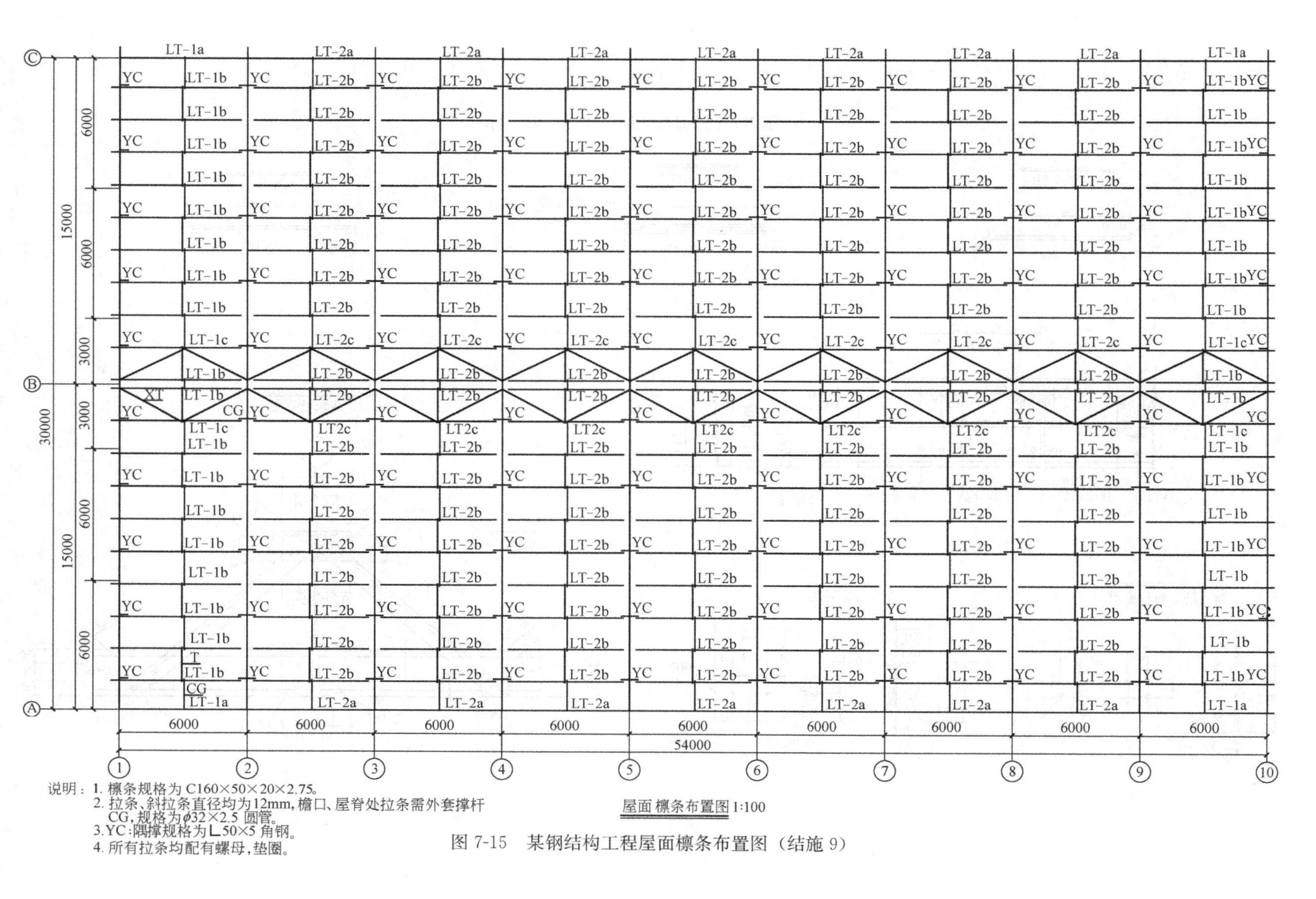

图 7-15　某钢结构工程屋面檩条布置图（结施 9）

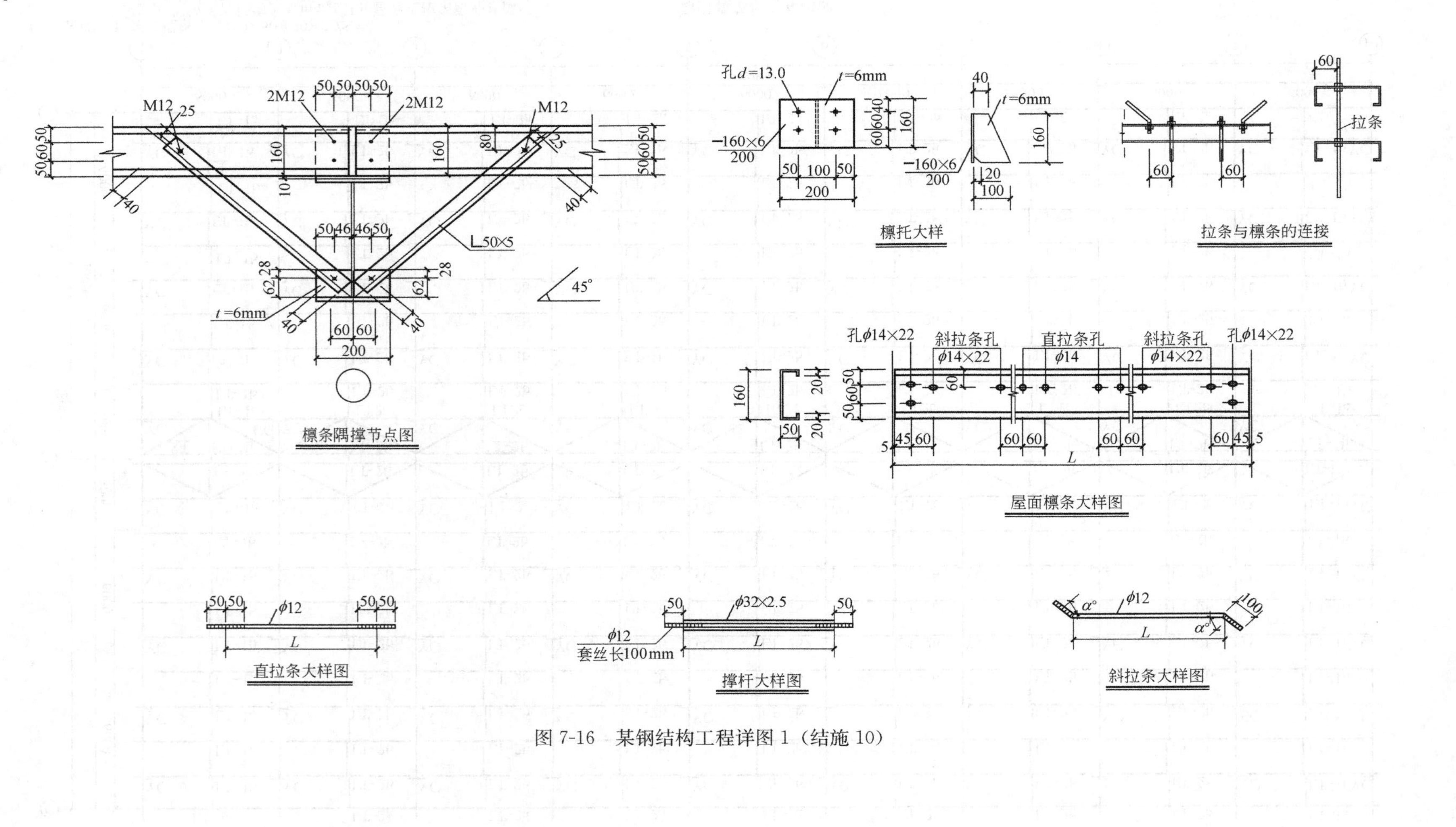

图 7-16　某钢结构工程详图 1（结施 10）

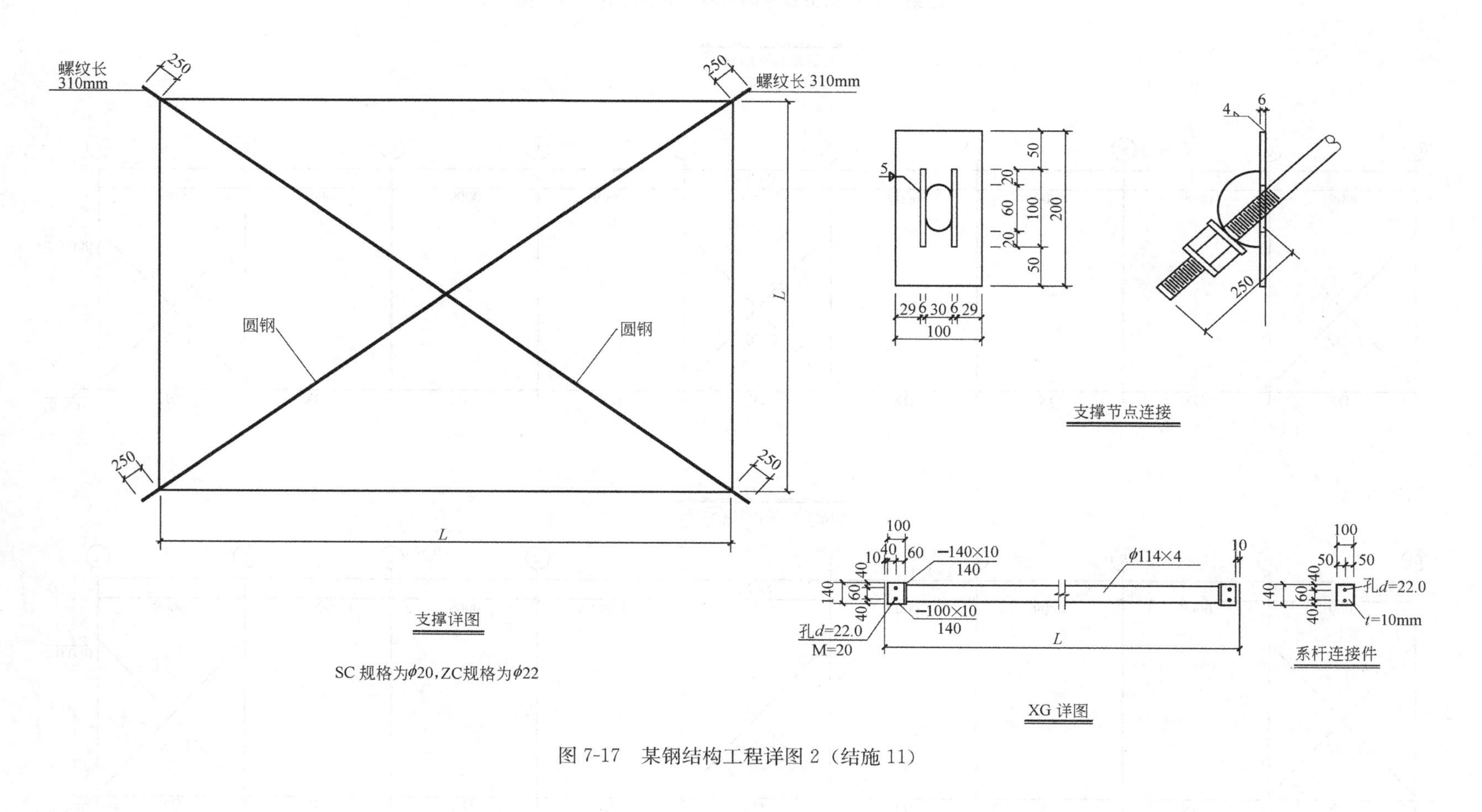

图 7-17　某钢结构工程详图 2（结施 11）

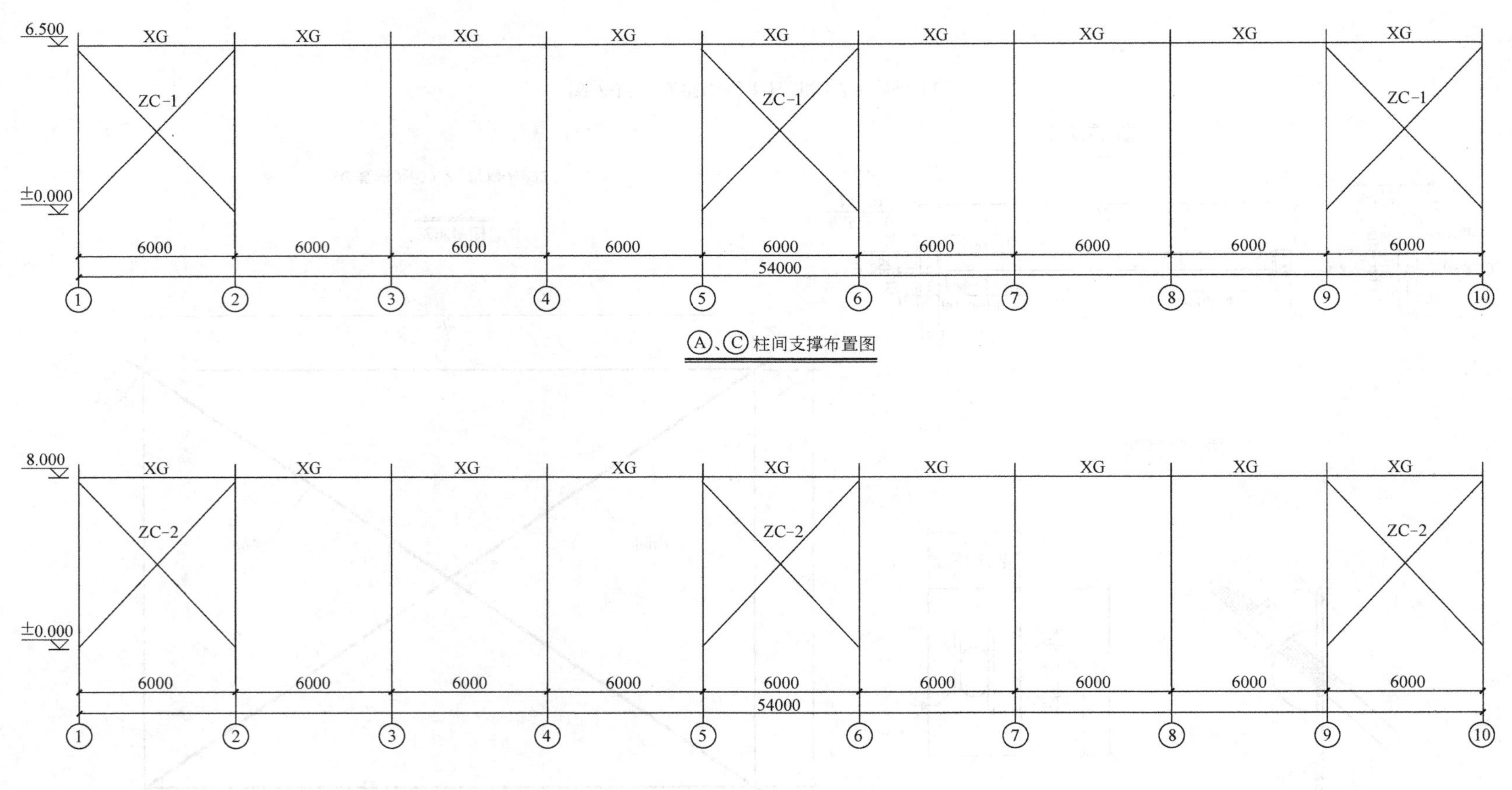

图 7-18　某钢结构工程柱间支撑布置图（结施 12）

(1) 工程量计算

1) 建筑面积：$S=54.86\times30.77=1688.04m^2$。

2) 工程量计算：详见表 7-2。

工程量计算书 **表 7-2**

单位工程名称：某钢结构车间 建筑面积：$1688.04m^2$

序号	各项工程名称	计 算 公 式	单位	数 量
1	75mmEPS 夹芯墙板（参见建施图 1、2、3）	$S=[(54.86+30.77)\times2]\times6+1/2\times30\times1.5-344$（门窗面积）$=706.06$	m^2	706.06
2	墙板收边、包角（参见建施图 4 和标准图集 01J925-1）	墙板外包边 $S=(0.075+0.02+0.05)\times2\times6\times4=6.96$ 墙板内包边 $S=(0.075+0.02+0.05)\times2\times6\times4=6.96$ （详见建施 4 详图⑤） 墙面与屋面处外包角板 $S=0.07\times2\times2\times\{54.68+2\times[(30.774/2)^2+1.5^2]^{1/2}\}=23.97$ 墙面与屋面处内包角板 $S=0.05\times2\times2\times\{(54.68-0.075\times2)+2\times\{[(30.774-0.075\times2)/2]^2+1.5^2\}^{1/2}\}=17.06$ （详见建施 4 详图④） 门窗口套折件 $S=\{[(0.02+0.02+0.1)\times2]+0.075+0.16\}\times\{26\times[(3+2)\times2+4\times(0.075+0.16)]+2\times[4\times4+4\times(0.075+0.16)]+2\times[(1+51)\times2+4\times(0.075+0.16)]\}$ $=0.515\times\{284.44+33.88+209.88\}=272.023$ 小计：326.97	m^2	326.97
3	75mmEPS 夹芯屋面板（参见建施图 1、2、3、4）	$S=(30.774+0.5\times2)\times(54.68+0.5\times2)\times1.0198$ $=1804.206$ （1.0198 延尺系数，详见表 7-1 屋面坡度系数表）	m^2	1804.206
4	屋面收边、包角（参见建施图 4 和标准图集 01J925-1）	封檐板 $S=(0.04+0.12+0.04+0.05+0.075+0.02+0.03+0.03\times2+0.05+0.02)\times2\times\{54.68+2\times[(30.774/2)^2+1.5^2]^{1/2}\}=86.46$ （详见建施 4 详图④） 屋脊盖板 $S=(0.1+0.2+0.02)\times2\times(54.68+0.5\times2)=35.64$ 屋脊内托板 $S=0.1\times2\times(54.68-0.075\times2)=10.91$ （详见建施 4 详图③） 檐口堵头板 $S=[(30.774/2)^2+1.5^2]^{1/2}]\times2\times2\times(0.03+0.076+0.03)=8.41$ 小计：141.42	m^2	141.42
5	75mmEPS 夹芯板雨篷（参见建施图 5）	$S=1.5\times6\times2=18$	m^2	18
6	基础锚栓（$d=20mm$）（参见结施图 1、2、4、5）	$N=4\times38=152$	个	152
7	钢梁、钢柱（含抗风柱）（参见结施图 3、4、5、8）	$G=10\times3.434+0.22\times4+0.237\times4=36.168$	t	36.168

续表

序号	各项工程名称		计 算 公 式	单位	数 量
8	檩条	墙檩 （规格：160×50×20×2.5，5.88kg/m） （参见结施图 6、7）	长度统计：QL1＝6×5×4＝120m； QL2＝6×5×4＋6×4×8＋6×(3＋4＋3＋5＋3＋4＋3) ＝462m； QL3＝3×6×4＝72m； QL4＝2×10×2＋2×2×16＝104m； QL5＝1×2×2＋1×2×2＝8m； QL6＝6×5×3＝90m； QL7＝6×(2＋2＋2＋2)＝48m 小计：904m	t	12.549
			质量统计：904×5.88/1000＝5.316t		
		屋面檩条 （规格：160×50×20×2.5，5.88kg/m） （参见结施图 9）	长度统计：6×22×9＝1188m； 质量统计：G2＝1188×5.88/1000＝6.985t		
		雨篷檩条 （规格：160×50×20×2.5，5.88kg/m） （参见结施图 8）	长度统计：6×2＋1.5×2×2＝18m； 质量统计：G3＝18×5.88/1000＝0.106t		
		门框柱的檩条 （规格：160×50×20×2.5，5.88kg/m） （参见结施图 8）	长度统计：4×2＋4.03×2×2＝24.12m； 质量统计：G4＝24.12×5.88/1000＝0.142t		
			质量合计：12.549t		
9	拉条(LT) （规格：Φ12；0.888kg/m） 注：LT 的长度计算规则是轴线长＋2×50； XLT 的长度计算规则是轴线长＋2×100； （参见结施图 6、7、8、9）		长度统计： LT＝[2＋(0.05×2)]×16＋[0.9＋(0.05×2)]×18＋[2＋(0.05×2)]×4×2＋[0.9＋(0.05×2)]×2×2＋[1.4＋(0.05×2)]×2×2＋[1.5＋(0.05×2)]×20×9 ＝366.4m； XLT＝$[(3^2+0.9^2)^{1/2}+(0.1\times2)]\times2\times2\times2+[(3^2+1.4^2)^{1/2}+(0.1\times2)]\times2\times2\times2+[(3^2+0.9^2)^{1/2}+(0.1\times2)]\times2\times18+[(3^2+1.5^2)^{1/2}+(0.1\times2)]\times4\times9$ ＝302.644m； 小计：669.044m	t	0.594
			质量统计：G＝669.044×0.888/1000＝0.594t		
10	隅撑(YC) （规格：L50×5；3.77kg/m） （参见结施图 9、10）		长度统计：9×10×2×$[(0.4+0.16)^2\times2]^{1/2}$＝142.55m； 质量统计：G＝142.55×3.77/1000＝0.537t	t	0.537
11	系杆(XG) （规格：Φ114×4；10.85kg/m） 注：XG 的长度计算规则是轴线长－2×10；（参见结施图 3、11）		长度统计：(6－0.01×2)×(9×3＋3×2)＝197.34m； 质量统计：G＝197.34×10.85/1000＝2.141t	t	2.141
12	水平支撑(SC) （规格：Φ20；2.466kg/m） 注：SC 的长度计算规则是轴线长＋2×250 （参见结施图 3、12）		长度统计：$[(15^2+1.5^2)^{1/2}-0.25\times2]/2$＝7.29m； $\{[(7.29^2+6^2)^{1/2}]+0.25\times2\}\times8\times3$＝238.60m； 质量统计：G＝238.60×2.466/1000＝0.588t	t	0.588

续表

序号	各项工程名称	计 算 公 式	单位	数 量
13	柱间支撑(ZC) (规格:Φ22;2.984kg/m) 注:ZC 的长度计算规则是轴线长+2×250 (参见结施图 11、12)	长度统计:$[(8-0.25)^2+6^2]^{1/2}\times2\times3+[(6.5-0.25)^2+6^2]^{1/2}\times2\times3\times2=162.78$m; 质量统计:G=162.78×2.984/1000=0.486t	t	0.486
14	撑杆(CG) (规格:Φ32×2.5;1.82kg/m) (参见结施图 6、7、9)	长度统计:0.9×(9+9+4)+1.4×4+1.5×9×4=79.4m; 质量统计:G=79.4×1.82/1000=0.145t	t	0.145
15	节点板 (规格:6mm 厚钢板)	1. 门侧墙檩预埋件:G_1 =4×0.24×0.24×0.01×7.85=0.018t 2. 雨篷处预埋件:G_2=2×0.2×0.29×0.01×7.85=0.009t 3. 门柱处预埋件:G_3=2×0.24×0.24×0.01×7.85=0.009t 4. 檩托板: 墙檩托板 1 N_1=5×2×2=20(个); 墙檩托板 2 N_2=5×2×2=20(个); 墙檩托板 3 N_3=5×8×2=80(个); 屋面檩托板 N=22×9=198(个); G_4=7.85×[20×0.16×0.2×0.006+20×0.2×0.284×0.006+80×0.12×0.16×0.006+198×(0.2×0.16×0.006+0.1×0.16×0.006)]=0.604t 5. 系杆连接件:G_5=2×0.14×0.1×0.006×7.85×[(9+9+4)+4+9×4]=0.082t 6. 支撑节点板:G_5=0.1×0.2×0.006×7.85×(4×3+4×3+16×3)=0.068t 质量合计:0.79	t	0.79
16	高强度螺栓	(M20)N=(8×2+2)×10=180(个) (M16)N=8(个)(雨篷预埋件处高强度螺栓)	个	188
17	普通螺栓	(M12)(隅撑处)N=8×10×9=720(个) (M20)(系杆处)N=4×[(9+9+4)+4+9×4]=248(个) (M12)(檩托处)N=4×20+4×20+4×80+4×198=1272(个)	个	2240
18	锚筋 (规格:Φ12;0.888kg/m)	长度统计:(0.14+4×0.012×2)×2×2=0.944m; 质量统计:G=0.944×0.888/1000=0.001t	t	0.001

(2) 工程计价

在上述工程量计算过程中，没有考虑材料的损耗，只是根据图纸计算了构成工程实体的材料用量，即材料的净用量。钢结构工程计价时，肯定要考虑材料的损耗。目前门式刚架工程的材料损耗率比较认可的在 5%左右，钢结构公司可以根据自己企业的具体情况，在 3%～6%之间选择。钢结构工程计价选择定额计价的方式不多，主要采用市场价格，目前报价形式主要有两种：一是按照《建设工程工程量清单计价规范》(GB 50500—2013) 计价。这种报价方式在逐渐增加，是目前积极推广的报价方式，国家正在进行造价管理工作的改革，适应市场经济的发展需求，推行清单计价，争取早日实现与国际惯例接轨。若要选用此种方式计价，工程量必须是材料的净用量，其损耗在材料的综合单价中考虑，且工程量的计算规则及报价格式必须按《建设工程工程量清单计价规范》(GB 50500—2013) 的规定执行；二是各钢结构公司自定格式报价，得到社会的普遍认可，如下面的表 7-3 是某钢结构公司的报价单格式，这种报价一般将材料损耗考虑在工程量中，即钢材用量＝材料的净用量＋损耗量，按其费用分类，包括直接费、间接费、利润和税金。

本案例材料损耗率定为5%。

某钢结构车间报价单 **表7-3**

序号	项目	分项工程		单位	工程量	单价	分项造价(元)	备注
一	主次钢构	1	梁、柱	t	37.976	6300.00	239248.80	单价包括材料费、加工费、安装费
		2	附件	t	5.546	5100.00	28284.60	附件包括拉条、隅撑、系杆、节点板、撑杆、支撑、锚筋
		3	檩条	t	13.176	3600.00	47433.60	
二	屋面系统	1	屋面板	m^2	1804.206	65.00	117273.39	
		2	安装费	m^2	1804.206	20.00	36084.12	
三	围护系统	1	墙面板(含雨篷板)	m^2	724.06	65.00	47063.90	
		2	安装费	m^2	724.06	25.00	18101.50	
四	建筑附件	1	包角、收边	m^2	1688.04	15.00	25320.60	
		2	自攻钉、拉铆钉	m^2	1688.04	3.00	5064.12	按建筑面积、根据工程经验估算
		3	结构胶、防水胶	m^2	1688.04	2.00	3376.08	按建筑面积、根据工程经验估算
五	螺栓	1	高强度螺栓	套	188	20.00	3760.00	
		2	普通螺栓	套	2240	5.00	11200.00	
		3	柱脚锚栓	套	152	36.00	5472.00	
六	门窗	1	复合板推拉门	m^2	0		0	
		2	铝合金窗	m^2	0		0	
七	基础	1	基础垫层(C10)	m^2	0		0	
		2	基础混凝土(C20)	m^3	0		0	
		3	基础土方	m^3	0		0	
		4	地面	m^2	0		0	
		5	基础钢筋	t	0		0	
八	墙体	1	砖墙	m^2	0		0.00	
		2	踢脚	m^2	0		0.00	
		3	抹灰	m^2	0		0.00	
九	室外	1	坡道	m^2	0		0.00	
		2	散水	m^2	0.		0.00	
十	费用	1	运输吊装费	m^2	1688.04	20.00	33760.80	按建筑面积、根据工程经验估算
		2	检测	m^2	1688.04	3.00	5064.12	按建筑面积、根据工程经验估算
		3	设计费	元	1688.04	10	16880.40	按建筑面积、根据工程经验估算
		4	管理费	5.00%			32169.40	以上费用合计×5%
		5	利润	5.00%			33777.87	以上费用合计×5%
		6	税金	3.41%			24188.33	以上费用合计×3.41%
十一	合计			元	733523.63			(一～十)之和

注：1. 报价不包括土建部分及门窗部分；

2. 没有考虑运输费用；

3. 没有考虑防火涂装的费用。

1）表 7-3 计价分析

表 7-3 中的主次钢构工程量均是由表 7-2 中的工程量加上 5%的损耗计算而来的。该工程所用的是热轧 H 型钢，其价格与截面规格有关系。目前小规格的 H 型钢一般在3700～3800 元/t，大规格的 H 型钢价格在 4200～4600 元/t。本工程热轧 H 型钢截面规格是：H400×200 占绝大部分比例，H200×200 和 H294×200 只有很少的量，所以主钢构报价按大规格 H 型钢报价，材料费定为 4500 元/t；加工费目前的价格一般在 600～1200 元/t，规模较小的钢结构公司一般的加工费是 600～800 元/t，大公司因为管理费较高、设备投入很大，一般取在 800～1200 元/t，本案例加工费定为 1000 元/t；安装费的价格一般是 600～1000 元/t，由工程施工的难易程度、施工现场的条件、工期等多种因素取定，本案例安装费取 800 元/t。这样，主钢构的单价就是 4500＋1000＋800＝6300 元/t。

附件的工程量包括拉条、隅撑、系杆、节点板、撑杆、支撑、锚筋，分别是由圆钢、角钢、钢板、钢管等原材料加工而成，材料价格不同，如拉条、支撑所用的圆钢，价格在 3500 元/t；角钢∟50×5，价格在 3200 元/t；钢板的价格与板厚有关，6mm 厚的钢板为 3920 元/t，20mm 厚的钢板为 3520 元/t。根据以上原材料的价格分析和这些材料在附件中所占的比例，附件的材料费价格取在 3500 元/t，加工费 800 元/t，安装费 800 元/t，合计 5100 元/t。

檩条运到工地的成品价格目前在 3200 元/t 左右，安装费 400 元/t，合计 3600 元/t。

屋面板和墙板，一般根据设计长度、板型，折合成面积报价，其价格与夹芯的厚度、夹芯材料的容重、顶板与底板的板厚关系较大，本案例是 EPS75mm 厚夹芯板，夹芯材料的容重 12kg/m^3，顶、底板厚 0.425mm，目前的价格在 65 元/m^2，安装费 20 元/m^2。由于墙板安装过程中，要留门窗洞口，所以一般墙板比屋面板的安装费要高 5～10 元/m^2，所以，屋面板的报价是 85 元/m^2，墙板是 90 元/m^2。由于板材是根据图纸尺寸定做的，除非板太长不便运输，一般板长即图纸尺寸，所以不考虑屋面板和墙板的损耗。墙板和屋面板安装过程中，要用到不同的折件，根据表 7-2 中的统计，折件的展开面积总和是：373.81＋141.41＝515.22m^2。这部分报价有两种方式：一是按展开面积计价，0.425mm 厚的折件材料费是 28 元/m^2，安装费取 20 元/m^2，折件的费用是：48×515.22＝24730.56 元；二是按建筑面积报价，将折件的总费用 24730.56 元，除以建筑面积 1688.04m^2，得到 14.65 元/m^2，取整数即 15 元/m^2。本案例按第二种方式报价。

雨篷板由于檩条的费用已计入檩条的总费用中，雨篷只报板的费用，按墙板计算，包括材料费、安装费。

运输费用可单独考虑。在钢构件的报价中，加工费中已包含一遍普通防锈漆的费用，若有特殊要求，另计费用；防火涂装要看图纸设计，由钢构件的设计涂装厚度决定其费用。涂装工程量的计算详见第 6 章。

费用完全是根据公司的具体情况，自定费率，但税金除外，这是国家规定的，任何人不得变动。其实，在表 7-3 中的各项报价里，都含有一定的利润，在费用计算中，又取 5%的利润，已有重复计算的嫌疑，在投标报价时，可根据具体的情况灵活处理。如议标时可提出让利百分之几、投标说明时可浮动百分之几等。不过一般报价时，这项费用砍下来的情况不多，这也算一种报价技巧吧！

2）《建设工程工程量清单计价规范》清单计价（表 7-4）

分部分项工程量清单计价表 **表 7-4**

工程名称：某钢结构车间 第 页 共 页

序号	项目编码	项 目 名 称	计量单位	工程数量	单价(元)	合价(元)
1	010603001001	实腹钢柱 1. Q235B,热轧 H 型钢。 2. 每根重 0.46t。 3. 安装高度:7.00m。 4. 涂 C53-35 红丹醇酸防锈底漆一道 25μm	t	16.508	9000	148572.00
2	010604001001	钢梁 1. Q235B,标准 H 型钢。 2. 每根重 1.97t。 3. 安装高度:8.00m。 4. 涂 C53-35 红丹醇酸防锈底漆一道 25μm	t	19.66	9000	176940.00
3	010605001001	钢板墙板(含雨篷板) 1. 板型:外板、内板均为 0.425mm 厚,中间为 75mm 厚的 EPS 夹芯板。 2. 安装在 C 型檩条上	m^2	724.06	155	112229.30
4	010606001001	钢支撑 1. 采用 ϕ20、ϕ22 的钢支撑。 2. 涂 C53-35 红丹醇酸防锈底漆一道 25μm	t	1.074	6270	6733.98
5	010606002001	钢檩条 1. 包括屋面檩条和墙面檩条。 2. 型号:C160×50×20×2.5。 3. 涂 C53-35 红丹醇酸防锈底漆一道 25μm	t	13.176	4620	60873.12
6	010606013001	零星钢构件 1. 包括:钢拉条、埋件、屋面和墙面的撑杆、系杆、隅撑等。 2. 涂 C53-35 红丹醇酸防锈底漆一道 25μm	t	4.208	6270	26384.16
7	010901002001	型材屋面 1. 板型:外板、内板均为 0.425mm 厚,中间为 75mm 厚的 EPS 夹芯板。 2. 安装在 C 型檩条上	m^2	1804.206	107	193050.04
		合 计	元	724782.60		

注：1. 报价不包括土建部分及门窗部分；
2. 没有考虑运输费用；
3. 没有考虑防火涂装的费用。

表 7-4 中的工程量，均是构成工程实体的净用量，不包括材料的损耗，材料的损耗费用在综合单价中考虑。由于钢梁、钢柱的综合单价组成要素相同，所以我们合起来计算它们的综合单价。先计算总费用，再求单价，管理费、利润各取 5%。钢梁、钢柱的总费用计算如下：

① 材料费： (16.508+19.66)×(1+5%)×4500=170893.80元；

② 加工费和安装费： (16.508+19.66)×(1+5%)×(1000+800)=68357.52元；

③ 高强螺栓的费用： 188×20=3760 元；

④ 柱脚锚栓的费用： 152×36=5472 元；

⑤ 吊装费： 1688.04×15=25320.60 元；

⑥ 检测费：　　　　　　1688.04×3=5064.12 元；

⑦ 设计费：　　　　　　1688.04×10=16880.40 元；

以上费用合计：295748.44 元；单价：295748.44÷(16.508+19.66)=8177.07 元/t。

其综合单价：8177.07×(1+5%+5%)=8994.78 元/t，取整数：9000 元/t。

屋面板、墙板的单价中应考虑折件、钉子、胶的费用，计算理论一样，以屋面板计算为例，计算过程如下：

① 材料费、安装费：1804.206×(65+20)=153357.51 元；

② 折件、钉子、胶的费用：141.41×(28+20)+(25320.60+5064.12)÷2=21980.04 元；

（屋面折件的展开面积是 141.41m^2，见表 7-2；25320.60 元、5064.12 元是钉子和胶的费用，见表 7-3；屋面、墙面各分担 50%）。

以上费用合计：175337.55 元；单价：175337.55÷1804.206=97.18 元/m^2。

其综合单价：97.18×(1+5%+5%)=106.90 元/m^2，取整数：107 元/m^2。

墙板的综合单价：{[(706.06+18)×(65+25)+373.81×(28+20)+(25320.60+5064.12)÷2]÷706.06}×(1+5%+5%)=153.15 元/m^2，取整数：155 元/m^2。

檩条的综合单价计算过程如下：

① 檩条的材料费、安装费：13.176×(3200+400)=47433.60 元；

② 普通螺栓的费用：将普通螺栓的费用 11200 元（见表 7-3）平分到檩条和零星钢构件、钢支撑中。

[11200÷(13.176+5.546)]×13.176=7882.23 元

以上费用合计：55315.83 元；单价：55315.83÷13.176=4198.23 元/t。

其综合单价：4198.23×(1+5%+5%)=4618.05 元/t，取整数：4620 元/t。

零星钢构件、钢支撑的综合单价一样，计算过程如下：

① 材料费、加工费、安装费：5.546×(3500+800+800)=28284.60 元；

② 普通螺栓的费用：11200÷(13.176+5.546)]×5.546=3317.77 元；

以上费用合计：31602.37 元；单价：31602.37÷5.546=5698.23 元/t。

其综合单价：5698.23×(1+5%+5%)=6268.05 元/t，取整数：6270 元/t。

从以上报价分析中可看出，清单计价单价很综合，不仅仅是费用综合，施工工序也是综合的。所以，报价时一定要考虑周全，不漏项是报价的关键，费用计算也要搞清楚，特别是计量单位的折算一定要搞明白。本案例没有考虑措施费，若工程需要，在措施项目清单中考虑；其他费用如总承包服务费、零星工作等，在其他项目清单中考虑；规费和税金在单位工程费汇总表中考虑。详见第 2 章有关内容。

7.2 钢框架工程计量与计价案例分析

【例 2】 某技校新建一学生实习车间，三层，一、二层是钢框架，三层为门式刚架，施工图如图 7-19～图 7-46。本案例主要介绍钢框架结构中钢构件的工程量计算，要求编制钢结构部分的工程量计算书（不包括墙板、屋面板部分，墙板、屋面板的计算详见【例 1】）。工程量计算书如表 7-5～表 7-9。

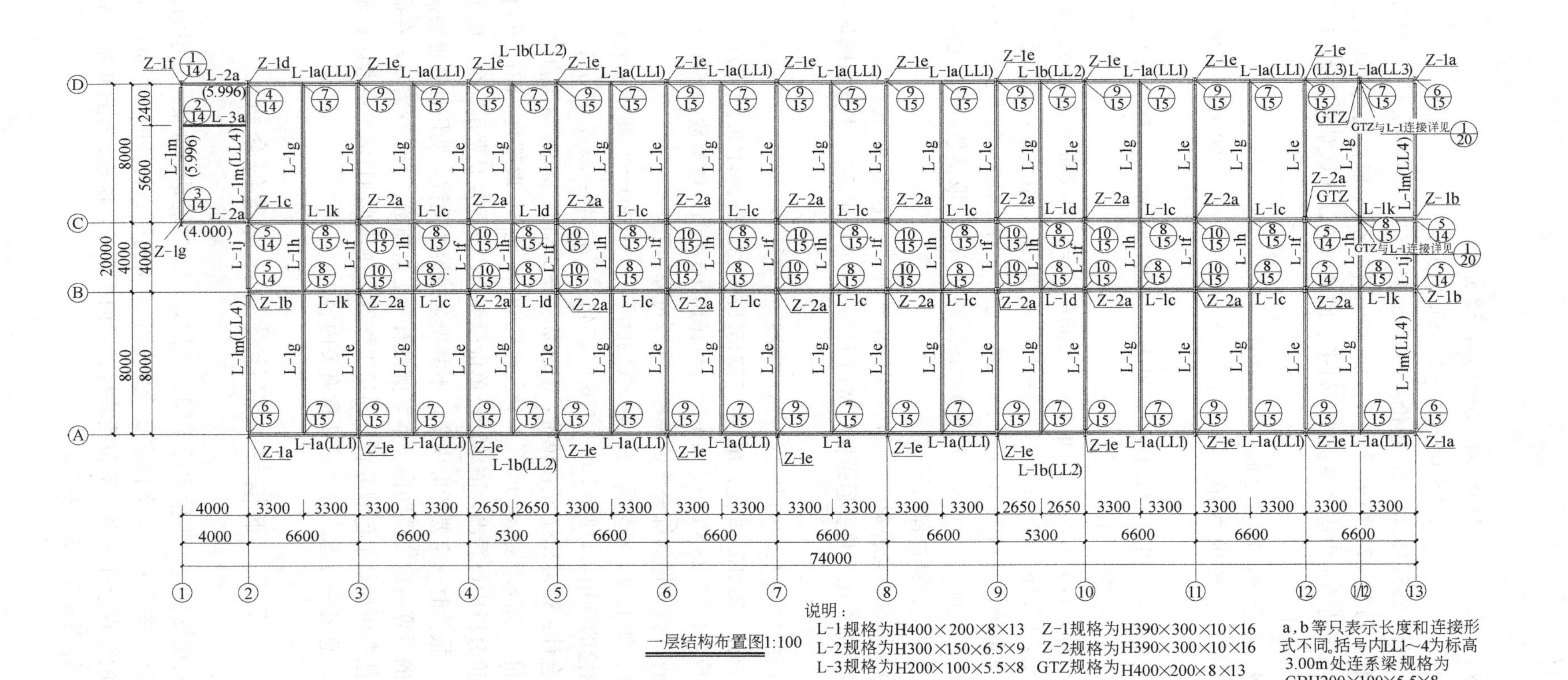

图 7-19 一层结构布置图

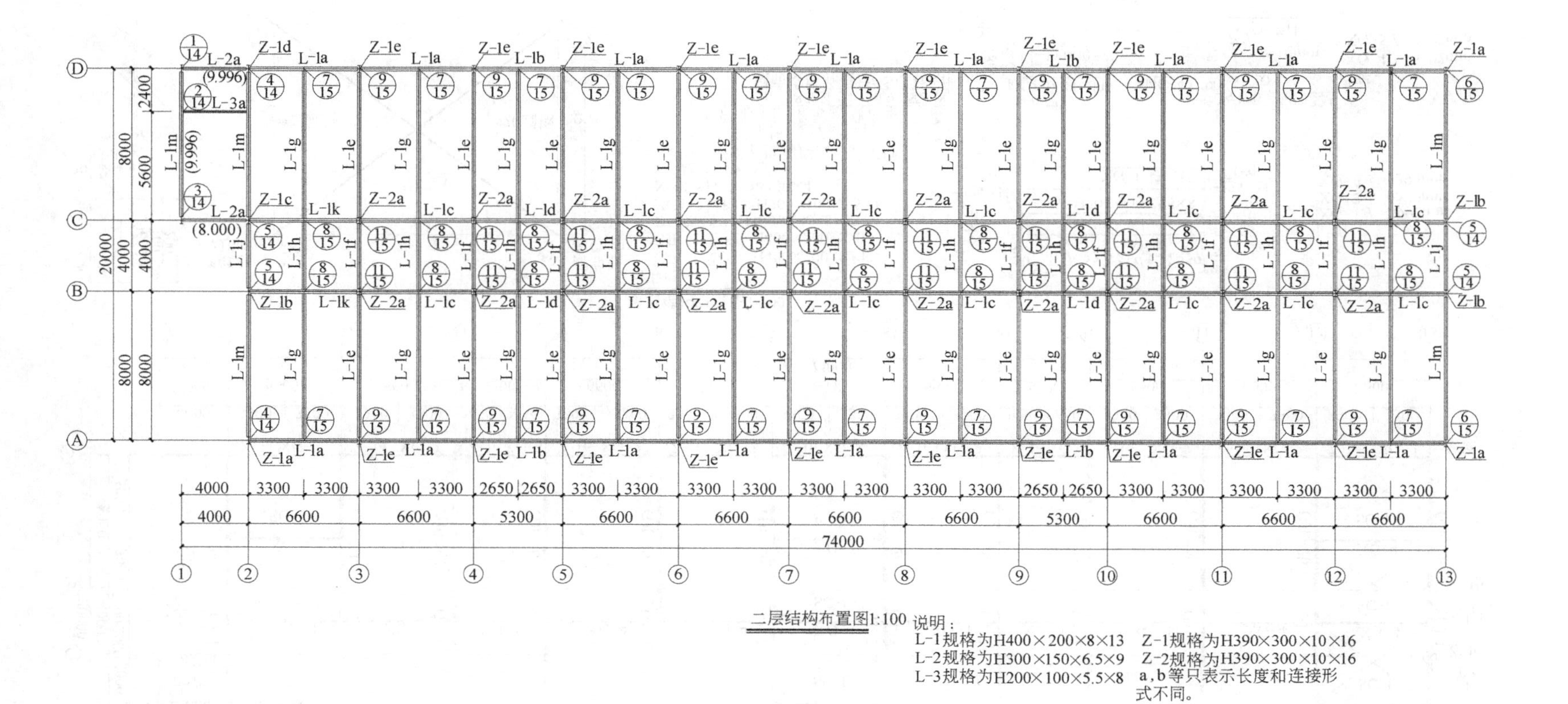

图 7-20　二层结构布置图

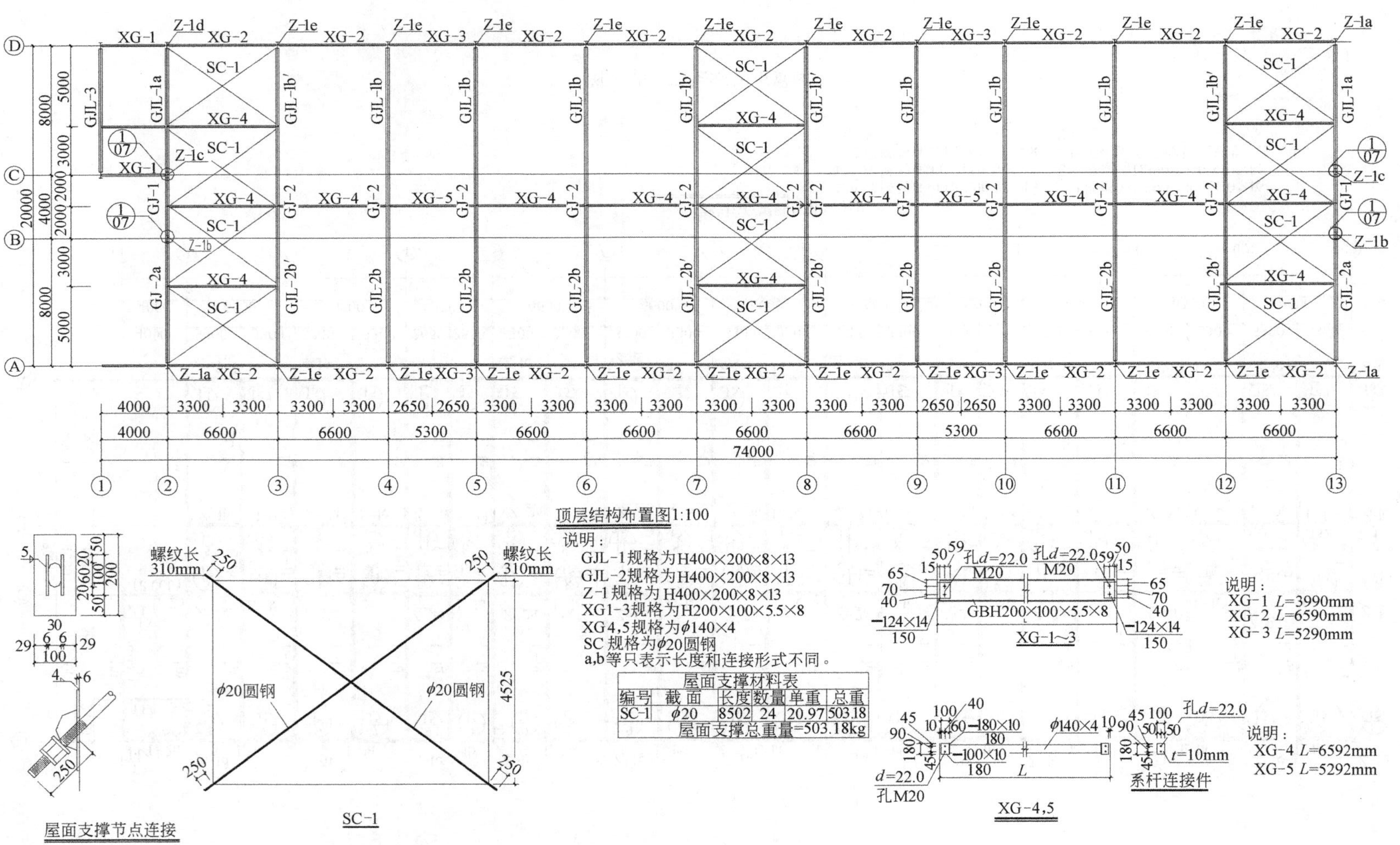

图 7-21　顶层结构布置图及部分附件详图

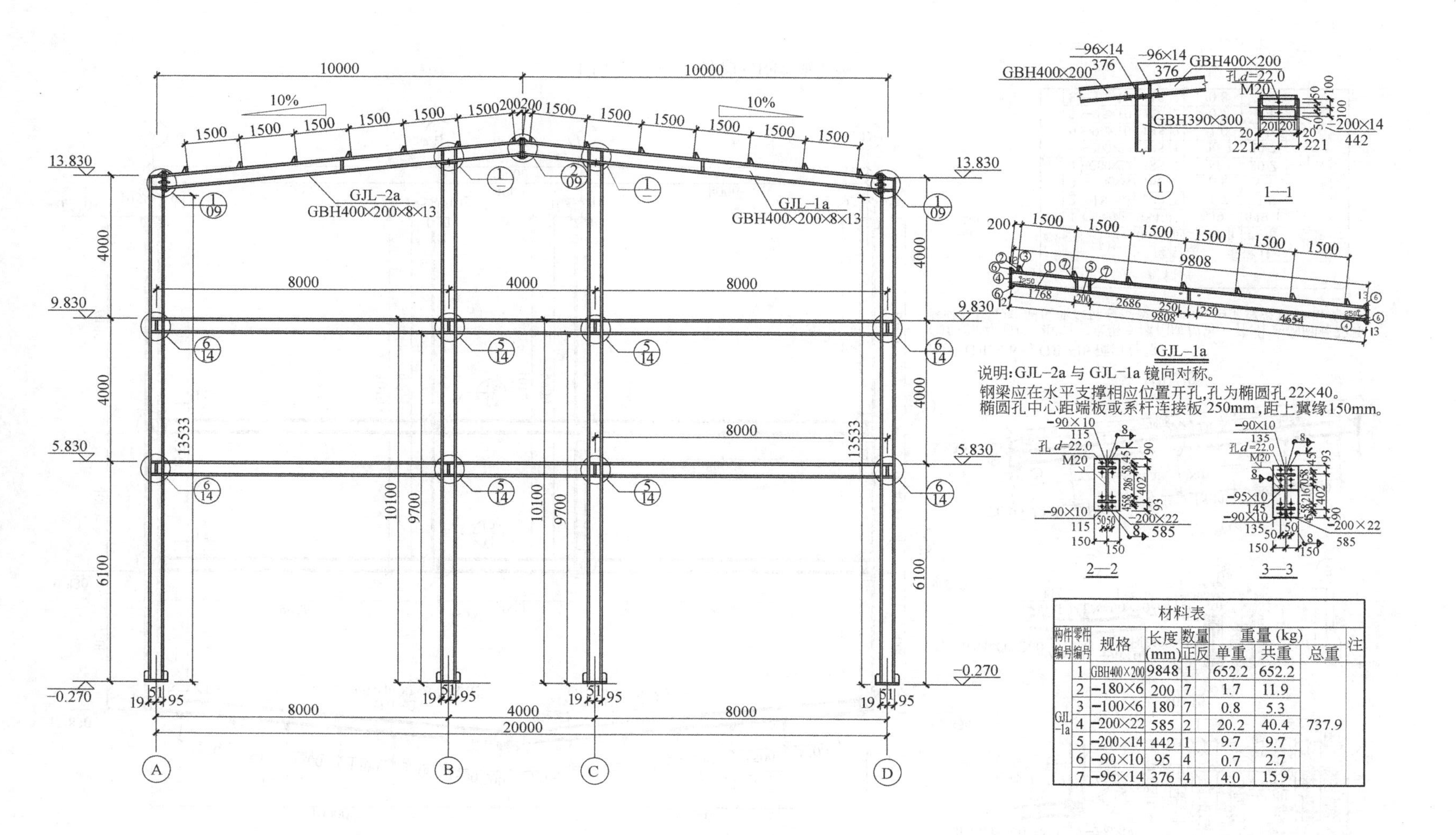

说明：GJL-2a 与 GJL-1a 镜向对称。
钢梁应在水平支撑相应位置开孔，孔为椭圆孔 22×40。
椭圆孔中心距端板或系杆连接板 250mm，距上翼缘 150mm。

材料表

构件编号	零件编号	规格	长度 (mm)	数量 正反	重量 (kg) 单重	重量 (kg) 共重	重量 (kg) 总重	注
GJL-1a	1	GBH400×200	9848	1	652.2	652.2	737.9	
	2	−180×6	200	7	1.7	11.9		
	3	−100×6	180	7	0.8	5.3		
	4	−200×22	585	2	20.2	40.4		
	5	−200×14	442	1	9.7	9.7		
	6	−90×10	95	4	0.7	2.7		
	7	−96×14	376	4	4.0	15.9		

图 7-22 ②，⑬轴 GKJ1 施工图

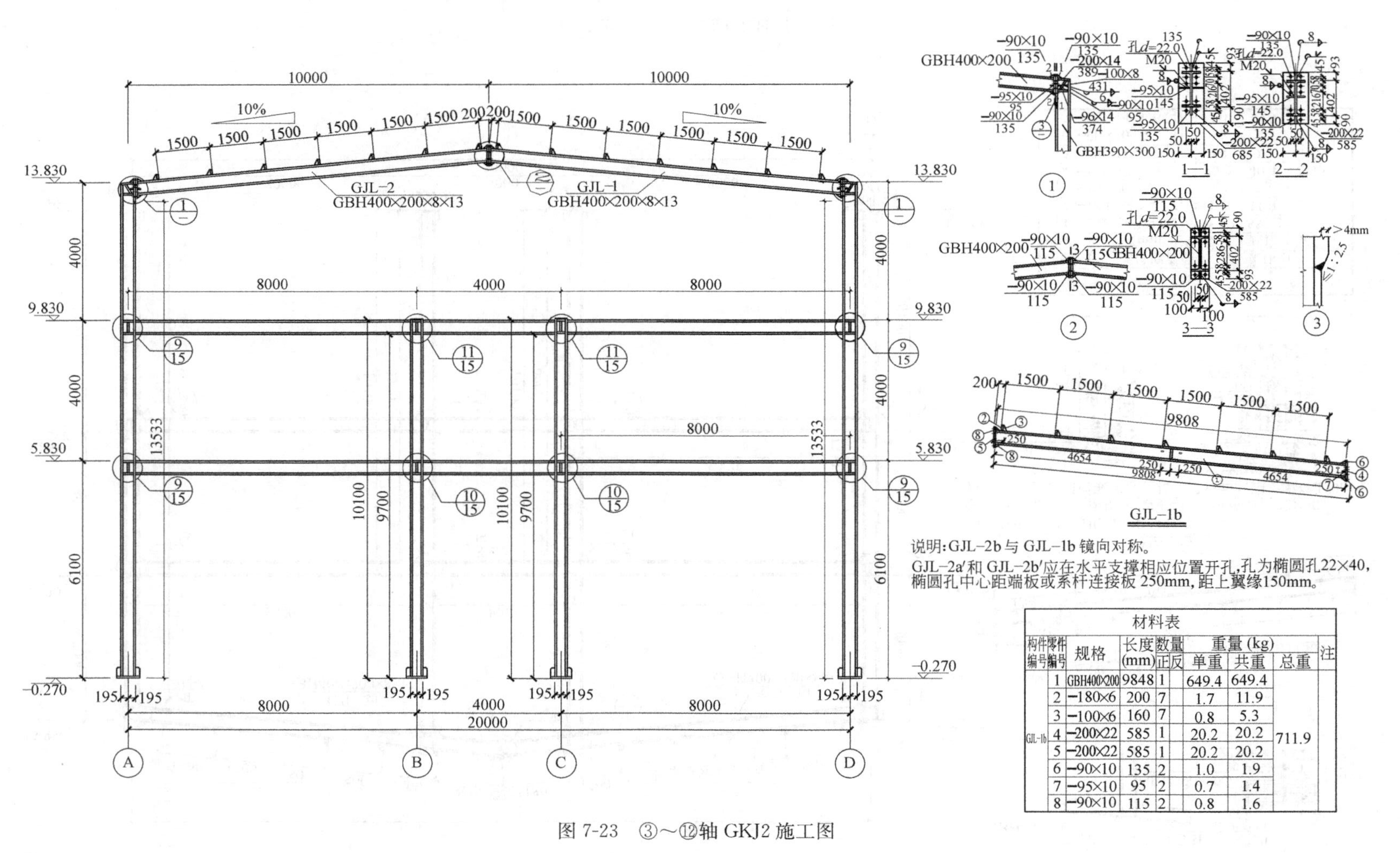

说明：GJL-2b 与 GJL-1b 镜向对称。

GJL-2a′和 GJL-2b′应在水平支撑相应位置开孔，孔为椭圆孔22×40，椭圆孔中心距端板或系杆连接板 250mm，距上翼缘150mm。

材料表

构件编号	零件编号	规格	长度(mm)	数量 正	数量 反	重量(kg) 单重	重量(kg) 共重	重量(kg) 总重	注
GJL-1b	1	GBH400×200	9848	1		649.4	649.4	711.9	
	2	−180×6	200	7		1.7	11.9		
	3	−100×6	160	7		0.8	5.3		
	4	−200×22	585	1		20.2	20.2		
	5	−200×22	585	1		20.2	20.2		
	6	−90×10	135	2		1.0	1.9		
	7	−95×10	95	2		0.7	1.4		
	8	−90×10	115	2		0.8	1.6		

图 7-23　③～⑫轴 GKJ2 施工图

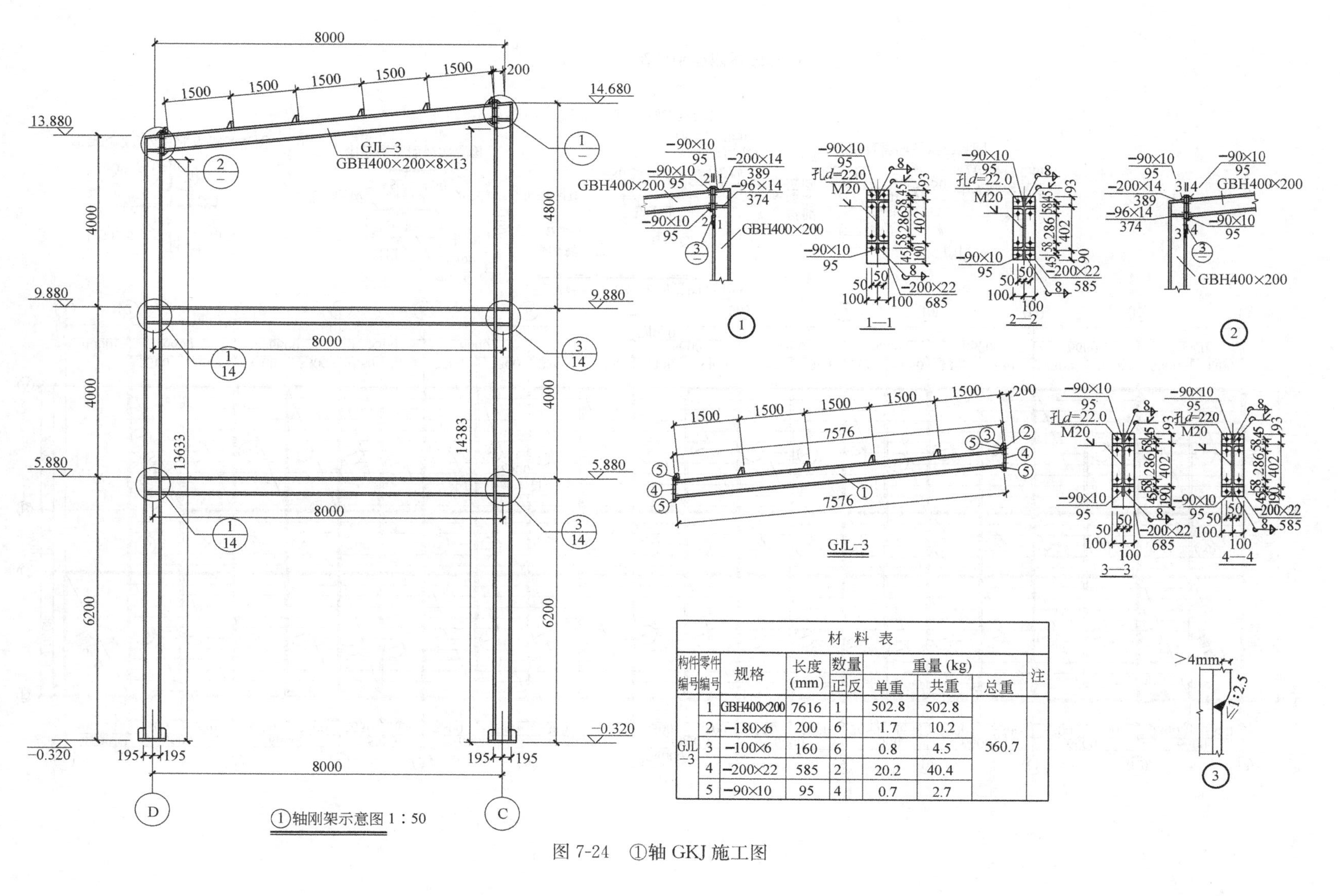

构件编号	零件编号	规格	长度(mm)	数量 正	数量 反	重量(kg) 单重	重量(kg) 共重	重量(kg) 总重	注
GJL-3	1	GBH400×200	7616	1		502.8	502.8	560.7	
	2	−180×6	200	6		1.7	10.2		
	3	−100×6	160	6		0.8	4.5		
	4	−200×22	585	2		20.2	40.4		
	5	−90×10	95	4		0.7	2.7		

图 7-24 ①轴 GKJ 施工图

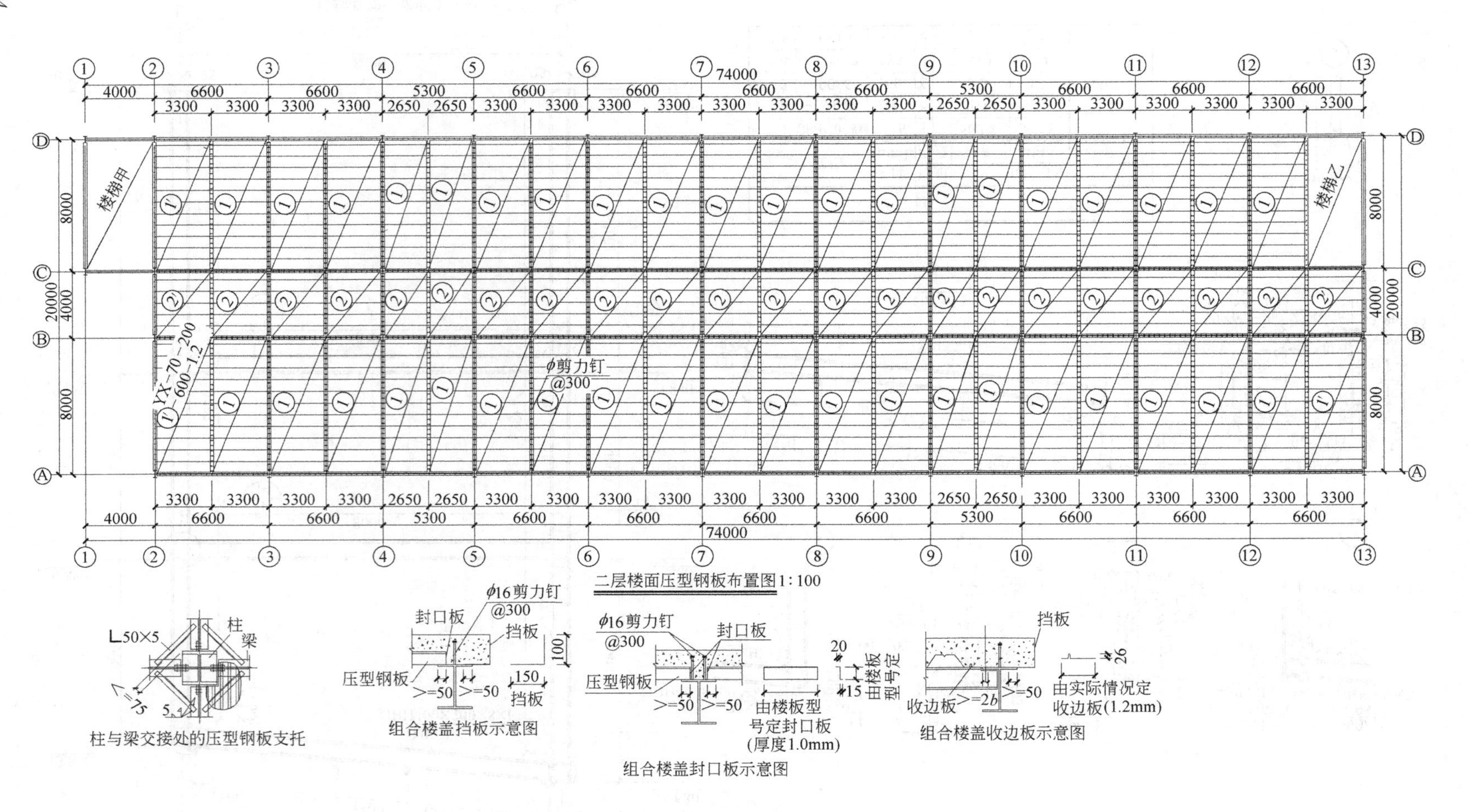

图 7-25 二层楼面压型钢板布置图

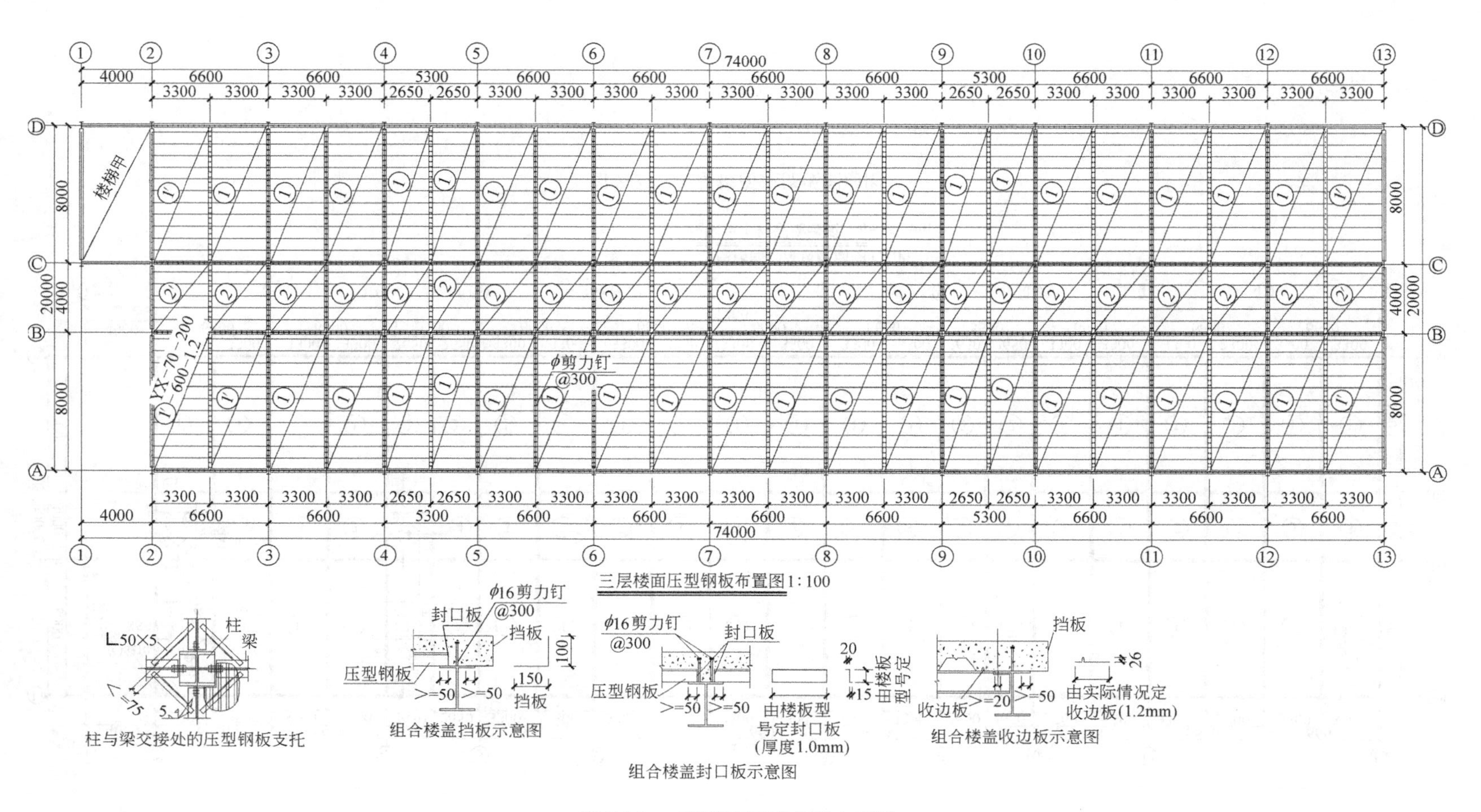

图 7-26　三层楼面压型钢板布置图

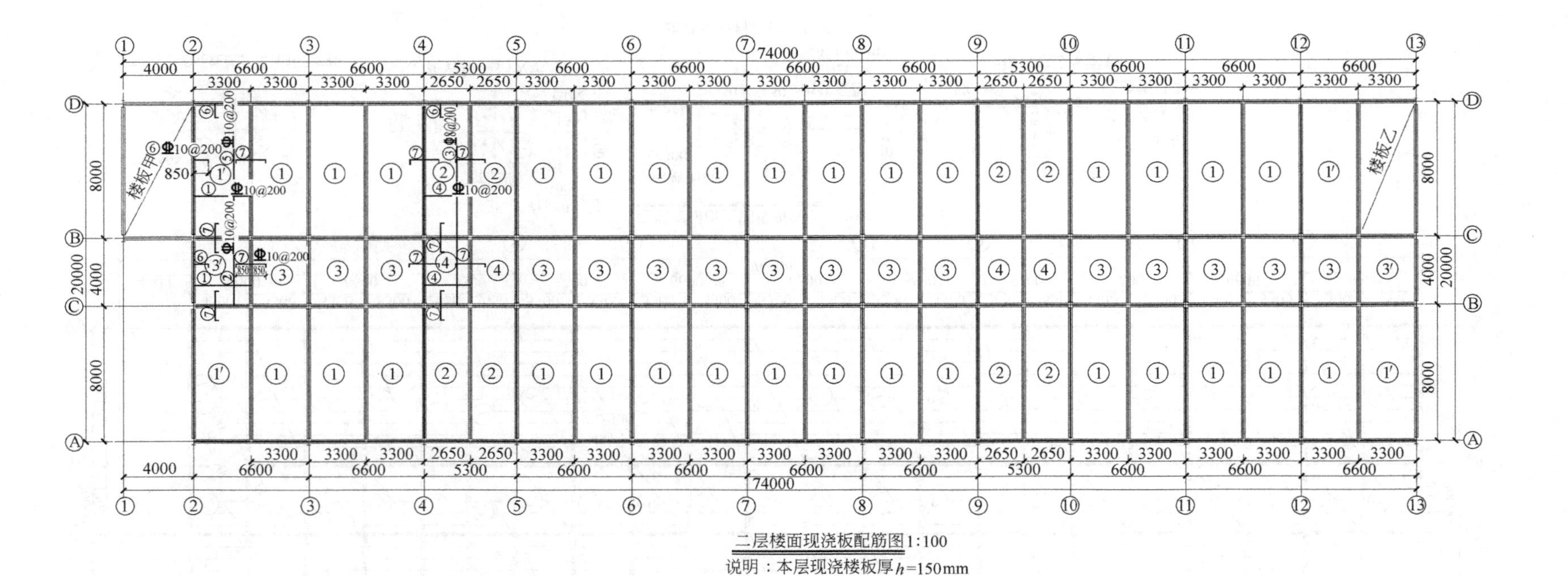

图 7-27　二层楼面现浇板配筋图

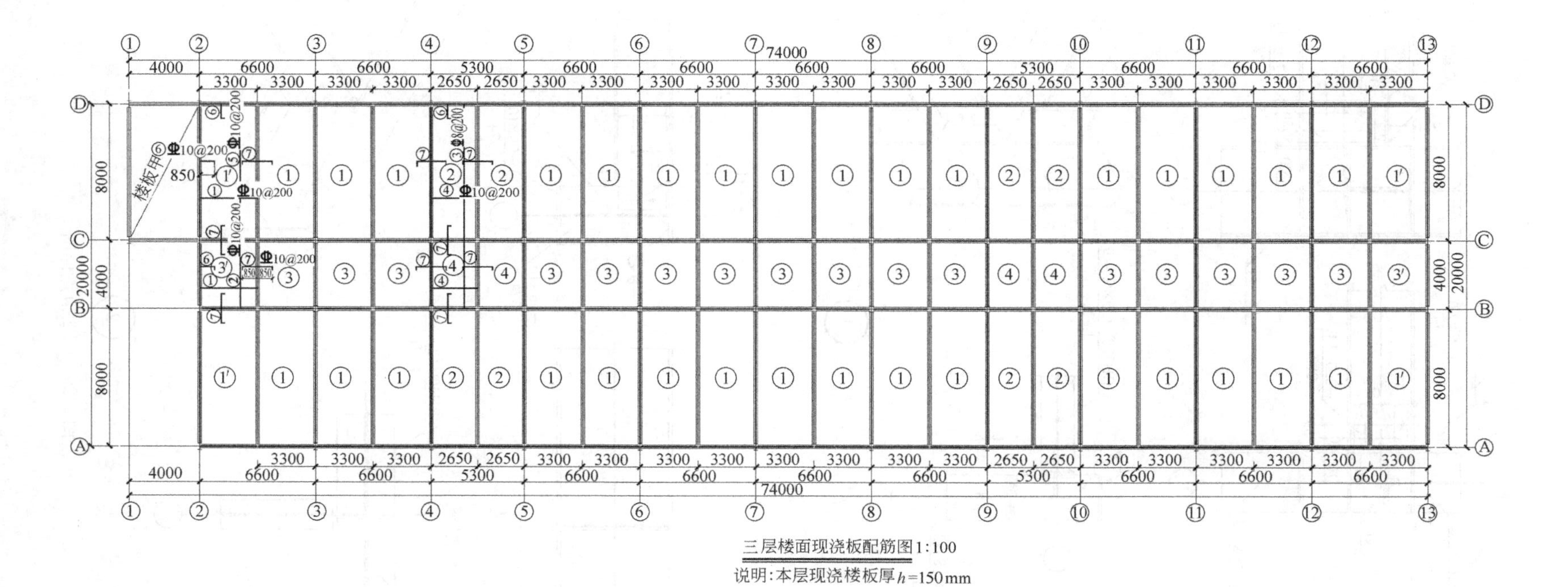

图 7-28　三层楼面现浇板配筋图

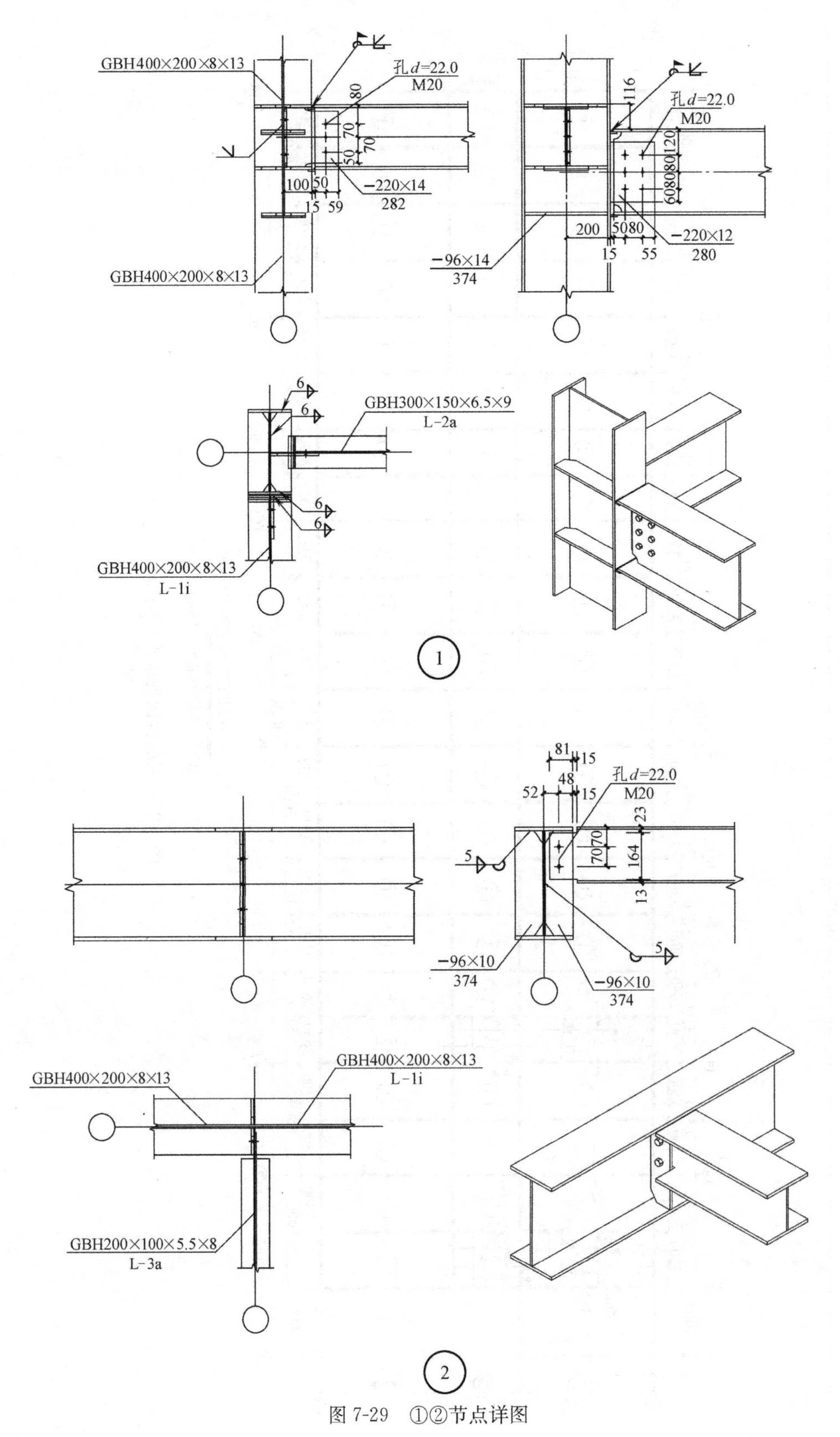
GBH400×200×8×13
孔d=22.0
M20
80
70
70
50
100
50
15
59
−220×14
282
GBH400×200×8×13
116
孔d=22.0
M20
120
80
80
60
200
50
80
15
55
−220×12
280
−96×14
374
6
6
GBH300×150×6.5×9
L-2a
6
6
GBH400×200×8×13
L-1i
1
81
15
52
48
15
孔d=22.0
M20
23
70
70
164
13
5
5
−96×10
374
−96×10
374
GBH400×200×8×13
GBH400×200×8×13
L-1i
GBH200×100×5.5×8
L-3a
2

图 7-29 ①②节点详图

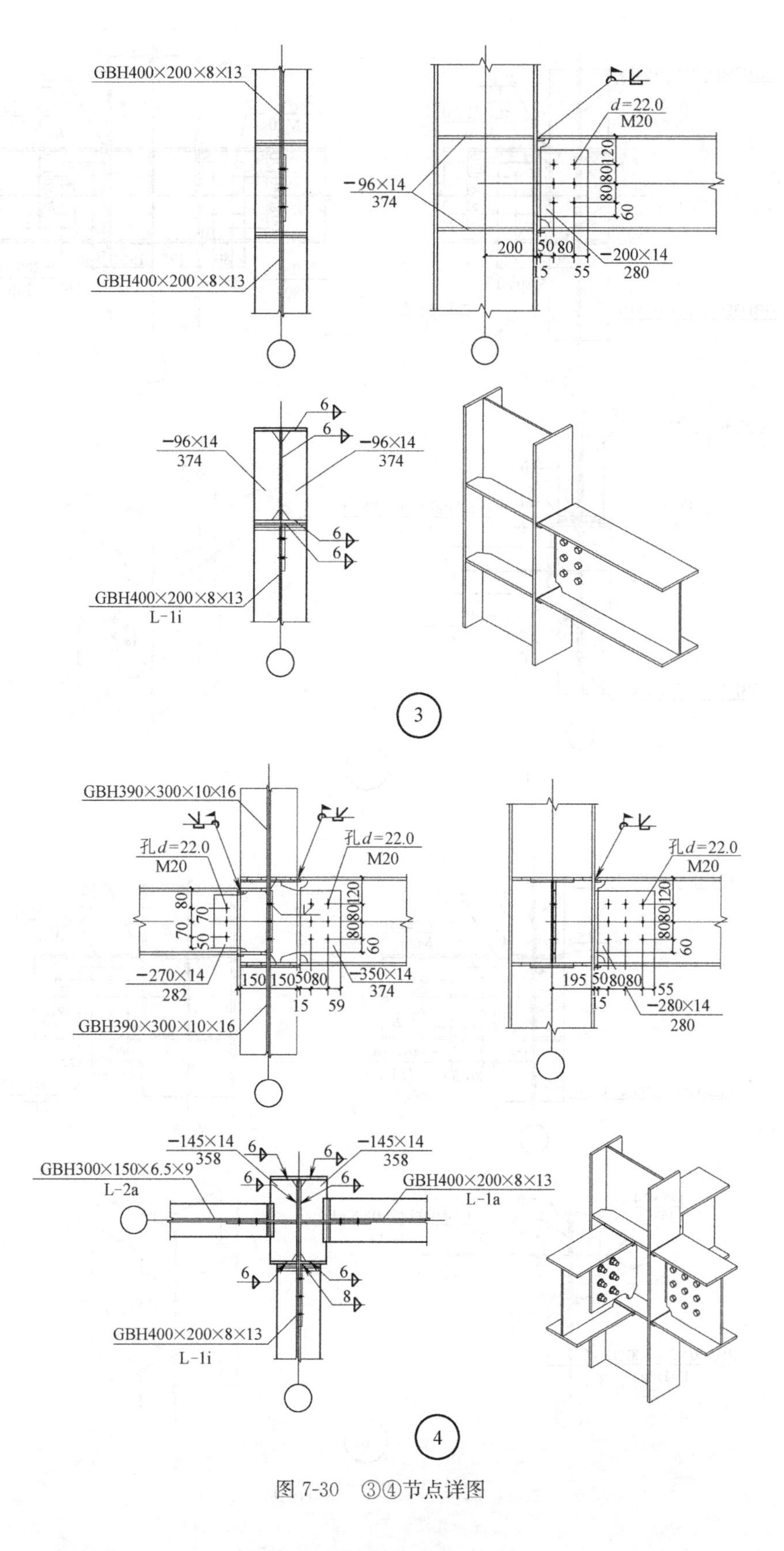
GBH400×200×8×13
GBH400×200×8×13
−96×14
374
d=22.0
M20
120
80
80
60
200
50
80
15
55
−200×14
280
6
6
6
6
−96×14
374
−96×14
374
GBH400×200×8×13
L-1i
3
GBH390×300×10×16
孔d=22.0
M20
孔d=22.0
M20
−270×14
282
150
150
50
80
15
59
−350×14
374
GBH390×300×10×16
孔d=22.0
M20
195
−280×14
280
−145×14
358
−145×14
358
GBH300×150×6.5×9
L-2a
GBH400×200×8×13
L-1a
8
GBH400×200×8×13
L-1i
4

图 7-30 ③④节点详图

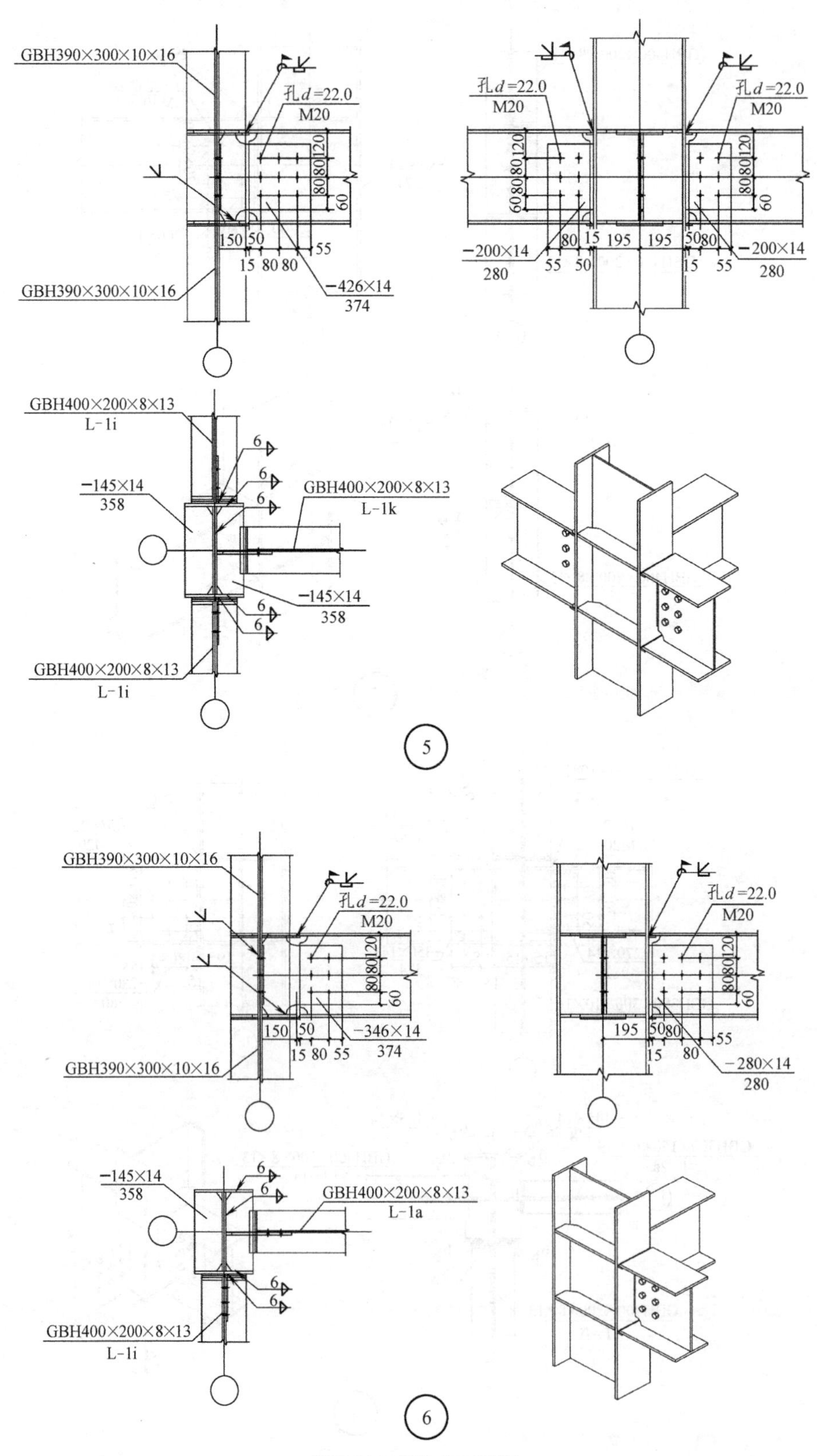
GBH390×300×10×16
孔d=22.0
M20
120
80
80
60
150
50
15
80
80
55
−426×14
374
GBH390×300×10×16
孔d=22.0
M20
−200×14
280
55
50
195
195
GBH400×200×8×13
L-1i
6
−145×14
358
GBH400×200×8×13
L-1k
−145×14
358
GBH400×200×8×13
L-1i
5
GBH390×300×10×16
孔d=22.0
M20
−346×14
374
GBH390×300×10×16
−280×14
280
−145×14
358
GBH400×200×8×13
L-1a
GBH400×200×8×13
L-1i
6

图 7-31 ⑤⑥节点详图

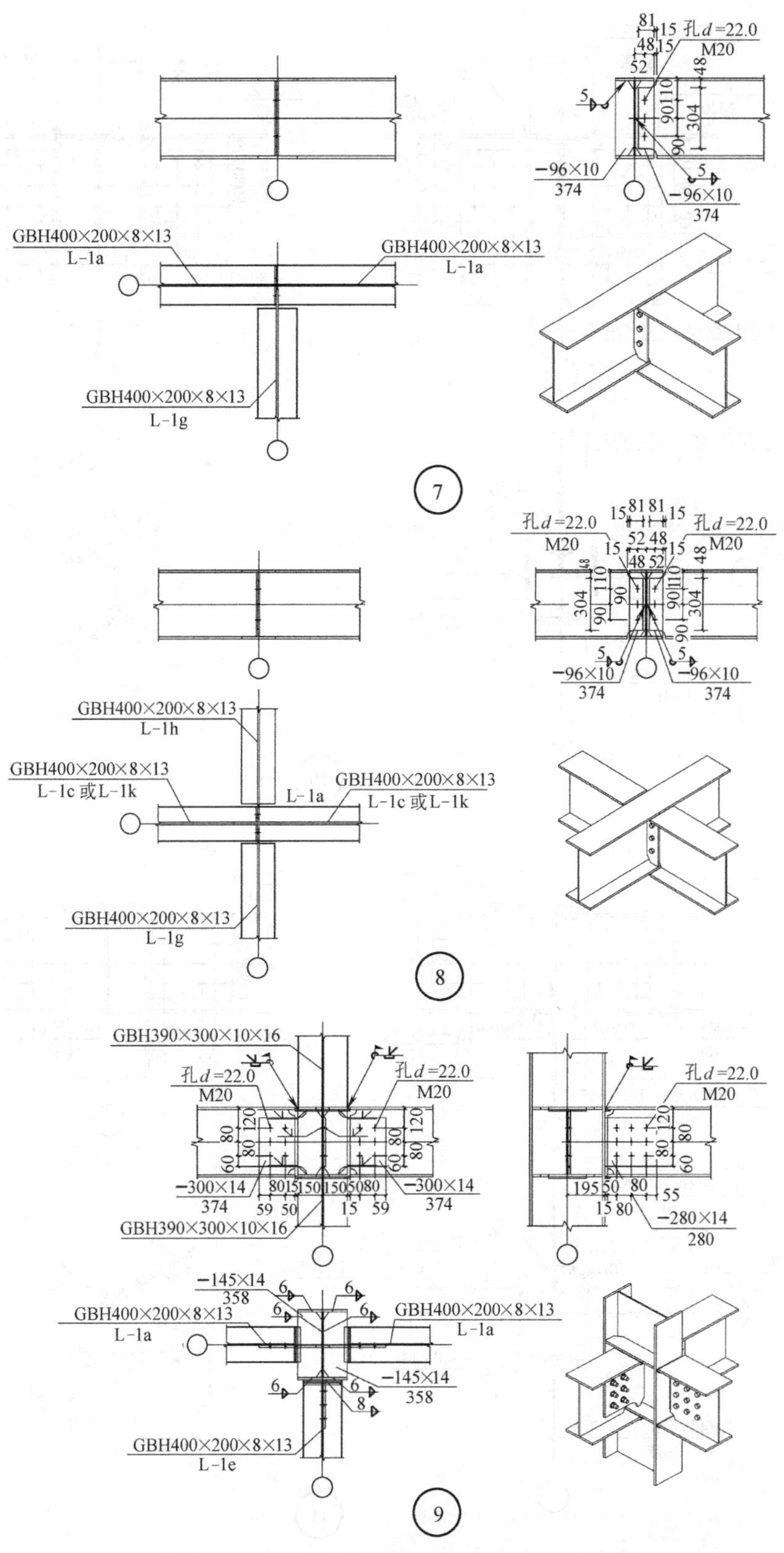

图 7-32　⑦⑧⑨节点详图

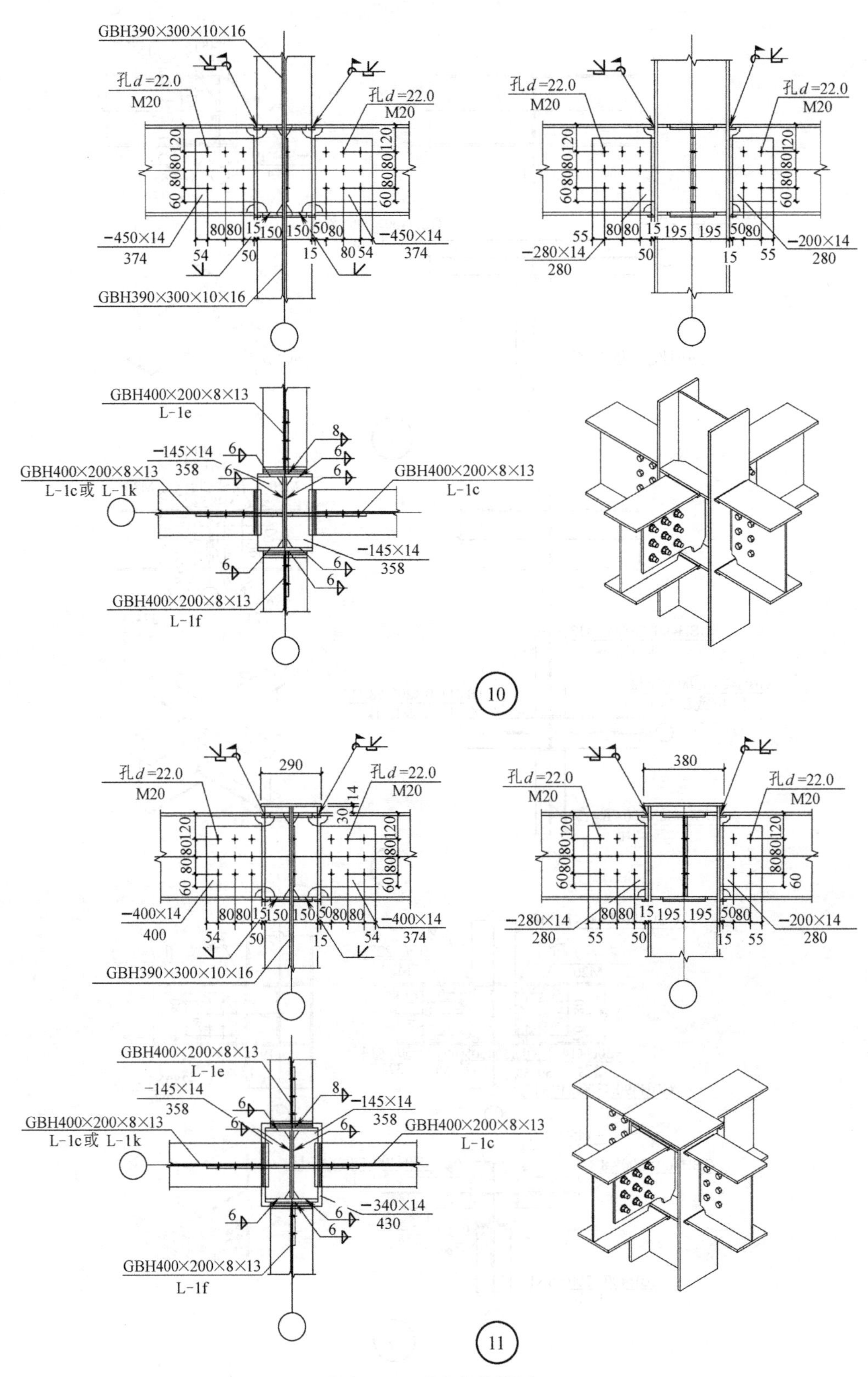
GBH390×300×10×16
孔d=22.0
M20
孔d=22.0
M20
−450×14
374
−450×14
374
GBH390×300×10×16
孔d=22.0
M20
孔d=22.0
M20
−280×14
280
−200×14
280
GBH400×200×8×13
L-1e
−145×14
358
GBH400×200×8×13
L-1c或 L-1k
GBH400×200×8×13
L-1c
−145×14
358
GBH400×200×8×13
L-1f
10
290
孔d=22.0
M20
孔d=22.0
M20
−400×14
400
−400×14
374
GBH390×300×10×16
380
孔d=22.0
M20
孔d=22.0
M20
−280×14
280
−200×14
280
GBH400×200×8×13
L-1e
−145×14
358
−145×14
358
GBH400×200×8×13
L-1c或 L-1k
GBH400×200×8×13
L-1c
−340×14
430
GBH400×200×8×13
L-1f
11

图 7-33 ⑩⑪节点详图

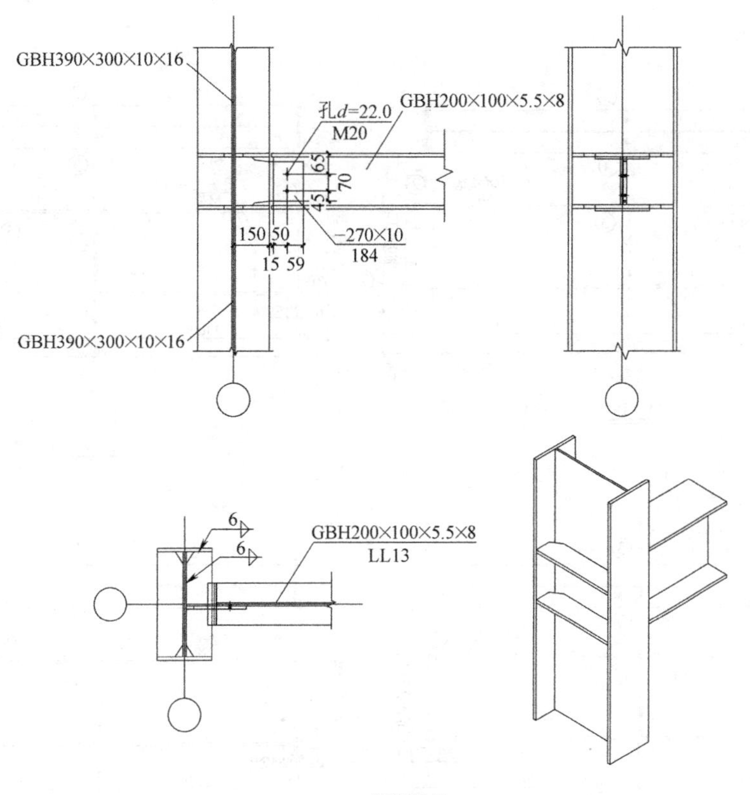

LL1～3连接节点

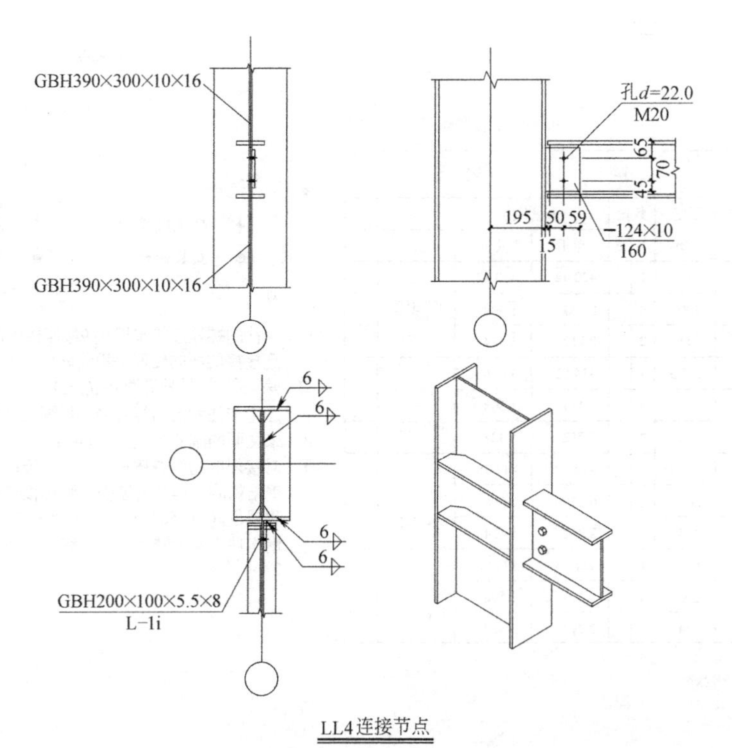

LL4连接节点

图 7-34　联系梁节点详图

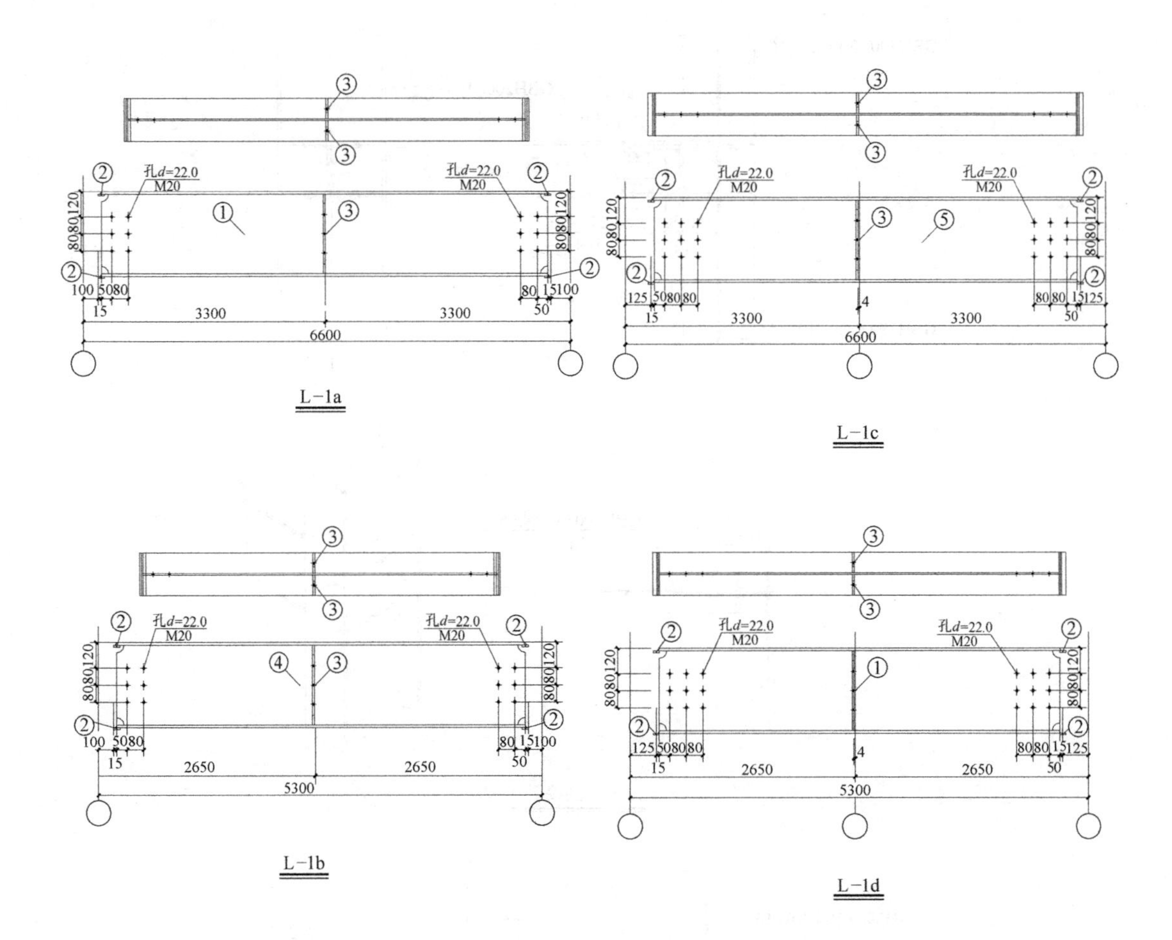

材料表									
构件编号	零件编号	规格	长度 (mm)	数量 正	数量 反	重量(kg) 单重	共重	总重	备注
L−1a	1	400×200	6370	1		420.42	420.42	427.352	
	2	−30×8	200	4		0.377	1.508		
	3	−96×10	374	2		2.712	5.424		
L−1b	4	400×200	5070	1		334.62	334.62	341.552	
	2	−30×8	200	4		0.377	1.508		
	3	−96×10	374	2		2.712	5.424		
L−1c	5	400×200	6330	1		417.78	417.78	424.712	
	2	−30×8	200	4		0.377	1.508		
	3	−96×10	374	2		2.712	5.424		
L−1d	6	400×200	5030	1		331.98	331.983	338.912	
	2	−30×8	200	4		0.377	1.508		
	3	−96×10	374	2		2.712	5.424		

本图构件总重:1532.582kg

图例

高强度螺栓　永久螺栓
安装螺栓　螺栓孔

说 明

一、构件的螺栓连接采用10.9级摩擦型连接高强度螺栓，连接接触面的处理采用喷砂；
二、除注明外，螺栓孔直径d_0=21.5；
三、图中未注明的角焊缝最小焊脚尺寸为6mm，一律满焊；
四、未注明的圆弧半径为35mm；
五、对接焊缝的焊缝质量不低于二级；
六、钢结构的制作和安装需按照《钢结构工程施工质量验收规范》(GB 50205—2001)的有关规定进行施工；
七、钢构件表面除锈后用两道红丹打底，构件的防火等级按2小时处理。

图 7-35　钢梁施工详图 1

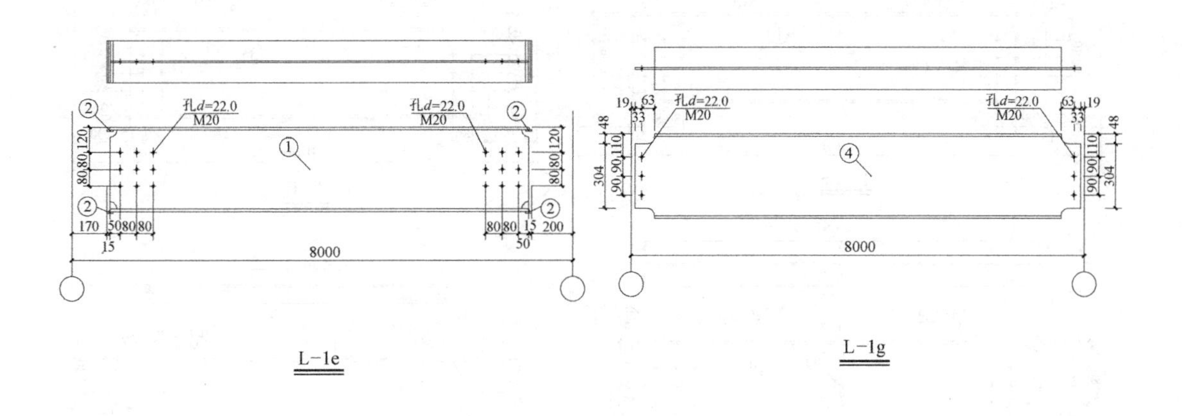

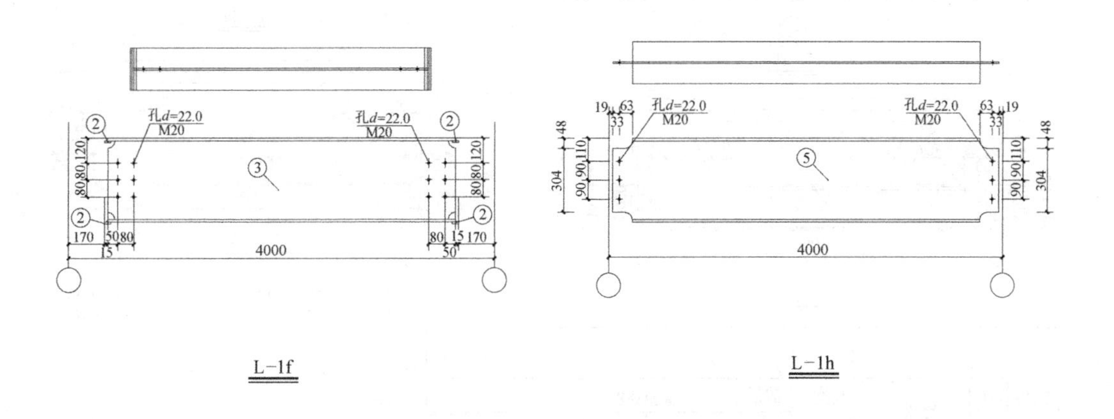

图例

- 高强度螺栓
- 永久螺栓
- 安装螺栓
- 螺栓孔

材料表									
构件编号	零件编号	规格	长度(mm)	数量		重量(kg)			备注
				正	反	单重	共重	总重	
L-1e	1	400×200	7600	1		501.6	501.6	503.108	
	2	—30×8	200	4		0.377	1.508		
L-1f	3	400×200	4030	1		265.98	265.98	267.488	
	2	—30×8	200	4		0.377	1.508		
L-1g	4	400×200	7962	1		525.492	525.492	525.492	
L-1h	5	400×200	3962	1		261.492	261.492	261.492	

本图构件总重:1557.58kg

说 明

一、构件的螺栓连接采用10.9级摩擦型连接高强度螺栓，连接接触面的处理采用喷砂；

二、除注明外，螺栓孔直径 d_0=21.5；

三、图中未注明的角焊缝最小焊脚尺寸为6mm，一律满焊；

四、未注明的圆弧半径为35mm；

五、对接焊缝的焊缝质量不低于二级；

六、钢结构的制作和安装需按照《钢结构工程施工质量验收规范》(GB 50205—2001)的有关规定进行施工；

七、钢构件表面除锈后用两道红丹打底，构件的防火等级按2小时处理。

图 7-36　钢梁施工详图 2

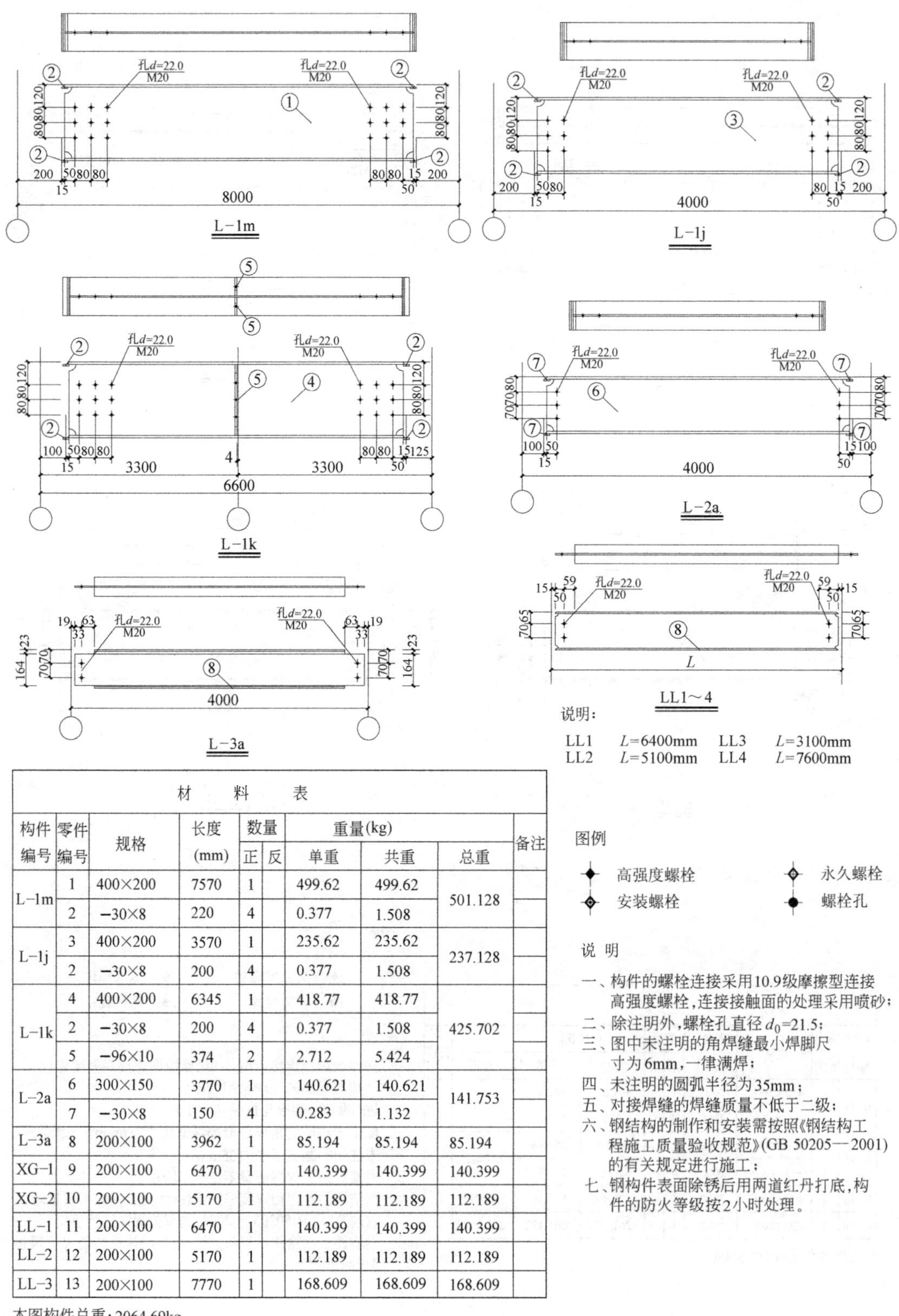

材料表										
构件编号	零件编号	规格	长度(mm)	数量		重量(kg)			备注
				正	反	单重	共重	总重	
L-1m	1	400×200	7570	1		499.62	499.62	501.128	
	2	−30×8	220	4		0.377	1.508		
L-1j	3	400×200	3570	1		235.62	235.62	237.128	
	2	−30×8	200	4		0.377	1.508		
L-1k	4	400×200	6345	1		418.77	418.77	425.702	
	2	−30×8	200	4		0.377	1.508		
	5	−96×10	374	2		2.712	5.424		
L-2a	6	300×150	3770	1		140.621	140.621	141.753	
	7	−30×8	150	4		0.283	1.132		
L-3a	8	200×100	3962	1		85.194	85.194	85.194	
XG-1	9	200×100	6470	1		140.399	140.399	140.399	
XG-2	10	200×100	5170	1		112.189	112.189	112.189	
LL-1	11	200×100	6470	1		140.399	140.399	140.399	
LL-2	12	200×100	5170	1		112.189	112.189	112.189	
LL-3	13	200×100	7770	1		168.609	168.609	168.609	

本图构件总重：2064.69kg

图例

高强度螺栓　永久螺栓
安装螺栓　螺栓孔

说明

一、构件的螺栓连接采用10.9级摩擦型连接高强度螺栓，连接接触面的处理采用喷砂；
二、除注明外，螺栓孔直径 d_0=21.5；
三、图中未注明的角焊缝最小焊脚尺寸为6mm，一律满焊；
四、未注明的圆弧半径为35mm；
五、对接焊缝的焊缝质量不低于二级；
六、钢结构的制作和安装需按照《钢结构工程施工质量验收规范》(GB 50205—2001)的有关规定进行施工；
七、钢构件表面除锈后用两道红丹打底，构件的防火等级按2小时处理。

图 7-37　钢梁施工详图 3

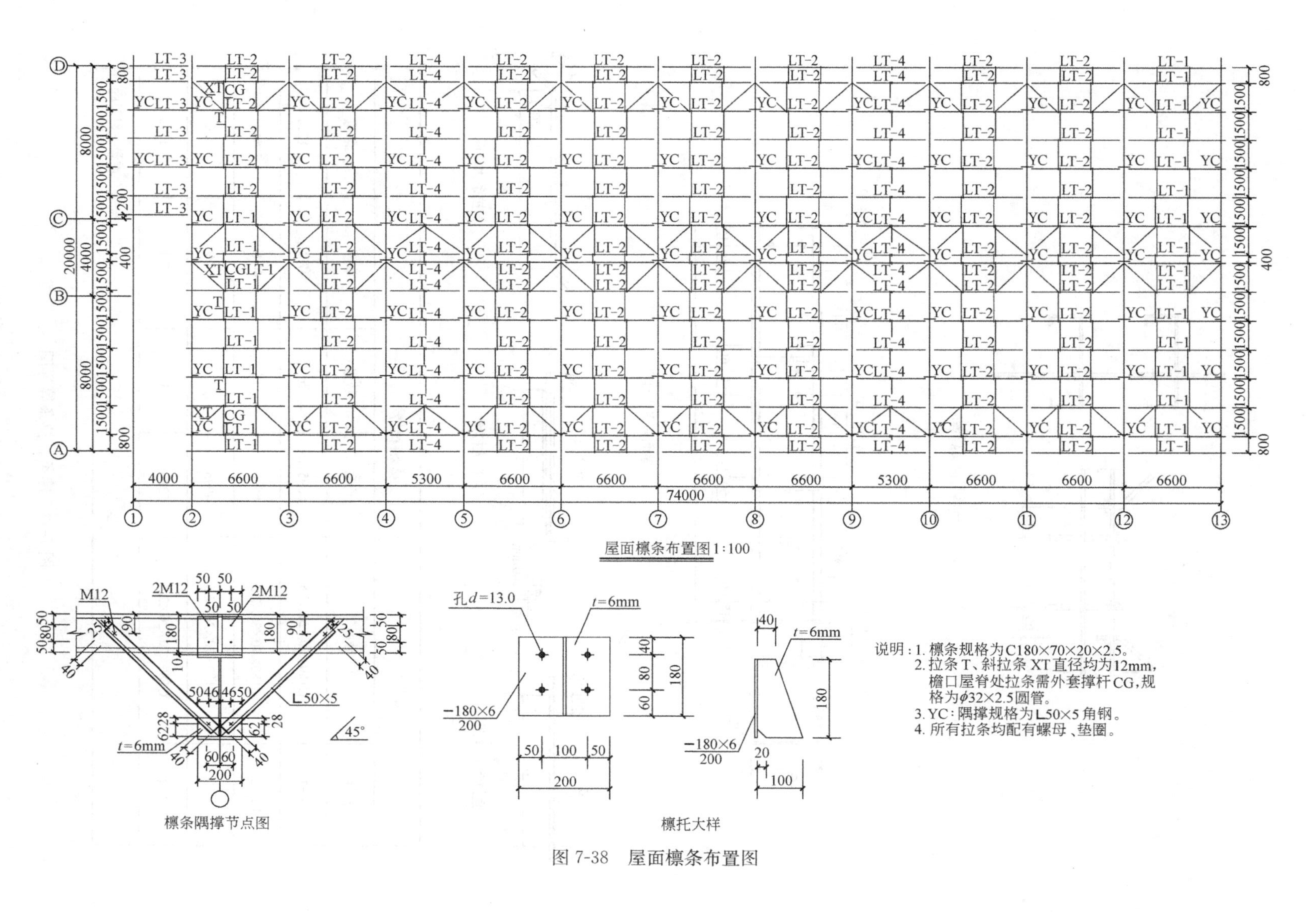

图 7-38 屋面檩条布置图

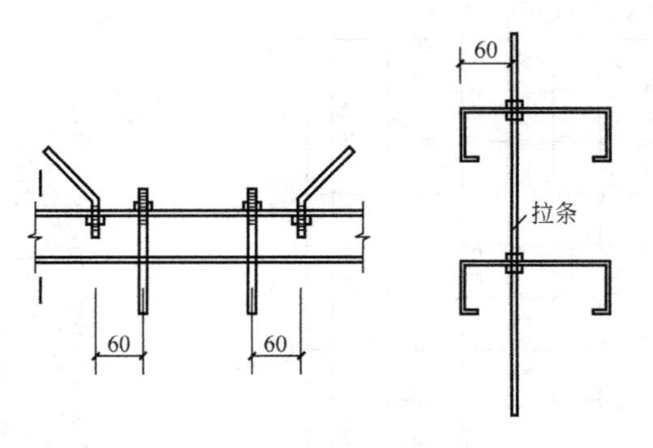

拉条与檩条的连接

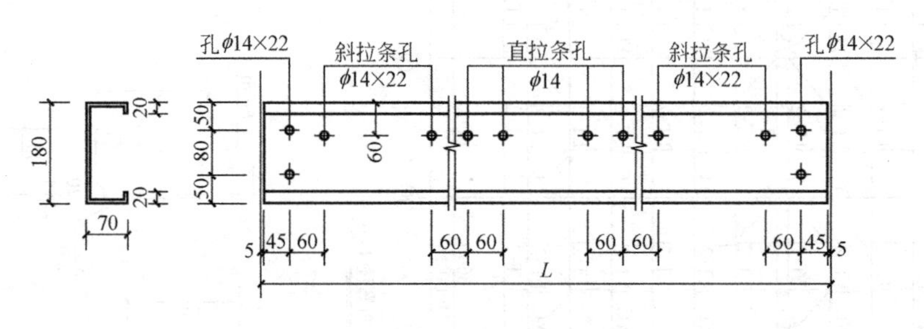

屋面檩条大样图

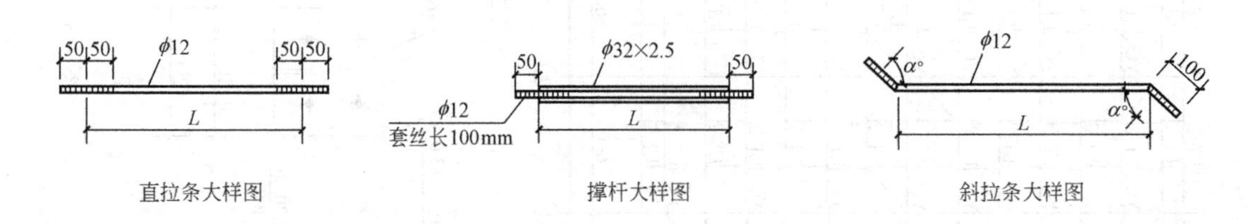

直拉条大样图　　撑杆大样图　　斜拉条大样图

檩条材料表					
编号	截面	长度	数量	单重	总重
LT-1	C180×70×20×2.5	6695	26	47.3	1230
LT-2	C180×70×20×2.5	6590	118	46.6	5494
LT-3	C180×70×20×2.5	4095	7	28.9	203
LT-4	C180×70×20×2.5	5290	32	37.4	1196
檩条总重量=8123kg					

图 7-39　檩条、拉条等详图

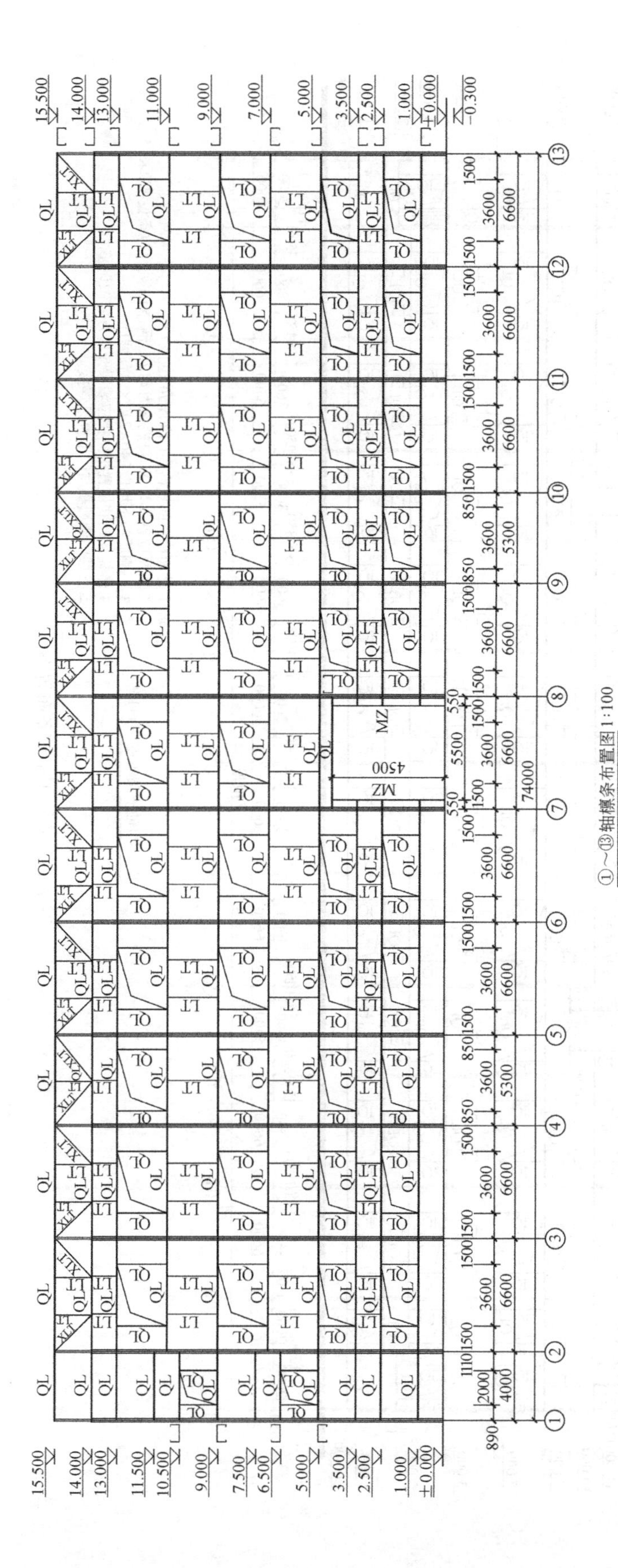

图 7-40 ①～⑬轴檩条布置图

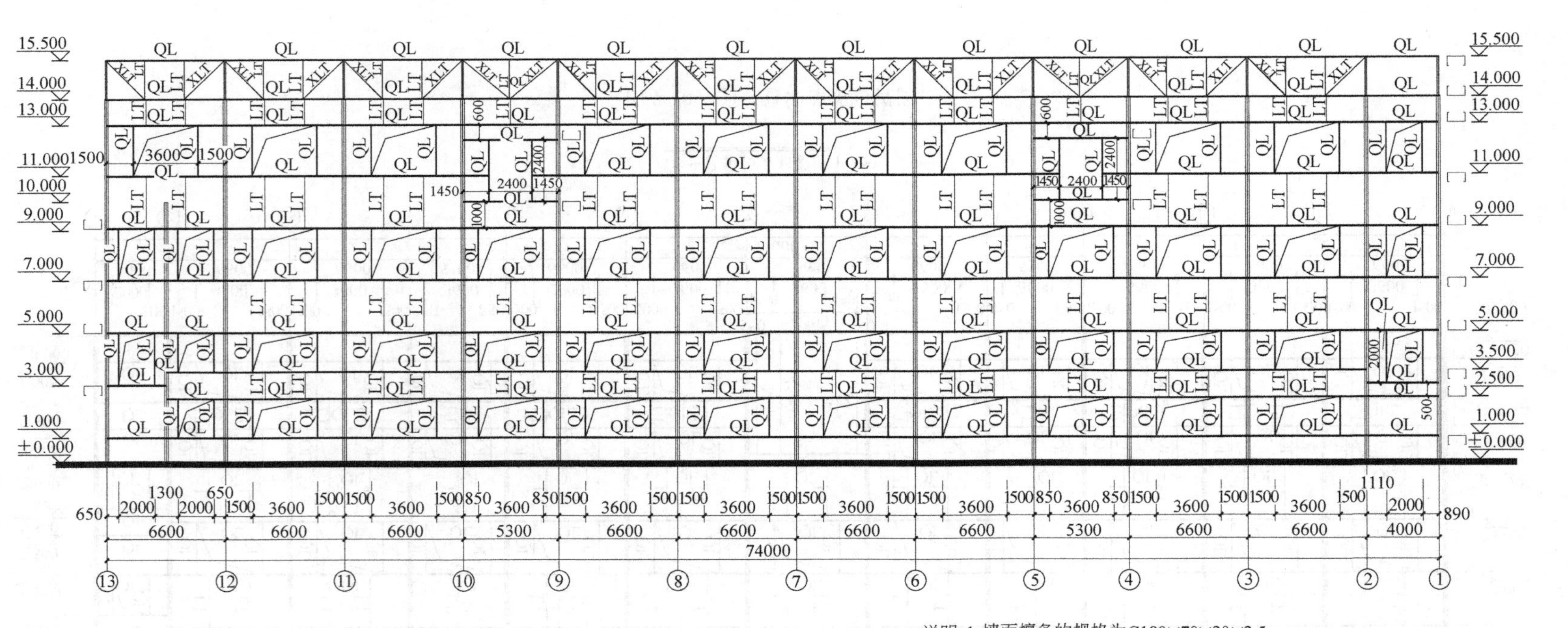

⑬～①轴檩条布置图 1:100

说明:1. 墙面檩条的规格为C180×70×20×2.5。
2. 墙面拉条(LT/XLT)规格为ϕ12圆钢,XLT处直拉条设ϕ32×2.5。
3. 门侧墙檩下均做240×240×10预埋件。
4. 檩托加劲肋位置根据相应墙梁开口方向做调整。
5. 三层门侧墙檩与门下檩条焊接。

图 7-41　⑬～①轴檩条布置图

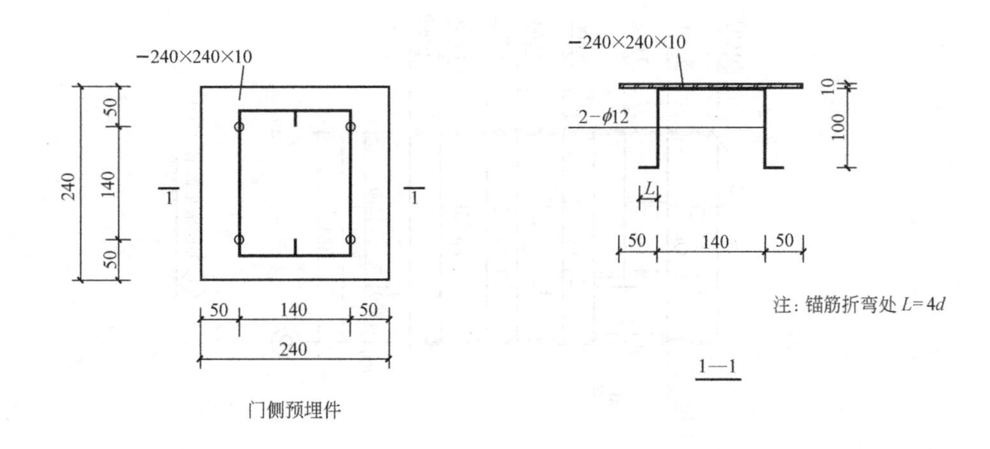

−240×240×10
240
50
140
50
1
1
50
140
50
240
门侧预埋件
−240×240×10
2−ϕ12
10
100
L
50
140
50
注：锚筋折弯处 L=4d
1—1

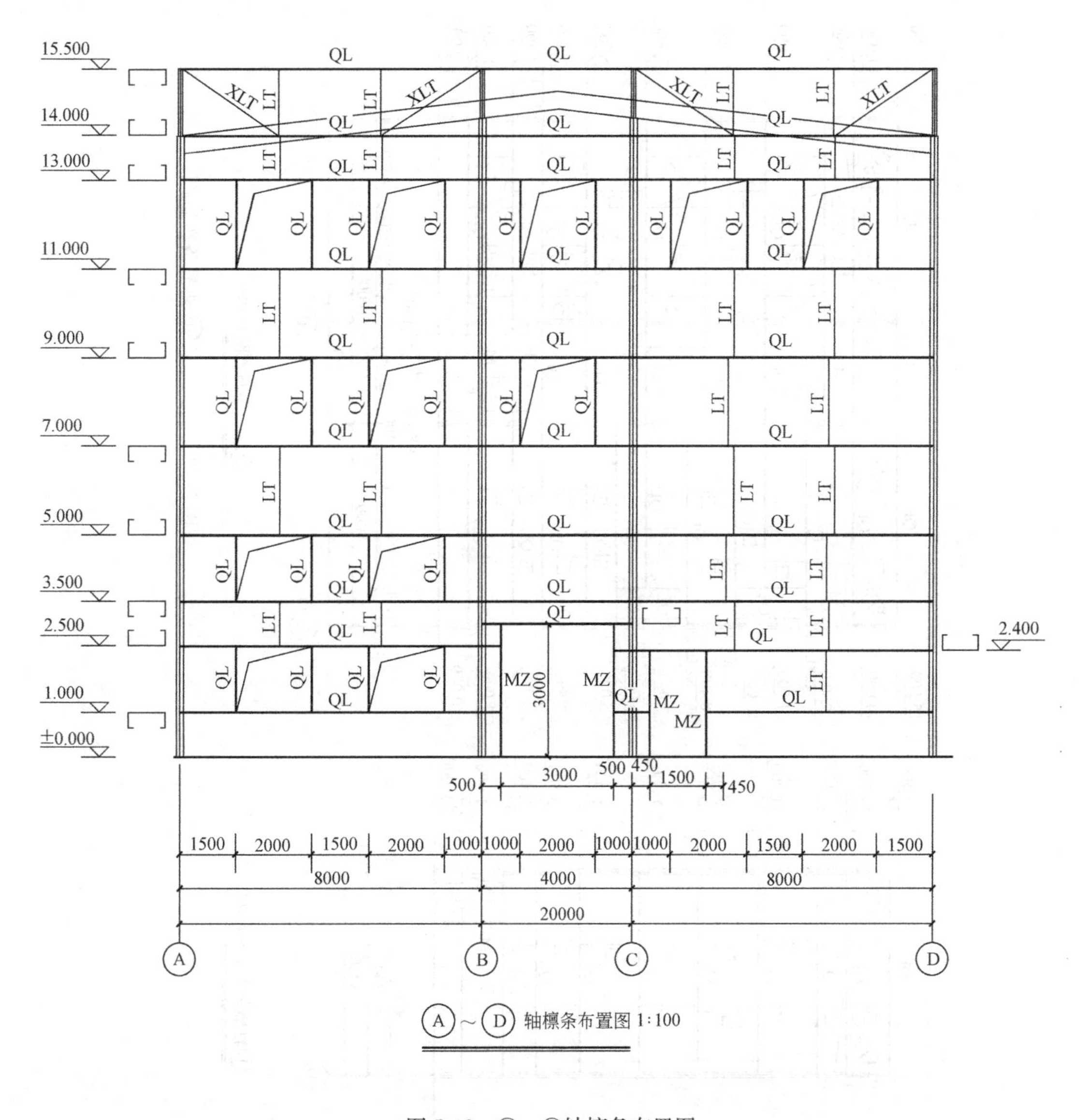

15.500
14.000
13.000
11.000
9.000
7.000
5.000
3.500
2.500
1.000
±0.000
2.400
QL
LT
XLT
MZ
3000
500
450
1500
1500
2000
1000
8000
4000
20000
A
B
C
D
A ~ D 轴檩条布置图 1:100

图 7-42 Ⓐ～Ⓓ轴檩条布置图

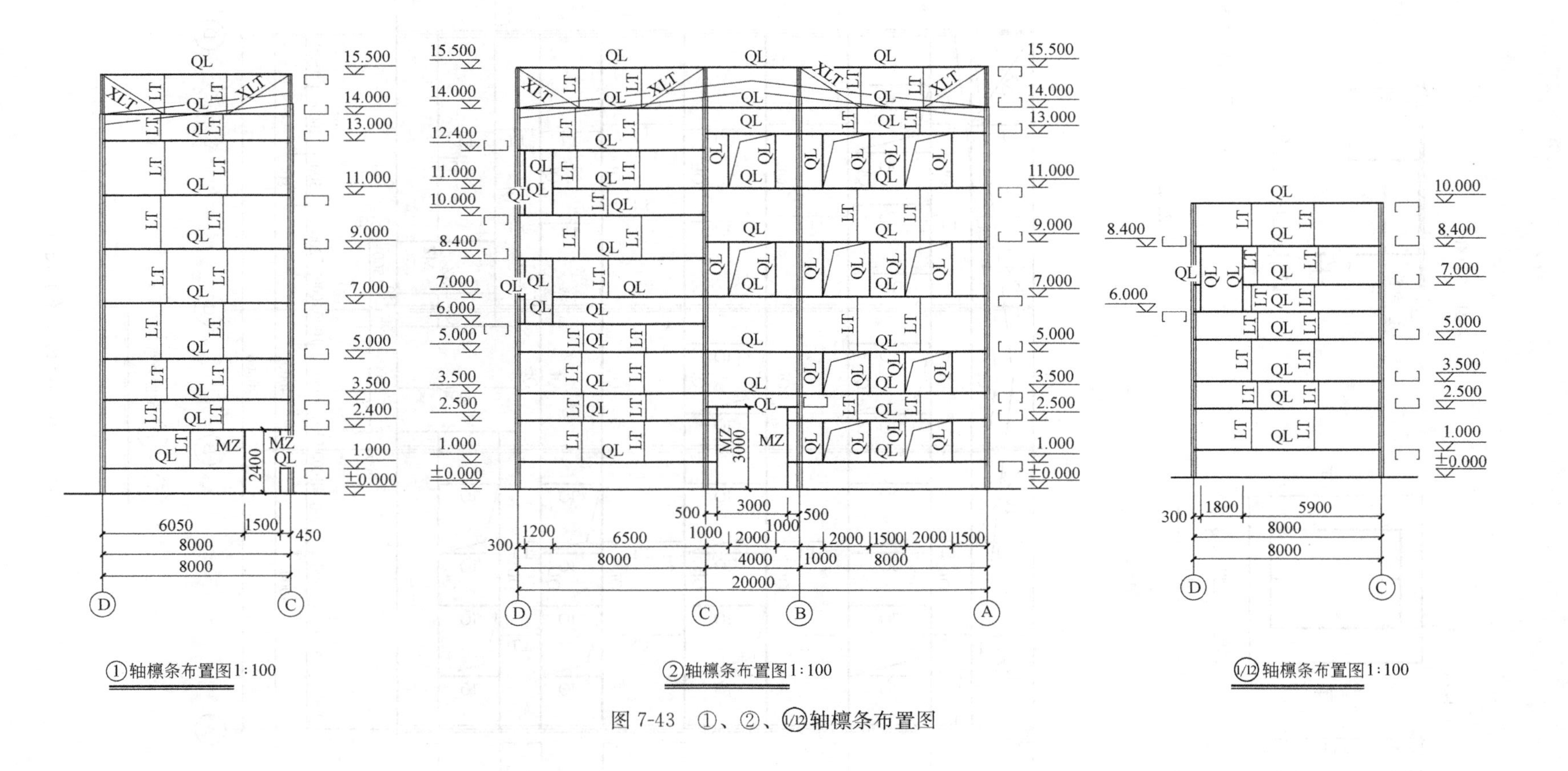

图 7-43 ①、②、1/12轴檩条布置图

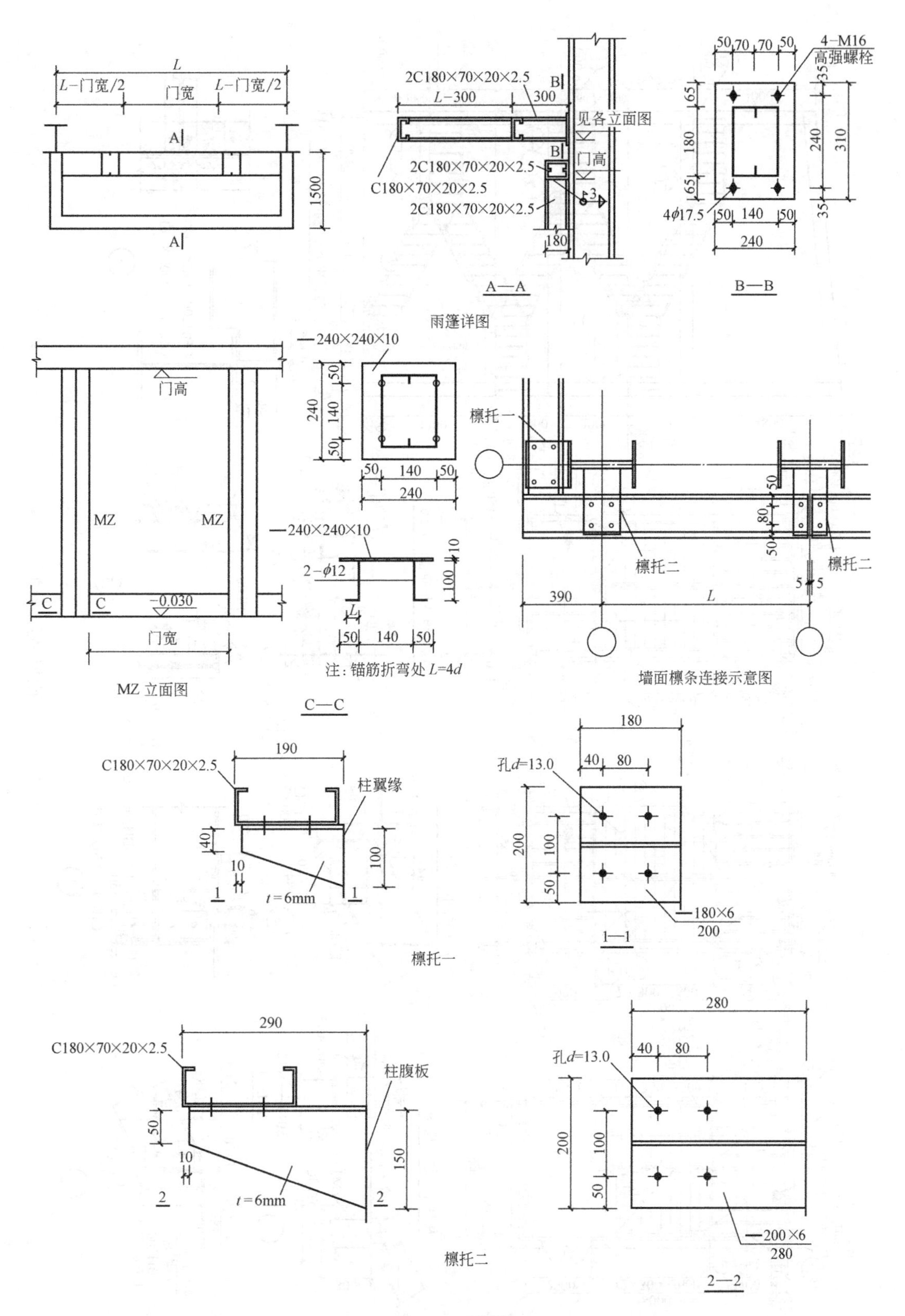

L
L-门宽/2
门宽
L-门宽/2
A
1500
A
2C180×70×20×2.5
L-300
300
B
见各立面图
B
门高
2C180×70×20×2.5
C180×70×20×2.5
2C180×70×20×2.5
3
180
A—A
50 70 70 50
4-M16
高强螺栓
65
180
65
35
240
310
35
4ϕ17.5
50 140 50
240
B—B
雨篷详图
—240×240×10
门高
240
50
140
50
50 140 50
240
MZ
MZ
—240×240×10
2-ϕ12
10
100
L
50 140 50
注：锚筋折弯处L=4d
C
C
-0.030
门宽
MZ 立面图
C—C
檩托一
檩托二
檩托二
50
80
50
5 5
390
L
墙面檩条连接示意图
190
C180×70×20×2.5
柱翼缘
40
10
100
t=6mm
1
1
檩托一
180
40 80
孔d=13.0
200
100
50
—180×6
200
1—1
290
C180×70×20×2.5
柱腹板
50
10
150
t=6mm
2
2
檩托二
280
40 80
孔d=13.0
200
100
50
—200×6
280
2—2

图 7-44 详图

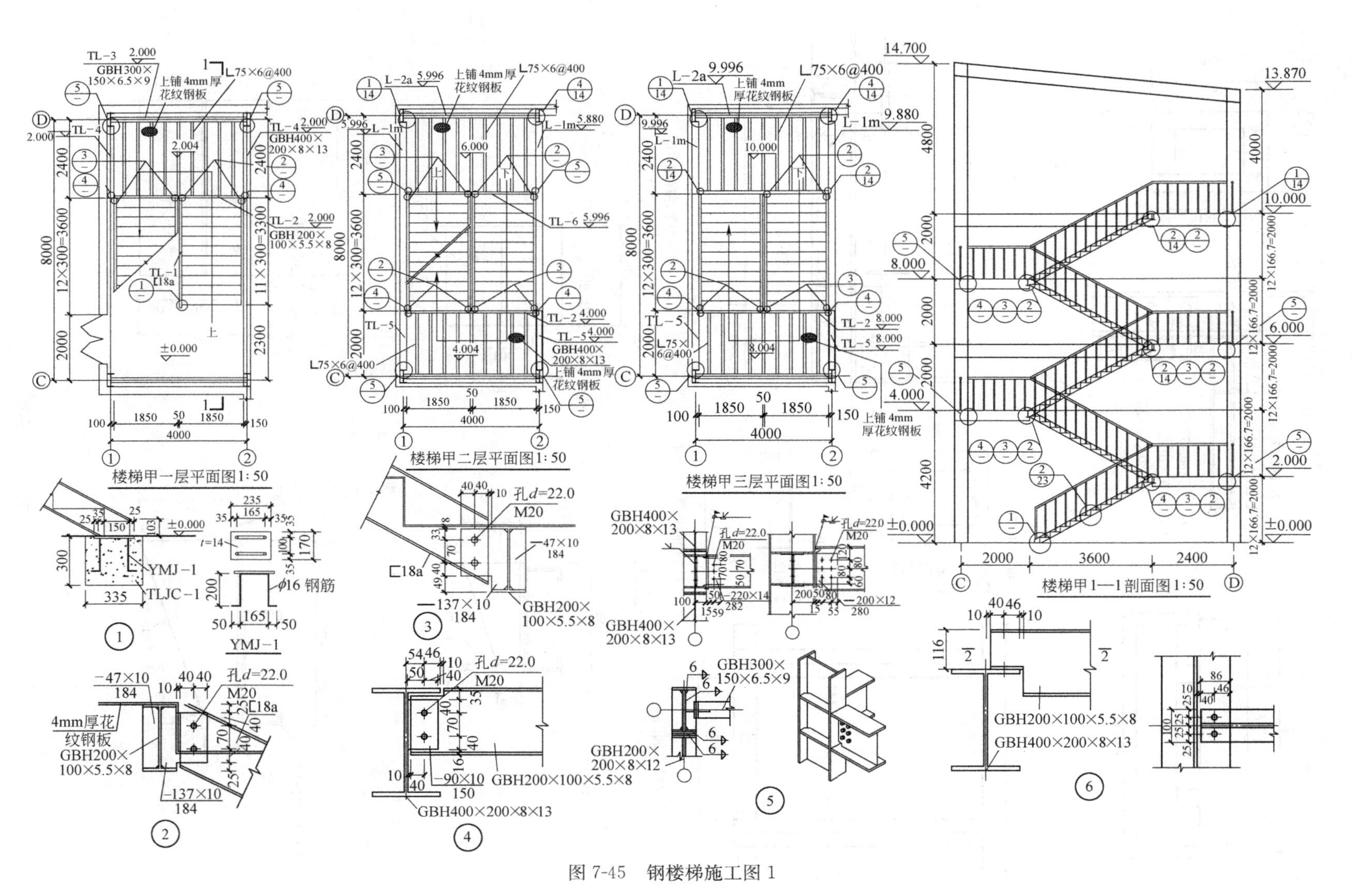

图 7-45 钢楼梯施工图 1

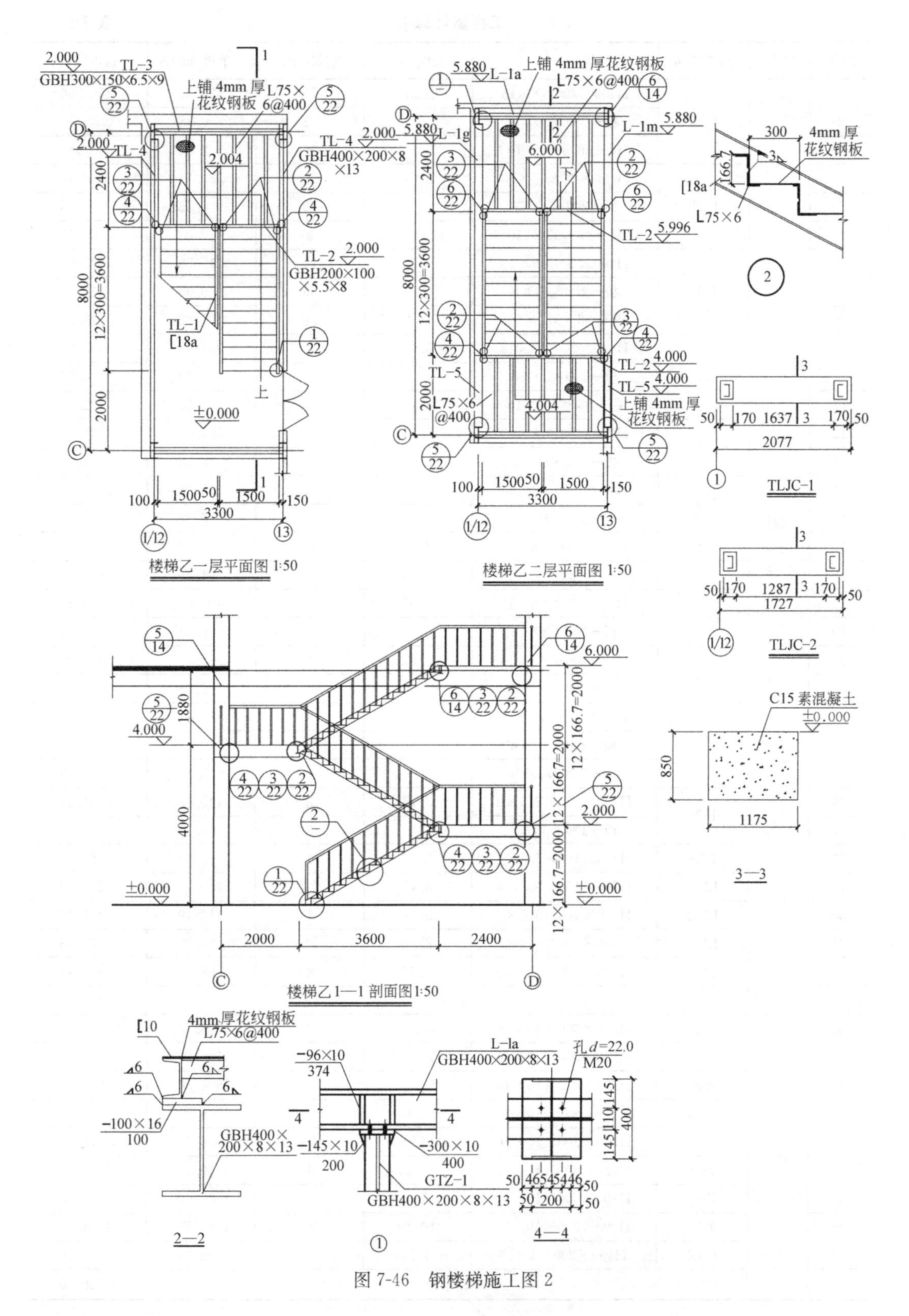

图 7-46 钢楼梯施工图 2

工程量计算书 表 7-5

序号	图名	构件名称	规　　格	长度(m)	数量(个)	单重(kg)	总重(kg)
1	一层结构布置图	L-1a	H400×200×8×13	6.37	18	420.42	7567.56
2			板一 200×30×8		72	0.38	27.13
3			板一 96×374×10		36	2.82	101.46
4		L-1b	H400×200×8×13	5.07	4	334.62	1338.48
5			板一 200×30×8		16	0.38	6.03
6			板一 96×374×10		8	2.82	22.55
7		L-1c	H400×200×8×13	6.33	14	417.78	5848.92
8			板一 200×30×8		56	0.38	21.10
9			板一 96×374×10		28	2.82	78.92
10		L-1d	H400×200×8×13	5.03	4	331.98	1327.92
11			板一 200×30×8		16	0.38	6.03
12			板一 96×374×10		8	2.82	22.55
13		L-1e	H400×200×8×13	7.60	20	501.60	10032.00
14			板一 200×30×8		80	0.38	30.14
15		L-1f	H400×200×8×13	4.03	10	265.98	2659.80
16			板一 200×30×8		40	0.38	15.07
17		L-1g	H400×200×8×13	7.96	22	525.49	11560.82
18		L-1h	H400×200×8×13	3.96	11	261.49	2876.41
19		L-1m	H400×200×8×13	7.57	5	499.62	2498.10
20			板一 200×30×8		20	0.38	7.54
21		L-1j	H400×200×8×13	3.57	2	235.62	471.24
22			板一 200×30×8		8	0.38	3.01
23		L-1k	H400×200×8×13	6.35	4	418.77	1675.08
24			板一 200×30×8		16	0.38	6.03
25			板一 96×374×10		8	2.82	22.55
26		L-2a	H300×150×6.5×9	3.77	2	140.62	281.24
27			板一 150×30×8		8	0.28	2.26
28		L-3a	H200×100×5.5×8	3.96	1	85.98	85.98
29		LL-1	H200×100×5.5×8	6.47	16	140.40	2246.38
30		LL-2	H200×100×5.5×8	5.17	4	112.19	448.76
31		LL-3	H200×100×5.5×8	3.17	2	68.79	137.58
32		LL-4	H200×100×5.5×8	7.77	4	168.61	674.44
33		梁小计					52103.08
34	钢柱	Z-1a	H390×300×10×16	14.10	3	1508.70	4526.10
35		Z-1b	H390×300×10×16	14.90	3	1594.30	4782.90
36		Z-1c	H390×300×10×16	14.90	1	1594.30	1594.30
37		Z-1d	H390×300×10×16	14.10	1	1508.70	1508.70
38		Z-1e	H390×300×10×16	14.10	20	1508.70	30174.00
39		Z-1f	H390×300×10×16	14.20	1	1519.40	1519.40
40		Z-1g	H390×300×10×16	15.00	1	1605.00	1605.00
41		Z-2a	H390×300×10×16	10.10	20	1080.70	21614.00
42		GTZ	H400×200×8×13	6.10	2	402.60	805.20
43		柱小计					68129.60

续表

序号	图名	构件名称	规　格	长度(m)	数量(个)	单重(kg)	总重(kg)
44	二层结构布置图	L-1a	H400×200×8×13	6.37	18	420.42	7567.56
45			板一 200×30×8		72	0.38	27.13
46			板一 96×374×10		36	2.82	101.46
47		L-1b	H400×200×8×13	5.07	4	334.62	1338.48
48			板一 200×30×8		16	0.38	6.03
49			板一 96×374×10		8	2.82	22.55
50		L-1c	H400×200×8×13	6.33	16	417.78	6684.48
51			板一 200×30×8		64	0.38	24.12
52			板一 96×374×10		32	2.82	90.19
53		L-1d	H400×200×8×13	5.03	4	331.98	1327.92
54			板一 200×30×8		16	0.38	6.03
55			板一 96×374×10		8	2.82	22.55
56		L-1e	H400×200×8×13	7.60	20	501.60	10032.00
57			板一 200×30×8		80	0.38	30.14
58		L-1f	H400×200×8×13	4.03	10	265.98	2659.80
59			板一 200×30×8		40	0.38	15.07
60		L-1g	H400×200×8×13	7.96	22	525.49	11560.82
61		L-1h	H400×200×8×13	3.96	11	261.49	2876.41
62		L-1m	H400×200×8×13	7.57	5	499.62	2498.10
63			板一 200×30×8		20	0.38	7.54
64		L-1j	H400×200×8×13	3.57	2	235.62	471.24
65			板一 200×30×8		8	0.38	3.01
66		L-1k	H400×200×8×13	6.35	4	418.77	1675.08
67			板一 200×30×8		16	0.38	6.03
68			板一 96×374×10		8	2.82	22.55
69		L-2a	H300×150×6.5×9	3.77	2	140.62	281.24
70			板一 150×30×8		8	0.28	2.26
71		L-3a	H200×100×5.5×8	3.96	1	85.98	85.98
72		梁小计					49445.77
73	顶层结构布置图	GJL-1a	H400×200×8×13	9.85	2	649.97	1299.94
74			板一 180×200×6		14	1.70	23.74
75			板一 100×180×6		14	0.85	11.87
76			板一 200×585×22		4	20.21	80.82
77			板一 200×442×14		2	9.72	19.43
78			板一 90×95×10		8	0.67	5.37
79			板一 96×374×14		8	3.97	31.74
80		GJL-1b	H400×200×8×13	9.85	6	649.97	3899.81
81			板一 180×200×6		42	1.70	71.22
82			板一 100×180×6		42	0.85	35.61
83			板一 200×585×22		6	20.21	121.24
84			板一 200×585×22		6	20.21	121.24
85			板一 90×135×10		12	0.95	11.45
86			板一 95×95×10		12	0.71	8.50
87			板一 90×115×10		12	0.81	9.75

续表

序号	图名	构件名称	规　　格	长度(m)	数量(个)	单重(kg)	总重(kg)
88	顶层结构布置图	GJL-1b′	H400×200×8×13	9.85	4	649.97	2599.87
89			板−180×200×6		28	1.70	47.48
90			板−100×180×6		28	0.85	23.74
91			板−200×585×22		4	20.21	80.82
92			板−200×585×22		4	20.21	80.82
93			板−90×135×10		8	0.95	7.63
94			板−95×95×10		8	0.71	5.67
95			板−90×115×10		8	0.81	6.50
96		GJL-2a	H400×200×8×13	9.85	2	649.97	1299.94
97			板−180×200×6		14	1.70	23.74
98			板−100×180×6		14	0.85	11.87
99			板−200×585×22		4	20.21	80.82
100			板−200×442×14		2	9.72	19.43
101			板−90×95×10		8	0.67	5.37
102			板−96×374×14		8	3.97	31.74
103		GJL-2b	H400×200×8×13	9.85	6	649.97	3899.81
104			板−180×200×6		42	1.70	71.22
105			板−100×180×6		42	0.85	35.61
106			板−200×585×22		6	20.21	121.24
107			板−200×585×22		6	20.21	121.24
108			板−90×135×10		12	0.95	11.45
109			板−95×95×10		12	0.71	8.50
110			板−90×115×10		12	0.81	9.75
111		GJL-2b′	H400×200×8×13	9.85	4	649.97	2599.87
112			板−180×200×6		28	1.70	47.48
113			板−100×180×6		28	0.85	23.74
114			板−200×585×22		4	20.21	80.82
115			板−200×585×22		4	20.21	80.82
116			板−90×135×10		8	0.95	7.63
117			板−95×95×10		8	0.71	5.67
118			板−90×115×10		8	0.81	6.50
119		GJL-3	H400×200×8×13	7.62	1	502.66	502.66
120			板−180×200×6		6	1.70	10.17
121			板−100×180×6		6	0.85	5.09
122			板−200×585×22		2	20.21	40.41
123			板−90×95×10		4	0.67	2.68
124		梁小计					17769.48
125		XG-1	H200×100×5.5×8	3.99	2	86.58	173.17
126			板−124×150×14		4	2.04	8.18
127		XG-2	H200×100×5.5×8	6.59	18	143.00	2574.05
128			板−124×150×14		36	2.04	73.59

续表

序号	图名	构件名称	规　格	长度(m)	数量(个)	单重(kg)	总重(kg)
129	顶层结构布置图	XG-3	H200×100×5.5×8	5.29	4	114.79	459.17
130			板— 124×150×14		8	2.04	16.35
131		XG-4	Φ140×4	6.59	13	143.05	1859.60
132			板— 180×180×10		26	2.54	66.13
133			板— 180×100×10		52	1.41	73.48
134		XG-5	Φ140×4	5.29	2	114.84	229.67
135			板— 180×180×10		4	2.54	10.17
136			板— 180×100×10		8	1.41	11.30
137		系杆 XG 小计					5554.87
138		SC-1	Φ20	8.50	24	20.97	503.18
139			板— 200×100×6		48	0.942	45.22
140		水平支撑 SC 小计					548.40
141	二层楼面压型钢板布置图	压型板	YX-70-200-600-1.2				1373.6m²
142		压型板支托	∟50×5	0.64	260	2.41	627.33
143		剪力钉	Φ16		4289		
144	三层楼面压型钢板布置图	压型板	YX-70-200-600-1.2				1400m²
145		压型板支托	∟50×5	0.64	264	2.41	636.98
146		剪力钉	Φ16		4343		
147	节点详图	1	板— 220×282×14		1	6.82	6.82
148			板— 96×374×14		4	3.95	15.78
149			板— 200×280×12		1	5.28	5.28
150			小计				27.88
151			总计		2		55.75
152		2	板— 96×374×10		2	2.82	5.64
153			小计				5.64
154			总计		4		22.55
155		3	板— 200×280×14		1	6.15	6.15
156			板— 96×374×14		4	3.95	15.78
157			小计				21.94
158			总计		2		43.88
159		4	板— 200×280×14		1	8.62	8.62
160			板— 270×282×14		1	8.37	8.37
161			板— 350×374×14		1	14.39	14.39
162			板— 145×358×14		4	5.70	22.82
163			小计				54.19
164			总计		2		108.38
165		5	板— 200×280×14		2	6.15	12.31
166			板— 426×374×14		1	17.51	17.51
167			板— 145×358×14		4	5.70	22.82
168			小计				52.64
169			总计		10		526.38

续表

序号	图名	构件名称	规　　格	长度(m)	数量(个)	单重(kg)	总重(kg)
170	节点详图	6	板－200×280×14		1	8.62	8.62
171			板－346×374×14		1	14.22	14.22
172			板－145×358×14		4	5.70	22.82
173			小计				45.66
174			总计		6		273.94
175		7	板－96×374×10		2	2.82	5.64
176			小计				5.64
177			总计		44		248.02
178		8	板－96×374×10		2	2.82	5.64
179			小计				5.64
180			总计		44		248.02
181		9	板－280×280×14		1	8.62	8.62
182			板－300×374×14		2	12.33	24.66
183			板－145×358×14		4	5.70	22.82
184			小计				56.10
185			总计		40		2243.89
186		10	板－280×280×14		1	8.62	8.62
187			板－200×280×14		1	6.15	6.15
188			板－450×374×14		2	18.50	36.99
189			板－145×358×14		4	5.70	22.82
190			小计				74.58
191			总计		18		1342.49
192		11	板－280×280×14		1	8.62	8.62
193			板－200×280×14		1	6.15	6.15
194			板－400×374×14		1	16.44	16.44
195			板－400×400×14		1	17.58	17.58
196			板－340×430×14		1	16.07	16.07
197			板－145×358×14		4	5.70	22.82
198			小计				87.68
199			总计		20		1753.65
200		LL1～3	板－270×184×10		1	3.90	3.90
201			板－145×358×14		4	5.70	22.82
202			小计				26.72
203			总计		44		1175.66
204		LL4	板－160×124×10		1	1.56	1.56
205			板－145×358×14		4	5.70	22.82
206			小计				24.38
207			总计		8		195.02
208	屋面檩条布置图	LT-1	C180×70×20×2.5	6.70	26	47.27	1228.93
209		LT-2	C180×70×20×2.5	6.59	118	46.53	5490.00
210		LT-3	C180×70×20×2.5	4.10	7	28.91	202.37

续表

序号	图名	构件名称	规　　格	长度(m)	数量(个)	单重(kg)	总重(kg)
211	屋面檩条布置图	LT-4	C180×70×20×2.5	5.29	32	37.35	1195.12
212		屋面檩条小计					8116.42
213		直拉条	Φ12	430.00		0.89	381.84
214		斜拉条	Φ12	261.60		0.89	232.30
215		拉条小计					614.14
216		隅撑 YC	∟50×5	0.77	168	2.90	487.69
217			板一 90×96×6		168	0.41	68.37
218		隅撑 YC 小计					556.05
219		CG	Φ32×2.5	120.00		1.82	218.40
220	1～13 轴墙梁布置图	QL	C180×70×20×2.5	737.00		7.06	5203.22
221		窗侧	C180×70×20×2.5	154.00		7.06	1087.24
222		MZ(门柱)	C180×70×20×2.5	24.60		7.06	173.68
223			板一 240×240×10		2	4.52	9.04
224			Φ12	0.88		0.89	0.78
225		墙梁 QL 小计					6473.96
226		直拉条	Φ12	157.80		0.89	140.13
227		斜拉条	Φ12	65.40		0.89	58.08
228		拉条小计					198.20
229		CG	Φ32×2.5	30.00		1.82	54.60
230		雨篷	板一 240×310×10		2	5.84	11.68
231			C180×70×20×2.5	19.20		7.06	135.55
232		雨篷小计					147.23
233		檩托一	板一 100×180×6		138	0.85	117.00
234			板一 200×180×6		138	1.70	233.99
235		檩托小计					350.99
236		QL	C180×70×20×2.5	753.10		7.06	5316.89
237		窗侧	C180×70×20×2.5	175.60		7.06	1239.74
238		墙梁 QL 小计					6556.62
239		直拉条	Φ12	149.40		0.89	132.67
240		斜拉条	Φ12	65.40		0.89	58.08
241		拉条小计					190.74
242		CG	Φ32×2.5	30.00		1.82	54.60
243		雨篷	板一 240×310×10		4	5.84	23.36
244			C180×70×20×2.5	33.20		7.06	234.39
245		雨篷小计					257.75
246		檩托一	板一 100×180×6		150	0.85	127.17
247			板一 200×180×6		150	1.70	254.34
248		檩托小计					381.51
249	A～D 轴墙梁布置图	QL	C180×70×20×2.5	200.50		7.06	1415.53
250		窗侧	C180×70×20×2.5	44.00		7.06	310.64
251		MZ	C180×70×20×2.5	37.60		7.06	265.46

续表

序号	图名	构件名称	规格	长度(m)	数量(个)	单重(kg)	总重(kg)
252	A～D轴墙梁布置图	MZ	板－240×240×10		4	4.52	18.09
253			Φ12	0.44	4	0.89	1.56
254		墙梁QL小计					2011.28
255		直拉条	Φ12	37.80		0.89	33.57
256		斜拉条	Φ12	13.20		0.89	11.72
257		拉条小计					45.29
258		CG	Φ32×2.5	6.00		1.82	10.92
259		雨篷	板－240×310×10		2	5.84	11.68
260			C180×70×20×2.5	18.80		7.06	132.73
261		雨篷小计					144.41
262		檩托二	板－150×280×6		42	1.98	83.08
263			板－200×280×6		42	2.64	110.78
264		檩托小计					193.86
265	1轴墙梁布置图	QL	C180×70×20×2.5	78.50		7.06	554.21
266		MZ	C180×70×20×2.5	37.60		7.06	265.46
267			板－240×240×10		2	4.52	9.04
268			Φ12	0.44	2	0.89	0.78
269		墙梁QL小计					829.49
270		直拉条	Φ12	28.90		0.89	25.66
271		斜拉条	Φ12	6.60		0.89	5.86
272		拉条小计					31.52
273		CG	Φ32×2.5	3.00		1.82	5.46
274		雨篷	板－240×310×10		1	5.84	5.84
275			C180×70×20×2.5	26.80		7.06	189.21
276		雨篷小计					195.05
277		檩托二	板－150×280×6		22	1.98	43.52
278			板－200×280×6		22	2.64	58.03
279		檩托小计					101.55
280	2轴墙梁布置图	QL	C180×70×20×2.5	215.60		7.06	1522.14
281		窗侧	C180×70×20×2.5	36.00		7.06	254.16
282		MZ	C180×70×20×2.5	31.20		7.06	220.27
283			板－240×240×10		2	4.52	9.04
284			Φ12	0.44	2	0.89	0.78
285		墙梁QL小计					2006.39
286		直拉条	Φ12	42.40		0.89	37.65
287		斜拉条	Φ12	13.20		0.89	11.72
288		拉条小计					49.37
289		雨篷	板－240×310×10		2	5.84	11.68
290			C180×70×20×2.5	14.00		7.06	98.84
291		雨篷小计					110.52
292		檩托二	板－150×280×6		48	1.98	94.95
293			板－200×280×6		48	2.64	126.60
294		檩托小计					221.56

续表

序号	图名	构件名称	规格	长度(m)	数量(个)	单重(kg)	总重(kg)
295	1/12轴墙梁布置图	QL	C180×70×20×2.5	71.80		7.06	506.91
296		墙梁小计					506.91
297		直拉条	Φ12	19.40		0.89	17.23
298		拉条小计					17.23
299		檩托二	板－150×280×6		16	1.98	31.65
300			板－200×280×6		16	2.64	42.20
301		檩托小计					73.85

钢梁、柱及附件工程量汇总 表 7-6

序号	构件名称	总重(t)	序号	构件名称	总重(t)
1	钢柱	68.13	9	拉条	1.15
2	钢梁	119.32	10	撑杆 CG	0.34
3	节点板	8.24	11	雨篷	0.85
4	檩条	26.50	12	压型板支托	1.26
5	墙上檩托	1.32	合计		233.78
6	系杆 XG	5.55	序号	名称	数量
7	水平支撑 SC	0.55	13	压型板	2773.6(m^2)
8	隅撑 YC	0.56	14	剪力钉	8632.00(个)

钢楼梯甲工程量计算表 表 7-7

序号	图名	构件名称	规格	长度(m)	数量(个)	单重(kg)	总重(kg)
1	钢楼梯甲施工图	TL-1	槽钢 18a	4.12	10	83.10	831.00
2		TL-2	H200×100×5.5×8	4.00	3	86.80	260.40
3		TL-3	H300×150×6.5×9	4.00	1	149.20	149.20
4		TL-4	H400×200×8×13	2.40	2	158.40	316.80
5		TL-5	H400×200×8×13	2.00	4	132.00	528.00
6		梯梁小计					2085.40
7		花纹钢板	4mm 厚			96.60	3226.44
8		平台	∟75×6	100.80		6.91	696.53
9		楼梯踏步	∟75×6	221.00		6.91	1527.11
10		角钢小计					2223.64
11		1	板－235×170×14		2	4.39	8.78
12			Φ16	0.67	4	1.58	4.20
13		2	板－137×184×10		10	1.98	19.79
14			板－47×184×10		10	0.68	6.79
15		3	板－137×184×10		8	1.98	15.83
16			板－47×184×10		8	0.68	5.43
17		4	板－90×150×10		6	1.06	6.36
18		5	板－200×280×12		8	5.28	42.20
19			板－220×282×14		8	6.82	54.55
20			板－96×374×14		32	3.95	126.27
21		节点小计					290.19

钢楼梯乙工程量计算表 **表 7-8**

序号	图名	构件名称	规　　格	长度(m)	数量(个)	单重(kg)	总重(kg)
1	钢楼梯乙施工图	TL-1	槽钢 18a	4.12	6	83.10	498.60
2		TL-2	H200×100×5.5×8	3.30	3	71.61	214.83
3		TL-3	H300×150×6.5×9	3.30	1	123.09	123.09
4		TL-4	H400×200×8×13	2.40	2	158.40	316.80
5		TL-5	H400×200×8×13	2.00	2	132.00	264.00
6			梯梁小计				1417.32
7		花纹钢板	4mm 厚			47.64	1591.18
8		平台	∟75×6	54.40		6.91	375.90
9		楼梯踏步	∟75×6	107.00		6.91	739.37
10			角钢小计				1115.27
11		1|22	板－235×170×14		2	4.39	8.78
12			Φ16	0.67	4	1.58	4.20
13		2|22	板－137×184×10		6	1.98	11.87
14			板－47×184×10		6	0.68	4.07
15		3|22	板－137×184×10		4	1.98	7.92
16			板－47×184×10		4	0.68	2.72
17		4|22	板－90×150×10		4	1.06	4.24
18		5|22	板－200×280×12		4	5.28	21.10
19			板－220×282×14		4	6.82	27.27
20			板－96×374×14		16	3.95	63.13
21		节点 1	板－96×374×10		8	2.82	22.55
22			板－145×200×10		4	2.28	9.11
23			板－300×400×10		2	9.42	18.84
24		2-2	板－100×100×16		8	1.26	10.05
25			槽钢 10	3.3	1	33.00	33.00
26			节点小计				248.84

楼梯工程量汇总 **表 7-9**

序　　号	名　　称	总　　重(t)
1	楼梯梁	3.50
2	角钢	3.34
3	楼梯节点	0.54
4	花纹钢板	4.82
		合计：12.20

注：楼梯工程量不含楼梯扶手的重量。

7.3 钢网架工程计量与计价案例分析

【例 3】 某仓库屋面采用网架屋盖，施工图如图 7-47～图 7-50，要求编制该网架部分的工程量清单和进行工程量清单报价。

设计软件：天津大学研发的 TWCAD 设计软件。

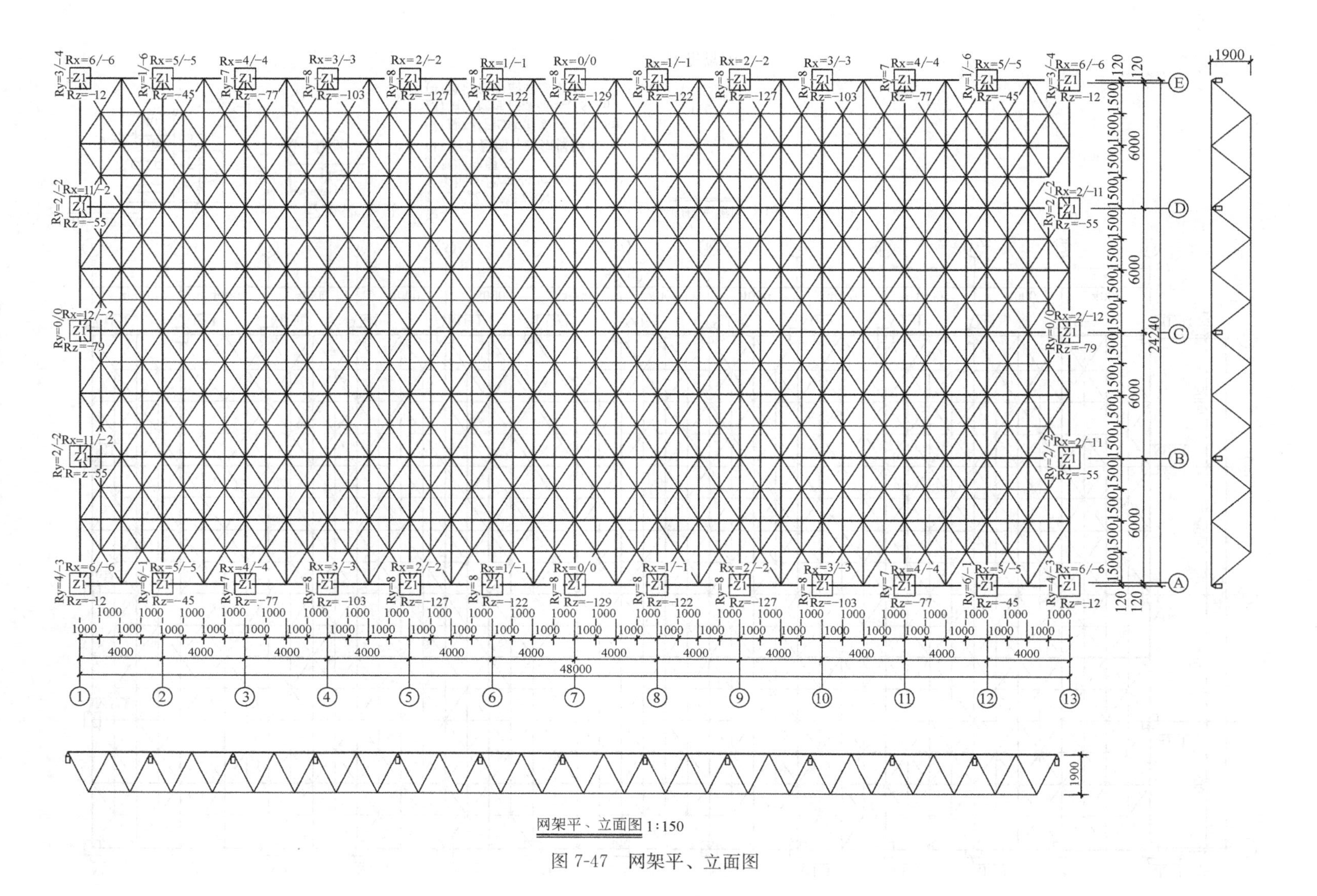

图 7-47 网架平、立面图

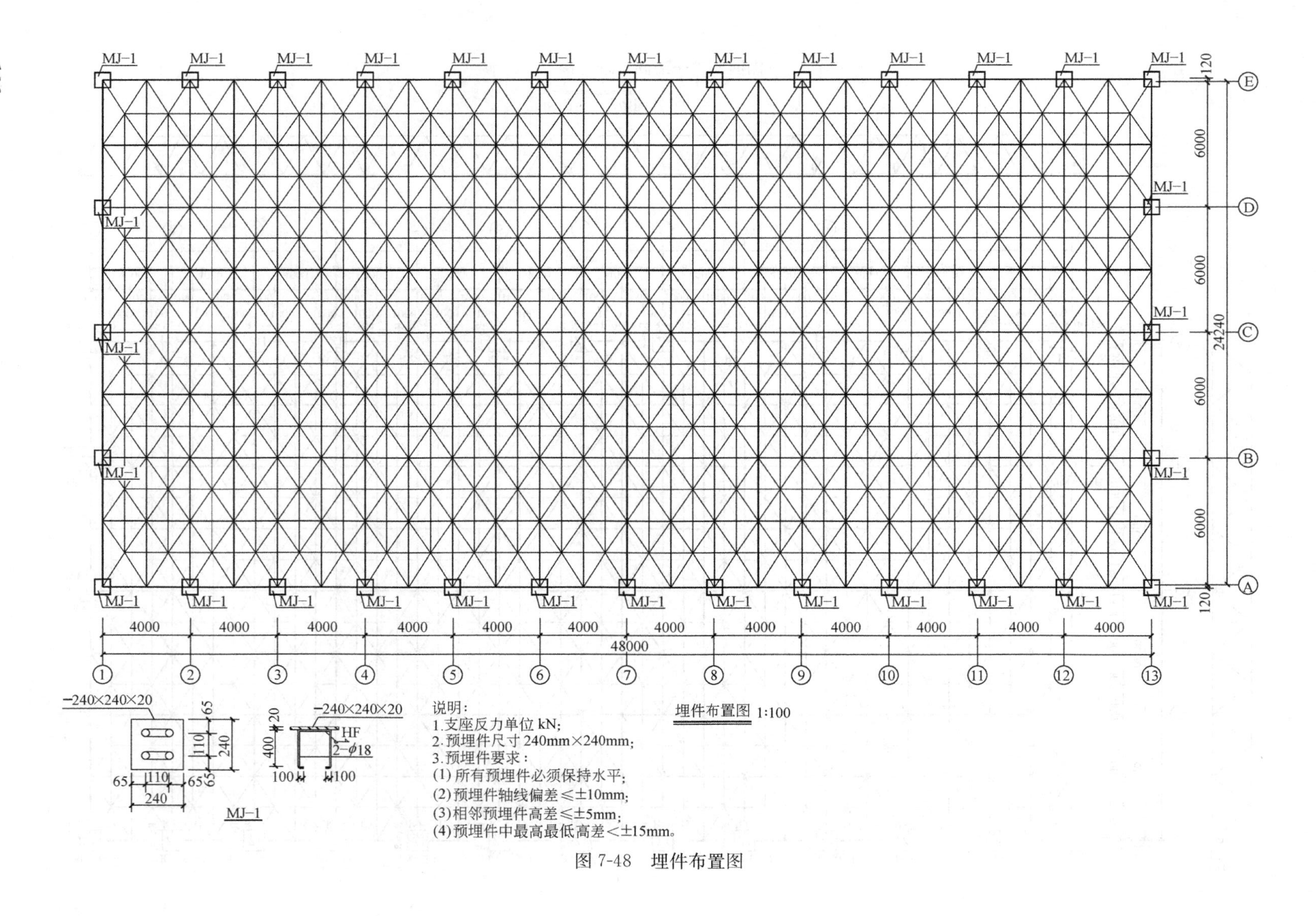

MJ-1
120
6000
6000
6000
6000
24240
120
4000
48000
E
D
C
B
A
1
2
3
4
5
6
7
8
9
10
11
12
13
-240×240×20
65
110
240
65
110
65
240
MJ-1
-240×240×20
20
400
HF
2-ϕ18
100
100
说明：
1.支座反力单位 kN;
2.预埋件尺寸 240mm×240mm;
3.预埋件要求：
(1) 所有预埋件必须保持水平;
(2)预埋件轴线偏差≤±10mm;
(3)相邻预埋件高差≤±5mm;
(4)预埋件中最高最低高差<±15mm。
埋件布置图 1:100

图 7-48　埋件布置图

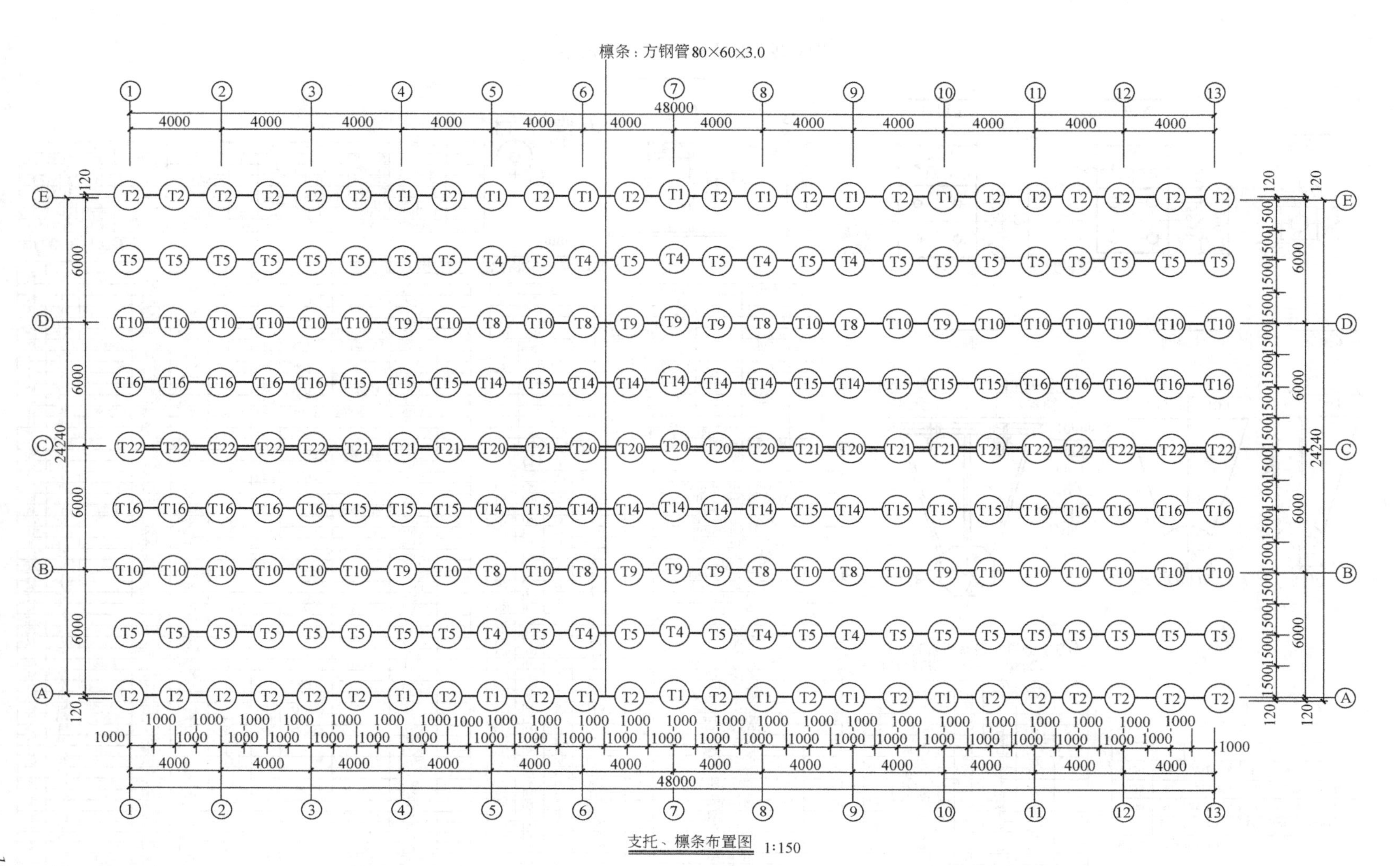

图 7-49 网架支托、檩条布置图

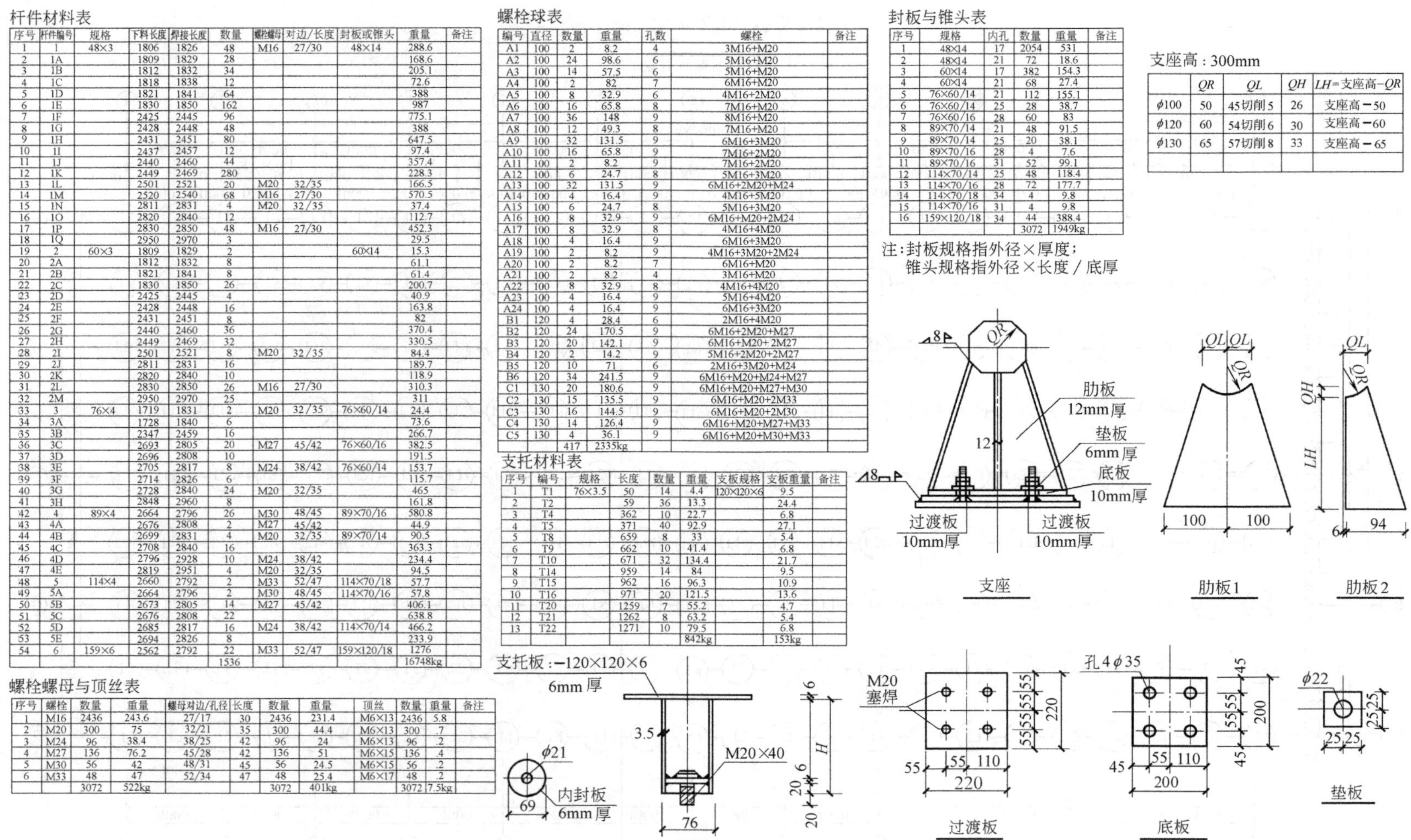

杆件材料表

序号	杆件编号	规格	下料长度	焊接长度	数量	螺栓螺母	对边/长度	封板或锥头	重量	备注
1	1	48×3	1806	1826	48	M16	27/30	48×14	288.6	
2	1A		1809	1829	28				168.6	
3	1B		1812	1832	34				205.1	
4	1C		1818	1838	12				72.6	
5	1D		1821	1841	64				388	
6	1E		1830	1850	162				987	
7	1F		2425	2445	96				775.1	
8	1G		2428	2448	48				388	
9	1H		2431	2451	80				647.5	
10	1I		2437	2457	12				97.4	
11	1J		2440	2460	44				357.4	
12	1K		2449	2469	280				228.3	
13	1L		2501	2521	20	M20	32/35		166.5	
14	1M		2520	2540	68	M16	27/30		570.5	
15	1N		2811	2831	4	M20	32/35		37.4	
16	1O		2820	2840	12				112.7	
17	1P		2830	2850	48	M16	27/30		452.3	
18	1Q		2950	2970	3				29.5	
19	2	60×3	1809	1829	2			60×14	15.3	
20	2A		1812	1832	8				61.1	
21	2B		1821	1841	8				61.4	
22	2C		1830	1850	26				200.7	
23	2D		2425	2445	4				40.9	
24	2E		2428	2448	16				163.8	
25	2F		2431	2451	8				82	
26	2G		2440	2460	36				370.4	
27	2H		2449	2469	32				330.5	
28	2I		2501	2521	8	M20	32/35		84.4	
29	2J		2811	2831	16				189.7	
30	2K		2820	2840	10				118.9	
31	2L		2830	2850	26	M16	27/30		310.3	
32	2M		2950	2970	25				311	
33	3	76×4	1719	1831	2	M20	32/35	76×60/14	24.4	
34	3A		1728	1840	6				73.6	
35	3B		2347	2459	16				266.7	
36	3C		2693	2805	20	M27	45/42	76×60/16	382.5	
37	3D		2696	2808	10				191.5	
38	3E		2705	2817	8	M24	38/42	76×60/14	153.7	
39	3F		2714	2826	6				115.7	
40	3G		2728	2840	24	M20	32/35		465	
41	3H		2848	2960	8				161.8	
42	4	89×4	2664	2796	26	M30	48/45	89×70/16	580.8	
43	4A		2676	2808	2	M27	45/42		44.9	
44	4B		2699	2831	4	M20	32/35	89×70/14	90.5	
45	4C		2708	2840	16				363.3	
46	4D		2796	2928	10	M24	38/42		234.4	
47	4E		2819	2951	4	M20	32/35		94.5	
48	5	114×4	2660	2792	2	M33	52/47	114×70/18	57.7	
49	5A		2664	2796	2	M30	48/45	114×70/16	57.8	
50	5B		2673	2805	14	M27	45/42		406.1	
51	5C		2676	2808	22				638.8	
52	5D		2685	2817	16	M24	38/42	114×70/14	466.2	
53	5E		2694	2826	8				233.9	
54	6	159×6	2562	2792	22	M33	52/47	159×120/18	1276	
					1536				16748kg	

螺栓螺母与顶丝表

序号	螺栓	数量	重量	螺母对边/孔径	长度	数量	重量	顶丝	数量	重量	备注
1	M16	2436	243.6	27/17	30	2436	231.4	M6×13	2436	5.8	
2	M20	300	75	32/21	35	300	44.4	M6×13	300	.7	
3	M24	96	38.4	38/25	42	96	24	M6×13	96	.2	
4	M27	136	76.2	45/28	42	136	51	M6×15	136	.4	
5	M30	56	42	48/31	45	56	24.5	M6×15	56	.2	
6	M33	48	47	52/34	47	48	25.4	M6×17	48	.2	
		3072	522kg			3072	401kg		3072	7.5kg	

螺栓球表

编号	直径	数量	重量	孔数	螺栓	备注
A1	100	2	8.2	4	3M16+M20	
A2	100	24	98.6	6	5M16+M20	
A3	100	14	57.5	6	5M16+M20	
A4	100	2	82	7	6M16+M20	
A5	100	8	32.9	6	4M16+2M20	
A6	100	16	65.8	8	7M16+M20	
A7	100	36	148	9	8M16+M20	
A8	100	12	49.3	8	7M16+M20	
A9	100	32	131.5	9	6M16+3M20	
A10	100	16	65.8	9	7M16+2M20	
A11	100	2	8.2	9	7M16+2M20	
A12	100	6	24.7	8	5M16+3M20	
A13	100	32	131.5	9	6M16+2M20+M24	
A14	100	4	16.4	9	4M16+5M20	
A15	100	6	24.7	8	5M16+3M20	
A16	100	8	32.9	9	6M16+M20+2M24	
A17	100	8	32.9	8	4M16+4M20	
A18	100	4	16.4	9	6M16+3M20	
A19	100	2	8.2	9	4M16+3M20+2M24	
A20	100	2	8.2	7	6M16+M20	
A21	100	2	8.2	4	3M16+M20	
A22	100	8	32.9	8	4M16+4M20	
A23	100	4	16.4	9	5M16+4M20	
A24	100	4	16.4	9	6M16+3M20	
B1	120	4	28.4	6	2M16+4M20	
B2	120	24	170.5	9	6M16+2M20+M27	
B3	120	20	142.1	9	6M16+M20+ 2M27	
B4	120	2	14.2	9	5M16+2M20+2M27	
B5	120	10	71	6	2M16+3M20+M24	
B6	120	34	241.5	9	6M16+M20+M24+M27	
C1	130	20	180.6	9	6M16+M20+M27+M30	
C2	130	15	135.5	9	6M16+M20+2M33	
C3	130	16	144.5	9	6M16+M20+2M30	
C4	130	14	126.4	9	6M16+M20+M27+M33	
C5	130	4	36.1	9	6M16+M20+M30+M33	
		417	2335kg			

支托材料表

序号	编号	规格	长度	数量	重量	支板规格	支板重量	备注
1	T1	76×3.5	50	14	4.4	120×120×6	9.5	
2	T2		59	36	13.3		24.4	
3	T4		362	10	22.7		6.8	
4	T5		371	40	92.9		27.1	
5	T8		659	8	33		5.4	
6	T9		662	10	41.4		6.8	
7	T10		671	32	134.4		21.7	
8	T14		959	14	84		9.5	
9	T15		962	16	96.3		10.9	
10	T16		971	20	121.5		13.6	
11	T20		1259	7	55.2		4.7	
12	T21		1262	8	63.2		5.4	
13	T22		1271	10	79.5		6.8	
					842kg		153kg	

封板与锥头表

序号	规格	内孔	数量	重量	备注
1	48×14	17	2054	531	
2	48×14	21	72	18.6	
3	60×14	17	382	154.3	
4	60×14	21	68	27.4	
5	76×60/14	21	112	155.1	
6	76×60/14	25	28	38.7	
7	76×60/16	28	60	83	
8	89×70/14	21	48	91.5	
9	89×70/14	25	20	38.1	
10	89×70/16	28	4	7.6	
11	89×70/16	31	52	99.1	
12	114×70/14	25	48	118.4	
13	114×70/16	28	72	177.7	
14	114×70/18	34	4	9.8	
15	114×70/16	31	4	9.8	
16	159×120/18	34	44	388.4	
			3072	1949kg	

注：封板规格指外径×厚度；
锥头规格指外径×长度／底厚

支座高：300mm

	QR	QL	QH	LH=支座高−QR
φ100	50	45切削5	26	支座高−50
φ120	60	54切削6	30	支座高−60
φ130	65	57切削8	33	支座高−65

图 7-50　网架材料表及部分详图

(1) 网架工程量的计算

建筑面积：48.24×24.24=1169.34m^2。

网架工程量的计算包括杆件、封板或锥头、螺栓球、支托、檩条、支座和埋件等。除檩条、埋件和支座要按图纸尺寸计算外，其他均可根据材料表统计工程量即可。

本案例重点介绍网架部分的计量与计价，不考虑屋面维护结构等，这部分的具体计算详见【例4】。

(2) 网架工程的计价

同门式刚架案例，仍然从两种报价方式来分析网架工程的计价内容。表7-10中网架工程的工程量都是材料的净用量，没有考虑材料的损耗。网架工程材料的损耗较少，下料计算掌握好的情况下，杆件的损耗率一般在3%左右；螺栓球是加工好的成品，没有损耗；其他配件如封板、锥头、螺栓、顶丝等，也已标准化，可直接联系厂家按个或按套购买，不考虑损耗。钢杆件、檩条的定尺长度是6m。

网架工程工程量计算书 **表7-10**

序号	各项工程名称	计算公式	单位	数量	备注
1	杆件	16.748(该数据来自图7-50杆件材料表)	t	16.748	杆件的下料重量，即净量
2	螺栓球	2.335(该数据来自图7-50螺栓球材料表)	t	2.335	
3	封板或锥头	1.949(该数据来自图7-50封板或锥头材料表)	t	1.949	
4	支托	0.842+0.153=0.995(该数据来自图7-50材料表)	t	0.995	
5	檩条(方钢管80×60×3.0)	10×(48+2×0.06)×[(0.08+0.06)×2×0.003×1×7.85]=3.173	t	3.173	
6	支座	(13×2+3×2)×[0.22×0.22×0.01+0.2×0.2×0.01+4×(0.05×0.05×0.006)+(0.2×0.276×0.012)×2]×7.85=0.57	t	0.57	包括肋板、底板、垫板和过渡板的重量，详见图7-50中支座详图
7	埋件	钢板：(13×2+3×2)×(0.24×0.24×0.02)×7.85=0.289 Φ18锚筋：2×(13×2+3×2)×1.998÷1000×(0.11+0.4×2+0.1×2)=0.142	t	0.431	Φ18钢筋的理论重量是1.998kg/m

本案例钢杆件、檩条的损耗率定为3%，管理费率5%，利润取5%。

1) 表7-11计价分析

网架工程报价单 **表7-11**

工程名称：某仓库屋面　　　　建筑面积：1169.34m^2

序号	项目	分项工程	单位	工程量	单价	分项造价(元)	备注
一	网架部分	钢球	t	2.335	6100.00	14243.50	
		杆件、支托	t	18.275	5100.00	93202.50	
		封板	件	2576	3.00	7728.00	
		高强螺栓、顶丝	t	0.931	9800.00	9123.80	
		钢檩条	t	3.268	4300.00	14052.40	
		锥头	t	1.218	6300.00	7673.40	

续表

序号	项目	分项工程	单位	工程量	单价	分项造价(元)	备　注
		支座、埋件	t	1.031	5500	5670.67	
二	屋面维护部分	75厚EPS屋面板	m^2				
		收边、包脚件，泛水	m^2				
		密封胶、自攻螺栓	m^2				
		钢天沟	m^2				
		落水系统	套				
			m				
三	满堂脚手架		m^2	1169.34	10.00	11693.40	
四	直接费合计		元	163387.67			
五	管理费		5%	8169.38			
六	利润		5%	8577.85			
七	税金		3.41%	6142.60			
八	总造价		元	186277.50			

注：1. 报价不包括土建部分及屋面维护部分；
2. 没有考虑运输费用；
3. 没有考虑防火涂装的费用；
4. 没有考虑吊装等施工措施费。

钢球的工程量 2.335t 是净用量，目前螺栓球是根据图纸到网架配件生产厂家定做，价格在 5300 元/t，这就是材料费和加工费了，再考虑一定的运输费用即可。安装费取 600～1000 元/t。本案例安装费取 800 元/t，这样，钢球的单价即 5300＋800＝6100 元/t。

杆件的工程量是表 7-10 中的工程量 16.748t 考虑 3%的损耗得到的。目前钢管的价格在 3500 元/t 左右，杆件需要加工厂加工，加工费在 600～1000 元/t，安装费取 600～1000 元/t。本案例加工费 800 元/t，安装费取 800 元/t，这样，钢杆件的单价即 3500＋800＋800＝5100 元/t。支托单价同杆件。

檩条的工程量是表 7-10 中的工程量 3.173t 考虑 3%的损耗得到的。材料费是 3200～3500 元/t，和钢管的规格有关系，本案例取 3300 元/t，加工费 400 元/t，安装费 600 元/t，合计 4300 元/t。

支座和埋件基本是由钢板加工而成，材料费与钢板厚有关系，我们在此取 3900 元/t，加工费 800 元/t，施工费 800 元/t，单价：3900＋800＋800＝5500 元/t。工程量考虑 3%的损耗。

该网架的其他配件价格表如下：

① 顶丝：

M6×13：0.12 元/个；M6×15：0.15 元/个；M6×17：0.18 元/个

② 螺栓：

M16：1.40 元/个；M20：1.40 元/个；M24：3.90 元/个
M27：5.17 元/个；M30：7.85 元/个；M33：9.95 元/个

③ 螺母：

M17：0.75 元/个；M21：0.83 元/个；M25：1.55 元/个
M28：2.10 元/个；M31：2.55 元/个；M34：3.20 元/个

④ 封板：

48×14：1.10 元/件；60×14：1.63 元/件

⑤ 锥头：4700 元/t。

一般情况，封板按个报价，锥头按吨报价。

本工程封板由封板与锥头表可知，48×14：2126 件；60×14：450 件。均价：(1.10×2126＋1.63×450)÷(2126＋450)＝1.20 元/件，考虑到实际施工中运费、损耗等因素，按 3 元/件报价。

高强螺栓、螺母和顶丝是配合使用的，将他们合在一起按吨报价。计算过程如下：

[2436×(1.40＋0.75＋0.12)＋300×(1.40＋0.83＋0.12)＋96×(3.90＋1.55＋0.12)＋136×(5.17＋2.10＋0.15)＋56×(7.85＋2.55＋0.15)＋48×(9.95＋3.20＋0.18)]÷(0.522＋0.401＋0.0075)＝9757.87 元/t

考虑其他费用，取整数：9800 元/t。

锥头材料费 4700 元/t，加工费与安装费与杆件相同，它的报价是：4700＋800＋800＝6300 元/t。

该工程的报价详见表 7-11。

2)《建设工程工程量清单计价规范》清单计价（表 7-12）

分部分项工程量清单计价表 **表 7-12**

工程名称：某仓库屋面 第 页 共 页

序号	项目编码	项目名称	计量单位	工程数量	单价(元)	合价(元)
1	010601001001	钢网架 1. 螺栓球网架； 2. 网架跨度：24m； 3. 探伤检测； 4. 涂 C53-35 红丹醇酸防锈底漆一道 25μm	t	23.959	9460	226652.14
2	010606002001	钢檩条 1. 屋面檩条； 2. 型号：(方钢管 80×60×3.0)； 3. 涂 C53-35 红丹醇酸防锈底漆一道 25μm	t	2.173	4730	10278.29
		合计	元	236930.43		

注：1. 报价不包括土建部分及屋面维护部分；
2. 没有考虑运输费用；
3. 没有考虑防火涂装的费用；
4. 没有考虑吊装等施工措施费。

网架的清单计价，项目很少，很多费用都综合在一起，所以，综合单价的确定比较难。从工程量上来说，钢网架的工程量，应该是去掉檩条后的所有钢构件的重量，即杆件、球、锥头和封板、螺栓、螺母、顶丝、支托、支座和埋件的钢材的总重量，工程量是净用量，不考虑损耗。

计算如下：16.748＋2.335＋1.949＋0.931＋0.842＋0.153＋0.57＋0.431＝23.959t

综合单价包括以下费用：

① 材料费：

(A) 杆件：16.748×(1＋3%)×3500＝60379.54(元)

(B) 螺栓球：2.335×5300＝12375.50 元

(C) 支座和埋件：(0.57＋0.431)×(1＋3%)×3900＝4021.02(元)

(D) 锥头和封板的费用：(1.10×2126＋1.63×450)＋1.218×4700＝81413.20(元)

（E）螺栓、螺母、顶丝的费用：

2436×(1.40+0.75+0.12)+300×(1.40+0.83+0.12)+96×(3.90+1.55+0.12)+136×(5.17+2.10+0.15)+56×(7.85+2.55+0.15)+48×(9.95+3.20+0.18)=9079.70(元)

（F）支托的材料费：0.995×(1+3%)×3500=3586.98(元)

材料费合计：60379.54＋12375.50＋4021.02＋81413.20＋9079.70＋3586.98＝170855.94(元)

② 加工费和安装费：

（A）螺栓球安装费：　　2.335×800=1868.00(元)

（B）杆件、支托、支座和埋件的加工费和安装费：

(16.748+0.995+0.57+0.431)×(1+3%)×(800+800)=30890.117(元)

（C）其他安装费：　　(1.949+0.931)×800=2304(元)

加工费和安装费合计：35062.12(元)

综合单价：[(170855.94+35062.12)÷23.959]×(1+5%+5%)=9454.06(元/t)，取9460元/t。

檩条的综合单价：(3300+400+600)×(1+5%+5%)=4730(元/t)。

【例 4】 某建筑大厅设计一采光厅，采用网壳结构，屋面采用 5＋5 钢化夹胶玻璃，施工图如图 7-51～图 7-56。要求计算工程量、报价。

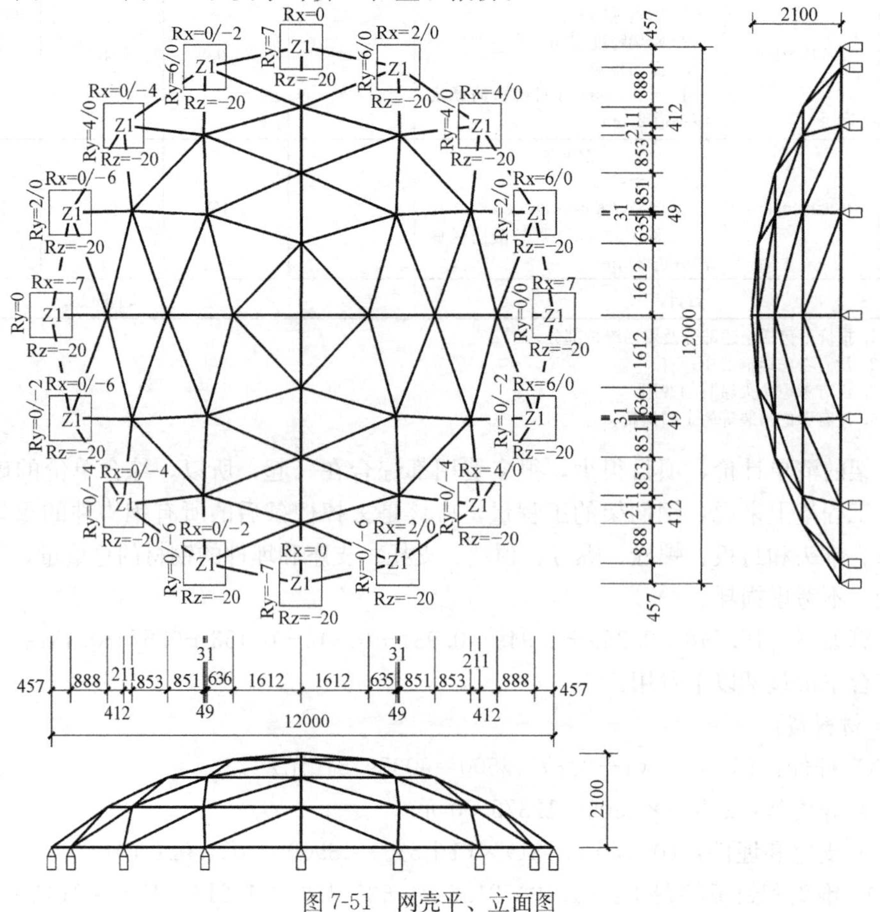

图 7-51　网壳平、立面图

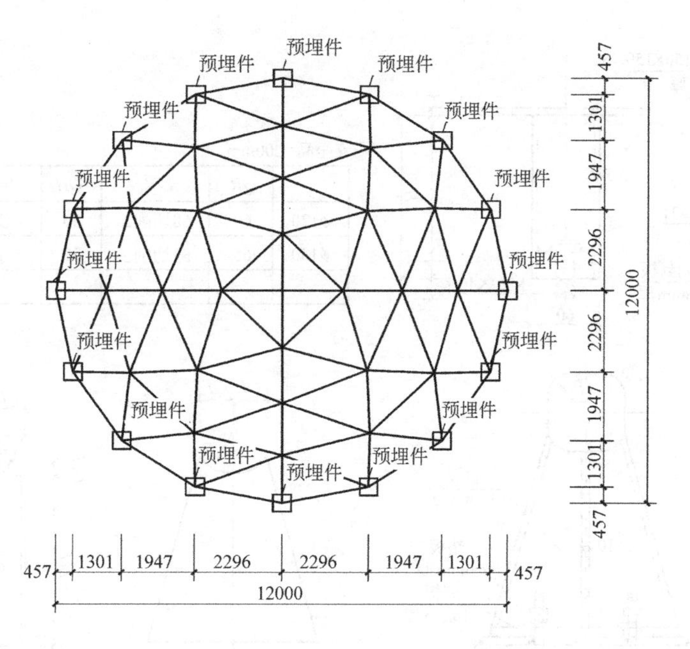

图 7-52　网壳埋件布置图

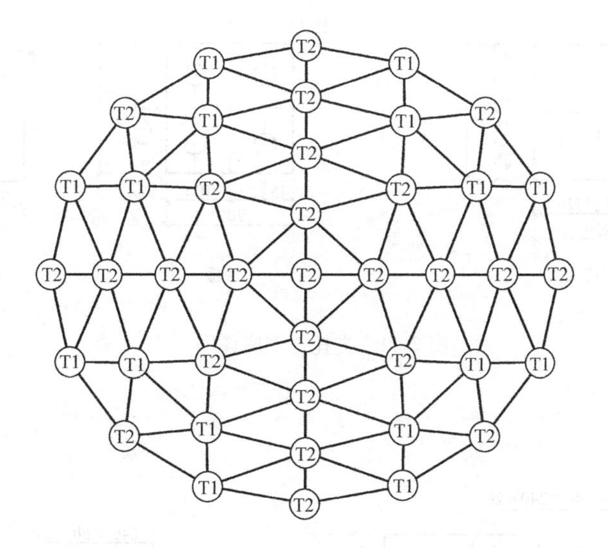

支托材料表

序号	编号	规格	长度	数量	重量	支板规格	支板重量	备注
1	T1	60×3.5	50	16	3.9	D150×8	17.8	
2	T2		55	25	6.7		27.7	
					11kg		46kg	

图 7-53　支托布置图

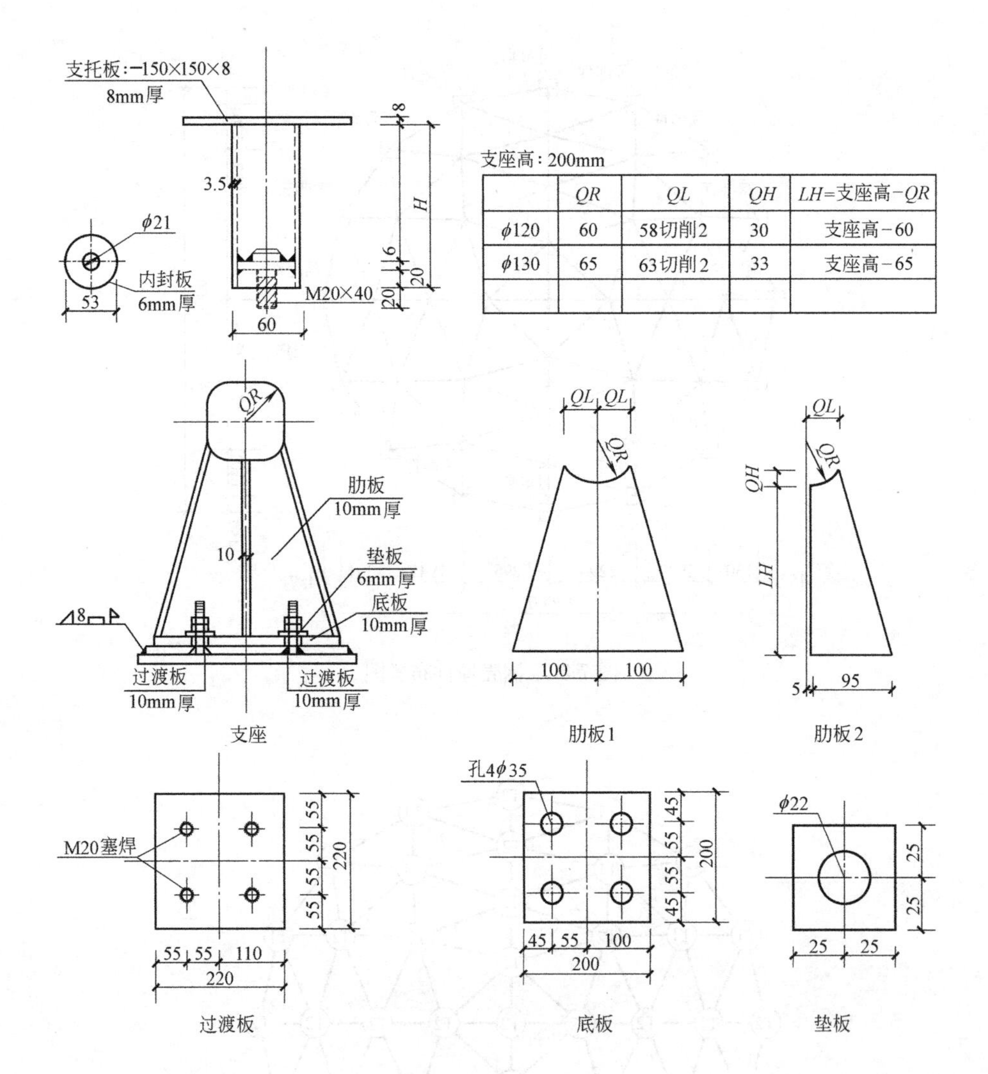

支座高: 200mm

	QR	QL	QH	LH=支座高-QR
ϕ120	60	58切削2	30	支座高-60
ϕ130	65	63切削2	33	支座高-65

图 7-54　支托、支座详图

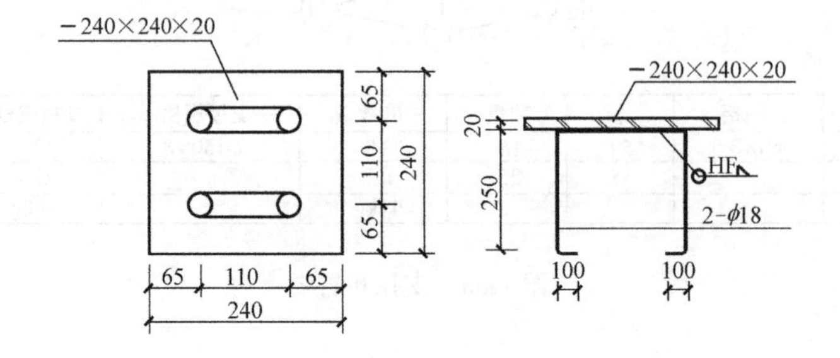

图 7-55　预埋件

杆件材料表

序号	杆件编号	规格	下料长度	焊接长度	数量	螺栓	螺母：对边/长度	封板或锥头	重量	备注
1	1	60×3	1422	1442	16	M16	27/30	60×14	95.9	
2	1A		1553	1573	8				52.4	
3	1B		1703	1723	8				57.5	
4	1C		1925	1945	8				64.9	
5	1D		2084	2104	4				35.2	
6	1E		2140	2160	16				144.4	
7	1F		2174	2194	8				73.3	
8	1G		2204	2224	4				37.2	
9	1H		2209	2229	8				74.5	
10	1I		2237	2257	8				75.5	
11	1J		2364	2384	8				79.8	
12	1K		2420	2440	8				81.6	
					104				872kg	

螺栓螺母与顶丝表

序号	螺栓	数量	重量	螺母对边/孔径	长度	数量	重量	顶丝	数量	重量	备注
1	M16	208	20.8	27/17	30	208	19.8	M6×13	208	0.5	
		208	21kg			208	20kg		208	0.5kg	

封板与锥头表

序号	规格	内孔	数量	重量	备注
1	60×14	17	208	84	
			208	84kg	

注：封板规格指外径×厚度；锥头规格指外径×长度/底厚。

螺栓球汇总表

序号	直径	数量	重量	备注
1	120	25	177.6	
2	130	16	144.5	
			322kg	

图 7-56 材料表

(1) 网架工程量的计算（表 7-13）

本案例重点介绍网架屋面维护部分的计量与计价，网架工程的计量与计价，详见【例 3】。

网架工程工程量计算书 **表 7-13**

序号	各项工程名称	计算公式	单位	数量	备　注
1	杆件	0.872（该数据来自图 7-56 杆件材料表）	t	0.872	杆件的下料重量，即净量
2	螺栓球	0.322（该数据来自图 7-56 螺栓球材料表）	t	0.322	
3	封板或锥头	0.084（该数据来自图 7-56 封板或锥头材料表）	t	0.084	
4	支托	0.011＋0.046＝0.057（该数据来自图 7-56 材料表）	t	0.057	
5	支座	16×[0.22×0.22×0.01＋0.2×0.2×0.01＋4×(0.05×0.05×0.006)＋(0.2×0.17×0.01)×2]×7.85＝0.57	t	0.204	包括肋板、底板、垫板和过渡板的重量，详见图 7-54 中支座详图

续表

序号	各项工程名称	计算公式	单位	数量	备　注
6	埋件	钢板：16×(0.24×0.24×0.02)×7.85=0.289 Φ18锚板：2×16×1.998÷1000×(0.11+0.25×2+0.1×2)=0.052	t	0.341	Φ18钢筋的理论重量是1.998kg/m
7	5+5钢化夹胶玻璃	2×3.14×6×2.1=79.128	m^2	79.128	球冠的面积 $S=2\pi Rh$
8	铝合金龙骨	由杆件的材料表中下料长度可知，铝合金龙骨的长度应为： 2×(1.422×16+1.553×8+1.703×8+1.925×8+2.804×4+2.1×16+2.174×8+2.204×4+2.209×8+2.237×8+2.364×8+2.42×8)=419.408	m	419.408	玻璃安装时，在网壳的三角形网格上要增加铝合金龙骨。工程量按延长米计算。将网壳的杆件长度加起来乘以2即可

(2) 网架工程的计价

本案例仅按目前钢结构公司的惯例报价，清单计价详见【例3】。本案例钢杆件的损耗率定为3%，管理费率5%，利润取5%。报价单见表7-14。

网架工程报价表　　表7-14

工程名称：某建筑大厅采光厅

序号	项目	分项工程	单位	工程量	单价	分项造价(元)	备注
一	网架部分	钢球	t	0.322	6100.00	1964.20	
		杆件、支托	t	0.957	5100.00	4880.70	
		封板	件	208	3.00	624	
		高强螺栓、顶丝	t	0.042	9800.00	406.70	
		支座、埋件	t	0.351	5500	1931.77	
二	屋面维护部分	5+5钢化夹胶玻璃	m^2	79.128	300	13738.40	
		铝合金龙骨	m	419.408	30	12582.24	
		密封胶	m^2	79.128	3.00	237.38	
三	直接费合计		元	36365.39			
四	管理费		5%	1818.27			
五	利润		5%	1909.18			
六	税金		3.14%	1367.17			
七	总造价		元	41460.01			

注：1. 报价不包括土建部分；
2. 没有考虑运输费用；
3. 没有考虑防火涂装的费用；
4. 没有考虑吊装等施工措施费。

本案例仅仅分析5+5钢化夹胶玻璃的单价，其他单价详见【例3】。

从施工图中看到，网壳分格是三角形的，玻璃需切割成三角形的形状安装。5+5钢化夹胶玻璃的材料价格是150元/m^2，但从方形玻璃切割成三角形玻璃的加工过程中，材料的损耗非常大，基本上是50%。即玻璃的工程量应按方形面积计算。将玻璃的损耗费用考虑到单价中，则玻璃的单价应确定如下：

$$(150\times79.128+150\times79.128)\div79.128=300\text{元}/m^2$$

7.4　钢管结构工程计量与计价案例分析

【例5】 某钢结构雨篷采用方钢管桁架结构，外包铝塑板，施工图如图7-57～图7-66。要求统计该工程的钢结构工程量清单，简要分析其价格组成（不包括铝塑板）。

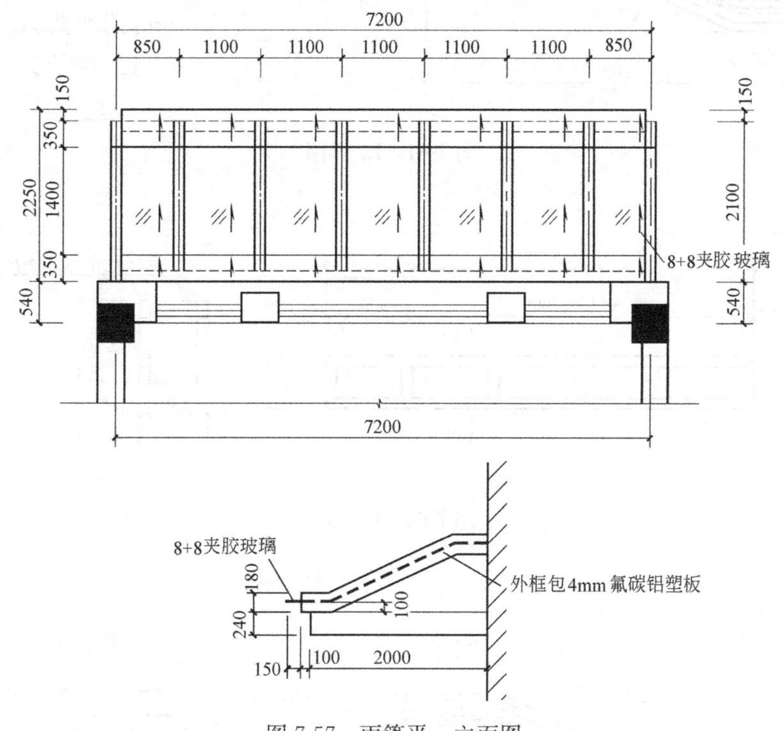

图7-57　雨篷平、立面图

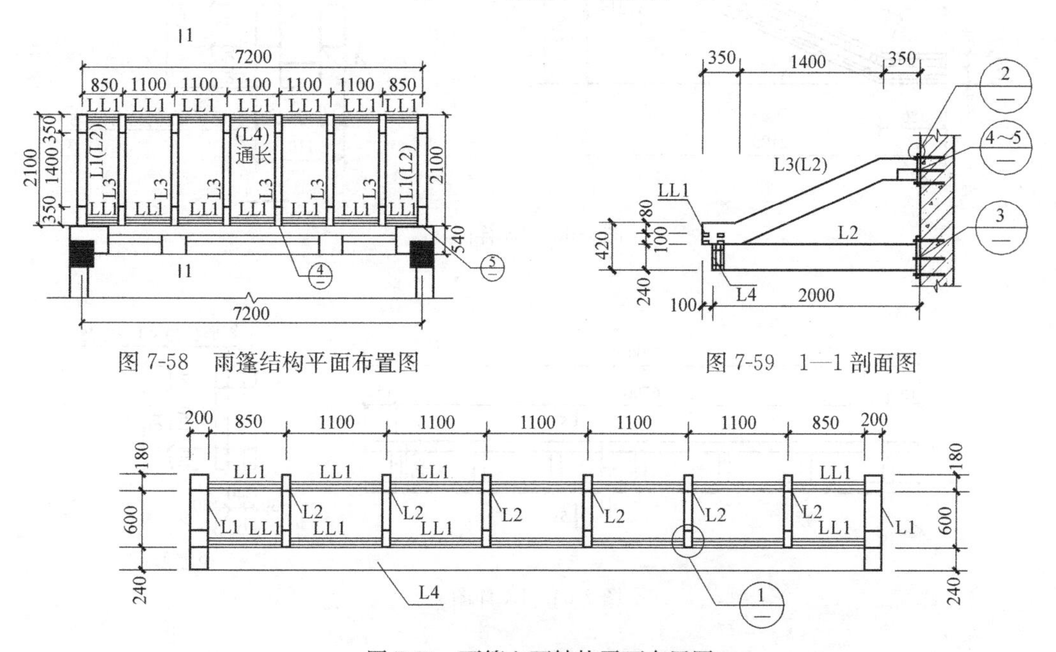

图7-58　雨篷结构平面布置图

图7-59　1—1剖面图

图7-60　雨篷立面结构平面布置图

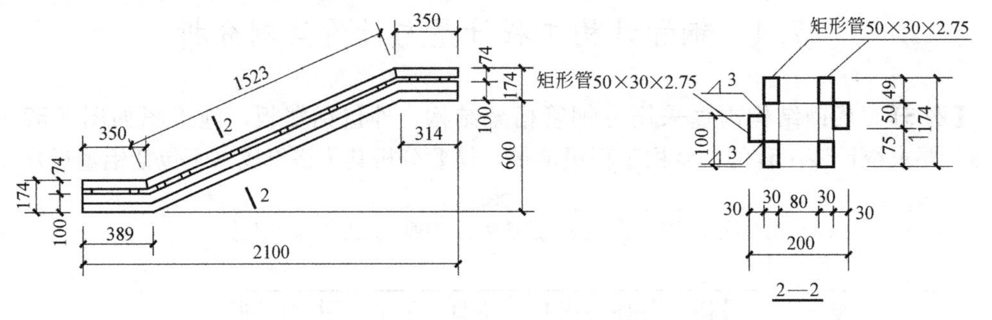

图 7-61　L1 详图

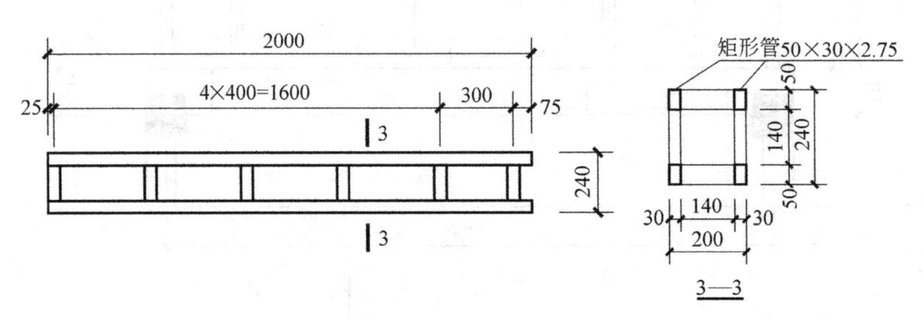

图 7-62　L2 详图

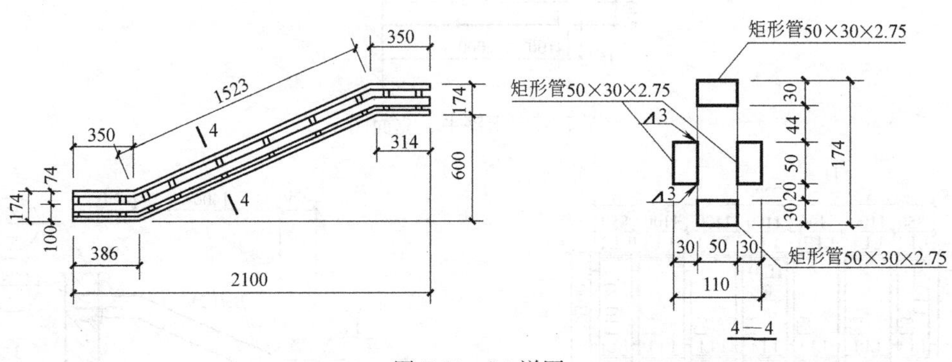

图 7-63　L3 详图

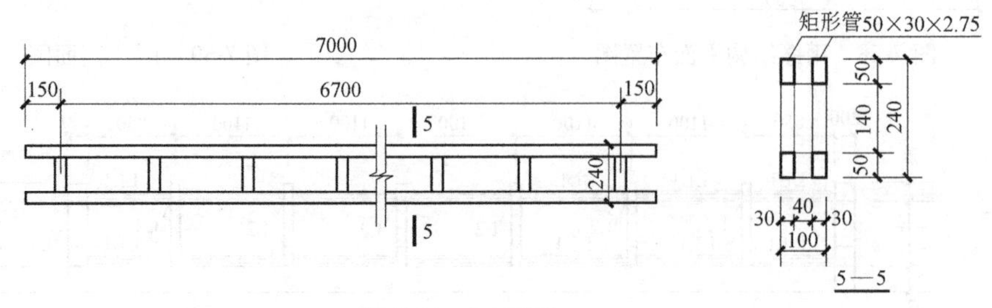

图 7-64　L4 详图

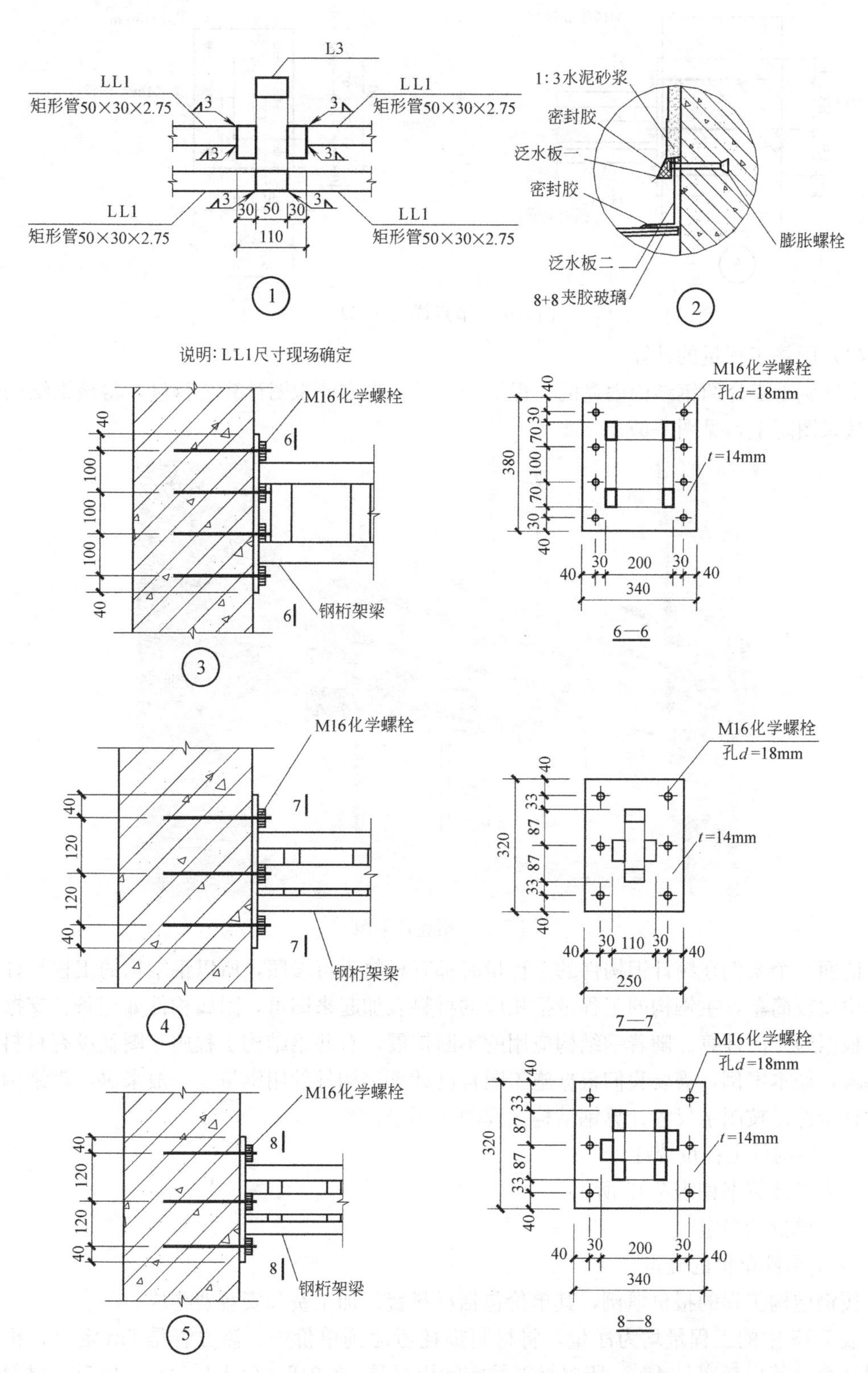

L3
LL1
矩形管50×30×2.75
3
30
50
110
1
1:3水泥砂浆
密封胶
泛水板一
泛水板二
8+8夹胶玻璃
膨胀螺栓
2
说明：LL1尺寸现场确定
M16化学螺栓
钢桁架梁
40
100
3
孔d=18mm
t=14mm
380
70
200
340
6—6
120
4
320
33
87
110
250
7—7
5
8—8

图 7-65 节点详图（一）

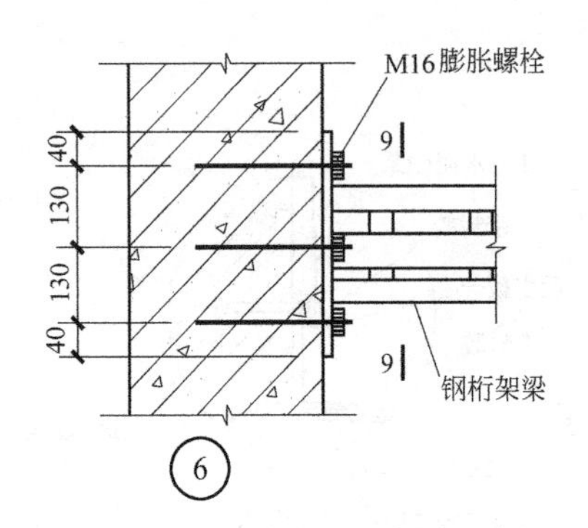

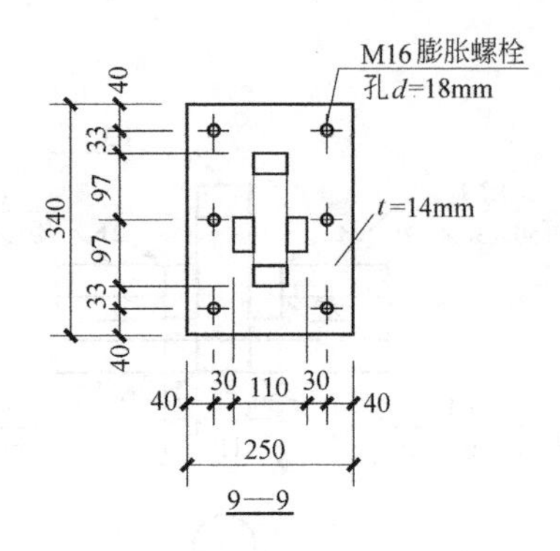

图 7-66　节点详图（二）

（1）雨篷工程量的计算

本案例重点介绍钢结构雨篷的工程量的计量。为方便识图计算工程量，将该钢结构雨篷的效果图附上，见图 7-67。

图 7-67　雨篷效果图

前面几个案例在统计钢构件的工程量时都有材料表可参照，所以钢结构的工程量计算应该说比较简单，主钢构的工程量把相应的材料表加起来即可，附属构件如檩条、支撑等需要根据施工图计算。随着钢结构应用的不断扩展，有些钢结构工程施工图就没有材料表可参考，如本案例，需要我们根据施工图自己计算钢构件的用钢量。一般来讲，钢结构工程的计量都是按图示尺寸计算钢结构工程的净用量。

（2）钢构件工程量统计

工程量计算书如表 7-15 所示。

（3）单价的确定

1）钢构件单价的确定

按钢结构工程的报价惯例，其单价包括材料费、加工费和安装费构成。

表 7-15 中的工程量均为净量，将材料损耗考虑到单价中。该方管是 6m 定尺，根据下料计算，其损耗率是 4％，所以材料的实际用量是：0.918×(1＋4％)＝0.955t。材料价格目前卖到 3550 元/t。

钢结构雨篷工程量计算书　　表 7-15

序号	构件名称	数量	截面规格（□50×30×2.75：3.454kg/m）	工程量计算	数量(t)
1	L1	2	6×□50×30×2.75	2×[6×(0.35+1.523+0.35)+2×10×(0.08+0.074)]×3.454÷1000=0.113	0.113
2	L2	2	4×□50×30×2.75	2×(4×2+4×6×0.14)×3.454÷1000=0.078	0.078
3	L3	6	4×□50×30×2.75	6×[4×(0.35+1.523+0.35)+10×0.114]×3.454÷1000=0.07	0.07
4	L4	2	4×□50×30×2.75	2×{[4×7+17×2×(0.14+0.04)]×3.454÷1000}=0.296	0.296
5	LL1	3	4×□50×30×2.75	3×(2×2×4×0.85+5×2×4×1.1)×3.454÷1000=0.509	0.509
				小计	0.918
6	化学螺栓	个	M16	2×8+8×6=64	64 个
7	预埋件	2	－380×340×14	2×0.38×0.34×0.014×7.85=0.028	0.028
		6	－320×250×14	6×0.32×0.25×0.014×7.85=0.053	0.053
		2	－320×340×14	2×0.32×0.34×0.014×7.85=0.024	0.024
				小计	0.105

注：□50×30×2.75 的理论重量计算如下：G=(0.05+0.03)×2×1×0.00275×7850=3.454kg/m。

从施工图中可以看到，该工程加工较琐碎，焊缝多而短，比较费工，根据钢结构公司提供的加工资料，该工程钢构件的加工费定为 1200 元/t，包括除锈、下料、焊接、校正、喷漆两遍。

钢结构雨篷的安装难度不大，安装高度在 3m 左右，钢构件的安装费定为 600 元/t。

所以钢构件的单价是：3550＋1200＋600＝5350 元/t。总费用：0.955×5350＝5107.75 元。

2）化学螺栓单价的确定

化学螺栓一般都是到厂家定做或直接购买，目前的价格在 20～40 元/套，与其规格有关。施工的费用应考虑打孔、抹胶、植筋、养护等工序，有时还要考虑其拔出实验的费用。不过，这个项目的利润目前还是比较客观的。当前的报价一般是 80～180 元/套不等，本工程按 120 元/套报价。

3）预埋件单价的确定

预埋钢板可以自己加工，也可以定做，主要是剪板、打孔。当工程量不是很大时，可以直接到厂家定做，价格和钢板的厚度、打孔的大小和个数有关，打孔一般是 0.5～1.00 元/眼。14mm 厚的钢板剪板的价格是 4400 元/t。安装费考虑 600 元/t，这样它的单价是：4400＋600＝5000 元/t。

7.5 索膜结构工程计量与计价

【例 6】 某膜结构公共汽车候车亭，业主要求每个公共汽车亭覆盖面积为 45m²，共

15个候车亭。采用白色加强型PVC膜材，使用不锈钢支承支架。投标人根据业主要求进行设计并报价（不包括钢筋混凝土基础的费用）。

（1）工程量计算（表7-16）

由图示尺寸计算，各项工程量统计如下：

1）膜材工程量： $45\times15=675m^2$

2）候车亭不锈钢支承支架钢材：

每一个候车亭不锈钢钢材：0.524t

总不锈钢支承支架钢材用量：$0.524\times15=7.86t$

3）钢丝绳的用量：1.65t

分部分项工程量清单 **表7-16**

工程名称：某膜结构候车亭 第 页 共 页

序号	项目编号	项目名称	计量单位	工程数量	金额	
					综合单价	合价
1	010901005001	膜结构屋面 1. 膜布:白色加强型PVC膜布 2. 支柱:不锈钢管支架支承 3. 钢丝绳:6股7丝 4. 环氧富锌底漆;脂肪族聚氨酯面漆	m^2	675	982.29	663045.75
2		本页小计		675	982.29	663045.75

（2）工程计价（表7-17）

1）加强型PVC膜布制作、安装：

① 人工费：$20.46\times675=13810.50$ 元

② 材料费：$280.34\times675=189229.50$ 元

③ 机械费：$8.75\times675=5906.25$ 元

④ 合计：208946.25元

分部分项工程量清单单价计算表 **表7-17**

工程名称：某膜结构候车亭 计量单位：m^2

项目编码：010701003001 工程数量：675

项目名称：膜结构屋面 综合单价：982.28元

序号	定额编号	工程内容	单价	数量	其中(元)					
					人工费	材料费	机械费	管理费	利润	小计
	投标人报价	白色加强型PVC膜布制作、安装	m^2	1.000	20.46	280.34	8.75	37.15	15.48	362.18
		不锈钢支架、支承、拉杆、法兰制作、安装	t	0.012	11.20	501.37	7.61	62.42	26.01	608.61
		钢丝绳制作、安装	t	0.002	1.20	7.39	0.69	1.08	0.49	11.49
		合计			32.86	789.64	17.05	100.75	41.98	982.28

2）不锈钢支架、支承、拉杆、法兰制作、安装：

① 人工费：$962.14\times7.86=7562.42$ 元

② 材料费：43056.74×7.86＝338425.98元

③ 机械费：635.32×7.86＝4993.62元

④ 合计：350982.02元

3）钢丝绳制作、安装：

① 人工费：491.18×1.65＝810.45元

② 材料费：3245.61×1.65＝5355.26元

③ 机械费：284.21×1.65＝468.95元

④ 合计：6634.66元

4）综合单价：

① 直接费合计：566562.93元

② 管理费：直接费×12%＝67987.55元

③ 利润：直接费×5%＝28328.15元

④ 总计：662878.63元

综合单价：662878.63元÷675m^2＝982.04元/m^2

第 8 章 工程量清单与招标投标

8.1 建设工程招标投标概述

建设工程实行招标投标制度，是使工程项目建设任务的委托纳入市场机制，通过竞争择优选定项目的工程承包单位、勘察设计单位、施工单位、监理单位、设备制造供应单位等，达到保证工程质量、缩短建设周期、控制工程造价、提高投资效益的目的，由发包人与承包人之间通过招标投标签订承包合同的经营制度。

所谓招标投标，是指采购人事先提出货物、工程或服务采购的条件和要求，邀请投标人参加投标并按照规定程序从中选择交易对象的一种市场交易行为。从采购交易过程来看，它必然包括招标和投标两个最基本且相互对应的环节。

建设工程招标一般是建设单位（或业主）就拟建的工程发布通告，用法定形式吸引建设项目的承包单位参加竞争，进而通过法定程序从中选择条件优越者来完成工程建设任务的法律行为。建设工程投标一般是经过特定审查而获得投标资格的建设项目承包单位，响应招标人的要求参加投标竞争，并按照招标文件的要求，在规定的时间内向招标人填报投标书、并争取中标的法律行为。

从概念可以看出，招标投标实质上是一种市场竞争行为，这与我国建立社会主义市场经济体制的发展目标是一致的。在市场经济条件下，它是一种最普通、最常见的择优方式。

市场经济的一个重要特点，就是要充分发挥竞争机制的作用，使市场主体在平等条件下公平竞争，优胜劣汰，从而实现资源的优化配置。而招标投标之中择优竞争的采购方式完全符合市场经济的上述要求，它通过事先公布采购条件和要求，众多的投标人按照同等条件进行竞争，招标人按照规定的程序从中选择中标人等一系列程序，真正实现“公开、公平、公正”的市场竞争原则。

招标投标一般具有以下特点：

1）程序规范。在招标投标活动中，从招标、评标、定标到签订合同，每个环节都有严格的程序、规则。按照目前国际惯例，招标投标程序和条件由招标人事先拟定，在招标投标双方之间具有法律效力的规则，一般不能随意改变。当事人必须严格按既定的程序和条件进行招标投标活动。

2）编制招标、投标文件。在招标投标活动中，招标人必须编制招标文件，投标人根据招标文件编制投标文件参加投标，招标人组织评标委员会对投标文件进行评审和比较，从中选出中标人。因此，是否编制招标、投标文件，是区别招标与其他采购方式的最主要特征之一。

3）全方位开放，透明度高。招标的目的是在尽可能广的范围内寻找合乎要求的中标者，一般情况下，邀请供应商或承包商的参与是无限制的。招标投标活动的各个环节均体现了“公开、公平、公正”的基本原则，招标人一般要在指定或选定的报刊或其他媒体刊登招标通告，邀请所有潜在的投标人参加投标；投标人提供给供应商或承包商的招标文件必须对拟采购的货物、工程或服务作出详细的说明，使供应商和承包商有共同的依据来编写投标文件；招标人事先要向供应商或承包商充分透露评价和比较投标文件以及选定中标者的标准；招标人在提交投标文件的最后截止日公开开标；严格禁止招标人与投标人就投标文件的实质性内容单独谈判。这样，招标投标活动完全置于公开的社会监督之下，可以防止不正当的交易行为。

4）公平、客观。招标投标全过程自始至终按照事先制定的程序和条件，本着公平竞争的原则进行。在招标公告或投标邀请书发出后，任何有能力或有资格的投标者均可参加投标。招标方不得有任何歧视某一投标者的行为。同样，评标委员会在组织评标时公平客观地对待每一个投标者。

5）交易双方一次成交。一般交易往往进行多次谈判之后才能成交。工程招标则不同，在投标人递交投标文件后到确定中标人之前，招标人不得与投标人就投标价格等实质性内容进行谈判，禁止双方面对面地讨价还价。也就是说，投标者只能应邀请进行一次性报价，并以此报价作为签订合同的基础。

基于以上特点，招标投标对于获取最大限度的竞争，使参与投标的供应商或承包商获得公平、公正的待遇，以及提高公平采购的透明度和客观性，促进采购资金的节约和采购效益的最大化，杜绝腐败和滥用职权，都具有至关重要的作用。

(1)《中华人民共和国招标投标法》简介

1999年8月30日，全国人大常委会通过了《中华人民共和国招标投标法》（以下简称《招标投标法》)，并于2000年1月1日起施行。

1）《招标投标法》的立法目的

《招标投标法》是我国招标法的基本法律，其立法目的是“规范招标投标活动，保护国家利益、社会公众利益和招标投标当事人的合法权益，提高经济效益，保证项目质量”。

2）《招标投标法》的组成

《招标投标法》在以下几方面对招标投标活动予以规范：一是明确了必须进行招标的范围；二是招标投标活动应当遵循公开、公平、公正和诚实信用的原则；三是对招标投标活动的行政监督管理作出规定；四是招标方式的规定；五是招标代理机构的规定；六是招标投标程序的具体规定；七是关于法律责任的规定。通过以上有关规定对招标活动予以规范，使招标投标活动有法可依，纳入法制的轨道。

《招标投标法》共分六章，六十八条。第一章为总则，规定了《招标投标法》的立法宗旨、适用范围、强制招标的范围、招标投标活动中应遵循的基本原则以及对招标投标活动的监督；第二章至第四章根据招标投标活动的具体程序和步骤，规定了招标、投标、开标、评标和中标各阶段的行为准则；第五章规定了违反上述规则应承担的法律责任，一至五章构成了《招标投标法》的具体内容；第六章为附则，规定了可以不进行招标的特殊情况以及生效日期等。

3）《招标投标法》的实施意义

《招标投标法》的制定实施，对依法建立和完善我国招标投标制度，规范我国招标投标活动，保障国有资金的有效使用，提高经济效益，有着极为重要的意义。同时，由于招标采购活动的透明环境，有效防止了腐败行为的发生。通过招标，选择真正符合要求的供应商、承包商，使项目的质量得到了保证，也保证了国家利益、社会公共利益以及当事人的合法权益。

(2) 招标投标活动应遵循的原则

《招标投标法》规定："招标投标活动应当遵循公开、公平、公正和诚实信用的原则"。

1) 公开原则，是指招标投标的程序要有透明度，招标人应当将招标信息公布于众，以招引投标人做出积极反映。在招标采购制度中，公开原则贯穿于整个招标投标程序中。有关招标投标的法律和程序应当公布于众。依法必须进行招标的项目的招标人采用公开招标方式的，应当通过国家指定的报刊、信息网络或者其他媒介发布招标公告。招标人须对潜在的投标人进行资格审查，应当明确资格审查的标准，国家对投标人的资格条件有规定的，依照其规定。

2) 公平原则，是指所有投标人在招标投标活动中机会都是平等的，所有的投标人享有同等的权利，要一视同仁，不得对投标人实行歧视待遇。

3) 公正原则，是要求客观地按照事先公布的条件和标准对待各投标人。招标人实行资格预审的，招标人应当按照资格预审文件载明的标准和方法对潜在的投标人进行评审和比较。总之，公正原则是指对待所有的投标人的条件和标准要公正。只有这样，对各投标人才是公平的。

4) 诚实信用原则，是市场经济交易当事人应当严格遵守的道德准则。在我国，诚实信用原则是民法、合同法的一项基本原则，它是指民事主体在从事民事活动时，应当诚实守信，以善意的方式履行其义务，不得滥用权力及回避法律或者合同规定的义务。另外，诚实信用原则要求维持当事人之间的权益以及当事人权益与社会权益的平衡。

(3) 建设工程招标范围与方式

从各国情况来看，由于政府及公共部门的资金主要来源于税收，因此，提高资金的使用效率是纳税人对政府和公共部门提出的必然要求。我国是以公有制为基础的社会主义国家，建设资金主要来源于国有资金，为切实保护国有资产，发挥最佳经济效益，通过立法把使用国有资金的建设项目纳入强制招标的范围，是切实保护国有资产的重要措施。

1) 建设工程招标投标的分类

建设工程招标投标，可分为整个建设过程各个阶段的全部工作，称工程建设总承包招标或全过程总体招标，或是其中某个阶段的招标，或是某一个阶段中的某一专项招标。一般可分为建设项目总承包招标投标、工程勘察设计招标投标、工程施工招标投标、工程建设项目监理招标投标和设备材料招标投标等。

① 建设项目总承包招标投标又叫建设项目全过程招标投标，在国外称之为"交钥匙"工程招投标。它是指从项目建设书开始，包括可行性研究、勘察设计、设备材料询价与采购、工程施工、生产准备、投料试车，直至竣工投产、交付使用全面实行招标。工程总承包单位根据建设单位（业主）所提出的工程要求，对项目建议书、可行性研究、勘察设计、设备询价选购、材料订货、工程施工、职工培训、试生产、竣工投产等实行全面报价投标。

② 工程勘察设计招标投标是指招标单位就拟建工程向勘察和设计单位发布通告，以

法定方式吸引勘察单位或设计单位参加竞争，经招标单位审查获得投标资格的勘察、设计单位，按照招标文件的要求，在规定的时间内向招标单位填报投标书，招标单位从中择优确定中标单位完成工程勘察或设计任务。

③ 工程施工招标投标则是针对工程施工阶段的全部工作开展的招标投标，根据工程施工范围大小及专业不同，可分为全部工程招标、单项工程招标和专业工程招标等。

④ 监理招标投标的标的是“监理服务”，与工程建设中其他各类招标投标的最大区别表现在监理单位不承担物质生产任务，只是受招标人委托对生产建设过程提供监督、管理、协调、咨询等服务。鉴于标的的特殊性，招标人选择中标人的基本原则是“基于能力的选择”。

⑤ 设备材料招标投标是针对设备、材料供应及设备安装调试等工作进行招标投标。

2）建设工程招标投标的范围

在我国，强制招标的范围着重于工程建设项目，而且是工程建设项目全过程的招标，包括从勘察、设计、施工、监理到设备、材料的采购。

①《招标投标法》规定必须招标的范围：

根据《招标投标法》的规定，在中华人民共和国境内进行的下列工程项目必须进行招标：大型基础设施、公用事业等关系社会公共利益、公众安全的项目；全部或者部分使用国有资金或者国家融资的项目；使用国际组织或者外国政府贷款、援助资金的项目。

② 可以不进行招标的范围：

按照《招标投标法》和有关规定，属于下列情形之一的，经县级以上地方人民政府建设行政主管部门，可以不进行招标：涉及国家安全、国家秘密的工程；抢险救灾工程；利用扶贫资金实行以工代赈、需要使用农民工等特殊情况；建筑造型有特殊要求的设计；采用特定专利技术、专有技术进行设计或施工；停建或者缓建后恢复建设的单位工程，且承包人未发生变更的；施工企业自建自用的工程，且施工企业资质等级符合工程要求的；在建工程追加的附属小型工程或者主体加层工程，且承包人未发生变更的；法律、法规、规章规定的其他情形。

3）建设工程招标投标的方式

《招标投标法》第十条规定，招标分为公开招标和邀请招标。

① 公开招标，是指招标人在指定的报刊、电子网络或其他媒体上发布招标公告，吸引众多的投标人参加投标竞争，招标人从中择优选择中标单位的中标方式。公开招标是一种无限制的竞争方式，按竞争程度又可以分为国际竞争性招标和国内竞争性招标。公开招标可以保证招标人有较大的选择范围，可在众多的投标人中选定报价合理、工期较短、信誉良好的承包商，有助于打破垄断，实行公平竞争。

② 邀请招标，也称选择性招标或有限竞争招标，是指招标人以投标邀请书的方式邀请特定的法人或者其他组织投标，选择一定数目的法人或其他组织（不少于 3 家）。邀请招标的优点在于：经过选择的投标单位在施工经验、技术力量、经济和信誉都比较可靠，因而一般能保证进度和质量要求。此外，参加投标的承包商数量少，因而招标时间相对缩短，招标费用也较少。

由于邀请招标在价格、竞争的公平方面仍存在一些不足之处，因此《招标投标法》规定，国家重点项目和省、自治区、直辖市的地方重点项目不宜进行公开招标，经过批准后可以进行邀请招标。

③ 公开招标与邀请招标在招标程序上的主要区别

(A) 招标信息的发布方式不同。公开招标是利用招标广告发布招标信息，而邀请招标则是采用向3家以上具备实施能力的投标人发出投标邀请书，请他们参与投标竞争。

(B) 对投标人资格预审的时间不同。进行公开招标时，由于投标响应者较多，为了保证投标人具备相应的实施能力，以及缩短评标时间，突出投标的竞争性，通常设置资格预审程序。而邀请招标由于竞争范围小，且招标人对邀请对象的能力有所了解，不需要再进行资格预审，但评标阶段还要对各投标人的资格和能力进行审查和比较，通常成为“资格后审”。

(C) 邀请的对象不同。邀请招标邀请的是特定的法人或者其他组织，而公开招标则是向不特定的法人或者其他组织邀请投标。

4) 建设工程公开招标投标的程序

招标投标流程一般如下：

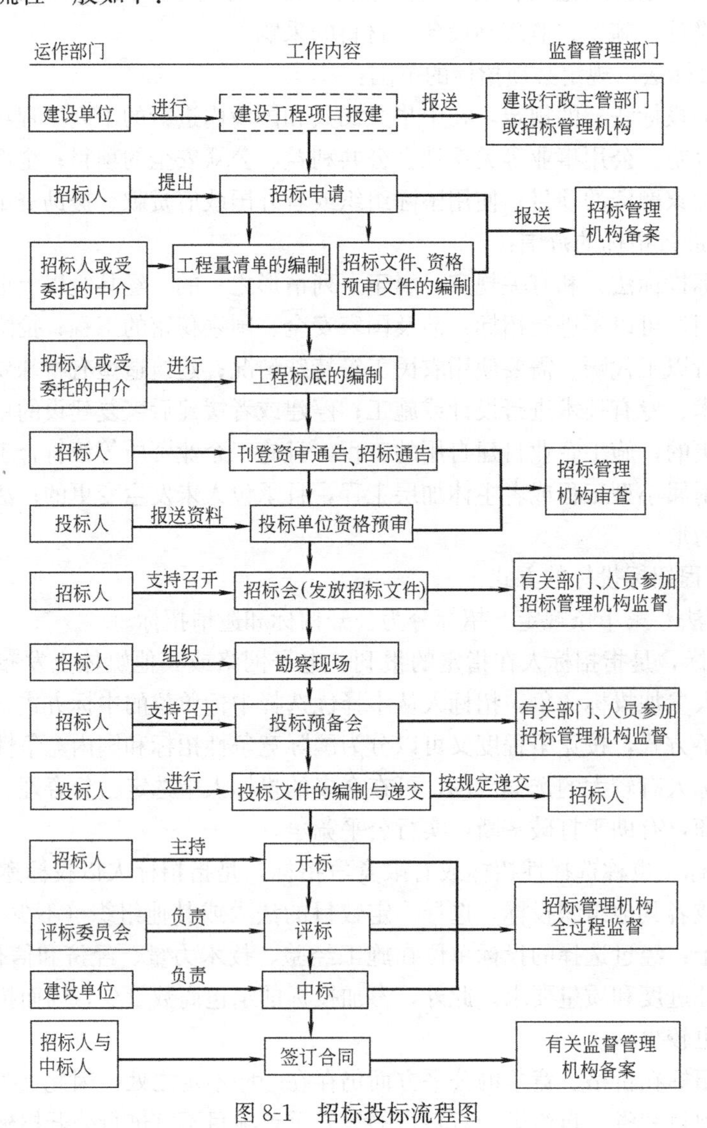

图8-1 招标投标流程图

（4）建设工程招标投标对工程造价的影响

建设工程招标投标制是我国建筑业和固定资产投资管理体制改革的主要内容之一，也是我国建筑市场走向规范化、完善化的重要举措之一。建设工程招标投标制的推行，使计划经济条件下建设任务的发包从计划分配为主转变到以投标竞争为主，使我国发包承包方式发生了质的变化。推行招标投标制，对降低工程造价，进而使工程造价得到合理控制具有非常重要的影响。这种影响主要表现在：

1）推行招标投标制基本形成了由市场定价的价格机制，使工程造价更趋于合理。推行招标投标制最明显的表现是若干投标人之间出现激烈的竞争，即相互间的竞标。这种竞争最直接、最集中的表现就是在价格上的竞争。通过竞争确定工程价格，使其趋于合理，将有利于节约投资、提高投资效益。

2）推行招标投标制便于供求双方更好地相互选择，使工程价格更加符合价值规律，进而更好地控制造价。在招标过程中，由于供求双方各自的出发点不同，存在利益矛盾，因而单纯采用“一对一”的选择方式，成功的可能性较小。采用招标投标的方式，就可以为供求双方在较大范围内进行相互选择创造了条件，为招标人与投标者在需求与供给的最佳点上提供了可能。需求者（招标人）对供给者（投标人）选择的基本出发点是“择优选择”，即选择那些报价较低、工期较短、具有良好业绩和管理水平的供给者，这样便为合理控制造价奠定了基础。

3）推行招标投标制有利于规范价格行为，使公开、公平、公正的原则得以贯彻。《招标投标法》中明确规定了招标投标活动，尤其是关系到国计民生的项目，必须接受行政监督部门的监督，并且规定了严格的招标投标程序，同时配备专家支持系统、工程技术人员的全体评估与决策，从而可以有效避免盲目过度的竞争和徇私舞弊现象的发生，对建筑领域中腐败也是强有力的遏制，使价格形成的过程变得透明而较为规范。

4）推行招标投标制能够减少交易费用，节省人力、财力、物力，使工程造价有所降低。我国目前从招标、投标、开标、评标直至定标，均有一些法律、法规规定。2001年7月，国家计委等七部委联合发布《评标委员会和评标办法暂行规定》，表明我国的招标投标已逐渐进入制度化操作。招标投标过程中，若干投标人在同一时间、地点报价竞争，通过专家评标、定标，必然减少交易过程中的费用，也就意味着招标人收益的增加，对工程造价的有效控制必然产生积极的影响。

8.2 建设工程施工招标

施工招标的特点是发包的工作内容明确、具体，各投标人编制的投标文件在评标时易于进行横向对比。虽然投标人按招标文件的工程量表中既定的工作内容和工程量编标报价，但价格的高低并非确定中标人的惟一条件，投标过程实际上是各投标人完成该项工程的技术、经济、管理等综合能力的竞争。

（1）建设工程施工招标概述

1）施工招标的发包工作范围

为了规范建筑市场有关各方的行为，《建筑法》和《招投标法》明确规定不允许采取肢解工程的方式进行招标。一个独立合同发包的工作范围可以是：

① 全部工程招标，将项目建设的所有土建、安装施工工作内容一次性发包；

② 单位工程招标；

③ 特殊专业工程招标，如设备安装工程、装饰工程、特殊地基处理等可以作为单独的合同发包。

2）预定的承包方式

承包方式应根据招标项目的规模、发包人的管理能力和合同数量的划分来确定。不同承包方式的主要区别是工程材料和设备由哪一方负责采购。

① 包工包料承包：某些大型工程经常采用包工包料的单价合同承包方式，由承包方负责建筑材料的采购，发包方将材料采购合同的管理交给承包方负责，减少合同的数量。有些小型工程由于使用的材料和设备都属于通用性的，在市场上易于采购，也可以采用这种承包方式。

② 包工部分包料承包：大型复杂工程由于建筑材料的用量较大，尤其是某些材料有特殊性质要求，永久工程设备大型化、技术复杂，往往采用包工部分包料承包。主要建筑材料和永久工程设备由发包人单独作为一个或者几个合同招标，承包方只负责少量的当地材料和中小型设备的采购。

③ 包工不包料承包：一般在中小型工程采用，供货责任全部由发包方承担。

3）招标方式的选择

公开招标与邀请招标相比，可以在较大的范围内优选中标人，有利于投标竞争，但招标花费的费用较高、时间较长。采用何种形式招标应在招标准备阶段进行认真研究，主要分析哪些项目对投标人有吸引力，可以在市场中展开竞争。对于明显可以展开竞争的项目，应首先考虑采用打破地域和行业界限的公开招标。

为了符合市场经济要求和规范招标人的行为，《建筑法》规定，依法必须进行施工招标的工程，全部使用国有资金投资或者国有资金投资占控股或主导地位的，应当招标。《招标投标法》进一步明确规定："国务院发展计划部门确定的国家重点和省、自治区、直辖市人民政府确定的地方重点项目不适宜公开招标的，经国务院发展计划部门或者省、自治区、直辖市人民政府批准，可以进行邀请招标。"采用邀请招标方式时，招标人应当向3个以上具备承担该工程施工能力、资信良好的施工企业发出投标邀请书。

采用邀请招标的项目一般属于以下几种情况之一：

① 涉及保密的工程项目；

② 专业性要求较强的工程，一般施工企业缺少技术、设备和经验，采用公开招标响应者较少；

③ 工程量较小、合同额不高的施工项目，对实力较强的施工企业缺少吸引力；

④ 地点分散且属于劳动密集型的施工项目，对外地域的施工企业缺少吸引力；

⑤ 工期要求紧迫的施工项目，没有时间进行公开招标；

⑥ 其他采用公开招标所花费的时间和费用与招标人最终可能获得的好处不相适应的施工项目。

（2）自行组织招标与委托招标

1）自行组织招标

利用招标方式选择承包单位属于招标单位自主的市场行为，因此《招标投标法》规定：招标人具备编制招标文件和组织评标能力的，可以自行办理招标事宜，向有关行政监督部门进行备案即可，任何单位和个人不得强制其委托招标代理招标事宜。

依法必须进行施工招标的工程，招标人自行办理施工招标事宜的，除应当具有编制招标文件和组织评标的能力，还应具备以下条件：

① 有专门的施工招标组织机构；

② 有与工程规模、复杂程度相适应并具有同类工程施工招标经验、熟悉有关工程施工招标法律法规和工程技术、概预算及工程管理的专业人员。

不具备上述条件的，招标人应当委托具有相应资格的工程招标代理机构代理施工招标。

2）委托招标代理机构组织招标

招标单位可以自行组织招标，也可以委托招标代理机构组织招标。招标人有权自行选择招标代理机构，委托其办理招标事宜，任何单位和个人不得以任何方式为招标人指定招标代理机构。

① 招标代理机构的性质：

招标代理机构属于中介组织，按照《招标投标法》的规定，该机构应满足以下要求：

(A) 是与行政机关或其他国家机关没有隶属管理的独立机构；

(B) 必须取得相应的资质认定。

② 招标代理机构应具备的条件：

(A) 有从事招标代理业务的营业场所和相应资金；

(B) 有能够编制招标文件和组织评标的相应专业能力，有承接代理业务的实施能力，并要求其在核定允许的范围内经营业务；

(C) 有自己的评标专家库：

专家条件：从事相关领域工作满 8 年并具有高级职称或具有同等专业水平；

专业范围：有涵盖招标所需的技术、经济等方面的专家；

人员数量：应满足建库要求。

从事工程建设项目招标代理业务的招标代理机构，其资格由国务院或者省、自治区、直辖市人民政府的建设行政主管部门认定。

(3) 招标程序

1）招标公告与投标邀请书

① 招标公告及其传播媒介：

(A) 招标公告，是指采用公开招标方式的招标人（包括招标代理机构）向所有潜在的投标人发出的一种广泛的通告。

(B)《招标投标法》关于招标公告的传播媒介的规定。招标信息的公布可以凭借报刊、广播等形式进行。依据《招标投标法》第十六条第一款规定：“招标人采用公开招标方式的，应当发布招标公告。依法必须进行招标项目的招标公告，应当通过国家指定的报刊、信息网络或者其他媒介发布。”

② 投标邀请书：

投标邀请书，是指采用邀请招标方式的招标人，向 3 个以上的具备承担招标项目能力、资信良好的特定法人或者其他组织发出的投标邀请书的通知。《招标投标法》第十七条第一款对投标邀请书作了明确的规定。

③ 招标公告或投标邀请书的具体格式可由招标人自定，内容一般包括：招标单位名称；建设项目资金来源；工程项目概况和本次招标工作范围的简要介绍；购买资格预审文件的地点、时间和价格等有关事项。

2）资格预审

① 资格预审的概念和意义：

资格预审，是指招标人在招标开始前或者开始初期，由招标人对申请参加投标人进行资格审查。认定合格后的潜在投标人，得以参加投标。一般来说，对于大中型建设项目、“交钥匙”项目和技术复杂的项目，资格预审程序是必不可少的。

资格预审的意义：招标人可以通过资格预审程序了解潜在投标人的资信情况；资格预审可以降低招标人的采购成本，提高招标工作的效率；通过资格预审，招标人可以了解到潜在的投标人对项目的招标有多大兴趣。如果潜在的投标人兴趣大大低于招标人的预料，招标人可以修改招标条款，以吸引更多的投标人参加投标；资格预审可吸引实力雄厚的承包商或者供应商进行投标。而通过资格预审程序，不合格的承包商或者供应商便会被筛选掉。这样，真正有实力的承包商和供应商也愿意参加合格的投标人之间的竞争。

② 资格预审的种类：

资格预审可分为定期资格预审和临时资格预审。

定期资格预审：是指在固定的时间内集中进行全面的资格预审。大多数国家的政府采购使用定期资格预审的办法。审查合格者被资格审查机构列入资格审查合格者名单。

临时资格预审：是指招标人在招标开始之前或者开始之初，由招标人对申请参加投标的潜在投标人进行资质条件、业绩、信誉、技术、资金等方面的情况进行资格审查。

③ 资格预审的程序：

资格预审主要包括以下几个程序：一是资格预审公告；二是编制、发出资格预审文件；三是对投标人资格的审查和确定合格者名单。

资格预审公告：是指招标人向潜在的投标人发出的参加资格预审的广泛邀请。该公告可以在购买资格预审文件前一周内至少刊登两次。也可以考虑通过规定的其他媒介发出资格预审公告。

发出资格预审文件。资格预审公告后，招标人向申请参加资格预审的申请人发放或者出售资格预审文件。资格预审是对潜在的投标人的生产经营能力、技术水平及资信、财务状况的考察。

对潜在投标人（即申请人）资格的审查和评定。招标人在规定的时间内，按照资格预审文件中规定的标准和方法，对提交资格预审申请书的潜在投标人资格进行审查。剔除不合格的申请人，只有经过资格预审合格的潜在投标人才有权参加投标。

④ 资格复审和资格后审：

资格复审，是为了使招标人能够确定投标人在资格预审时提交的资格材料是否仍然有效和准确。如果发现承包商和供应商有不轨行为，比如做假账、违约或者作弊，采购人可以中止或者取消承包商或者供应商的资格。资格后审，是指在确定中标后，对中标人是否有能力履行合同义务进行的最终审查。

3）编制和发售招标文件

《招标投标法》第十九条规定："招标人应当根据招标项目的特点和需要编制招标文件。招标文件应当包括招标项目的技术要求、对投标人资格审查的标准、投标报价要求和评标标准等所有实质性要求和条件以及拟签订合同的主要条款。""国家对招标项目的技术、标准有规定的，招标人应当按照其规定在招标文件中提出相应要求。""招标项目需要划分标段、确定工期的，招标人应当合理划分标段、确定工期，并在招标文件中载明。"

(4) 招标文件

招标文件是整个招标过程所遵循的基础性文件，是投标和评标的基础，也是合同的重要组成部分。一般情况下，招标人与投标人之间不进行或进行有限的面对面交流，投标人只能根据招标文件的要求编写投标文件，因此，招标文件是联系、沟通招标人与投标人的桥梁。能否编制出完整、严谨的招标文件，直接影响到招标的质量，也是招标成败的关键。

1) 招标文件的作用

招标文件的作用主要表现在以下三个方面：

① 招标文件是投标人准备投标文件和参加投标的依据；

② 招标文件是招标投标活动当事人的行为准则和评标的重要依据；

③ 招标文件是招标人和投标人签订合同的基础。

2) 招标文件的组成

招标文件的内容大致分为三类：

① 关于编写和提交投标文件的规定，载入这些内容的目的是尽量减少承包商或供应商由于不明确如何编写投标文件而处于不利地位或其投标遭到拒绝的可能；

② 关于对投标人资格审查的标准及投标文件的评审标准和方法，这是为了提高招标过程的透明度和公平性，所以非常重要，也是不可缺少的；

③ 关于合同的主要条款，其中主要是商务性条款，有利于投标人了解中标后签订合同的主要内容，明确双方的权利和义务。其中，技术要求、投标报价要求和主要合同条款等内容是招标文件的关键内容，统称实质性要求。

招标文件一般至少包括以下几项内容：

(A) 投标人须知；

(B) 招标项目的性质、数量；

(C) 技术规格；

(D) 投标价格的要求及其计算方式；

(E) 评标的标准和方法；

(F) 交货、竣工或提供服务的时间；

(G) 投标人应当提供的有关资格和资信证明；

(H) 投标保证金的数额或其他有关形式的担保；

(I) 投标文件的编制要求；

(J) 提供投标文件的方式、地点和截止时间；

(K) 开标、评标、定标的日程安排；

(L) 主要合同条款。

3) 对招标文件的补充和修改

招标文件发售给投标人后，在投标截止日期前的任何时候招标人均可以对其中的任何内容或者部分加以补充或者修改。

① 对投标人书面质疑的解答。投标人研究招标文件和进行现场考察后会对招标文件中的某些问题提出书面质疑，招标人如果对其问题给予书面解答，就此问题的解答应同时送达每一个投标人，但送给其他人的解答不涉及问题的来源以保证公平竞争。

② 标前会议的解答。标前会议对投标人和即席提出问题的解答，在会后应以会议纪要的形式发给每一个投标人。

③ 补充文件的法律效力。不论是招标人主动提出的对招标文件有关内容的补充或修改，还是对投标人质疑解答的书面文件或标前会议纪要，均构成招标文件的有效组成部分，与原发出的招标文件不一致之处，以各文件的发送时间靠后者为准。

④ 补充文件的发送对投标截止日期的影响。在任何时候招标人均可对招标文件的有关内容进行补充或者修改，但应给投标人合理的时间在编制投标书时予以考虑。按照《招标投标法》规定，澄清或者修改文件应在投标截止日期的15天以前送达每一个投标人。因此若迟于上述时间时投标截止日期应当相应顺延。

8.3　建设工程施工投标

（1）建设工程施工投标概述

建设工程施工投标，是指承建单位依据有关规定和招标单位拟定的招标文件参与竞争，并按照招标文件的要求，在规定的时间内向招标人填报投标书、并争取中标，以图与建设工程项目法人单位达成协议的经济法律活动。

《招标投标法》第二十五条规定："投标人是响应招标、参加投标竞争的法人或者其他组织。"所谓响应投标，主要是指投标人对招标文件中提出的实质性要求和条件做出响应。

《招标投标法》第二十六条规定："投标人应当具备承担招标项目的能力；国家有关规定对投标人资格条件或者招标文件对投标人资格条件有规定的，投标人应当具备规定的资格条件。"

1）投标人应当具备承担招标项目的能力。就建筑企业来说，这种能力主要体现在有关不同的资质等级的认定上。如根据《建筑企业资质管理规定》，工程施工总承包资质等级分为特、一、二级；施工企业承包资质等级分为一、二、三、四级。

2）招标人在招标文件中对投标人的资格条件有规定的，投标人应当符合招标文件规定的资格条件；国家对投标人的资格条件有规定的，依照其规定。

（2）投标文件

1）投标文件的组成

投标文件的组成，也就是投标文件的内容，根据招标项目的不同，投标文件的组成也会存在一定的区别。《招标投标法》规定："招标项目属于建设施工的，投标文件的内容应当包括拟派出的项目负责人与主要技术人员的简历、业绩和拟用于完成招标项目的机械设备等。"

2）投标文件的编制

在编制投标文件时应按照招标文件的要求填写，投标报价应按招标文件中要求的各种因素和计算依据，并按招标文件要求办理提交投标担保；投标文件编制完成后应仔细整理、核对，并按招标文件的规定进行编制，并提供足够份数的投标文件副本；投标文件需经投标人的法定代表人签署并加盖单位公章和法定代表人印鉴，按招标文件中规定的要求密封、标志。

3）投标文件的送达及其补充、修改和撤回

① 投标文件的送达。在投标截止时间前按规定时间、地点递交至招标人。招标人收到投标文件后，应当签收保存，不得开启。提交投标文件的投标人少于三个的，招标人应当依法重新招标；在招标文件要求提交投标文件的截止日期后送达的投标文件，招标人应当拒收。

② 投标文件的补充、修改或者撤回。投标人在招标文件要求提交投标文件的截止的时间前，可以补充、修改或者撤回已提交的投标文件，并书面通知招标人。补充、修改的内容为投标文件的组成部分。

(3) 联合体共同投标

联合体共同投标，是指两个以上法人或者其他组织自愿组成一个联合体，以一个投标人的身份共同投标的法律行为。由此可见，所谓联合体共同投标，是指由两个以上的法人或者其他组织共同组成非法人的联合体，以该联合体的名义即一个投标人的身份共同投标的组织形式。

1）联合体共同投标的特征

① 该联合体的主体包括两个以上的法人或者其他组织；

② 该联合体的各组成单位通过签订共同投标协议来约束彼此的行为；

③ 该联合体以一个投标人的身份共同投标。就中标项目向招标人承担连带责任。

2）联合体各方均应当具备承担招标项目的相应能力

《招标投标法》第三十一条第二款规定："联合体各方均应当具备承担招标项目的能力；国家有关规定或者招标文件对投标人资格条件有规定的，联合体各方均应当具备规定的相应资格条件。由同一专业的单位组成的联合体，按照资质等级较低的单位确定资质等级。"

8.4 开标、评标与定标

在工程项目招投标中，评标是选择中标人、保证招标成功的重要环节。只有做出客观、公正的评标，才能最终正确的选择最优秀最合适的承包商，从而顺利进入到工程的实施阶段。

(1) 开标

开标，是指招标人将所有投标人的投标文件启封揭晓。我国《招标投标法》规定，开标应当在招标通告中约定地点，招标文件确定的提交投标文件截止时间的同一时间公开进行。开标由招标人主持，邀请所有投标人参加。开标时，要当众宣读投标人名称、投标价格、有无撤标情况以及招标单位认为其他合适的内容。

投标单位法定代表人或授权代表未参加开标会议视为自动弃权。投标文件有下列情形之一的将视为无效：

1）投标文件未按规定的标志加封；

2）未经法定代表人签署或未加盖单位公章或未加盖法定代表人印鉴；

3）未按规定的格式填写，内容不全或字迹模糊辨认不清；

4）投标截止时间以后送达的投标文件。

（2）评标

1）评标机构

《招标投标法》规定，评标由招标人依法组建的评标委员会负责。依法必须招标的项目，评标委员会由招标人的代表和有关技术、经济等方面的专家组成，成员人数在5人以上的单数，其中，技术、经济等方面的专家不少于成员总数的三分之二。

技术、经济等专家应当从事相关领域工作8年且具有高级职称或具有同等专业水平，由招标人从国务院有关部门或省、自治区、直辖市人民政府有关部门提供的专家名册或者招标代理机构的专家库内的相关专业的专家名单中确定；一般招标项目可以采取随机抽取方式，特殊招标项目可以由招标人直接确定。与招标人有利害关系的人不得进入相关项目的评标委员会，已经进入的应当更换。评标委员会成员的名单在中标结果确定前应当保密。

2）评标的保密性与独立性

按照我国招标投标法，招标人应当采取必要措施，保证评标在严格保密的情况下进行。所谓评标的严格保密，是评标在封闭状态下进行，评标委员会在评标过程中有关检查、评审和授标的建议等情况均不得向投标人或与该程序无关的人员透露。

由于招标文件中对评标的标准和方法进行了规定，列明了价格因素和价格因素之外的评标因素及其量化计算方法，因此，所谓评标保密，并不是在这些标准和方法之外另搞一套标准和方法进行评审和比较，而是这个评审过程是招标人及其评标委员会的独立活动，有权对整个过程保密，以免投标人及其他有关人员知晓其中的某些意见、看法或决定，而想办法干扰评标活动的进行，也可以制止评标委员会成员对外泄漏和沟通有关情况，造成评标不公。

3）评标文件的澄清和说明

评标时，评标委员会可以要求投标人对投标文件中含义不明确的内容作必要的澄清和说明，比如投标文件有关内容前后不一致、明显打字（书写）错误或纯属计算上的错误等，评标委员会应通知投标人做出澄清或说明，以确认其正确的内容。澄清的要求和投标人的答复均应采用书面形式，且投标人的答复必须经法定代表人或授权代表人签字，作为投标文件的组成部分。

但是，投标人的澄清或说明，仅仅是对上述情形的解释和补正，不得有下列行为：①超出投标文件的范围。比如，投标文件中没有规定的内容，澄清时候加以补充；投标文件提出的某些承诺条件与解释不一致等等；②改变或谋求、提议改变投标文件中实质性内容。所谓实质性内容，是指改变投标文件中的报价、技术规格或参数、主要合同条款等内容。这种实质性内容的改变，其目的就是为了使不符合要求的或竞争力较差的投标变为竞争力较强的投标。实质性内容的改变将会引起不公平的竞争，因此是不允许发生的。

在实际操作中，部分地区采取“询标”的方式来要求投标单位进行澄清和解释。询标一般由受委托的中介机构来完成，通常包括审标、提出书面询标报告、质询与解答、提交书面询标经济分析报告等环节。提交的书面询标经济分析报告将作为评标委员会进行评标的参考，有利于评标委员会在较短的时间内完成对投标文件的审查、评审和比较。

4）评标原则和程序

为保证评标的公正、公平性，评标必须按照招标文件确定的评标标准、步骤和方法，不得采用招标文件中未列明的任何评标标准和方法，也不得改变招标确定的评标标准和方法。设有标底的，应当参考标底。评标委员会完成评标后，应当向招标人提交书面评标报告，并推荐合格的中标候选人。招标人根据评标委员会提出的书面评标报告和推荐的中标候选人确定中标人。招标人也可授权评标委员会直接确定中标人。

评标只对有效投标进行评审。在建设工程中，评标应遵循：

① 竞争优选；

② 公正、公平、科学合理；

③ 价格合理、保证质量、工期；

④ 反不正当竞争；

⑤ 规范性与灵活性相结合。

《招标投标法》规定，中标人的投标应当符合下列条件之一：

① 能够最大限度地满足招标文件中规定的各项综合评价标准。

② 能够满足招标文件的实质性要求，并经评审的投标价格最低；但是投标价格低于成本的除外。

评标程序一般分为初步评审和详细评审两个阶段。

初步评审，包括对投标文件的符合性评审、技术性评审和商务性评审。

① 符合性评审，包括商务符合性评审和技术符合性鉴定。投标文件应实质性响应招标文件的所有条款、条件，无显著差异和保留。所谓显著差异和保留包括以下情况：对工程的范围、质量以及使用性能产生实质性影响；对合同中规定的招标单位的权利及投标单位的责任造成实质性限制；而且纠正这种差异或保留，将会对其他实质性响应的投标单位的竞争地位产生不公正的影响。

② 技术性评审，包括方案可行性评审和关键工序评审；劳务、材料、机械设备、质量控制措施评估以及对施工现场周围环境污染的保护措施的评估等。

③ 商务性评审，包括投标报价校核；审查全部报价数据计算的正确性，分析报价构成的合理性等。

初步评审中，评标委员应当根据招标文件，审查并逐项列出投标文件的全部投资偏差。投标偏差分为重大偏差和细微偏差。出现重大偏差视为未能实质性响应招标文件，作废标处理；细微偏差指实质上响应招标文件要求，但在个别地方存在漏项或者提供了不完整的技术信息和资料等情况，且补正这些遗漏或不完整不会对其他投标人造成不公正的结果。细微偏差不影响投标文件的有效性。

经过初步评审合格的投标文件，评标委员会应当根据招标文件确定的评标标准和方法，对其技术部分和商务部分作进一步评审、比较。

5）评标方法

评标方法，是运用评标标准评审、比较投标的具体方法。评审方法一般包括经评审的最低投标价法、综合评估法和法律法规允许的其他评标方法。

综合评估法是指对投标文件提出的工程质量、施工工期、投标价格、施工组织设计或者施工方案、投标人及项目经理业绩等，能够最大限度地满足招标文件中规定的各项综合评价标准进行评审和比较。

经评审的最低投标价法，即能够满足招标文件的各项要求，投标价格最低的投标即可中选投标。在采取这种方法选择中标人时，必须注意的是，投标价不得低于成本。这里的成本，应该理解为招标人自己的个别成本，而不是社会平均成本。投标人以低于社会平均成本但不低于其个别成本的价格投标，则应该受到保护和鼓励。

经评审的最低投标价法一般适用于具有通用技术、性能标准或者招标人对其技术、性能没有特殊要求的招标项目。

6）否决所有投标

评标委员经评审，认为所有投标都不符合招标文件要求，可以否决所有投标。所有投标被否决的，招标人应当按照《招标投标法》的规定重新招标。在重新招标前一定要分析所有投标都不符的原因。因为导致所有投标都不符合招标文件的要求的原因，往往是招标文件的要求过高或不符合实际而造成的。在这种情况下，一般需要修改招标文件后再进行重新招标。

（3）中标

经过评标，确定中标人后，招标人应当向中标人发出中标通知书，并同时将中标结果通知所有未中标的投标人。中标通知书对招标人和中标人都有法律效力。中标通知书发出后，招标人改变中标结果的，或中标人放弃中标项目的，都应当依法承担法律责任。

招标人和中标人应当自中标通知书发出之日起30日内，按照招标文件和中标人的投标文件订立书面合同。招标人和中标人不得再行订立背离合同实质性内容的其他协议。招标文件要求中标人提交履约保证金的，中标人应当提交。中标人应当按照合同约定履行义务，完成中标项目。中标人不得向他人转让中标项目，也不得将中标项目肢解后分别向他人转让。中标人按照合同约定或者经招标人同意，可以将中标项目的部分非主体、非关键性工程分包给他人完成。接受分包的人应当具备相应的资格，并不得再次分包。中标人应当就分包项目向招标人负责，接受分包的人就分包项目承担连带责任。

依法必须进行招标的项目，招标人应当自确定中标人之日起15日内，向有关行政监督部门提交招标投标情况的书面报告。

8.5 工程量清单与招标

《招标投标法》的实施，确定了招标投标制度在我国建设市场中的主导地位，竞争已成为市场形成工程再造价的主要形式。尤其是国有资产投资或资金占主体的建设工程，为提高投资效益，保障国有资金的有效使用，必须实行招标。在招标工程中推行工程量清单计价，正是目前规范建设市场秩序的治本措施之一，同时也是我国招标投标制度与国际接轨的需要。因此，在出台的《建设工程工程量清单计价规范》（以下简称《计价规范》）中强调“全部使用国有资金投资或国有资金投资为主的大中型建设工程应执行本规范”，在招标中采用工程量清单计价。

（1）建设工程招标中采用工程量清单的优点

按照《计价规范》，工程量清单是指“拟建工程的分部分项工程项目、措施项目、其他项目名称和相应数量的明细清单”。采用工程量清单计价，可以将各种经济、技术、质量、进度等因素充分细化考虑到单价的确定上，并以“活价格”的形式出现，因而可以做到科学、准确地反映实际情况，有利于通过公平竞争形成工程造价。同时，工程量清单计价从技术上便于规范招标投标过程中有关各方的计价行为，避免“暗箱操作”，增加透明度。

与现行的招标投标方法相比，在招标中采用工程量清单计价主要有以下的优点：

1）工程量清单招标为投标单位提供了公平竞争的基础。由于工程量清单作为招标文件的组成部分，包括了拟建工程的分部分项工程项目、措施项目、其他项目名称和相应数量的明细清单，由招标人负责统一提供，从而有效保证了投标单位竞争基础的一致性，减少了由于投标单位编制投标文件时出现的偶然性技术误差而导致失败的可能，充分体现招投标公平竞争的原则。同时，由于工程量清单的统一提供，简化了投标报价的计算过程，节约了时间，减少了不必要的重复劳动。

2）采用工程量清单招标有利于“质”与“量”的结合，体现企业的自主性。质量、造价、工期之间存在着必然的联系。投标企业报价时必须综合考虑招标文件规定完成工程量清单所需的全部费用，不仅要考虑工程本身的实际情况，还要求企业将进度、质量、工艺及管理技术等方案落实到清单项目报价中，在竞争中真正体现企业的综合实力。

3）工程量清单计价有利于风险的合理分担。由于建筑工程本身的特性，工程的不确定性和变更因素较多，工程建设风险较大。采用工程量清单计价模式后，投标单位只对自己所报的成本、单价等负责，而对工程量的变更或计算错误等不负责任，因此，由这部分引起的风险也由业主承担，这种格局符合风险合理分担与责权利关系对等的原则。

4）用工程量清单招标，淡化了标底的作用，有利于标底的管理和控制。在传统的招标投标方法中，标底一直是个关键的因素，标底的正确与否、保密程度如何一直是人们关注的焦点。采用工程量清单招标，工程量清单作为招标文件的一部分，是公开的。同时，标底的作用也在招标中淡化，只是起到一定的控制或最高限价（即拦标）作用，对评定标的影响越来越小，在适当的时候甚至可以不编制标底。这就从根本上消除了标底泄露所带来的负面影响。

5）工程量清单招标有利于企业精心控制成本，促进企业建立自己的定额库。中标后，中标企业可以根据中标价以及投标文件中的承诺，通过对单位工程成本、利润进行分析，统筹考虑，精心选择施工方案，逐步建立企业自己的定额库，通过在施工过程中不断地调整、优化组合；合理控制现场费用和施工技术措施费用等，从而不断地促进企业自身的发展和进步。

6）工程量清单招标有利于控制工程索赔。在传统的招标方式中，“低价中标、高价索赔”的现象屡见不鲜，其中，设计变更、现场签证、技术措施费用及价格是索赔的主要内容。工程量清单计价招标中，由于单项工程的综合单价不因施工数量变化、施工难易程度、施工技术措施差异、取费等变化而调整，大大减少了施工单位不合理索赔的可能。

（2）工程量清单招标的工作程序

采用工程量清单招标，是指由招标单位提供统一招标文件（包括工程量清单），投标单位以此为基础，根据招标文件中的工程量清单和有关要求、施工现场实际情况及拟定的施工组织设计，按企业定额或参照建设行政主管部门发布的现行消耗量定额以及造价管理机构发布的市场价格信息进行投标报价，招标单位择优选定中标人的过程。一般来说，工程量清单招标的程序主要有以下几个环节：

1）在招标准备阶段，招标人首先编制或委托有资格的工程造价咨询单位（或招标代理机构）编制招标文件，包括工程量清单。在编制工程量清单时，若该工程“全部使用国有资金投资或国有资金投资为主的大中型建设工程”应严格执行建设部颁发的《计价规范》。

2）工程量清单编制完成后，作为招标文件的一部分，发给各投标单位。投标单位在接到招标文件后，可对工程量清单进行简单的复核，如果没有大的错误，即可考虑各种因素进行工程报价；如果投标单位发现工程量清单中工程量与有关图纸的差异较大，可要求招标单位进行澄清，但投标单位不得擅自变动工程量。

3）投标报价完成后，投标单位在约定的时间内提交投标文件。

4）评标委员会根据招标文件确定的评标标准和方法进行评定标。由于采用了工程量清单计价方法，所有投标单位都站在同一起跑线上，因而竞争更为公平合理。

（3）工程量清单的编制

1）编制人

《招标投标法》规定，招标文件可由有编制能力的招标人自行编制，或委托招标代理机构办理招标事宜。《计价规范》规定：“工程量清单应由具有编制招标文件能力的招标人或受其委托具有相应资质的中介机构编制”，其中，有资质的中介机构一般包括招标代理机构和工程造价咨询机构。

2）编制依据

建设部107号令《建筑工程施工发包与承包计价管理办法》规定：“工程量清单应当依据招标文件、施工设计图纸、施工现场条件和国家制定的统一工程量规则、分部分项工程项目划分、计量单位等进行编制”。即应严格按照《计价规范》编制。

3）编制内容

工程量清单的编制，应包括分部工程量清单、措施项目清单、其他项目清单，且必须严格按照《计价规范》规定的计价规则和标准格式进行。在编制工程量清单时，应根据规范和设计图纸及其他有关要求对清单项目进行准确详细的描述，以保证投标企业正确理解各清单项目的内容，合理报价。

（4）利用工程量清单编制标底

标底是建筑安装工程造价的表现形式之一，它是招标人对招标项目在方案、质量、工期、价格、措施等方面的自我预期控制指标或要求。

1）标底的作用和定位

设立标底的做法是针对我国目前建筑市场发育状况和国情而采取的措施，是具有中国特色的招标投标制度的一个具体体现。采用工程量清单计价后，标底的作用进一步淡化，有些工程也开始采用无标底招标。但作为招标人对拟建项目的投资期望，标底在目前我国的招标制度下仍然有重要的参考作用：

① 能够使招标人预先明确在拟建工程上应承担的财务义务；

② 给上级主管部门提供核实建筑规模的依据；

③ 科学的标底反映了当前建筑市场的平均水平，是招标人选择投标企业、进行评标的最基础参考依据。

因此，在《招标投标法》和七部委颁发的《评标委员会和评标办法暂行规定》中明确指出：评标委员会在评标时“设有标底的，应当参考标底”。

2）标底的编制

① 编制人。与工程量清单一样，招标标底一般由有编制招标文件能力的招标人或受其委托具有相应资质的工程造价咨询机构、招标代理进行编制。

② 编制原则和方法。在建设部《建筑工程施工发包与承包计价管理办法》（建设部107号令）中，对招标标底的编制做了规定，指出标底应依据国务院和省、自治区、直辖市人民政府建设行政主管部门制定的工程造价计价办法以及其他有关规定，市场价格信息进行编制。

《计价规范》中进一步强调：实行工程量清单计价招标投标建设工程，其招标标底、投标报价的编制、合同条款的确定与调整、工程结算应按本规范进行，并进一步规定：“招标工程如设标底，标底应根据招标文件中工程量清单和有关要求、施工现场实际情况、合理的施工办法，以及按照建设行政主管部门制定的有关工程造价计价办法进行编制”。

3）编制工程量清单及标底时应注意的问题

① 各有关单位和计价人员应认真学习和深刻掌握工程量清单计价的规则和清单招标的实质。无论用何种计价方式，招标投标中规定的程序是基本保持不变的，不同的是招标过程中计价形式和招标文件的组成及相应的评定标办法等有所变化。只有正确理解了清单招标的实质才能真正体现出工程量清单计价的优势，才能使工程量清单招标顺利地得以推行。

② 若编制工程量清单与招标标底是同一单位，应注意发放招标文件中的工程量清单与编制标底的工程量清单在格式、内容、描述等方面保持一致，避免由此而造成招标的失败或评标的不公正。

③ 工程量清单的描述必须准确全面、避免由于描述不清而引起理解上的差异，造成投标企业报价不必要的失误，影响投标的工作质量。

④ 仔细区分清单中工程量清单费、措施项目清单费、其他项目清单费和规费、税金等各项费用的组成，避免重复计算。

⑤ 注意技术标报价与商务标报价不得重复，尤其是在技术标中已经包括的措施项目报价，在列措施项目清单及做标底时应避免重复报价。

（5）利用工程量清单投标报价

投标单位根据招标文件及有关计价办法，计算出投标报价，并在此基础上研究投标策略，提出更有竞争力的报价。可以说，投标报价对投标单位竞标的成败和将来实施工程的盈亏起着决定性的作用。

1）编制的原则和办法

采用工程量清单招标后，投标单位真正有了报价的权利，但企业在充分合理的发挥自身的优势自主定价时，还应遵守有关文件的规定：

《建筑工程施工发包与承包计价管理办法》明确指出，投标报价应满足招标文件要求；应当依据企业定额和市场参考价格信息，并按照国务院和省、自治区、直辖市人民政府建设行政主管部门发布的工程造价计价办法进行编制。

《计价规范》规定："投标报价应依据招标文件中的工程量清单和有关要求、施工现场实际情况及拟定的施工方案或施工组织设计，依据企业定额和市场价格信息，或参照建设行政主管部门发布的社会平均消耗量定额进行编制。"

2）编制投标报价时应注意的问题

工程量清单计价包括了按招标文件规定完成工程量清单所需的全部费用，包括分部分项工程量清单费、措施项目清单费、其他清单费和规费、税金等。由于工程量清单计价规范在工程造价的计价程序、项目的划分和具体的计量规范上与传统的计价方式有较大的区别，因此，施工单位应加强学习，及时转变观念，做好有关的准备工作。

① 在推行工程量清单计价的初期，各施工单位应花一定的精力去吃透《计价规范》的各项规定，明确各清单项目所包括的工作内容和要求、各项费用的组成等，投标时仔细研究清单项目的描述，真正把自身的管理优势、技术优势、资源优势等落到细微的清单项目报价中。

② 注意建立企业内部定额，提高自主报价能力。企业定额是指根据企业施工技术和管理水平以及有关工程造价资料制定的，供本企业使用的人工、材料和机械台班的消耗标准，通过制定企业定额，施工企业可以清楚地计算出完成项目所需消耗的成本与工期，从而可以在投标报价时做到心中有数，避免盲目报价导致最终亏损现象的发生。

③ 投标报价书中，没有填写单价和合价的项目将不予支付，因此投标企业应仔细填写每一单项的单价和合价，做到报价时不漏项、不缺项。

④ 若编制技术标中相应报价，应避免技术标报价与商务标报价出现重复，尤其是技术标中已经包括的措施项目，投标时应注意区分。

⑤ 掌握一定的投标报价策略和技巧，根据各种影响因素和工程具体情况灵活机动的调整报价，提高企业的市场竞争力。

（6）采用工程量清单计价后评标办法的发展

无论采用哪种评标办法，都有其长处和不足，实际应用时，应根据招标人的需求进行选择，比如某些比较复杂的项目，或者招标人招标主要考虑的不是价格而是招标人的个人技术和专门知识及能力，那么，最低投标价中标的原则就难以适用，而必须采用综合评标办法，这样招标人的目的才能实现。因此，推行工程量清单招标后，需要有关部门对评标标准和评标办法进行相应的改革和完善：

1）制定更多的适应不同要求的、法律法规允许的评标办法，供招标人灵活选择，以满足不同类型、不同性质和不同特点的工程招标需要。

国家计委等七部委 2001 年 7 月颁发的《评标委员会和评标办法暂行规定》，在关于低于成本价的认定标准、中标人的确定条件以及评标委员会的具体操作等方面做出了比较具体的规定，为我们制定新的评定标方法提供了依据。目前，广东省在实施工程量清单计价后，针对新的竞争环境和不同的需求，制定了具体的"合理低价评标法"、"平均报价评标法"以及"A+B 评标法"等多种评定标试行办法，招标人可根据工程具体情况，选择一种，或其中的几种办法综合修改经建设行政主管部门备案后使用。这些方法和指导思想都值得各地或有关部门参考。

2）充分发挥行业协会、学会的作用，将行业协会制定出的行业标准引入具体的评审标准和评标办法中，以定量代替定性评标办法，提高评审的合理性。

在采用工程量清单招标的试点地区中，有的地区在评定标中将造价工程师协会制定的“市场报价低于成本”评定原则切实引入评定标办法中，借助专业的电脑软件，按照设定的量化指标标准，对投标企业报价中的消耗量、材料报价进行全面、系统的分析对比，为专家评审提供公正、全面的基础数据。

3）采用电子计算机辅助评标，提高评标速度和评标的全面性、减少人为因素，是今后有关部门进行研究的重要课题之一。

（7）推行工程量清单招标应做好的几项准备工作

1）转变观念：

首先必须正确认识招标投标。在实际工作中，我们不能把招标投标看作工程建设中的一个独立过程，而应该清楚地认识：招标投标是在整个工程建设中都发挥作用的一个重要环节。这是因为招标投标不仅是解决了施工单位的选择问题，还明确了工程的价格、工期、质量等问题，因此招标文件、投标书、施工合同等在工程建设的“全程”是“有效的”。

其次，在推行工程量清单计价，解决“游戏规则”的市场化之后，有关各方应切实转变观念，接受并适应市场化的转变。一是施工企业应积极面对市场，迎接市场的挑战；二是政府监督管理部门必须从行政管理角色，学会并做好依法监督的新角色，全面引入风险竞争约束机制，通过市场来调节和引导施工企业合理有序的竞争；三是招标代理、造价咨询、监理等中介机构必须坚持依法独立执业，为各方提供公正、诚信、准确的专业技术服务，共同建立并维护健康有序的有形建筑市场。

2）做好定额的制定和管理，及时发布市场信息，做好市场向导和服务：

定额作为工程造价的计算基础，目前在我国有其不可替代的地位和作用。采用工程量清单计价后，定额尤其是消耗量定额的作用依然重要：

① 是作为编制工程量清单，进行项目划分和组合的基础。

② 是招标工程标底、企业投标报价的计算基础，就目前我国建筑产业的发展状况来看，大部分企业还不具备建立和拥有自己的报价定额。因此，消耗量定额仍然是企业进行投标报价不可或缺的计算依据之一。

③ 是调节和处理工程造价纠纷的重要依据。

④ 是衡量投标报价中消耗量合理与否的主要参考，是合理确定行业成本的重要基础。因此，各级造价管理部门应继续做好消耗量定额的制定、补充和管理工作，同时做好各种价格信息的收集、分析、发布工作，适应市场发展的需要，做好建设市场的导向和调控工作。

3）加快建立高素质的中介机构，提高计价人员的综合素质：

中介机构和计价人员是工程量清单计价最直接也是最重要的执行者，能否顺利推行工程量清单计价，与中介机构和各层次计价人员的综合素质息息相关。从推行清单计价试点地区的情况来看，清单编制质量不好，缺项、漏项多是较为突出的问题之一，在一定程度上影响了招标工作的质量。因此，在推行工程量清单计价的同时，应做好宣传工作，加强对不同层次专业技术人员培训，提高中介机构和计价人员的综合素质，以满足清单招标的需要。

4）加强施工合同的监督管理，做好“事后跟踪”，保证招标工作成果。

5）施工合同的备案和跟踪管理，是建设行政主管部门和造价管理部门对工程招标后进行跟踪管理的最主要措施。采用工程量清单招标后，标有单价的工程量清单作为工程款支付和最终结算的重要依据，其单价在施工过程中往往是固定的。个别企业在中标后，为取得更高的利润，往往会不择手段，投标报价时候的承诺是一套，施工现场又是另一套，不严格按工程量清单中的描述进行施工，造成招标投标“市场”与施工“现场”的脱节，严重影响了招标投标的工作成果。因此，建设行政主管部门应加强施工合同的备案和跟踪管理工作，严格检查中标后施工企业在价款确定和调整、施工的保证措施等是否符合招标文件和工程量清单的要求，切实维护合同当事人双方的合法权益，提高合同的履约率。

6）加快清单计价、电子评标等相关软件的开发与推广应用：

采用清单计价后，清单项目综合单价的分析相比定额计价方法复杂了很多，要实现快速、准确、规范的投标报价，必须加快有关计算机配套软件的开发应用。同时，通过计算机辅助评标系统，可大大缩短评标时间，减少人为因素，提高评标的准确性和合理性。另外，应用计算机建立工程项目信息、主要材料价格信息、工程造价信息、投标单位信息、政策法规信息、评标专家信息等数据库，以及投标企业已完工程质量安全信息档案数据资料库等，为招标投标的监督管理提供可靠的依据，提高管理的科学性和权威性。

附录 1　型钢规格表

附 1-1　普通工字钢

符号：h——高度；

b——宽度；

t_w——腹板厚度；

t——翼缘平均厚度；

I——惯性矩；

W——截面模量；

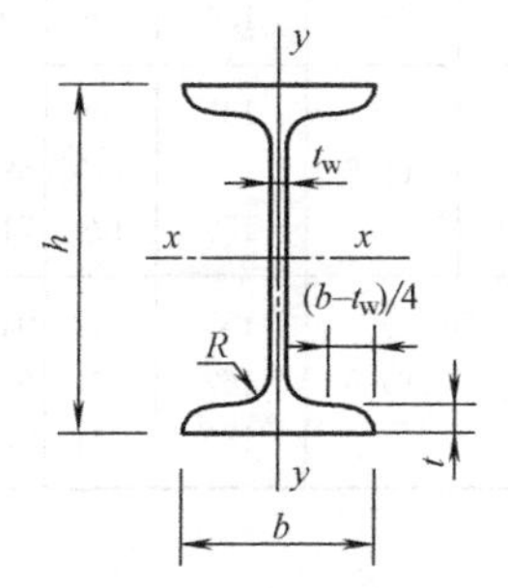

i——回转半径；

S_x——半截面的面积矩；

长度：

型号 10～18，长 5～19m；

型号 20～63，长 6～19m

附图 1-1　普通工字钢尺寸

普通工字钢规格　　　　**附表 1-1**

型号	尺寸					截面积	质量	x—x 轴				y—y 轴		
	h	b	t_w	t	R			I_x	W_x	i_x	I_x/S_x	I_y	W_y	i_y
	mm					cm^2	kg/m	cm^4	cm^3	cm		cm^4	cm^3	cm
10	100	68	4.5	7.6	6.5	14.3	11.2	245	49	4.14	8.69	33	9.6	1.51
12.6	126	74	5.0	8.4	7.0	18.1	14.2	488	77	5.19	11.0	47	12.7	1.61
14	140	80	5.5	9.1	7.5	21.5	16.9	712	102	5.75	12.2	64	16.1	1.73
16	160	88	6.0	9.9	8.0	26.1	20.5	1127	141	6.57	13.9	93	21.1	1.89
18	180	94	6.5	10.7	8.5	30.7	24.1	1699	185	7.37	15.4	123	26.2	2.00
20 a	200	100	7.0	11.4	9.0	35.5	27.9	2369	237	8.16	17.4	158	31.6	2.11
20 b		102	9.0			39.5	31.1	2502	250	7.95	17.1	169	33.1	2.07
22 a	220	110	7.5	12.3	9.5	42.1	33.0	3406	310	8.99	19.2	226	41.1	2.32
22 b		112	9.5			46.5	36.5	3583	326	8.78	18.9	240	42.9	2.27
25 a	250	116	8.0	13.0	10.0	48.5	38.1	5017	401	10.2	21.7	280	48.4	2.40
25 b		118	10.0			53.5	42.0	5278	422	9.93	21.4	297	50.4	2.36
28 a	280	122	8.5	13.7	10.5	55.4	43.5	7115	508	11.3	24.3	344	56.4	2.49
28 b		124	10.5			61.0	47.9	7481	534	11.1	24.0	364	58.7	2.44
32 a	320	130	9.5	15.0	11.5	67.1	52.7	11080	692	12.8	27.7	459	70.6	2.62
32 b		132	11.5			73.5	57.7	11626	727	12.6	27.3	484	73.3	2.57
32 c		134	13.5			79.9	62.7	12173	761	12.3	26.9	510	76.1	2.53
36 a	360	136	10.0	15.8	12.0	76.4	60.0	15796	878	14.4	31.0	555	81.6	2.69
36 b		138	12.0			83.6	65.6	16574	921	14.1	30.6	584	84.6	2.64
36 c		140	14.0			90.8	71.3	17351	964	13.8	30.2	614	87.7	2.60
40 a	400	142	10.5	16.5	12.5	86.1	67.6	21714	1086	15.9	34.4	660	92.9	2.77
40 b		144	12.5			94.1	73.8	22781	1139	15.6	33.9	693	96.2	2.71
40 c		146	14.5			102	80.1	23847	1192	15.3	33.5	727	99.7	2.67

续表

型号	尺寸					截面积	质量	x—x 轴				y—y 轴		
	h	b	t_w	t	R			I_x	W_x	i_x	I_x/S_x	I_y	W_y	i_y
	mm					cm²	kg/m	cm⁴	cm³	cm		cm⁴	cm³	cm
45 a	450	150	11.5	18.0	13.5	102	80.4	32241	1433	17.7	38.5	855	114	2.89
45 b		152	13.5			111	87.4	33759	1500	17.4	38.1	895	118	2.84
45 c		154	15.5			120	94.5	35278	1568	17.1	37.6	938	122	2.79
50 a	500	158	12.0	20.0	14.0	119	93.6	46472	1859	19.7	42.9	1122	142	3.07
50 b		160	14.0			129	101	48556	1942	19.4	42.3	1171	146	3.01
50 c		162	16.0			139	109	50639	2026	19.1	41.9	1224	151	2.96
56 a	560	166	12.5	21.0	14.5	135	106	65576	2342	22.0	47.9	1366	165	3.18
56 b		168	14.5			147	115	68503	2447	21.6	47.3	1424	170	3.12
56 c		170	16.5			158	124	71430	2551	21.3	46.8	1485	175	3.07
63 a	630	176	13.0	22.0	15.0	155	122	94004	2984	24.7	53.8	1702	194	3.32
63 b		178	15.0			167	131	98171	3117	24.2	53.2	1771	199	3.25
63 c		780	17.0			180	141	102339	3249	23.9	52.6	1842	205	3.20

附 1-2　普通槽钢

符号：同普通工字钢。但 W_y 为对应翼缘肢尖的截面模量

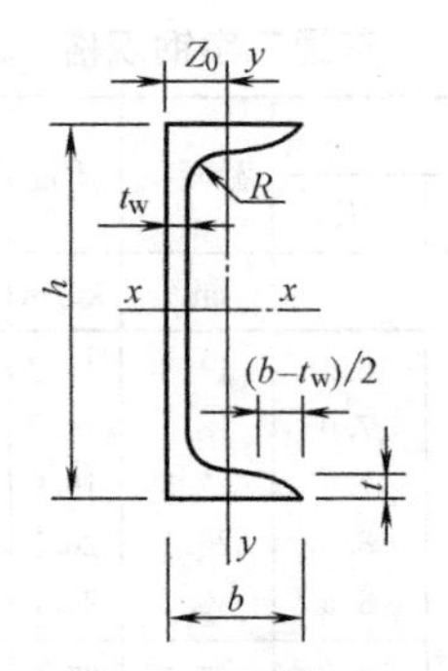

长度：

型号 5～8，长 5～12m；

型号 10～18，长 5～19m；

型号 20～40，长 6～19m

附图 1-2　普通槽钢尺寸

普通槽钢规格　　**附表 1-2**

型号	尺寸					截面积	质量	x—x 轴			y—y 轴			y_1—y_1 轴	Z_0
	h	b	t_w	t	R			I_x	W_x	i_x	I_y	W_y	i_y	I_{y1}	
	mm					cm²	kg/m	cm⁴	cm³	cm	cm⁴	cm³	cm	cm⁴	cm
5	50	37	4.5	7.0	7.0	6.92	5.44	26	10.4	1.94	8.3	3.5	1.10	20.9	1.35
6.3	63	40	4.8	7.5	7.5	8.45	6.63	51	16.3	2.46	11.9	4.6	1.19	28.3	1.39
8	80	43	5.0	8.0	8.0	10.24	8.04	101	25.3	3.14	16.6	5.8	1.27	37.4	1.42
10	100	48	5.3	8.5	8.5	12.74	10.00	198	39.7	3.94	25.6	7.8	1.42	54.9	1.52
12.6	126	53	5.5	9.0	9.0	15.69	12.31	389	61.7	4.98	38.0	10.3	1.56	77.8	1.59
14 a	140	58	6.0	9.5	9.5	18.51	14.53	564	80.5	5.52	53.2	13.0	1.70	107.2	1.71
14 b		60	8.0	9.5	9.5	21.31	16.73	609	87.1	5.35	61.2	14.1	1.69	120.6	1.67
16 a	160	63	6.5	10.0	10.0	21.95	17.23	866	108.3	6.28	73.4	16.3	1.83	144.1	1.79
16 b		65	8.5	10.0	10.0	25.15	19.75	935	116.8	6.10	83.4	17.6	1.82	160.8	1.75
18 a	180	68	7.0	10.5	10.5	25.69	20.17	1273	141.4	7.04	98.6	20.0	1.96	189.7	1.88
18 b		70	9.0	10.5	10.5	29.29	22.99	1370	152.2	6.84	111.0	21.5	1.95	210.1	1.84

续表

型号	尺寸					截面积	质量	x—x 轴			y—y 轴			y_1—y_1 轴	Z_0
	h	b	t_w	t	R			I_x	W_x	i_x	I_y	W_y	i_y	I_{y1}	
	mm					cm^2	kg/m	cm^4	cm^3	cm	cm^4	cm^3	cm	cm^4	cm
20 a	200	73	7.0	11.0	11.0	28.83	22.63	1780	178.0	7.86	128.0	24.2	2.11	244.0	2.01
20 b		75	9.0	11.0	11.0	32.83	25.77	1914	191.4	7.64	143.6	25.9	2.09	268.4	1.95
22 a	220	77	7.0	11.5	11.5	31.84	24.99	2394	217.6	8.67	157.8	28.2	2.23	298.2	2.10
22 b		79	9.0	11.5	11.5	36.24	28.45	2571	233.8	8.42	176.5	30.1	2.21	326.3	2.03
25 a	250	78	7.0	12.0	12.0	34.91	27.40	3359	268.7	9.81	175.9	30.7	2.24	324.8	2.07
25 b		80	9.0	12.0	12.0	39.91	31.33	3619	289.6	9.52	196.4	32.7	2.22	355.1	1.99
25 c		82	11.0	12.0	12.0	44.91	35.25	3880	310.4	9.30	215.9	34.6	2.19	388.6	1.96
28 a	280	82	7.5	12.5	12.5	40.02	31.42	4753	339.5	10.90	217.9	35.7	2.33	393.3	2.09
28 b		84	9.5	12.5	12.5	45.62	35.81	5118	365.6	10.59	241.5	37.9	2.30	428.5	2.02
28 c		86	11.5	12.5	12.5	51.22	40.21	5484	391.7	10.35	264.1	40.0	2.27	467.3	1.99
32 a	320	88	8.0	14.0	14.0	48.50	38.07	7511	469.4	12.44	304.7	46.4	2.51	547.5	2.24
32 b		90	10.0	14.0	14.0	54.90	43.10	8057	503.5	12.11	335.6	49.1	2.47	592.9	2.16
32 c		92	12.0	14.0	14.0	61.30	48.12	8603	537.7	11.85	365.0	51.6	2.44	642.7	2.13
36 a	360	96	9.0	16.0	16.0	60.89	47.80	11874	659.7	13.96	455.0	63.6	2.73	818.5	2.44
36 b		98	11.0	16.0	16.0	68.09	53.45	12652	702.9	13.63	496.7	66.9	2.70	880.5	2.37
36 c		100	13.0	16.0	16.0	75.29	59.10	13429	746.1	13.36	536.6	70.0	2.67	948.0	2.34
40 a	400	100	10.5	18.0	18.0	75.04	58.91	17578	878.9	15.30	592.0	78.8	2.81	1057.9	2.49
40 b		102	12.5	18.0	18.0	83.04	65.19	18644	932.2	14.98	640.6	82.6	2.78	1135.8	2.44
40 c		104	14.5	18.0	18.0	91.04	71.47	19711	985.6	14.71	687.8	86.2	2.75	1220.3	2.42

附 1-3 等边角钢

附图 1-3 等边角钢尺寸

等边角钢规格 **附表 1-3**

型号	圆角 R	重心距 Z_0	截面积 A	质量	惯性矩 I_x	截面模量		回转半径			i_y，当 a 为下列数值				
						W_x^{max}	W_x^{min}	i_x	i_{x0}	i_{y0}	6mm	8mm	10mm	12mm	14mm
	mm		cm^2	kg/m	cm^4	cm^3		cm			cm				
∟20×3	3.5	6.0	1.13	0.89	0.40	0.66	0.29	0.59	0.75	0.39	1.08	1.17	1.25	1.34	1.43
∟20×4		6.4	1.46	1.15	0.50	0.78	0.36	0.58	0.73	0.38	1.11	1.19	1.28	1.37	1.46
∟25×3	3.5	7.3	1.43	1.12	0.82	1.12	0.46	0.76	0.95	0.49	1.27	1.36	1.44	1.53	1.61
∟25×4		7.6	1.86	1.46	1.03	1.34	0.59	0.74	0.93	0.48	1.30	1.38	1.47	1.55	1.64
∟30×3	4.5	8.5	1.75	1.37	1.46	1.72	0.68	0.91	1.15	0.59	1.47	1.55	1.63	1.71	1.80
∟30×4		8.9	2.28	1.79	1.84	2.08	0.87	0.90	1.13	0.58	1.49	1.57	1.65	1.74	1.82

续表

型号	圆角 R	重心距 Z_0	截面积 A	质量	惯性矩 I_x	截面模量 W_x^{max}	W_x^{min}	回转半径 i_x	i_{x0}	i_{y0}	i_y，当 a 为下列数值 6mm	8mm	10mm	12mm	14mm
	mm		cm^2	kg/m	cm^4	cm^3		cm			cm				
3		10.0	2.11	1.66	2.58	2.59	0.99	1.11	1.39	0.71	1.70	1.78	1.86	1.94	2.03
∟36×4	4.5	10.4	2.76	2.16	3.29	3.18	1.28	1.09	1.38	0.70	1.73	1.80	1.89	1.97	2.05
5		10.7	2.38	2.65	3.95	3.68	1.56	1.08	1.36	0.70	1.75	1.83	1.91	1.99	2.08
3		10.9	2.36	1.85	3.59	3.28	1.23	1.23	1.55	0.79	1.86	1.94	2.01	2.09	2.18
∟40×4	5	11.3	3.09	2.42	4.60	4.05	1.60	1.22	1.54	0.79	1.88	1.96	2.04	2.12	2.20
5		11.7	3.79	2.98	5.53	4.72	1.96	1.21	1.52	0.78	1.90	1.98	2.06	2.14	2.23
3		12.2	2.66	2.09	5.17	4.25	1.58	1.39	1.76	0.90	2.06	2.14	2.21	2.29	2.37
∟45× 4	5	12.6	3.49	2.74	6.65	5.29	2.05	1.38	1.74	0.89	2.08	2.16	2.24	2.32	2.40
5		13.0	4.29	3.37	8.04	6.20	2.51	1.37	1.72	0.88	2.10	2.18	2.26	2.34	2.42
6		13.3	5.08	3.99	9.33	6.99	2.95	1.36	1.71	0.88	2.12	2.20	2.28	2.36	2.44
3		13.4	2.97	2.33	7.18	5.36	1.96	1.55	1.96	1.00	2.26	2.33	2.41	2.48	2.56
∟50× 4	5.5	13.8	3.90	3.06	9.26	6.70	2.56	1.54	1.94	0.99	2.28	2.36	2.43	2.51	2.59
5		14.2	4.80	3.77	11.21	7.90	3.13	1.53	1.92	0.98	2.30	2.38	2.45	2.53	2.61
6		14.6	5.69	4.46	13.05	8.95	3.68	1.51	1.91	0.98	2.32	2.40	2.48	2.56	2.64
3		14.8	3.34	2.62	10.19	6.86	2.48	1.75	2.20	1.13	2.50	2.57	2.64	2.72	2.80
∟56× 4	6	15.3	4.39	3.45	13.18	8.63	3.24	1.73	2.18	1.11	2.52	2.59	2.67	2.74	2.82
5		15.7	5.42	4.25	16.02	10.22	3.97	1.72	2.17	1.10	2.54	2.61	2.69	2.77	2.85
8		16.8	8.37	6.57	23.63	14.06	6.03	1.68	2.11	1.09	2.60	2.67	2.75	2.83	2.91
4		17.0	4.98	3.91	19.03	11.22	4.13	1.96	2.46	1.26	2.79	2.87	2.94	3.02	3.09
5		17.4	6.14	4.82	23.17	13.33	5.08	1.94	2.45	1.25	2.82	2.89	2.96	3.04	3.12
∟63×6	7	17.8	7.29	5.72	27.12	15.26	6.00	1.93	2.43	1.24	2.83	2.91	2.98	3.06	3.14
8		18.5	9.51	7.47	34.45	18.59	7.75	1.90	2.39	1.23	2.87	2.95	3.03	3.10	3.18
10		19.3	11.66	9.15	41.09	21.34	9.39	1.88	2.36	1.22	2.91	2.99	3.07	3.15	3.23
4		18.6	5.57	4.37	26.39	14.16	5.14	2.18	2.74	1.40	3.07	3.14	3.21	3.29	3.36
5		19.1	6.88	5.40	32.21	16.89	6.32	2.16	2.73	1.39	3.09	3.16	3.24	3.31	3.39
∟70×6	8	19.5	8.16	6.41	37.77	19.39	7.48	2.15	2.71	1.38	3.11	3.18	3.26	3.33	3.41
7		19.9	9.42	7.40	43.09	21.68	8.59	2.14	2.69	1.38	3.13	3.20	3.28	3.36	3.43
8		20.3	10.67	8.37	48.17	23.79	9.68	2.13	2.68	1.37	3.15	3.22	3.30	3.38	3.46
5		20.3	7.41	5.82	39.96	19.73	7.30	2.32	2.92	1.50	3.29	3.36	3.43	3.50	3.58
6		20.7	8.80	6.91	46.91	22.69	8.63	2.31	2.91	1.49	3.31	3.38	3.45	3.53	3.60
∟75×7	9	21.1	10.16	7.98	53.57	25.42	9.93	2.30	2.89	1.48	3.33	3.40	3.47	3.55	3.63
8		21.5	11.50	9.03	59.96	27.93	11.20	2.28	2.87	1.47	3.35	3.42	3.50	3.57	3.65
10		22.2	14.13	11.09	71.98	32.40	13.64	2.26	2.84	1.46	3.38	3.46	3.54	3.61	3.69
5		21.5	7.91	6.21	48.79	22.70	8.34	2.48	3.13	1.60	3.49	3.56	3.63	3.71	3.78
6		21.9	9.40	7.38	57.35	26.16	9.87	2.47	3.11	1.59	3.51	3.58	3.65	3.73	3.80
∟80×7	9	22.3	10.86	8.53	65.58	29.38	11.37	2.46	3.10	1.58	3.53	3.60	3.67	3.75	3.83
8		22.7	12.30	9.66	73.50	32.36	12.83	2.44	3.08	1.57	3.55	3.62	3.70	3.77	3.85
10		23.5	15.13	11.87	88.43	37.68	15.64	2.42	3.04	1.56	3.58	3.66	3.74	3.81	3.89
6		24.4	10.64	8.35	82.77	33.99	12.61	2.79	3.51	1.80	3.91	3.98	4.05	4.12	4.20
7		24.8	12.30	9.66	94.83	38.28	14.54	2.78	3.50	1.78	3.93	4.00	4.07	4.14	4.22
∟90×8	10	25.2	13.94	10.95	106.5	42.30	16.42	2.76	3.48	1.78	3.95	4.02	4.09	4.17	4.24
10		25.9	17.17	13.48	128.6	49.57	20.07	2.74	3.45	1.76	3.98	4.06	4.13	4.21	4.28
12		26.7	20.31	15.94	149.2	55.93	23.57	2.71	3.41	1.75	4.02	4.09	4.17	4.25	4.32

续表

型号	圆角 R	重心距 Z_0	截面积 A	质量	惯性矩 I_x	截面模量 W_x^{max}	W_x^{min}	回转半径 i_x	i_{x0}	i_{y0}	i_y，当 a 为下列数值 6mm	8mm	10mm	12mm	14mm
	mm		cm²	kg/m	cm⁴	cm³		cm			cm				
6		26.7	11.93	9.37	115.0	43.04	15.68	3.10	3.91	2.00	4.30	4.37	4.44	4.51	4.58
7		27.1	13.80	10.83	131.0	48.57	18.10	3.09	3.89	1.99	4.32	4.39	4.46	4.53	4.61
8		27.6	15.64	12.28	148.2	53.78	20.47	3.08	3.88	1.98	4.34	4.41	4.48	4.55	4.63
∟100×10	12	28.4	19.26	15.12	179.5	63.29	25.06	3.05	3.84	1.96	4.38	4.45	4.52	4.60	4.67
12		29.1	22.80	17.90	208.9	71.72	29.47	3.03	3.81	1.95	4.41	4.49	4.56	4.64	4.71
14		29.9	26.26	20.61	236.5	79.19	33.73	3.00	3.77	1.94	4.45	4.53	4.60	4.68	4.75
16		30.6	29.63	23.26	262.5	85.81	37.82	2.98	3.74	1.93	4.49	4.56	4.64	4.72	4.80
7		29.6	15.20	11.93	177.2	59.78	22.05	3.41	4.30	2.20	4.72	4.79	4.86	4.94	5.01
8		30.1	17.24	13.53	199.5	66.36	24.95	3.40	4.28	2.19	4.74	4.81	4.88	4.96	5.03
∟110×10	12	30.9	21.26	16.69	242.2	78.48	30.60	3.38	4.25	2.17	4.78	4.85	4.92	5.00	5.07
12		31.6	25.20	19.78	282.6	89.34	36.05	3.35	4.22	2.15	4.82	4.89	4.96	5.04	5.11
14		32.4	29.06	22.81	320.7	99.07	41.31	3.32	4.18	2.14	4.85	4.93	5.00	5.08	5.15
8		33.7	19.75	15.50	297.0	88.20	32.52	3.88	4.88	2.50	5.34	5.41	5.48	5.55	5.62
∟125×10	14	34.5	24.37	19.13	361.7	104.8	39.97	3.85	4.85	2.48	5.38	5.45	5.52	5.59	5.66
12		35.3	28.91	22.70	423.2	119.9	47.17	3.83	4.82	2.46	5.41	5.48	5.56	5.63	5.70
14		36.1	33.37	26.19	481.7	133.6	54.16	3.80	4.78	2.45	5.45	5.52	5.59	5.67	5.74
10		38.2	27.37	21.49	514.7	134.6	50.58	4.34	5.46	2.78	5.98	6.05	6.12	6.20	6.27
∟140×12	14	39.0	32.51	25.52	603.7	154.6	59.80	4.31	5.43	2.77	6.02	6.09	6.16	6.23	6.31
14		39.8	37.57	29.49	688.8	173.0	68.75	4.28	5.40	2.75	6.06	6.13	6.20	6.27	6.34
16		40.6	42.54	33.39	770.2	189.9	77.46	4.26	5.36	2.74	6.09	6.16	6.23	6.31	6.38
10		43.1	31.50	24.73	779.5	180.8	66.70	4.97	6.27	3.20	6.78	6.85	6.92	6.99	7.06
∟160×12	16	43.9	37.44	29.39	916.6	208.6	78.98	4.95	6.24	3.18	6.82	6.89	6.96	7.03	7.10
14		44.7	43.30	33.99	1048	234.4	90.95	4.92	6.20	3.16	6.86	6.93	7.00	7.07	7.14
16		45.5	49.07	38.52	1175	258.3	102.6	4.89	6.17	3.14	6.89	6.96	7.03	7.10	7.18
12		48.9	42.24	33.16	1321	270.0	100.8	5.59	7.05	3.58	7.63	7.70	7.77	7.84	7.91
∟180×14	16	49.7	48.90	38.38	1514	304.6	116.3	5.57	7.02	3.57	7.67	7.74	7.81	7.88	7.95
16		50.5	55.47	43.54	1701	336.9	131.4	5.54	6.98	3.55	7.70	7.77	7.84	7.91	7.98
18		51.3	61.95	48.63	1881	367.1	146.1	5.51	6.94	3.53	7.73	7.80	7.87	7.95	8.02
14		54.6	54.64	42.89	2104	385.1	144.7	6.20	7.82	3.98	8.47	8.54	8.61	8.67	8.75
16		55.4	62.01	48.68	2366	427.0	163.7	6.18	7.79	3.96	8.50	8.57	8.64	8.71	8.78
∟200×18	18	56.2	69.30	54.40	2621	466.5	182.2	6.15	7.75	3.94	8.53	8.60	8.67	8.75	8.82
20		56.9	76.50	60.06	2867	503.6	200.4	6.12	7.72	3.93	8.57	8.64	8.71	8.78	8.85
24		58.4	90.66	71.17	3338	571.5	235.8	6.07	7.64	3.90	8.63	8.71	8.78	8.85	8.92

附 1-4　不等边角钢

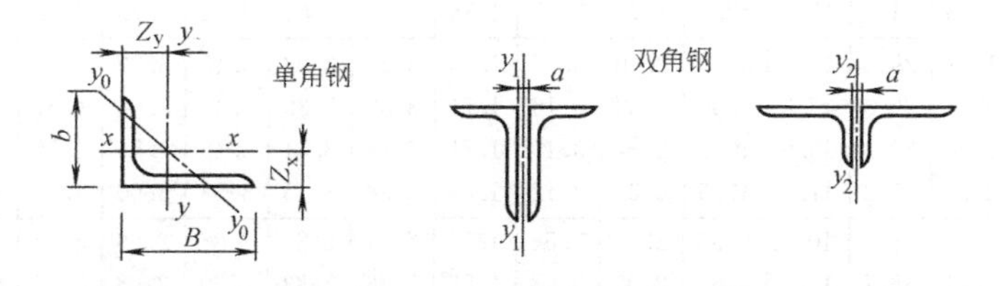

附图 1-4　不等边角钢尺寸

不等边角钢规格

附表 1-4

角钢型号 $B\times b\times t$	圆角	重心距		截面积	质量	回转半径			i_{y1}，当 a 为下列数值				i_{y2}，当 a 为下列数值			
	R	Z_x	Z_y	A		i_x	i_y	i_{y0}	6mm	8mm	10mm	12mm	6mm	8mm	10mm	12mm
	mm			cm^2	kg/m	cm			cm				cm			
∟25×16×3	3.5	4.2	8.6	1.16	0.91	0.44	0.78	0.34	0.84	0.93	1.02	1.11	1.40	1.48	1.57	1.65
4		4.6	9.0	1.50	1.18	0.43	0.77	0.34	0.87	0.96	1.05	1.14	1.42	1.51	1.60	1.68
∟32×20×3	3.5	4.9	10.8	1.49	1.17	0.55	1.01	0.43	0.97	1.05	1.14	1.23	1.71	1.79	1.88	1.96
4		5.3	11.2	1.94	1.52	0.54	1.00	0.43	0.99	1.08	1.16	1.25	1.74	1.82	1.90	1.99
∟40×25×3	4	5.9	13.2	1.89	1.48	0.70	1.28	0.54	1.13	1.21	1.30	1.38	2.07	2.14	2.23	2.31
4		6.3	13.7	2.47	1.94	0.69	1.26	0.54	1.16	1.24	1.32	1.41	2.09	2.17	2.25	2.34
∟45×28×3	5	6.4	14.7	2.15	1.69	0.79	1.44	0.61	1.23	1.31	1.39	1.47	2.28	2.36	2.44	2.52
4		6.8	15.1	2.81	2.20	0.78	1.43	0.60	1.25	1.33	1.41	1.50	2.31	2.39	2.47	2.55
∟50×32×3	5.5	7.3	16.0	2.43	1.91	0.91	1.60	0.70	1.38	1.45	1.53	1.61	2.49	2.56	2.64	2.72
4		7.7	16.5	3.18	2.49	0.90	1.59	0.69	1.40	1.47	1.55	1.64	2.51	2.59	2.67	2.75
∟56×36×3	6	8.0	17.8	2.74	2.15	1.03	1.80	0.79	1.51	1.59	1.66	1.74	2.75	2.82	2.90	2.98
4		8.5	18.2	3.59	2.82	1.02	1.79	0.78	1.53	1.61	1.69	1.77	2.77	2.85	2.93	3.01
5		8.8	18.7	4.42	3.47	1.01	1.77	0.78	1.56	1.63	1.71	1.79	2.80	2.88	2.96	3.04
∟63×40×4	7	9.2	20.4	4.06	3.19	1.14	2.02	0.88	1.66	1.74	1.81	1.89	3.09	3.16	3.24	3.32
5		9.5	20.8	4.99	3.92	1.12	2.00	0.87	1.68	1.76	1.84	1.92	3.11	3.19	3.27	3.35
6		9.9	21.2	5.91	4.64	1.11	1.99	0.86	1.71	1.78	1.86	1.94	3.13	3.21	3.29	3.37
7		10.3	21.6	6.80	5.34	1.10	1.96	0.86	1.73	1.80	1.88	1.97	3.15	3.23	3.30	3.39
∟70×45×4	7.5	10.2	22.3	4.55	3.57	1.29	2.25	0.99	1.84	1.91	1.99	2.07	3.39	3.46	3.54	3.62
5		10.6	22.8	5.61	4.40	1.28	2.23	0.98	1.86	1.94	2.01	2.09	3.41	3.49	3.57	3.64
6		11.0	23.2	6.64	5.22	1.26	2.22	0.97	1.88	1.96	2.04	2.11	3.44	3.51	3.59	3.67
7		11.3	23.6	7.66	6.01	1.25	2.20	0.97	1.90	1.98	2.06	2.14	3.46	3.54	3.61	3.69
∟75×50×5	8	11.7	24.0	6.13	4.81	1.43	2.39	1.09	2.06	2.13	2.20	2.28	3.60	3.68	3.76	3.83
6		12.1	24.4	7.26	5.70	1.42	2.38	1.08	2.08	2.15	2.23	2.30	3.63	3.70	3.78	3.86
8		12.9	25.2	9.47	7.43	1.40	2.35	1.07	2.12	2.19	2.27	2.35	3.67	3.75	3.83	3.91
10		13.6	26.0	11.6	9.10	1.38	2.33	1.06	2.16	2.24	2.31	2.40	3.71	3.79	3.87	3.96
∟80×50×5	8	11.4	26.0	6.38	5.00	1.42	2.57	1.10	2.02	2.09	2.17	2.24	3.88	3.95	4.03	4.10
6		11.8	26.5	7.56	5.93	1.41	2.55	1.09	2.04	2.11	2.19	2.27	3.90	3.98	4.05	4.13
7		12.1	26.9	8.72	6.85	1.39	2.54	1.08	2.06	2.13	2.21	2.29	3.92	4.00	4.08	4.16
8		12.5	27.3	9.87	7.75	1.38	2.52	1.07	2.08	2.15	2.23	2.31	3.94	4.02	4.10	4.18
∟90×56×5	9	12.5	29.1	7.21	5.66	1.59	2.90	1.23	2.22	2.29	2.36	2.44	4.32	4.39	4.47	4.55
6		12.9	29.5	8.56	6.72	1.58	2.88	1.22	2.24	2.31	2.39	2.46	4.34	4.42	4.50	4.57
7		13.3	30.0	9.88	7.76	1.57	2.87	1.22	2.26	2.33	2.41	2.49	4.37	4.44	4.52	4.60
8		13.6	30.4	11.2	8.78	1.56	2.85	1.21	2.28	2.35	2.43	2.51	4.39	4.47	4.54	4.62
∟100×63×6	10	14.3	32.4	9.62	7.55	1.79	3.21	1.38	2.49	2.56	2.63	2.71	4.77	4.85	4.92	5.00
7		14.7	32.8	11.1	8.72	1.78	3.20	1.37	2.51	2.58	2.65	2.73	4.80	4.87	4.95	5.03
8		15.0	33.2	12.6	9.88	1.77	3.18	1.37	2.53	2.60	2.67	2.75	4.82	4.90	4.97	5.05
10		15.8	34.0	15.5	12.1	1.75	3.15	1.35	2.57	2.64	2.72	2.79	4.86	4.94	5.02	5.10
∟100×80×6	10	19.7	29.5	10.6	8.35	2.40	3.17	1.73	3.31	3.38	3.45	3.52	4.54	4.62	4.69	4.76
7		20.1	30.0	12.3	9.66	2.39	3.16	1.71	3.32	3.39	3.47	3.54	4.57	4.64	4.71	4.79
8		20.5	30.4	13.9	10.9	2.37	3.15	1.71	3.34	3.41	3.49	3.56	4.59	4.66	4.73	4.81
10		21.3	31.2	17.2	13.5	2.35	3.12	1.69	3.38	3.45	3.53	3.60	4.63	4.70	4.78	4.85
∟110×70×6	10	15.7	35.3	10.6	8.35	2.01	3.54	1.54	2.74	2.81	2.88	2.96	5.21	5.29	5.36	5.44
7		16.1	35.7	12.3	9.66	2.00	3.53	1.53	2.76	2.83	2.90	2.98	5.24	5.31	5.39	5.46
8		16.5	36.2	13.9	10.9	1.98	3.51	1.53	2.78	2.85	2.92	3.00	5.26	5.34	5.41	5.49
10		17.2	37.0	17.2	13.5	1.96	3.48	1.51	2.82	2.89	2.96	3.04	5.30	5.38	5.46	5.53

续表

角钢型号 $B\times b\times t$		圆角 R	重心距		截面积 A	质量	回转半径			i_{y1}，当 a 为下列数值				i_{y2}，当 a 为下列数值			
			Z_x	Z_y			i_x	i_y	i_{y0}	6mm	8mm	10mm	12mm	6mm	8mm	10mm	12mm
		mm			cm²	kg/m	cm			cm				cm			
∟125×80×	7	11	18.0	40.1	14.1	11.1	2.30	4.02	1.76	3.11	3.18	3.25	3.33	5.90	5.97	6.04	6.12
	8		18.4	40.6	16.0	12.6	2.29	4.01	1.75	3.13	3.20	3.27	3.35	5.92	5.99	6.07	6.14
	10		19.2	41.4	19.7	15.5	2.26	3.98	1.74	3.17	3.24	3.31	3.39	5.96	6.04	6.11	6.19
	12		20.0	42.2	23.4	18.3	2.24	3.95	1.72	3.21	3.28	3.35	3.43	6.00	6.08	6.16	6.23
∟140×90×	8	12	20.4	45.0	18.0	14.2	2.59	4.50	1.98	3.49	3.56	3.63	3.70	6.58	6.65	6.73	6.80
	10		21.2	45.8	22.3	17.5	2.56	4.47	1.96	3.52	3.59	3.66	3.73	6.62	6.70	6.77	6.85
	12		21.9	46.6	26.4	20.7	2.54	4.44	1.95	3.56	3.63	3.70	3.77	6.66	6.74	6.81	6.89
	14		22.7	47.4	30.5	23.9	2.51	4.42	1.94	3.59	3.66	3.74	3.81	6.70	6.78	6.86	6.93
∟160×100×	10	13	22.8	52.4	25.3	19.9	2.85	5.14	2.19	3.84	3.91	3.98	4.05	7.55	7.63	7.70	7.78
	12		23.6	53.2	30.1	23.6	2.82	5.11	2.18	3.87	3.94	4.01	4.09	7.60	7.67	7.75	7.82
	14		24.3	54.0	34.7	27.2	2.80	5.08	2.16	3.91	3.98	4.05	4.12	7.64	7.71	7.79	7.86
	16		25.1	54.8	39.3	30.8	2.77	5.05	2.15	3.94	4.02	4.09	4.16	7.68	7.75	7.83	7.90
∟180×110×	10	14	24.4	58.9	28.4	22.3	3.13	5.81	2.42	4.16	4.23	4.30	4.36	8.49	8.56	8.63	8.71
	12		25.2	59.8	33.7	26.5	3.10	5.78	2.40	4.19	4.26	4.33	4.40	8.53	8.60	8.68	8.75
	14		25.9	60.6	39.0	30.6	3.08	5.75	2.39	4.23	4.30	4.37	4.44	8.57	8.64	8.72	8.79
	16		26.7	61.4	44.1	34.6	3.05	5.72	2.37	4.26	4.33	4.40	4.47	8.61	8.68	8.76	8.84
∟200×125×	12	14	28.3	65.4	37.9	29.8	3.57	6.44	2.75	4.75	4.82	4.88	4.95	9.39	9.47	9.54	9.62
	14		29.1	66.2	43.9	34.4	3.54	6.41	2.73	4.78	4.85	4.92	4.99	9.43	9.51	9.58	9.66
	16		29.9	67.0	49.7	39.0	3.52	6.38	2.71	4.81	4.88	4.95	5.02	9.47	9.55	9.62	9.70
	18		30.6	67.8	55.5	43.6	3.49	6.35	2.70	4.85	4.92	4.99	5.06	9.51	9.59	9.66	9.74

注：一个角钢的惯性矩 $I_x=Ai_x^2$，$I_y=Ai_y^2$；一个角钢的截面模量 $W_x^{max}=I_x/Z_x$，$W_x^{min}=I_x/(b-Z_x)$；$W_y^{max}=I_y/Z_y$，$W_y^{min}=I_y/(B-Z_y)$。

附 1-5　H 型钢

符号：h——高度；
b——宽度；
t_1——腹板厚度；
t_2——翼缘厚度；
I——惯性矩；
W——截面模量。
i——回转半径；
S_x——半截面的面积矩。

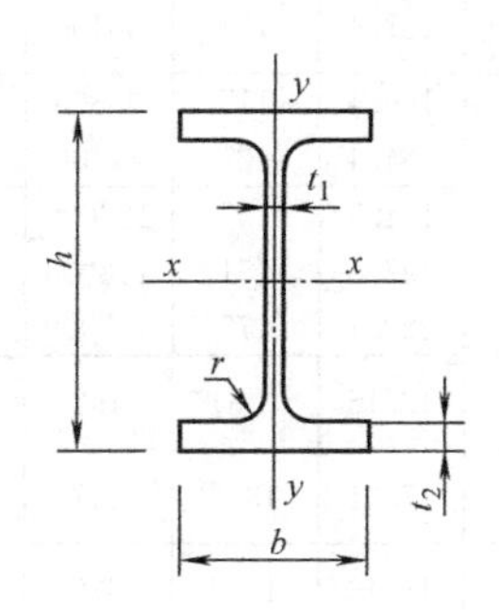

附图 1-5　H 型钢尺寸

H 型钢规格　　　　**附表 1-5**

类别	H 型钢规格 $(h\times b\times t_1\times t_2)$	截面积 A	质量 q	x—x 轴			y—y 轴		
				I_x	W_x	i_x	I_y	W_y	i_y
		cm²	kg/m	cm⁴	cm³	cm	cm⁴	cm³	cm
HW	100×100×6×8	21.90	17.2	383	76.5	4.18	134	26.7	2.47
	125×125×6.5×9	30.31	23.8	847	136	5.29	294	47.0	3.11
	150×150×7×10	40.55	31.9	1660	221	6.39	564	75.1	3.73

续表

类别	H 型钢规格 $(h\times b\times t_1\times t_2)$	截面积 A	质量 q	x—x 轴			y—y 轴		
				I_x	W_x	i_x	I_y	W_y	i_y
		cm^2	kg/m	cm^4	cm^3	cm	cm^4	cm^3	cm
HW	175×175×7.5×11	51.43	40.3	2900	331	7.50	984	112	4.37
	200×200×8×12	64.28	50.5	4770	477	8.61	1600	160	4.99
	#200×204×12×12	72.28	56.7	5030	503	8.35	1700	167	4.85
	250×250×9×14	92.18	72.4	10800	867	10.8	3650	292	6.29
	#250×255×14×14	104.7	82.2	11500	919	10.5	3880	304	6.09
	#294×302×12×12	108.3	85.0	17000	1160	12.5	5520	365	7.14
	300×300×10×15	120.4	94.5	20500	1370	13.1	6760	450	7.49
	300×305×15×15	135.4	106	21600	1440	12.6	7100	466	7.24
	#344×348×10×16	146.0	115	33300	1940	15.1	11200	646	8.78
	350×350×12×19	173.9	137	40300	2300	15.2	13600	776	8.84
	#388×402×15×15	179.2	141	49200	2540	16.6	16300	809	9.52
	#394×398×11×18	187.6	147	56400	2860	17.3	18900	951	10.0
	400×400×13×21	219.5	172	66900	3340	17.5	22400	1120	10.1
	#400×408×21×21	251.5	197	71100	3560	16.8	23800	1170	9.73
	#414×405×18×28	296.2	233	93000	4490	17.7	31000	1530	10.2
	#428×407×20×35	361.4	284	119000	5580	18.2	39400	1930	10.4
HM	148×100×6×9	27.25	21.4	1040	140	6.17	151	30.2	2.35
	194×150×6×9	39.76	31.2	2740	283	8.30	508	67.7	3.57
	244×175×7×11	56.24	44.1	6120	502	10.4	985	113	4.18
	294×200×8×12	73.03	57.3	11400	779	12.5	1600	160	4.69
	340×250×9×14	101.5	79.7	21700	1280	14.6	3650	292	6.00
	390×300×10×16	136.7	107	38900	2000	16.9	7210	481	7.26
	440×300×11×18	157.4	124	56100	2550	18.9	8110	541	7.18
	482×300×11×15	146.4	115	60800	2520	20.4	6770	451	6.80
	488×300×11×18	164.4	129	71400	2930	20.8	8120	541	7.03
	582×300×12×17	174.5	137	103000	3530	24.3	7670	511	6.63
	588×300×12×20	192.5	151	118000	4020	24.8	9020	601	6.85
	#594×302×14×23	222.4	175	137000	4620	24.9	10600	701	6.90
HN	100×50×5×7	12.16	9.54	192	38.5	3.98	14.9	5.96	1.11
	125×60×6×8	17.01	13.3	417	66.8	4.95	29.3	9.75	1.31
	150×75×5×7	18.16	14.3	679	90.6	6.12	49.6	13.2	1.65
	175×90×5×8	23.21	18.2	1220	140	7.26	97.6	21.7	2.05
	198×99×4.5×7	23.59	18.5	1610	163	8.27	114	23.0	2.20
	200×100×5.5×8	27.57	21.7	1880	188	8.25	134	26.8	2.21
	248×124×5×8	32.89	25.8	3560	287	10.4	255	41.1	2.78
	250×125×6×9	37.87	29.7	4080	326	10.4	294	47.0	2.79
	298×149×5.5×8	41.55	32.6	6460	433	12.4	443	59.4	3.26
	300×150×6.5×9	47.53	37.3	7350	490	12.4	508	67.7	3.27
	346×174×6×9	53.19	41.8	11200	649	14.5	792	91.0	3.86
	350×175×7×11	63.66	50.0	13700	782	14.7	985	113	3.93
	#400×150×8×13	71.12	55.8	18800	942	16.3	734	97.9	3.21

续表

类别	H 型钢规格 ($h \times b \times t_1 \times t_2$)	截面积 A	质量 q	x—x 轴			y—y 轴		
				I_x	W_x	i_x	I_y	W_y	i_y
		cm^2	kg/m	cm^4	cm^3	cm	cm^4	cm^3	cm
HN	396×199×7×11	72.16	56.7	20000	1010	16.7	1450	145	4.48
	400×200×8×13	84.12	66.0	23700	1190	16.8	1740	174	4.54
	#450×150×9×14	83.41	65.5	27100	1200	18.0	793	106	3.08
	446×199×8×12	84.95	66.7	29000	1300	18.5	1580	159	4.31
	450×200×9×14	97.41	76.5	33700	1500	18.6	1870	187	4.38
	#500×150×10×16	98.23	77.1	38500	1540	19.8	907	121	3.04
	496×199×9×14	101.3	79.5	41900	1690	20.3	1840	185	4.27
	500×200×10×16	114.2	89.6	47800	1910	20.5	2140	214	4.33
	#506×201×11×19	131.3	103	56500	2230	20.8	2580	257	4.43
	596×199×10×15	121.2	95.1	69300	2330	23.9	1980	199	4.04
	600×200×11×17	135.2	106	78200	2610	24.1	2280	228	4.11
	#606×201×12×20	153.3	120	91000	3000	24.4	2720	271	4.21
	#692×300×13×20	211.5	166	172000	4980	28.6	9020	602	6.53
	700×300×13×24	235.5	185	201000	5760	29.3	10800	722	6.78

注："#"表示的规格为非常用规格。

附 1-6 剖分 T 型钢

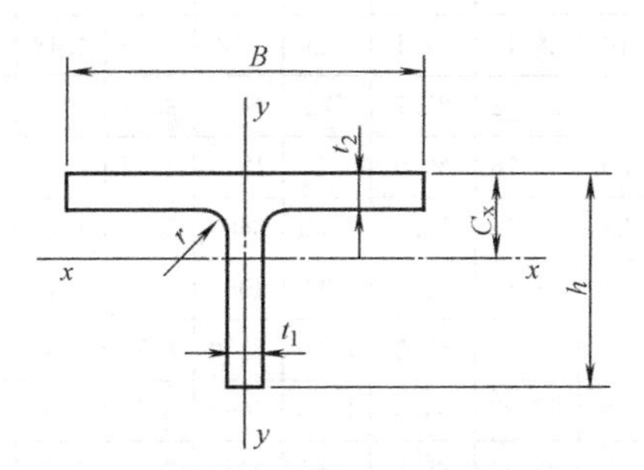

附图 1-6 剖分 T 型钢尺寸

剖分 T 型钢规格（摘自 GB/T 11263—2017） **附表 1-6**

类别	型号（高度×宽度）	截面尺寸(mm)					截面面积 cm^2	理论重量 kg/m	截面特性							对应 H 型钢
									惯性矩 cm^4		回转半径 cm		截面模量 cm^3		重心 cm	
		h	B	t_1	t_2	r			I_x	I_y	i_x	i_y	W_x	W_y	C_x	型号
TW	50×100	50	100	6	8	10	10.95	8.56	16.1	66.9	1.21	2.47	4.03	13.4	1.00	100×100
	62.5×125	62.5	125	6.5	9	10	15.16	11.9	35.0	147	1.52	3.11	6.91	23.5	1.19	125×125
	75×150	75	150	7	10	13	20.28	15.9	66.4	282	1.81	3.73	10.8	37.6	1.37	150×150
	87.5×175	87.5	175	7.5	11	13	25.71	20.2	115	492	2.11	4.37	15.9	56.2	1.55	175×175
	100×200	100	200	8	12	16	32.14	25.2	185	801	2.40	4.99	22.3	80.1	1.73	200×200
		#100	204	12	12	16	36.14	28.3	256	851	2.66	4.85	32.4	83.5	2.09	
	125×250	125	250	9	14	16	46.09	36.2	412	1820	2.99	6.29	39.5	146	2.08	250×250
		#125	255	14	14	16	52.34	41.1	589	1940	3.36	6.09	59.4	152	2.58	

续表

类别	型号（高度×宽度）	截面尺寸(mm)					截面面积	理论重量	截面特性							对应H型钢
		h	B	t_1	t_2	r	cm^2	kg/m	惯性矩 cm^4		回转半径 cm		截面模量 cm^3		重心 cm	
									I_x	I_y	i_x	i_y	W_x	W_y	C_x	型号
TW	150×300	#147	302	12	12	20	54.16	42.5	858	2760	3.98	7.14	72.3	183	2.83	300×300
		150	300	10	15	20	60.22	47.3	798	3380	3.64	7.49	63.7	225	2.47	
		150	305	15	15	20	67.72	53.1	1110	3550	4.05	7.24	92.5	233	3.02	
	175×350	#172	348	10	16	20	73.00	57.3	1230	5620	4.11	8.78	84.7	323	2.67	350×350
		175	350	12	19	20	86.94	68.2	1520	6790	4.18	8.84	104	388	2.86	
	200×400	#194	402	15	15	24	89.62	70.3	2480	8130	5.26	9.52	158	405	3.69	400×400
		#197	398	11	18	24	93.80	73.6	2050	9460	4.67	10.0	123	476	3.01	
		200	400	13	21	24	109.7	86.1	2480	11200	4.75	10.1	147	560	3.21	
		#200	408	21	21	24	125.7	98.7	3650	11900	5.39	9.73	229	584	4.07	
		#207	405	18	28	24	148.1	116	3620	15500	4.95	10.2	213	766	3.68	
		#214	407	20	35	24	180.7	142	4380	19700	4.92	10.4	250	967	3.90	
TM	74×100	74	100	6	9	13	13.63	10.7	51.7	75.4	1.95	2.35	8.80	15.1	1.55	150×100
	97×150	97	150	6	9	16	19.88	15.6	125	254	2.50	3.57	15.8	33.9	1.78	200×150
	122×175	122	175	7	11	16	28.12	22.1	289	492	3.20	4.18	29.1	56.3	2.27	250×175
	147×200	147	200	8	12	20	36.52	28.7	572	802	3.96	4.69	48.2	80.2	2.82	300×200
	170×250	170	250	9	14	20	50.76	39.9	1020	1830	4.48	6.00	73.1	146	3.09	350×250
	200×300	195	300	10	16	24	68.37	53.7	1730	3600	5.03	7.26	108	240	3.40	400×300
	220×300	220	300	11	18	24	78.69	61.8	2680	4060	5.84	7.18	150	270	4.05	450×300
	250×300	241	300	11	15	28	73.23	57.5	3420	3380	6.83	6.80	178	226	4.90	500×300
		244	300	11	18	28	82.23	64.5	3620	4060	6.64	7.03	184	271	4.65	
	300×300	291	300	12	17	28	87.25	68.5	6360	3830	8.54	6.63	280	256	6.39	600×300
		294	300	12	20	28	96.25	75.5	6710	4510	8.35	6.85	288	301	6.08	
		#297	302	14	23	28	111.2	87.3	7920	5290	8.44	6.90	339	351	6.33	
TN	50×50	50	50	5	7	10	6.079	4.79	11.9	7.45	1.40	1.11	3.18	2.98	1.27	100×50
	62.5×60	62.5	60	6	8	10	8.499	6.67	27.5	14.6	1.80	1.31	5.96	4.88	1.63	125×60
	75×75	75	75	5	7	10	9.079	7.11	42.7	24.8	2.17	1.65	7.46	6.61	1.78	150×75
	87.5×90	87.5	90	5	8	10	11.60	9.11	70.7	48.8	2.47	2.05	10.4	10.8	1.92	175×90
	100×100	99	99	4.5	7	13	11.80	9.26	94.0	56.9	2.82	2.20	12.1	11.5	2.13	200×100
		100	100	5.5	8	13	13.79	10.8	115	67.1	2.88	2.21	14.8	13.4	2.27	
	125×125	124	124	5	8	13	16.45	12.9	208	128	3.56	2.78	21.3	20.6	2.62	250×125
		125	125	6	9	13	18.94	14.8	249	147	3.62	2.79	25.6	23.5	2.78	
	150×150	149	149	5.5	8	16	20.77	16.3	395	221	4.36	3.26	33.8	29.7	3.22	300×150
		150	150	6.5	9	16	23.76	18.7	465	254	4.42	3.27	40.0	33.9	3.38	
	175×175	173	174	6	9	16	26.60	20.9	681	396	5.06	3.86	50.0	45.5	3.68	350×175

续表

类别	型号（高度×宽度）	截面尺寸(mm)					截面面积	理论重量	截面特性							对应H型钢
									惯性矩		回转半径		截面模量		重心	
									cm^4		cm		cm^3		cm	
		h	B	t_1	t_2	r	cm^2	kg/m	I_x	I_y	i_x	i_y	W_x	W_y	C_x	型号
TN	175×175	175	175	7	11	16	31.83	25.0	816	492	5.06	3.93	59.3	56.3	3.74	350×175
	200×200	198	199	7	11	16	36.08	28.3	1190	724	5.76	4.48	76.4	72.7	4.17	400×200
		200	200	8	13	16	42.06	33.0	1400	868	5.76	4.54	88.6	86.8	4.23	
	225×200	223	199	8	12	20	42.54	33.4	1880	790	6.65	4.31	109	79.4	5.07	450×200
		225	200	9	14	20	48.71	38.2	2160	936	6.66	4.38	124	93.6	5.13	
	250×200	248	199	9	14	20	50.64	39.7	2840	922	7.49	4.27	150	92.7	5.90	500×200
		250	200	10	16	20	57.12	44.8	3210	1070	7.50	4.33	169	107	5.96	
		#253	201	11	19	20	65.65	51.5	3670	1290	7.48	4.43	190	128	5.95	
	300×200	298	199	10	15	24	60.62	47.6	5200	991	9.27	4.04	236	100	7.76	600×200
		300	200	11	17	24	67.60	53.1	5820	1140	9.28	4.11	262	114	7.81	
		#303	201	12	20	24	76.63	60.1	6580	1360	9.26	4.21	292	135	7.76	

注：1. "#"表示的规格为非常用规格。

2. 剖分T型钢的规格标记采用：高度 h×宽度 B×腹板厚度 t_1×翼缘厚度 t_2。

附 1-7　无缝钢管

I——截面惯性矩；

W——截面模量；

i——截面回转半径；

d——外径；

t——壁厚

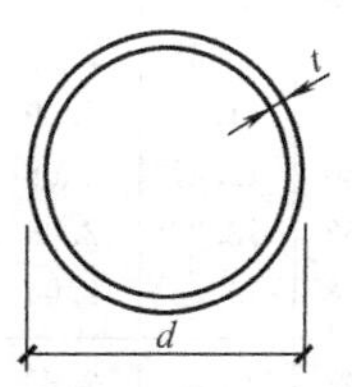

附图 1-7　无缝钢管尺寸

无缝钢管规格　　　　**附表 1-7**

尺寸(mm)		截面面积 A	每米重量	截面特性		
				I	W	i
d	t	cm^2	kg/m	cm^4	cm^3	cm
32	2.5	2.32	1.82	2.54	1.59	1.05
	3.0	2.73	2.15	2.90	1.82	1.03
	3.5	3.13	2.46	3.32	2.02	1.02
	4.0	3.52	2.76	3.52	2.20	1.00
38	2.5	2.79	2.19	4.41	2.32	1.26
	3.0	3.30	2.59	5.09	2.68	1.24
	3.5	3.79	2.98	5.70	3.00	1.23
	4.0	4.27	3.35	6.26	3.29	1.21
42	2.5	3.10	2.44	6.07	2.89	1.40
	3.0	3.68	2.89	7.03	3.35	1.38
	3.5	4.23	3.32	7.91	3.77	1.37
	4.0	4.78	3.75	8.71	4.15	1.35
45	2.5	3.34	2.62	7.56	3.36	1.51
	3.0	3.96	3.11	8.77	3.90	1.49
	3.5	4.56	3.58	9.89	4.40	1.47
	4.0	5.15	4.04	10.93	4.86	1.46
50	2.5	3.73	2.93	10.55	4.22	1.68
	3.0	4.43	3.48	12.28	4.91	1.67
	3.5	5.11	4.01	13.90	5.56	1.65
	4.0	5.78	4.54	15.41	6.16	1.63
	4.5	6.43	5.05	16.81	6.72	1.62
	5.0	7.07	5.55	18.11	7.25	1.60

续表

尺寸(mm)		截面面积A	每米重量	截面特性		
d	t	cm²	kg/m	I cm⁴	W cm³	i cm
54	3.0	4.81	3.77	15.68	5.81	1.81
	3.5	5.55	4.36	17.79	6.59	1.79
	4.0	6.28	4.93	19.76	7.32	1.77
	4.5	7.00	5.49	21.61	8.00	1.76
	5.0	7.70	6.04	23.34	8.64	1.74
	5.5	8.38	6.58	24.96	9.24	1.73
	6.0	9.05	7.10	26.46	9.80	1.71
57	3.0	5.09	4.00	18.81	6.53	1.91
	3.5	5.88	4.62	21.14	7.42	1.90
	4.0	6.66	5.23	23.52	8.25	1.88
	4.5	7.42	5.83	25.76	9.04	1.86
	5.0	8.17	6.41	27.86	9.78	1.85
	5.5	8.90	6.99	29.84	10.47	1.83
	6.0	9.61	7.55	31.69	11.12	1.82
60	3.0	5.37	4.22	21.88	7.29	2.02
	3.5	6.21	4.88	24.88	8.29	2.00
	4.0	7.04	5.52	27.73	9.24	1.98
	4.5	7.85	6.16	30.41	10.14	1.97
	5.0	8.64	6.78	32.94	10.98	1.95
	5.5	9.42	7.39	35.32	11.77	1.94
	6.0	10.18	7.99	37.56	12.52	1.92
63.5	3.0	5.70	4.48	26.15	8.24	2.14
	3.5	6.60	5.18	29.79	9.38	2.12
	4.0	7.48	5.87	33.24	10.47	2.11
	4.5	8.34	6.55	36.50	11.50	2.09
	5.0	9.19	7.21	39.60	12.47	2.08
	5.5	10.02	7.87	42.52	13.39	2.06
	6.0	10.84	8.51	45.28	14.26	2.04
68	3.0	6.13	4.81	32.42	9.54	2.30
	3.5	7.09	5.57	36.99	10.88	2.28
	4.0	8.04	6.31	41.34	12.16	2.27
	4.5	8.98	7.05	45.47	13.37	2.25
	5.0	9.90	7.77	49.41	14.53	2.23
	5.5	10.84	8.48	53.14	15.63	2.22
	6.0	11.69	9.17	56.68	16.67	2.20
70	3.0	6.31	4.96	35.50	10.14	2.37
	3.5	7.31	5.74	40.53	11.58	2.35
	4.0	8.29	6.51	45.33	12.95	2.34
	4.5	9.26	7.27	49.89	14.26	2.32
	5.0	10.21	8.01	54.24	15.50	2.30
	5.5	11.14	8.75	58.38	16.68	2.29
	6.0	12.06	9.47	62.31	17.80	2.27
73	3.0	6.60	5.18	40.48	11.09	2.48
	3.5	7.64	6.00	46.26	12.67	2.46
	4.0	8.67	6.81	51.78	14.19	2.44
	4.5	9.68	7.60	57.04	15.63	2.43
	5.0	10.68	8.38	62.07	17.01	2.41

尺寸(mm)		截面面积A	每米重量	截面特性		
d	t	cm²	kg/m	I cm⁴	W cm³	i cm
73	5.5	11.66	9.16	66.87	18.32	2.39
	6.0	12.63	9.91	71.43	19.57	2.38
76	3.0	6.88	5.40	45.91	12.08	2.58
	3.5	7.97	6.26	52.50	13.82	2.57
	4.0	9.05	7.10	58.81	15.48	2.55
	4.5	10.11	7.93	64.85	17.07	2.53
	5.0	11.15	8.75	70.62	18.59	2.52
	5.5	12.18	9.56	76.14	20.04	2.50
	6.0	13.19	10.36	81.41	21.42	2.48
83	3.5	8.74	6.86	69.19	16.67	2.81
	4.0	9.93	7.79	77.64	18.71	2.80
	4.5	11.10	8.71	85.76	20.67	2.78
	5.0	12.25	9.62	93.56	22.54	2.76
	5.5	13.39	10.51	101.04	24.35	2.75
	6.0	14.51	11.39	108.22	26.08	2.73
	6.5	15.62	12.26	115.10	27.74	2.71
	7.0	16.71	13.12	121.69	29.32	2.70
89	3.5	9.40	7.38	86.05	19.34	3.03
	4.0	10.68	8.38	96.68	21.73	3.01
	4.5	11.95	9.38	106.92	24.03	2.99
	5.0	13.19	10.36	116.79	26.24	2.98
	5.5	14.43	11.33	126.29	28.38	2.96
	6.0	16.65	12.28	135.43	30.43	2.94
	6.5	16.85	13.22	144.32	32.41	2.93
	7.0	18.03	14.16	152.67	34.31	2.91
95	3.5	10.06	7.90	105.45	22.20	3.24
	4.0	11.14	8.98	118.60	24.97	3.22
	4.5	12.79	10.04	131.31	27.64	3.20
	5.0	14.14	11.10	143.58	30.23	3.19
	5.5	15.46	12.14	155.43	32.72	3.17
	6.0	16.78	13.17	166.86	35.13	3.15
	6.5	18.07	14.19	177.89	37.45	3.14
	7.0	19.35	15.19	188.51	39.69	3.12
102	3.5	10.83	8.50	131.52	25.79	3.48
	4.0	12.32	9.67	148.09	29.04	3.47
	4.5	13.78	10.82	164.14	32.18	3.45
	5.0	15.24	11.96	179.68	35.23	3.43
	5.5	16.67	13.09	194.72	38.18	3.42
	6.0	18.10	14.21	209.28	41.03	3.40
	6.5	19.50	15.31	223.35	43.79	3.38
	7.0	20.89	16.40	236.96	46.46	3.37
114	4.0	13.82	10.85	209.35	36.73	3.89
	4.5	15.48	12.15	232.41	40.77	3.87
	5.0	17.12	13.44	254.81	44.70	3.86
	5.5	18.75	14.72	276.58	48.52	3.84
	6.0	20.36	15.89	297.73	52.23	3.82
	6.5	21.95	17.23	318.26	55.84	3.81

续表

尺寸(mm)		截面面积A	每米重量	截面特性		
d	t			I	W	i
		cm^2	kg/m	cm^4	cm^3	cm
114	7.0	23.53	18.47	338.19	59.33	3.79
	7.5	25.09	19.70	357.58	62.73	3.77
	8.0	26.64	20.91	376.30	66.02	3.76
121	4.0	14.70	11.54	251.87	41.63	4.14
	4.5	16.47	12.93	279.83	46.25	4.12
	5.0	18.22	14.30	307.05	50.75	4.11
	5.5	19.96	15.67	333.54	55.13	4.09
	6.0	21.68	17.02	359.32	59.39	4.07
	6.5	23.38	18.35	384.40	63.54	4.05
	7.0	25.07	19.68	408.80	67.57	4.04
	7.5	26.74	20.99	432.51	71.49	4.02
	8.0	28.40	22.29	455.57	75.30	4.01
127	4.0	15.46	12.13	292.61	46.08	4.35
	4.5	17.32	13.59	325.29	51.23	4.33
	5.0	19.16	15.04	357.14	56.24	4.32
	5.5	20.99	16.48	388.19	61.13	4.30
	6.0	22.81	17.09	418.44	65.90	4.28
	6.5	24.61	19.32	447.92	70.54	4.27
	7.0	26.39	20.72	476.63	75.06	4.25
	7.5	28.16	22.10	504.58	79.46	4.23
	8.0	29.91	23.48	531.80	83.75	4.22
133	4.0	16.21	12.73	337.53	50.76	4.56
	4.5	18.17	14.26	375.42	56.45	4.55
	5.0	20.11	15.78	412.40	62.02	4.53
	5.5	22.03	17.29	448.50	67.44	4.51
	6.0	23.94	18.79	483.72	72.74	4.50
	6.5	25.83	20.28	518.07	77.91	4.48
	7.0	27.71	21.75	551.58	82.94	4.46
	7.5	29.57	23.21	584.25	87.86	4.65
	8.0	31.42	24.66	616.11	92.65	4.43
140	4.5	19.16	15.04	440.12	62.87	4.79
	5.0	21.21	16.65	483.76	69.11	4.78
	5.5	23.24	18.24	526.40	75.20	4.76
	6.0	25.26	19.83	568.06	81.15	4.74
	6.5	27.26	21.40	608.76	86.97	4.73
	7.0	29.25	22.96	648.51	92.64	4.71
	7.5	31.22	24.51	687.32	98.19	4.69
	8.0	33.18	26.04	725.21	103.60	4.68
	9.0	37.04	29.08	798.29	114.04	4.64
	10	40.84	32.06	867.86	123.98	4.61
146	4.5	20.00	15.70	501.16	68.65	5.01
	5.0	22.15	17.39	551.10	75.49	4.99
	5.5	24.28	19.06	599.95	82.19	4.97
	6.0	26.39	20.72	647.73	88.73	4.95
	6.5	28.49	22.36	649.44	95.13	4.94
	7.0	30.57	24.00	740.12	101.39	4.92

尺寸(mm)		截面面积A	每米重量	截面特性		
d	t			I	W	i
		cm^2	kg/m	cm^4	cm^3	cm
146	7.5	32.63	25.62	784.77	107.50	4.90
	8.0	34.68	27.23	828.41	113.48	4.89
	9.0	38.74	30.41	912.71	125.03	4.85
	10	42.73	33.54	993.16	136.05	4.82
152	4.5	20.85	16.37	567.61	74.69	5.22
	5.0	23.09	18.13	624.43	82.16	5.20
	5.5	25.31	19.87	680.06	89.48	5.18
	6.0	27.52	21.60	734.52	96.65	5.17
	6.5	29.71	23.32	787.82	103.66	5.15
	7.0	31.89	25.03	839.99	110.52	5.13
	7.5	34.05	26.73	891.03	117.24	5.12
	8.0	36.19	28.41	940.97	123.81	5.10
	9.0	40.43	31.74	1037.59	136.53	5.07
	10	44.61	35.02	1129.99	148.68	5.03
159	4.5	21.84	17.15	652.27	82.05	5.46
	5.0	24.19	18.99	717.88	90.30	5.45
	5.5	26.52	20.82	782.18	98.39	5.43
	6.0	28.84	22.64	845.19	106.31	5.41
	6.5	31.14	24.45	906.92	114.08	5.40
	7.0	33.43	26.24	967.41	121.69	5.38
	7.5	35.70	28.02	1026.65	129.14	5.36
	8.0	37.95	29.79	1084.67	136.44	5.35
	9.0	42.41	33.29	1197.12	150.58	5.31
	10	46.81	36.75	1304.88	164.14	5.28
168	4.5	23.11	18.14	772.96	92.02	5.78
	5.0	25.60	20.14	851.14	101.33	5.77
	5.5	28.08	22.04	927.85	110.46	5.75
	6.0	30.54	23.97	1003.12	119.42	5.73
	6.5	32.98	25.89	1076.95	128.21	5.71
	7.0	35.41	27.79	1149.36	136.83	5.70
	7.5	37.82	29.69	1220.38	145.28	5.68
	8.0	40.21	31.57	1290.01	153.57	5.66
	9.0	44.96	35.29	1425.22	169.67	5.63
	10	49.64	38.97	1555.13	185.13	5.60
180	5.0	27.49	21.58	1053.17	117.02	6.19
	5.5	30.15	23.67	1148.79	127.64	6.17
	6.0	32.80	25.75	1242.72	138.08	6.16
	6.5	35.43	27.81	1335.00	148.33	6.14
	7.0	38.04	29.87	1425.63	158.40	6.12
	7.5	40.64	31.91	1514.64	168.29	6.10
	8.0	43.23	33.93	1602.04	178.00	6.09
	9.0	48.35	37.95	1772.12	196.90	6.05
	10	53.41	41.92	1936.01	215.11	6.02
	12	63.33	49.72	2245.84	249.54	5.95
194	5.0	29.69	23.31	1326.54	136.76	6.68
	5.5	32.57	25.57	1447.86	149.26	6.67
	6.0	35.44	27.82	1567.21	161.57	6.65

续表

尺寸(mm)		截面面积 A	每米重量	截面特性		
d	t			I	W	i
		cm^2	kg/m	cm^4	cm^3	cm
194	6.5	38.29	30.06	1684.61	173.67	6.63
	7.0	41.12	32.28	1800.08	185.57	6.62
	7.5	43.94	34.50	1913.64	197.28	6.60
	8.0	46.75	36.70	2025.31	208.79	6.58
	9.0	52.31	41.06	2243.00	231.25	6.55
	10	57.81	45.38	2453.55	252.94	6.51
	12	68.61	53.86	2853.25	294.15	6.45
203	6.0	37.13	29.15	1803.07	177.64	6.97
	6.5	40.13	31.50	1938.81	191.02	6.95
	7.0	43.10	33.84	2027.43	204.18	6.93
	7.5	46.06	36.16	2203.94	217.14	6.92
	8.0	49.01	38.47	2333.37	229.89	6.90
	9.0	54.85	43.06	2586.08	254.79	6.8
	10	60.63	47.60	2830.72	278.89	6.83
	12	72.01	56.62	3296.49	324.78	6.77
	14	83.13	65.25	3732.07	367.69	6.70
	16	94.00	73.79	4138.78	407.76	6.64
219	6.0	40.15	31.52	2278.74	208.10	7.53
	6.5	43.39	34.06	2451.64	223.89	7.52
	7.0	46.62	36.60	2622.04	239.46	7.50
	7.5	49.83	39.12	2789.96	254.79	7.48
	8.0	53.03	41.63	2955.43	269.90	7.47
	9.0	59.38	46.61	3279.12	299.46	7.43
	10	65.66	51.54	3593.29	328.15	7.40
	12	78.04	61.26	4193.81	383.00	7.33
	14	90.16	70.78	4758.50	434.57	7.26
	16	102.04	80.10	5288.81	483.00	7.20
245	6.5	48.70	38.23	3465.46	282.89	8.44
	7.0	52.34	41.08	3709.06	302.78	8.42
	7.5	55.96	43.93	3949.52	322.41	8.40
	8.0	59.56	46.76	4186.87	341.79	8.38
	9.0	66.73	52.38	4652.32	379.78	8.35
	10	73.83	57.95	5105.63	416.79	8.32
245	12	87.84	68.95	5976.67	487.89	8.25
	14	101.60	79.76	6801.68	555.24	8.18
	16	115.11	90.36	7582.30	618.96	8.12
273	6.5	54.42	42.72	4834.18	354.15	9.42
	7.0	58.50	45.92	5177.30	379.29	9.41
	7.5	62.56	49.11	5516.47	404.14	9.39
	8.0	66.60	52.28	5851.71	428.70	9.37
	9.0	74.64	58.60	6510.56	476.96	9.34
	10	82.62	64.86	7154.09	524.11	9.31
	12	98.39	77.24	8396.14	615.10	9.24
	14	113.91	89.42	9579.75	701.81	9.17
	16	129.18	101.41	10706.79	784.38	9.10
299	7.5	68.68	53.92	7300.02	488.30	10.31
	8.0	73.14	57.41	7747.42	518.22	10.29
	9.0	82.00	64.37	8628.09	577.13	10.26
	10	90.79	71.27	9490.15	634.79	10.22
	12	108.20	84.93	11159.52	746.46	10.16
	14	125.35	98.40	12757.61	853.35	10.09
	16	142.25	111.67	14286.48	955.62	10.02
325	7.5	74.81	58.73	9431.80	580.42	11.23
	8.0	79.67	62.54	10013.92	616.24	11.21
	9.0	89.35	70.14	11161.32	686.85	11.18
	10	98.96	77.68	12286.52	756.09	11.14
	12	118.00	92.63	14471.45	890.55	11.07
	14	136.78	107.38	16570.98	1019.75	11.01
	16	155.32	121.93	18587.38	1143.84	10.94
351	8.0	86.21	67.67	12684.36	722.76	12.13
	9.0	96.70	75.91	14147.55	806.13	12.10
	10	107.13	84.10	15584.62	888.01	12.06
	12	127.80	100.32	18381.63	1047.39	11.99
	14	148.22	116.35	21077.86	1201.02	11.93
	16	168.39	132.19	23675.75	1349.05	11.86

附 1-8　螺旋焊钢管的规格及截面特性（按 GB/T 9711—2017，SY 5036～37—83 计算）

I——截面惯性矩；
W——截面抵抗矩；
i——截面回转半径；

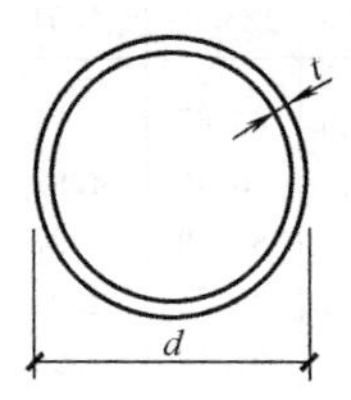

附图 1-8

螺旋焊钢管的规格及截面特性（按 GB/T 9711—2017，SY 5036～37—83 计算）附表 1-8

尺寸		截面面积	每米重量	截面特性		
d	t	(cm²)	(kg·m⁻¹)	I	W	i
				cm⁴	cm³	cm
219.1	5	33.61	26.61	1988.54	176.04	7.57
	6	40.15	31.78	2822.53	208.36	7.54
	7	46.62	36.91	2266.42	239.75	7.50
	8	53.03	41.98	2900.39	283.16	7.49
244.5	5	37.60	29.77	2699.28	220.80	8.47
	6	44.93	35.57	3199.36	261.71	8.44
	7	52.20	41.33	3686.70	301.57	8.40
	8	59.41	47.03	4611.52	340.41	8.37
273	6	50.30	39.82	4888.24	328.81	9.44
	7	58.47	46.29	5178.63	379.39	9.41
	8	66.57	52.70	5853.22	428.81	8.37
323.9	6	59.89	47.41	7574.41	467.70	11.24
	7	69.65	55.14	8754.84	540.59	11.21
	8	79.35	62.82	9912.63	612.08	11.17
325	6	60.10	47.70	7653.29	470.97	11.28
	7	69.90	55.40	8846.29	544.39	11.25
	8	79.63	63.04	10016.50	616.40	11.21
377	6	69.90	55.40	11079.13	587.75	13.12
	7	81.33	64.37	13932.53	739.13	13.08
	8	92.69	73.30	15795.91	837.98	13.05
	9	104.00	82.18	17628.57	935.20	13.02
406.4	6	75.44	59.75	15132.21	744.70	14.16
	7	87.79	69.45	17523.75	862.39	14.12
	8	100.09	79.10	19879.00	978.30	14.09
	9	112.31	88.70	22198.33	1092.44	14.05
	10	124.47	98.26	24482.10	1204.83	14.02
426	6	79.13	62.65	17464.62	819.94	14.85
	7	92.10	72.83	20231.72	949.85	14.82
	8	105.00	82.97	22958.81	1077.88	14.78
	9	117.84	93.05	25646.28	1206.05	14.75
	10	130.62	103.09	28294.52	1328.38	14.71
457	6	84.97	67.23	21623.66	946.33	15.95
	7	98.91	78.18	25061.79	1096.80	15.91
	8	112.79	89.08	28453.67	1245.24	15.88
	9	126.60	99.94	31799.72	1391.67	15.84
	10	140.36	110.74	35100.34	1536.12	15.81
	11	154.05	121.49	38355.96	1678.60	15.77
	12	167.68	132.19	41566.98	1819.12	15.74
478	6	88.93	70.34	24786.71	1037.10	16.69
	7	103.53	81.81	28736.12	1202.35	16.65
	8	118.06	93.23	32634.79	1365.47	16.62
	9	132.54	104.60	36483.16	1526.49	16.58
	10	146.95	115.92	40281.65	1685.43	16.55
	11	161.30	127.19	44030.71	1842.29	16.52
	12	175.59	138.41	47730.76	1997.10	16.48

尺寸		截面面积	每米重量	截面特性		
d	t	(cm²)	(kg·m⁻¹)	I	W	i
				cm⁴	cm³	cm
508	6	94.58	74.78	29819.20	1173.98	17.75
	7	110.12	86.99	34583.38	1361.55	17.72
	8	125.60	99.15	39290.06	1546.85	17.67
	9	141.02	111.25	43939.68	1729.91	17.65
	10	156.37	123.31	48532.72	1910.74	17.61
	11	171.66	135.32	53069.63	2089.36	17.58
	12	186.89	147.29	57550.87	2265.78	17.54
529	6	98.53	77.89	33719.80	1274.85	18.49
	7	114.74	90.61	39116.42	1478.88	18.46
	8	130.88	103.29	44450.54	1680.55	18.42
	9	146.95	115.92	49722.63	1879.87	18.39
	10	162.90	128.49	54933.18	2076.87	18.35
	11	178.92	141.02	60082.67	2271.56	18.32
	12	194.81	153.50	65171.58	2463.95	18.28
	13	210.63	165.93	70200.39	2654.08	18.25
559	6	104.19	82.33	39861.10	1426.16	19.55
	7	121.33	95.79	46254.78	1654.91	19.52
	8	138.41	109.21	52578.45	1881.16	19.48
	9	155.43	122.57	58832.64	2104.92	19.45
	10	172.39	135.89	65017.85	2326.22	19.41
	11	189.28	149.16	71134.58	2545.07	19.39
	12	206.11	162.38	77183.36	2761.48	19.34
	13	222.88	175.55	83164.67	2975.48	19.31
610.0	6	113.79	89.87	51936.94	1702.85	21.36
	7	132.54	104.60	60294.82	1976.88	21.32
	8	151.22	119.27	68568.97	2248.16	21.29
	9	169.84	133.89	76759.97	2516.72	21.25
	10	188.40	148.47	84868.37	2782.57	21.22
	11	206.89	162.99	92894.73	3045.73	21.18
	12	225.33	177.47	100839.60	3306.22	21.15
	13	243.70	191.90	108703.55	3564.05	21.11
630.0	6	117.56	92.83	57268.61	1818.05	22.06
	7	136.94	108.05	66494.92	2110.95	22.03
	8	156.25	123.22	75631.80	2401.01	21.99
	9	175.50	138.33	84679.83	2688.25	21.96
	10	194.68	153.40	93639.59	2972.69	21.93
	11	213.80	168.42	102511.65	3254.34	21.89
	12	232.86	183.39	111296.59	3533.23	21.85
	13	251.86	198.31	119994.98	3809.36	21.82
660.0	6	123.21	97.27	65931.44	1997.92	23.12
	7	143.53	113.23	76570.06	2320.31	23.09
	8	163.78	129.13	87110.33	2639.71	23.05
	9	183.97	144.99	97552.85	2956.15	23.02
	10	204.1	160.80	107898.23	3269.64	22.98
	11	224.16	176.56	118147.08	3580.21	22.95
	12	244.17	192.27	128300.00	3887.88	22.91
	13	264.11	207.93	138357.58	4192.65	22.88

续表

尺寸		截面面积	每米重量	截面特性		
d	t	(cm^2)	($kg \cdot m^{-1}$)	I	W	i
				cm^4	cm^3	cm
711.0	6	132.82	104.82	82588.87	2323.18	24.93
	7	154.74	122.03	95946.79	2698.93	24.89
	8	176.59	139.20	109190.20	3071.45	24.86
	9	198.39	156.31	122319.78	3440.78	24.82
	10	220.11	173.38	135336.18	3806.93	24.79
	11	241.78	190.39	148240.04	4169.90	24.75
	12	263.38	207.36	161032.02	4529.73	24.72
	13	284.92	224.28	173712.76	4886.44	24.68
720.0	6	134.52	106.15	85792.25	2382.12	25.25
	7	156.72	123.59	99673.56	2768.71	25.21
	8	177.85	140.97	113437.40	3151.04	25.17
	9	200.93	158.31	127084.44	3530.12	25.14
	10	222.94	175.60	140615.33	3965.98	25.11
	11	244.89	192.84	154030.74	4278.63	25.07
	12	266.77	210.02	167331.32	4648.09	24.04
	13	288.60	227.16	180517.74	5014.38	25.00
762.0	7	165.95	130.84	118344.40	3106.15	26.69
	8	189.40	149.26	134717.42	3535.90	26.66
	9	212.80	167.63	150959.68	3962.20	26.62
	10	236.13	185.95	167071.28	4385.07	26.59
	11	259.40	204.23	183053.12	4804.54	26.55
	12	282.60	222.45	198905.91	5220.63	26.52
	13	305.74	240.63	214630.33	5633.34	26.49
		328.82	258.76	230227.09	6024.71	26.45
813.0	7	177.16	139.64	143981.73	3541.99	28.50
	8	202.22	159.32	163942.66	4033.03	28.46
	9	227.21	178.85	183753.89	4520.39	28.43
	10	252.14	198.53	203416.16	5004.09	28.39
	11	277.01	218.06	222930.23	5484.14	28.36
	12	301.82	237.55	242296.83	5960.56	28.32
	13	326.56	256.98	261516.72	6433.38	28.29
	14	351.24	276.36	280590.63	6902.60	28.25
820.0	7	178.70	140.85	147765.60	3604.04	28.74
	8	203.97	160.70	168256.44	4103.82	28.71
	9	229.19	180.50	188594.94	4599.88	28.68
	10	254.34	200.26	208781.84	5092.24	28.64
	11	279.43	219.96	228817.91	5580.93	28.60
	12	304.45	239.62	248703.90	6065.95	28.57
	13	329.42	259.22	268440.55	6547.33	28.53
	14	354.32	278.78	288028.62	7025.09	28.50
	15	379.16	298.29	307468.86	7499.24	28.47
	16	413.93	317.75	326766.02	7969.81	28.43
914.0	8	227.59	179.25	233711.41	5114.04	32.03
	9	255.75	201.37	262061.17	5734.38	32.00
	10	283.86	223.44	290221.72	6350.58	31.96
	11	311.90	245.46	318193.90	6962.67	31.93
	12	339.87	267.44	345978.57	7570.65	31.89
914.0	13	367.79	289.36	373576.55	8174.54	31.86
	14	395.64	311.23	400988.69	8774.37	31.82
	15	423.43	333.06	428215.82	9370.15	31.79
	16	451.16	354.84	455258.77	9961.90	31.75
920.0	8	229.09	180.44	238385.26	5182.29	32.25
	9	257.45	202.70	267307.72	5811.04	32.21
	10	285.74	224.92	296038.43	6435.62	32.17
	11	313.97	247.06	324578.25	7056.05	32.14
	12	342.13	269.21	352928.00	7672.35	32.11
	13	370.24	291.28	381088.55	8284.53	32.07
	14	398.28	313.31	409060.74	8892.62	32.04
	15	426.26	335.23	436845.40	9496.64	32.00
	16	454.17	357.20	464443.38	10096.60	31.97
1020.0	8	254.21	200.16	325709.29	6386.46	35.78
	9	285.71	229.89	365343.91	7163.61	35.75
	10	317.14	249.58	404741.91	7936.12	35.71
	11	348.51	274.22	443904.22	8704.00	35.68
	12	379.81	298.81	482831.80	9467.29	35.64
	13	411.06	323.34	521525.58	10225.99	35.61
	14	442.24	347.83	559986.50	10980.13	35.57
	15	473.36	372.27	598215.50	11729.72	35.53
	16	504.41	396.66	636213.50	12474.77	35.50
1120.0	8	279.33	219.89	432113.97	7716.32	39.32
	9	313.97	247.09	484824.62	8657.58	39.28
	10	348.54	274.24	537249.06	9593.73	39.25
	11	383.05	301.35	589388.32	10524.79	39.21
	12	417.49	328.40	641243.45	11450.78	39.18
	13	451.88	355.40	692815.48	12371.71	39.14
	14	486.20	382.36	744105.44	13287.60	39.11
	15	520.46	409.26	795114.35	14198.47	39.07
	16	554.65	436.12	845843.26	15104.34	39.04
1220.0	10	379.94	298.90	695916.69	11408.47	42.78
	11	417.59	328.47	763623.03	12518.41	42.75
	12	455.17	357.99	830991.12	13622.81	42.71
	13	492.70	387.46	898022.09	14721.67	42.68
	14	530.16	416.88	964717.06	15815.03	42.64
	15	567.56	446.26	1031077.17	16902.90	42.61
	16	604.89	475.57	1097103.53	17985.30	42.57
1420.0	10	442.74	348.23	1001160.59	15509.30	49.85
	11	486.67	382.73	1208714.17	17024.14	49.82
	12	530.53	417.18	1315807.13	18532.49	49.78
	13	574.34	451.58	1422440.79	20034.38	49.75
	14	618.08	485.94	1528616.74	21529.81	49.71
	15	661.76	520.24	1634335.48	23018.81	49.68
	16	705.37	554.50	1739599.14	24501.40	49.64

附 1-9　方钢管

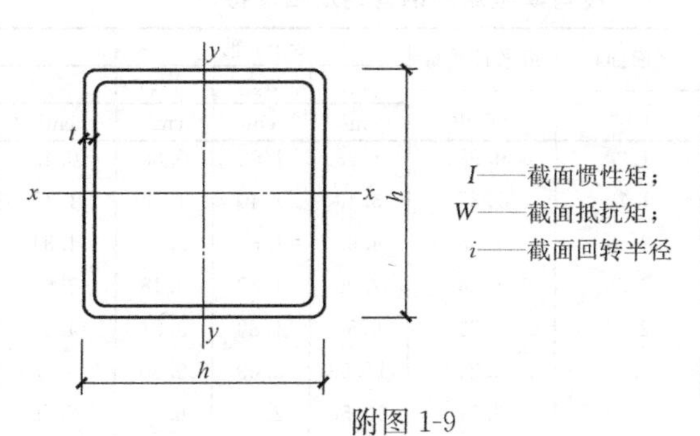

附图 1-9

方钢管规格　　**附表 1-9**

尺寸		截面面积	重量	截面特征		
h	t	cm^2	kg/m	I_x	W_x	i_x
mm	mm			cm^4	cm^3	cm
25	1.5	1.31	1.03	1.16	0.92	0.94
30	1.5	1.61	1.27	2.11	1.40	1.14
40	1.5	2.21	1.74	5.33	2.67	1.55
40	2.0	2.87	2.25	6.66	3.33	1.52
50	1.5	2.81	2.21	10.82	4.33	1.96
50	2.0	3.67	2.88	13.71	5.48	1.93
60	2.0	4.47	3.51	24.51	8.17	2.34
60	2.5	5.48	4.30	29.36	9.79	2.31
80	2.0	6.07	4.76	60.58	15.15	3.16
80	2.5	7.48	5.87	73.40	18.35	3.13
100	2.5	9.48	7.44	147.91	29.58	3.95
100	3.0	11.25	8.83	173.12	34.62	3.92
120	2.5	11.48	9.01	260.88	43.48	4.77
120	3.0	13.65	10.72	306.71	51.12	4.74
140	3.0	16.05	12.60	495.68	70.81	5.56
140	3.5	18.58	14.59	568.22	81.17	5.53
140	4.0	21.07	16.44	637.97	91.14	5.50
160	3.0	18.45	14.49	749.64	93.71	6.37
160	3.5	21.38	16.77	861.34	107.67	6.35
160	4.0	24.27	19.05	969.35	121.17	6.32
160	4.5	27.12	21.15	1073.66	134.21	6.29
160	5.0	29.93	23.35	1174.44	146.81	6.26

附 1-10　冷弯薄壁矩形钢管的规格及特性

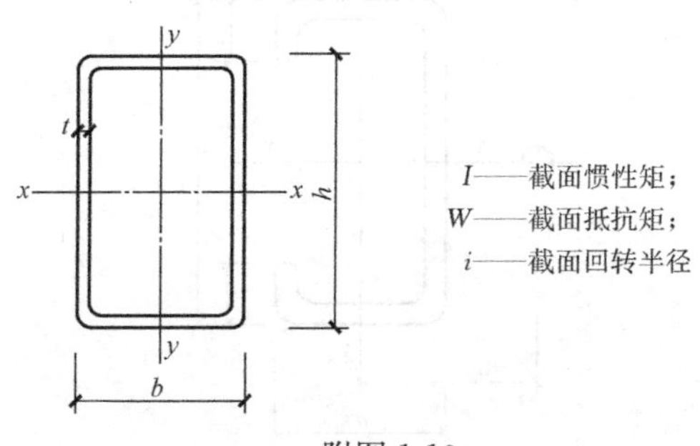

附图 1-10

冷弯薄壁矩形钢管的规格及特性 附表 1-10

尺寸			截面面积	每米长质量	x—x 轴			y—y 轴		
h	b	t			I_x	i_x	W_x	I_y	i_y	W_y
mm			cm^2	kg/m	cm^4	cm	cm^3	cm^4	cm	cm^3
30	15	1.5	1.20	0.95	1.28	1.02	0.85	0.42	0.59	0.57
40	20	1.6	1.75	1.37	3.43	1.40	1.72	1.15	0.81	1.15
40	20	2.0	2.14	1.68	4.05	1.38	2.02	1.34	0.79	1.34
50	30	1.6	2.39	1.88	7.96	1.82	3.18	3.60	1.23	2.40
50	30	2.0	2.94	2.31	9.54	1.80	3.81	4.29	1.21	2.86
60	30	2.5	4.09	3.21	17.93	2.09	5.80	6.00	1.21	4.00
60	30	3.0	4.81	3.77	20.50	2.06	6.83	6.79	1.19	4.53
60	40	2.0	3.74	2.94	18.41	2.22	6.14	9.83	1.62	4.92
60	40	3.0	5.41	4.25	25.37	2.17	8.46	13.44	1.58	6.72
70	50	2.5	5.59	4.20	38.01	2.61	10.86	22.59	2.01	9.04
70	50	3.0	6.61	5.19	44.05	2.58	12.58	26.10	1.99	10.44
80	40	2.0	4.54	3.56	37.36	2.87	9.34	12.72	1.67	6.36
80	40	3.0	6.61	5.19	52.25	2.81	13.06	17.55	1.63	8.78
90	40	2.5	6.09	4.79	60.69	3.16	13.49	17.02	1.67	8.51
90	50	2.0	5.34	4.19	57.88	3.29	12.86	23.37	2.09	9.35
90	50	3.0	7.81	6.13	81.85	2.24	18.19	32.74	2.05	13.09
100	50	3.0	8.41	6.60	106.45	3.56	21.29	36.05	2.07	14.42
100	60	2.6	7.88	6.19	106.66	3.68	21.33	48.47	2.48	16.16
120	60	2.0	6.94	5.45	131.92	4.36	21.99	45.33	2.56	15.11
120	60	3.2	10.85	8.52	199.88	4.29	33.31	67.94	2.50	22.65
120	60	4.0	13.35	10.48	240.72	4.25	40.12	81.24	2.47	27.08
120	80	3.2	12.13	9.53	243.54	4.48	40.59	130.48	3.28	32.62
120	80	4.0	14.95	11.73	294.57	4.44	49.09	157.28	3.24	39.32
120	80	5.0	18.36	14.41	353.11	4.39	58.85	187.75	3.20	46.94
120	80	6.0	21.63	16.98	406.00	4.33	67.67	214.98	3.15	53.74
140	90	3.2	14.05	11.04	384.01	5.23	54.86	194.80	3.72	43.29
140	90	4.0	17.35	13.63	466.59	5.19	66.66	235.92	3.69	52.43
140	90	5.0	21.36	16.78	562.61	5.13	80.37	283.32	3.64	62.96
150	100	3.2	15.33	12.04	488.18	5.64	65.09	262.26	4.14	52.45

附 1-11 卷边槽形冷弯型钢

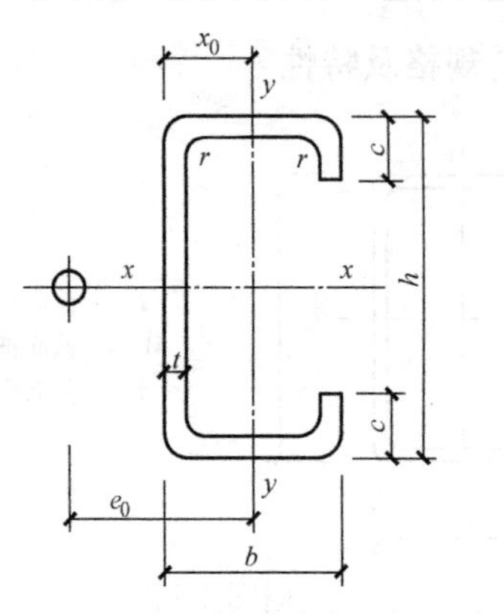

附图 1-11 卷边槽形冷弯型钢尺寸

附表 1-11

卷边槽形冷弯型钢规格

序号	截面代号	截面尺寸				截面面积 A	质量 g	x_0	$x—x$ 轴			$y—y$ 轴				$y_1—y_1$ 轴	e_0	I_t	I_ω	k	$W_{\omega1}$	$W_{\omega2}$
									I_x	i_x	W_x	I_y	i_y	W_{ymax}	W_{ymin}	I_{y1}						
		H	B	c	t	cm^2	kg/m	cm	cm^4	cm	cm^3	cm^4	cm	cm^3	cm^3	cm^4	cm	cm^4	cm^4	cm^{-1}	cm^4	cm^4
1	C140×2.0	140	50	20	2.0	5.27	4.14	1.590	154.03	5.41	22.00	18.56	1.88	11.68	5.44	31.86	3.87	0.0703	794.79	0.0058	51.34	52.22
2	C140×2.2	140	50	20	2.2	5.76	4.52	1.590	167.40	5.39	23.91	20.03	1.87	12.62	5.87	34.53	3.84	0.0929	852.46	0.0065	55.98	56.84
3	C140×2.5	140	50	20	2.5	6.48	5.09	1.580	186.78	5.39	26.68	22.11	1.85	13.96	6.47	38.38	3.80	0.1351	931.89	0.0075	62.56	63.56
4	C160×2.0	160	60	20	2.0	6.07	4.76	1.850	236.59	6.24	29.57	29.99	2.22	16.02	7.23	50.83	4.52	0.0809	1596.28	0.0044	76.92	71.30
5	C160×2.2	160	60	20	2.2	6.64	5.21	1.850	257.57	6.23	32.20	32.45	2.21	17.53	7.82	55.19	4.50	0.1071	1717.82	0.0049	83.82	77.55
6	C160×2.5	160	60	20	2.5	7.48	5.87	1.850	288.13	6.21	36.02	35.96	2.19	19.47	8.66	61.49	4.45	0.1559	1887.71	0.0056	93.87	86.63
7	C180×2.0	180	70	20	2.0	6.87	5.39	2.110	343.93	7.08	38.21	45.18	2.57	21.37	9.25	75.87	5.12	0.0916	2934.34	0.0035	109.50	95.22
8	C180×2.2	180	70	20	2.2	7.52	5.90	2.110	374.90	7.06	41.66	48.97	2.15	23.19	10.02	21.49	5.14	0.1213	3165.62	0.0038	119.44	103.58
9	C180×2.5	180	70	20	2.5	8.48	6.66	2.110	320.20	7.04	46.69	54.42	2.53	25.82	11.12	92.06	5.10	0.1767	3492.15	0.0044	113.99	115.73
10	C200×2.2	200	70	20	2.0	7.27	5.71	2.000	440.04	7.78	44.00	46.71	2.54	23.32	9.35	75.88	4.96	0.0969	3672.33	0.0032	126.74	106.15
11	C200×2.2	200	70	20	2.2	7.96	6.25	2.000	479.87	7.77	47.99	50.64	2.52	25.31	10.13	82.49	4.93	0.1284	3963.82	0.0035	138.26	115.74
12	C200×2.5	200	70	20	2.5	8.98	7.05	2.000	538.21	7.74	53.82	56.27	2.50	28.18	11.25	92.09	4.89	0.1871	4376.18	0.0041	115.14	129.75
13	C220×2.0	220	75	20	2.0	7.87	6.18	2.080	574.45	8.54	52.22	56.88	2.69	27.35	10.50	90.93	5.18	0.1049	5313.52	0.0028	158.43	127.32
14	C220×2.2	220	75	20	2.2	8.62	6.77	2.080	626.85	8.53	56.99	61.71	2.68	29.70	11.38	98.91	5.15	0.1391	5742.07	0.0031	172.92	138.93
15	C220×2.5	220	75	20	2.5	9.73	7.64	2.074	703.76	8.50	63.98	68.66	2.66	33.11	12.65	110.51	5.11	0.2028	6351.05	0.0035	194.18	155.94
16	C250×2.0	250	75	20	2.0	8.43	6.62	1.932	771.01	9.56	61.68	58.46	2.63	30.25	10.50	89.95	4.90	0.1125	6944.92	0.0025	190.93	146.73
17	C250×2.2	250	75	20	2.2	9.26	7.27	1.933	844.08	9.55	67.53	63.68	2.62	32.94	11.44	98.27	4.87	0.1493	7545.39	0.0028	208.66	160.20
18	C250×2.5	250	75	20	2.5	10.48	8.23	1.934	952.33	9.53	76.19	71.31	2.69	36.86	12.81	110.53	4.84	0.2184	8415.77	0.0032	234.81	180.01

附 1-12　卷边 Z 形冷弯型钢

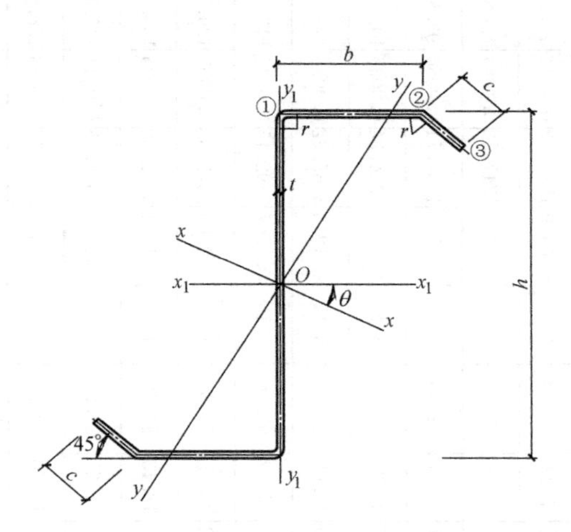

附图 1-12　卷边 Z 形冷弯型钢

卷边 Z 形冷弯型钢的截面特性　　附表 1-12

序号	截面代号	截面尺寸(mm)				截面面积 A (cm^2)	质量 g (kg/m)	θ (°)	x_1—x_1 轴		
		H	B	c	t				I_{x1} (cm^4)	i_{x1} (cm)	W_{x1} (cm^3)
1	Z140×2.0	140	50	20	2.0	5.392	4.233	21.986	162.065	5.482	23.152
2	Z140×2.2	140	50	20	2.2	5.909	4.638	21.998	176.813	5.470	25.259
3	Z140×2.5	140	50	20	2.5	6.676	5.240	22.018	198.446	5.452	28.349
4	Z160×2.0	160	60	20	2.0	6.192	4.861	22.104	246.830	6.313	30.854
5	Z160×2.2	160	60	20	2.2	6.789	5.329	22.113	269.592	6.302	33.699
6	Z160×2.5	160	60	20	2.5	7.676	6.025	22.128	303.090	6.284	37.886
7	Z180×2.0	180	70	20	2.0	6.992	5.489	22.185	356.620	7.141	39.624
8	Z180×2.2	180	70	20	2.2	7.669	6.020	22.193	389.835	7.130	43.315
9	Z180×2.5	180	70	20	2.5	8.676	6.810	22.205	438.835	7.112	48.759
10	Z200×2.0	200	70	20	2.0	7.392	5.803	19.305	455.430	7.849	45.543
11	Z200×2.2	200	70	20	2.2	8.109	6.365	19.309	498.023	7.837	49.802
12	Z200×2.5	200	70	20	2.5	9.176	7.203	19.314	560.921	7.819	56.092
13	Z220×2.0	220	75	20	2.0	7.992	6.274	18.300	592.787	8.612	53.890
14	Z220×2.2	220	75	20	2.2	8.769	6.884	18.302	648.520	8.600	58.956
15	Z220×2.5	220	75	20	2.5	9.926	7.792	18.305	730.926	8.581	66.448
16	Z250×2.0	250	75	20	2.0	8.592	6.745	15.389	799.640	9.647	63.791
17	Z250×2.2	250	75	20	2.2	9.429	7.402	15.387	875.145	9.634	70.012
18	Z250×2.5	250	75	20	2.5	10.676	8.380	15.385	986.898	9.615	78.952

附 1-13　压型钢板的型号、截面形状及尺寸

压型钢板规格　　附表 1-13

序号	型　　号	截面基本尺寸	展开宽度
1	YX21-180-900	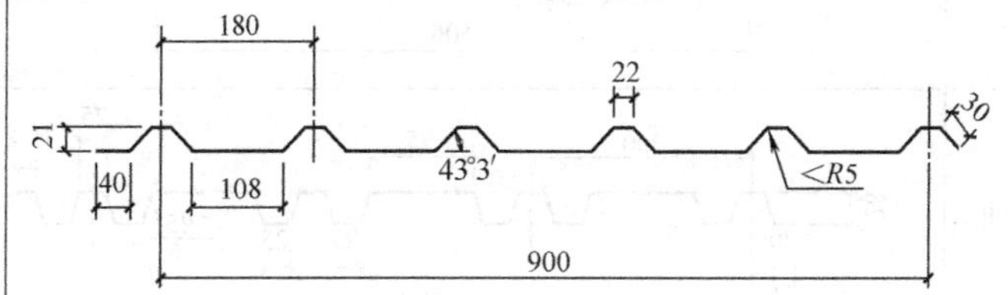 180; 22; 21; 30; 40; 108; 43°3′; <R5; 900	1100
2	YX28-100-800(Ⅰ)	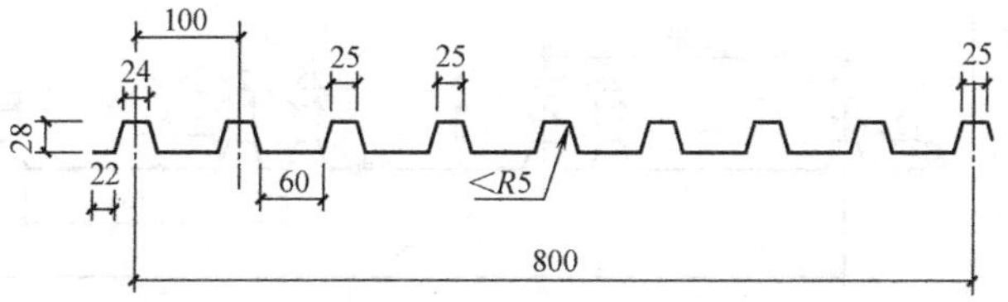 100; 24; 25; 25; 25; 28; 22; 60; <R5; 800	1200
3	YX28-100-800(Ⅱ)	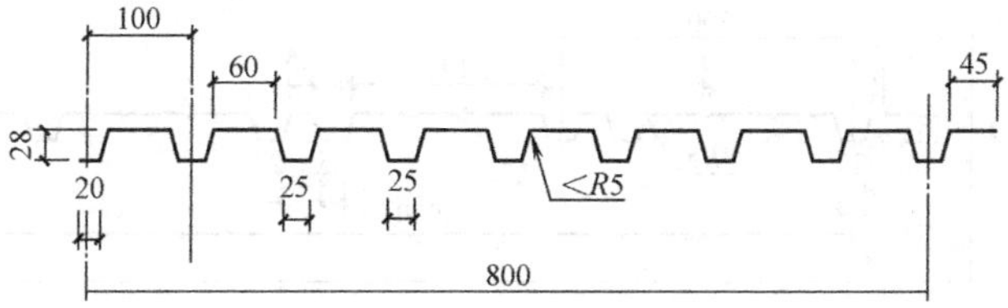 100; 60; 45; 28; 20; 25; 25; <R5; 800	1200
4	YX28-150-750(Ⅰ)	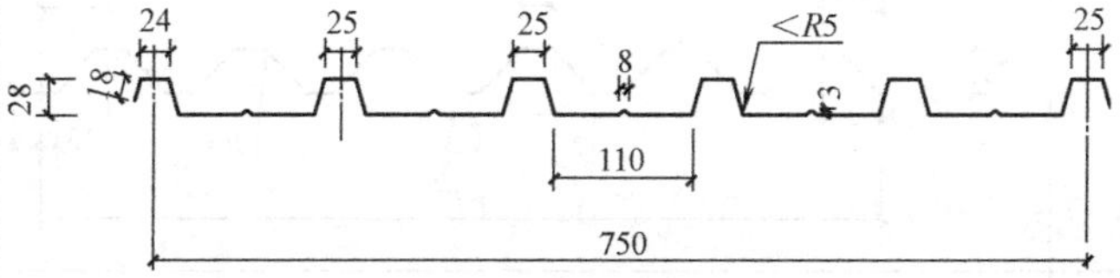 24; 25; 25; <R5; 25; 28; 18; 8; 3; 110; 750	1000
5	YX28-150-750(Ⅱ)	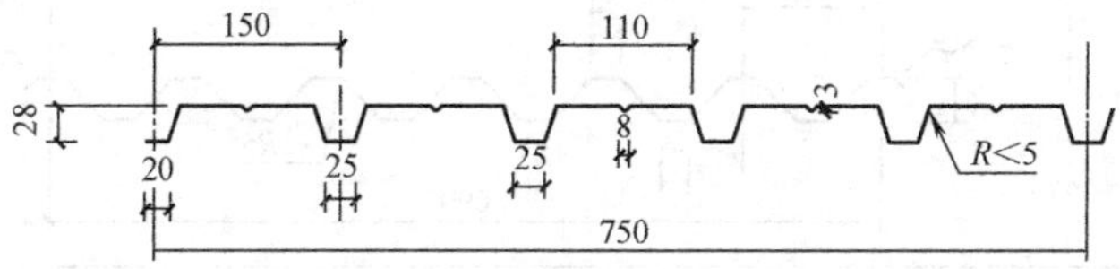 150; 110; 28; 3; 8; 20; 25; 25; R<5; 750	1000
6	YX28-150-900(Ⅰ)	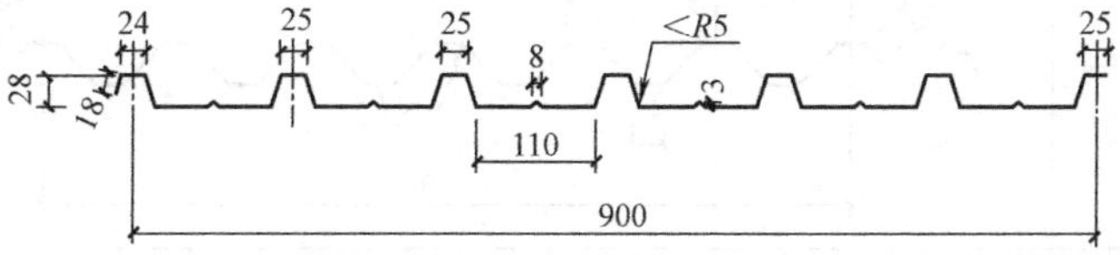 24; 25; 25; 8; <R5; 25; 28; 18; 3; 110; 900	1200
7	YX28-150-900(Ⅱ)	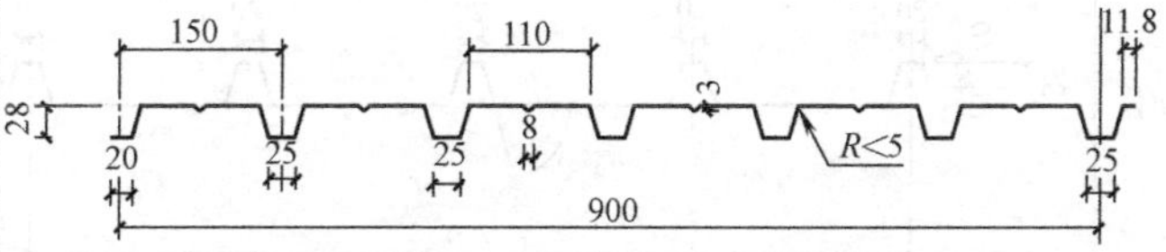 150; 110; 11.8; 28; 3; 20; 25; 25; 8; R<5; 25; 900	1200

续表

序号	型　号	截面基本尺寸	展开宽度
8	YX28-200-600(Ⅰ)	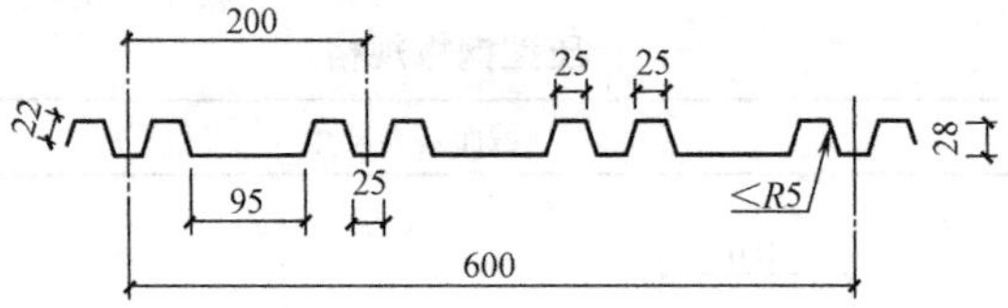	1000
9	YX28-200-600(Ⅱ)	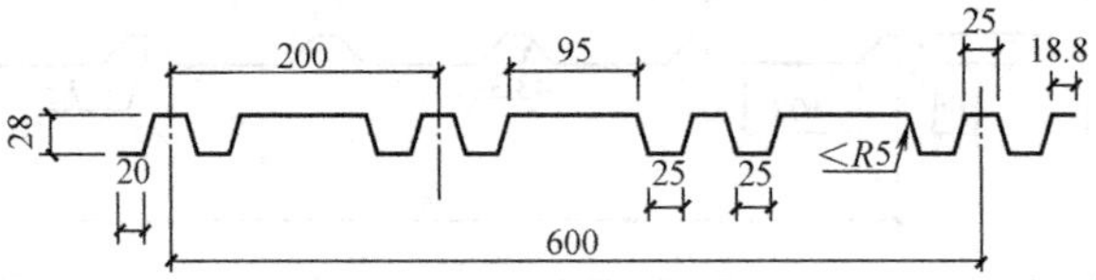	1000
10	YX28-300-900(Ⅰ)	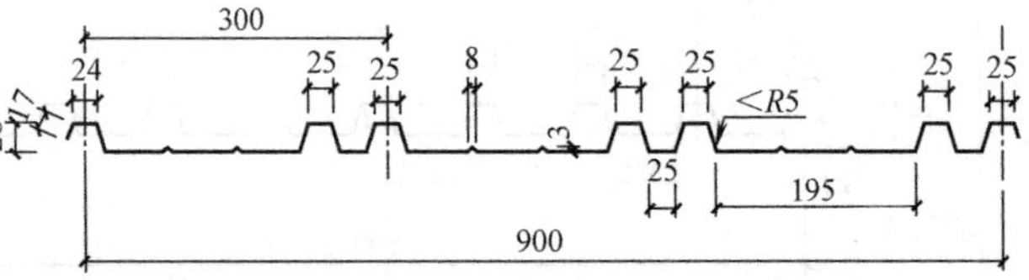	1200
11	YX28-300-900(Ⅱ)	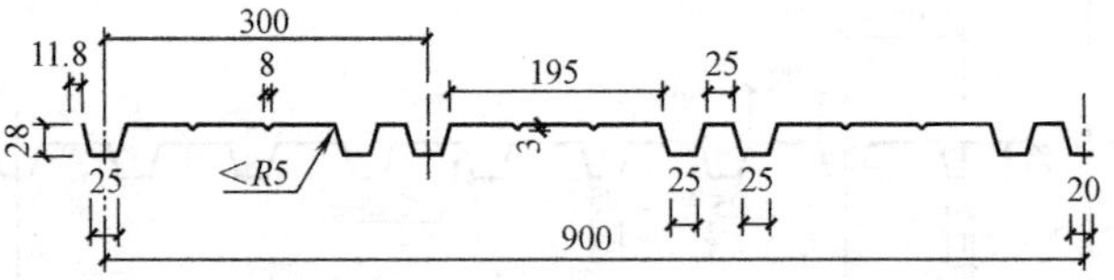	1200
12	YX35-115-677	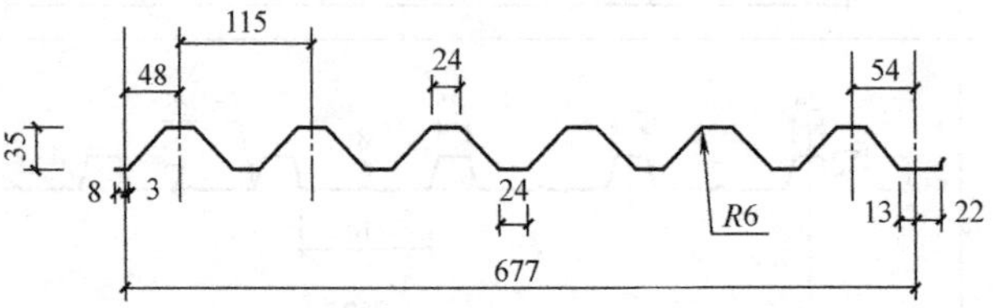	914
13	YX35-115-690	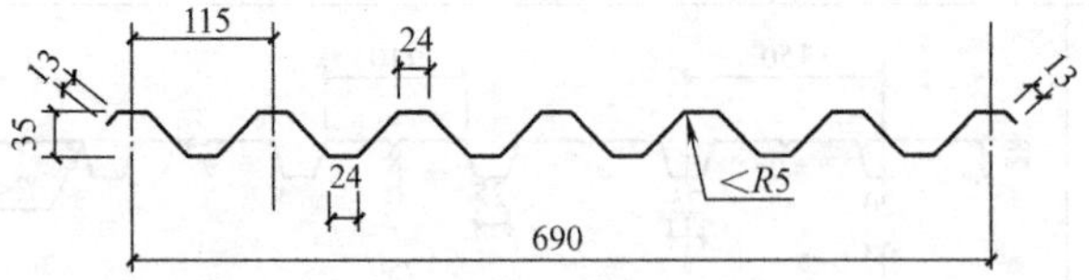	914
14	YX35-125-750	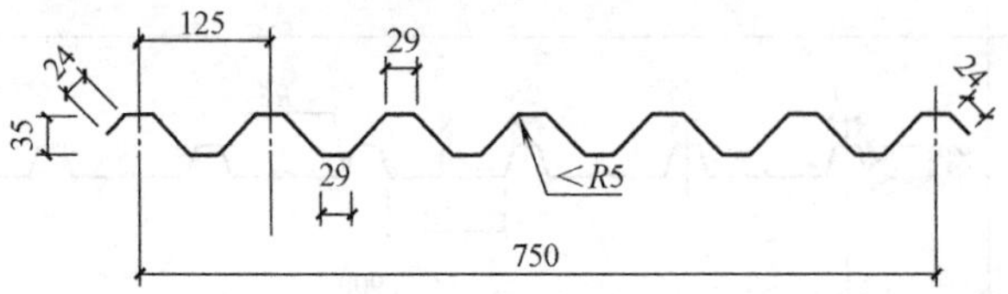	1000
15	YX35-187.5-750(Ⅰ)	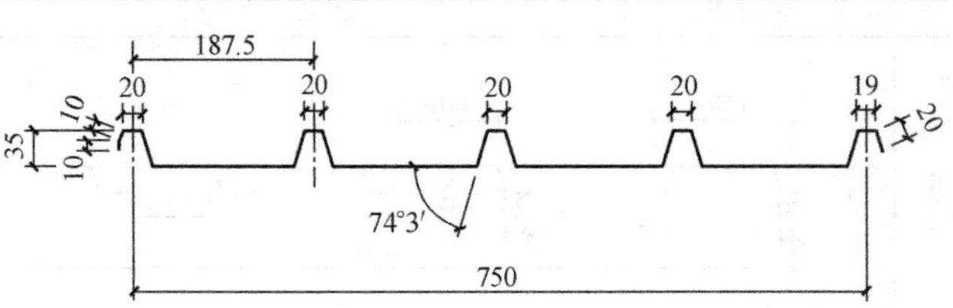	1000

续表

序号	型　　号	截面基本尺寸	展开宽度
16	YX35-187.5-750(Ⅱ) (U-188)	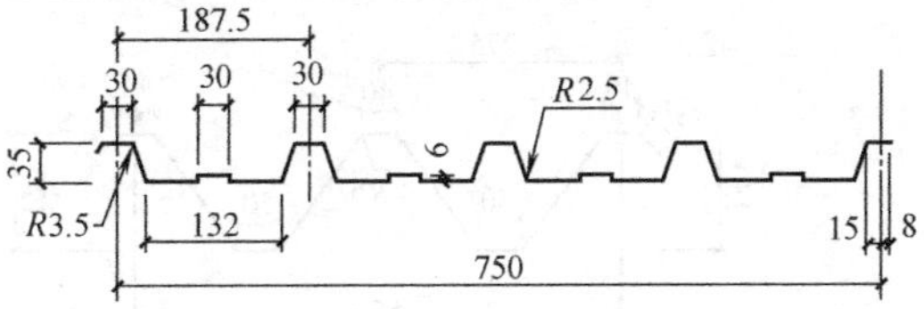	1000
17	YX38-175-700	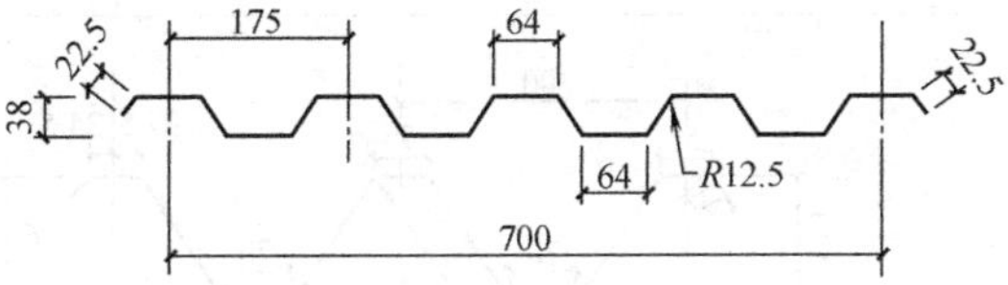	1000
18	YX51-250-750	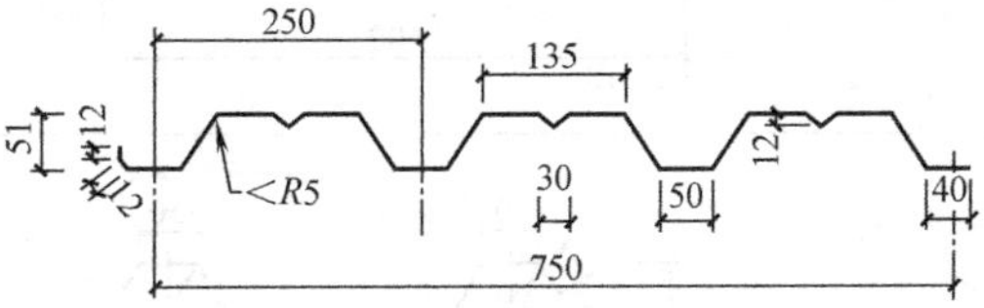	960
19	YX70-200-600	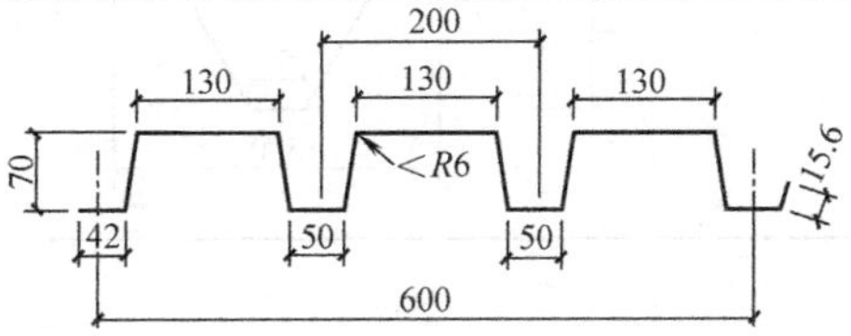	1000
20	YX75-200-600	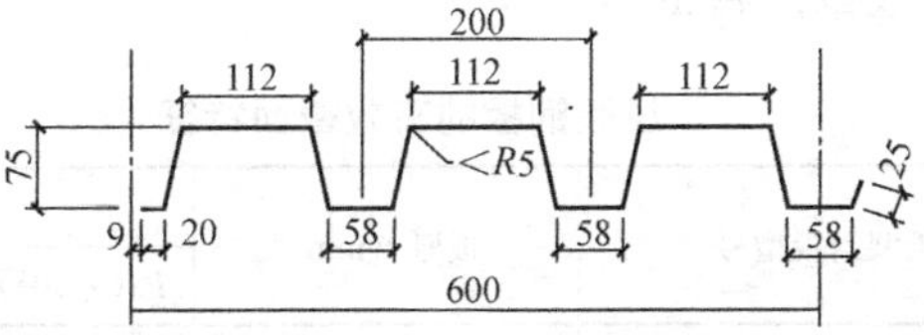	1000
21	YX75-210-840	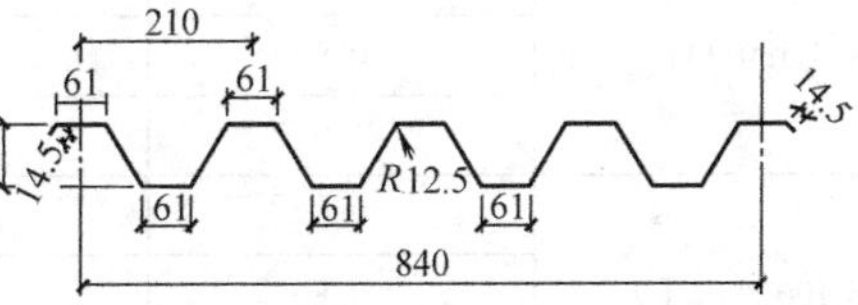	1250
22	YX75-230-690(Ⅰ)	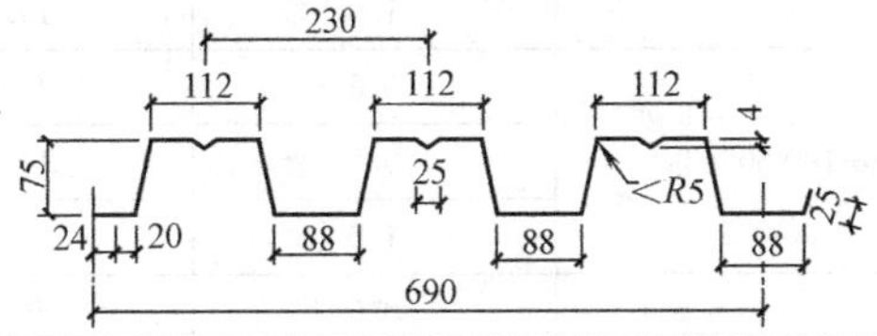	1100
23	YX75-230-690(Ⅱ)	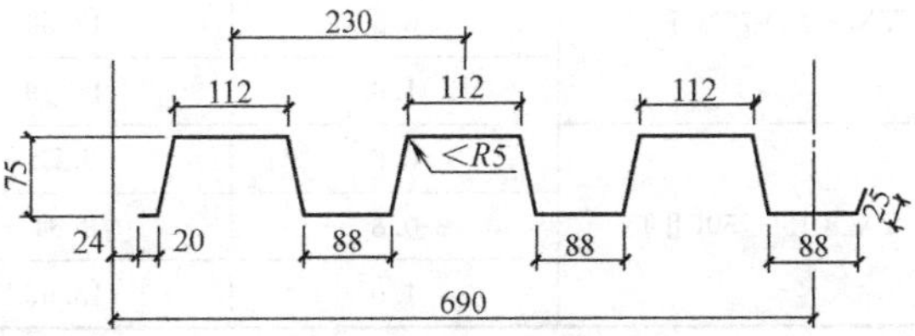	1100

续表

序号	型　　号	截面基本尺寸	展开宽度
24	YX130-275-550	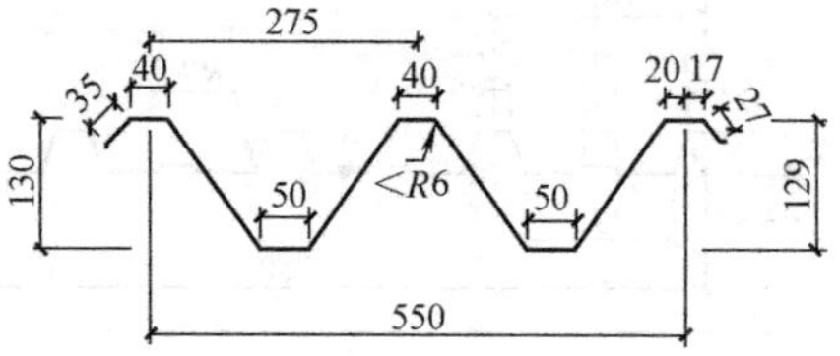	914
25	YX130-300-600	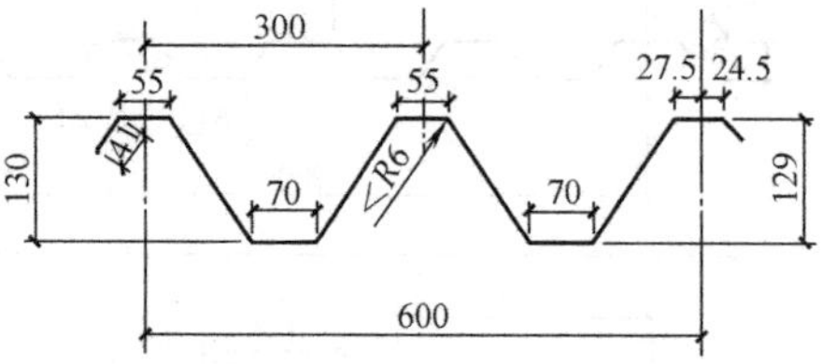	1000
26	YX173-300-300	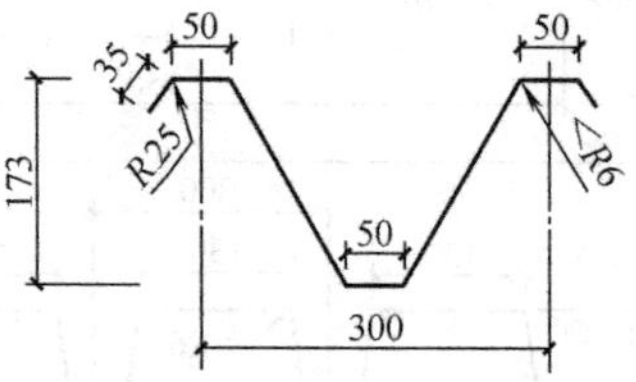	610

附 1-14　压型钢板的有效截面特征

压型钢板的有效截面特征　　**附表 1-14**

序　　号	压型钢板型号	板厚 t(mm)	有效截面特性	
			I_{ef}(×10^4)(mm^4/m)	W_{ef}(×10^4)(mm^3/m)
1	YX21-180-900	0.6	4.81	3.19
		0.8	6.41	4.22
		1.0	8.01	5.25
2	YX28-100-800(Ⅰ)	0.6	11.58	6.62
		0.8	15.44	8.78
		1.0	19.30	10.92
3	YX28-100-800(Ⅱ)	0.6	9.69	6.11
		0.8	14.63	8.45
		1.0	18.79	10.60
4	YX28-150-750(Ⅰ)	0.6	9.71	4.90
		0.8	12.59	6.50
		1.0	16.19	3.09
5	YX28-150-750(Ⅱ)	0.6	6.72	4.26
		0.8	9.84	5.83
		1.0	13.65	7.50

续表

序　号	压型钢板型号	板厚 t(mm)	有效截面特性	
			I_{ef}(×10^4)(mm^4/m)	W_{ef}(×10^4)(mm^3/m)
6	YX28-150-900(Ⅰ)	0.6	9.58	4.82
		0.8	12.77	6.39
		1.0	15.97	7.95
7	YX28-150-900(Ⅱ)	0.6	6.74	4.20
		0.8	9.86	5.76
		1.0	13.64	7.39
8	YX28-200-600(Ⅰ)	0.6	12.93	7.70
		0.8	17.24	10.21
		1.0	21.65	12.69
9	YX28-200-600(Ⅱ)	0.6	10.45	6.99
		0.8	14.63	9.42
		1.0	19.30	11.93
10	YX28-300-900(Ⅰ)	0.6	9.58	4.82
		0.8	12.77	6.39
		1.0	15.97	7.95
11	YX28-300-900(Ⅱ)	0.6	6.15	4.07
		0.8	8.76	5.52
		1.0	11.60	7.00
12	YX35-115-677	0.6	13.39	7.44
		0.8	17.85	9.86
		1.0	22.31	12.26
13	YX35-115-690	0.6	13.55	7.29
		0.8	18.13	9.69
		1.0	22.67	12.05
14	YX35-125-750	0.6	13.85	7.48
		0.8	18.83	10.00
		1.0	23.54	12.44
15	YX35-187.5-750(Ⅰ)	0.6	13.47	5.16
		0.8	17.97	6.85
		1.0	22.46	8.53
16	YX35-187.7-750(Ⅱ) (U-188)	0.7	12.57	5.22
		0.8	14.35	5.95
		1.0	17.89	7.38
		1.2	21.41	8.79

续表

序　号	压型钢板型号	板厚 t(mm)	有效截面特性	
			I_{ef}(×10^4)(mm^4/m)	W_{ef}(×10^4)(mm^3/m)
17	YX38-175-700	0.6	16.99	8.37
		0.8	24.44	12.56
		1.0	32.94	16.11
18	YX51-250-750	0.8	44.23	14.59
		1.0	56.21	18.28
		1.2	67.88	21.91
19	YX70-200-600	0.8	76.57	20.31
		1.0	100.64	27.37
		1.2	128.19	35.96
20	YX75-200-600	0.8	89.90	21.95
		1.0	119.30	29.99
		1.2	151.84	39.39
21	YX75-210-840	0.8	94.33	24.59
		1.0	123.73	31.26
		1.2	150.91	37.66
22	YX75-230-690(Ⅰ)	0.8	121.93	31.53
		1.0	154.42	39.47
		1.2	186.15	47.32
23	YX75-230-690(Ⅱ)	0.8	89.31	20.10
		1.0	118.76	27.44
		1.2	151.48	36.01
24	YX130-275-550	0.8	273.14	39.77
		1.0	349.44	50.22
		1.2	421.12	60.30
25	YX130-300-600	0.8	275.99	41.5
		1.0	358.09	52.71
		1.2	441.34	63.95
26	YX173-300-300	0.8	560.52	57.90
		1.0	728.45	73.71
		1.2	903.60	89.81

注：1. 有效截面特性值系按压型钢板基材为 Q235 钢计算；

2. 表中 I_{ef}（mm^4/m）、W_{ef}（mm^3/m）系指 1m 宽压型钢板的有效截面惯性矩及有效截面模量。

附录 2　螺栓、锚栓及栓钉规格

附 2-1　六角头螺栓（C 级）规格

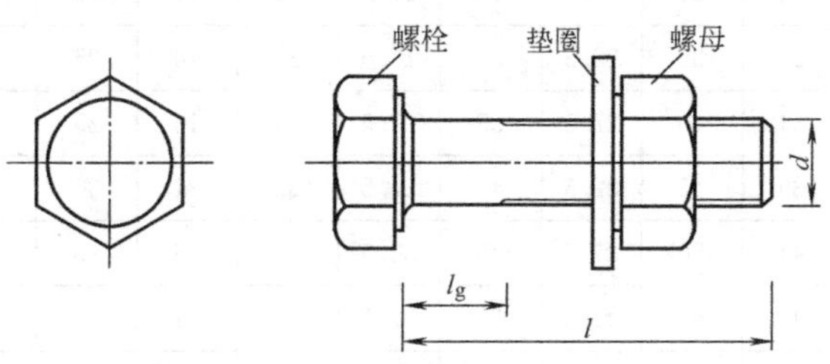

附图 2-1　六角头螺栓（C 级）的尺寸

六角头螺栓（C 级）规格　　**附表 2-1**

螺栓直径 d (mm)	螺距 p (mm)	有效直径 d_e (mm)	有效面积 A_e (mm^2)	公称长度 l(mm)		夹紧长度 l_g(mm)	
				最小值	最大值	最小值	最大值
16	2	14.12	156.6	50	160	17	116
18	2.5	15.65	192.5	80	180	38	132
20	2.5	17.65	244.8	65	200	19	148
22	2.5	19.65	303.4	90	220	40	151
24	3	21.19	352.5	80	240	26	167
27	3	24.19	459.4	100	260	40	181
30	3.5	26.72	560.6	90	300	24	215
33	3.5	29.72	693.6	130	320	52	229
36	4	32.25	816.7	110	300	32	203
39	4	35.25	975.8	150	400	60	297
42	4.5	37.78	1120.0	160	400	70	291
45	4.5	40.78	1306.0	180	440	78	325
48	5	43.31	1473.0	180	480	72	354
52	5	47.31	1758.0	200	500	84	371
56	5.5	50.84	2030.0	220	500	83	363
60	5.5	54.84	2362.0	240	500	95	355

附 2-2　大六角头高强度螺栓规格

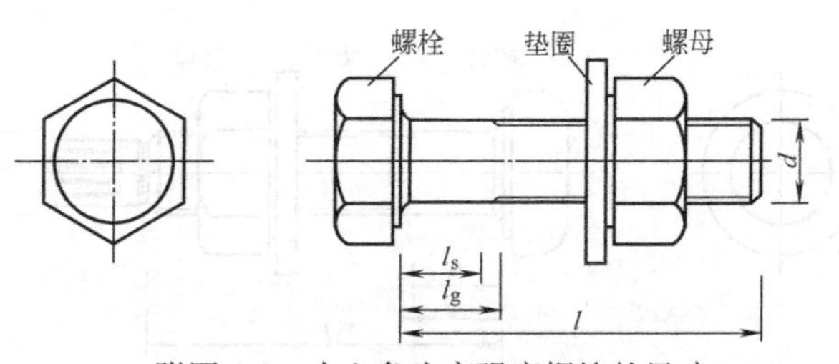

附图 2-2　大六角头高强度螺栓的尺寸

大六角头高强度螺栓的长度（mm） **附表 2-2**

螺纹规格 d / 公称长度 l	M16		M20		M22		M24		M27		M30	
	l_s	l_g	l_s	l_g	l_s	l_g	l_s	l_g	l_s	l_g	l_s	l_g
45	9	15										
50	14	20	7.5	15								
55	14	20	12.5	20	7.5	15						
60	19	25	17.5	25	12.5	20	6	15				
65	24	30	17.5	25	17.5	25	11	20	6	15		
70	29	35	22.5	30	17.5	25	16	25	11	20	4.5	15
75	34	40	27.5	35	22.5	30	16	25	16	25	9.5	20
80	39	45	32.5	40	27.5	35	21	30	16	25	14.5	25
85	44	50	37.5	45	32.5	40	26	35	21	30	14.5	25
90	49	55	42.5	50	37.5	45	31	40	26	35	19.5	30
95	54	60	47.5	55	42.5	50	36	45	31	40	24.5	35
100	59	65	52.5	60	47.5	55	41	50	36	45	29.5	40
110	69	75	62.5	70	57.5	65	51	60	46	55	39.5	50
120	79	85	72.5	80	67.5	75	61	70	56	65	49.5	60
130	89	95	82.5	90	77.5	85	71	80	66	75	59.5	70
140			92.5	100	87.5	95	81	90	76	85	69.5	80
150			102.5	110	97.5	105	91	100	86	95	79.5	90
160			112.5	120	107.5	115	101	110	96	105	89.5	100
170					117.5	125	111	120	106	115	99.5	110
180					127.5	135	121	130	116	125	109.5	120
190					137.5	145	131	140	126	135	119.5	130
200					147.5	155	141	150	136	145	129.5	140
220					167.5	175	161	170	156	165	149.5	160
240							181	190	179	185	169.5	180
260									196	205	189.5	200

注：l_s 为无纹螺杆长度，l_g 为最大夹紧长度，见附图 2-2。

附 2-3　扭剪型高强度螺栓规格

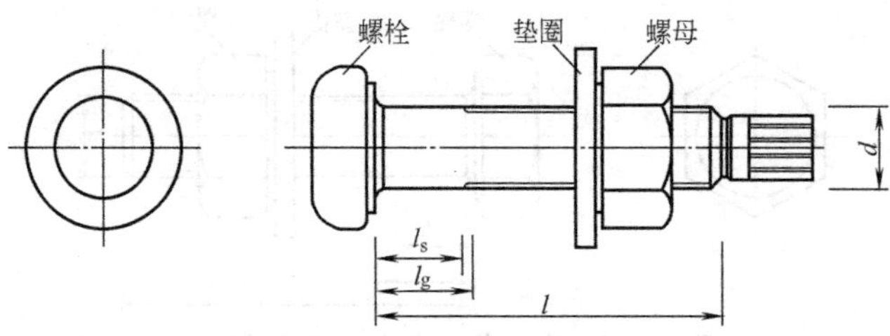

附图 2-3　扭剪型高强度螺栓的尺寸

扭剪型高强度螺栓的长度（mm） **附表 2-3**

螺纹规格 d / 公称长度 l	M16		M20		M22		M24	
	l_s	l_g	l_s	l_g	l_s	l_g	l_s	l_g
40	4	10						
45	9	15	2.5	10				
50	14	20	7.5	15	2.5	10		
55	14	20	12.5	20	7.5	15	1	10
60	19	25	17.5	25	12.5	20	6	15
65	24	30	17.5	25	17.5	25	11	20
70	29	35	22.5	30	17.5	25	16	25
75	34	40	27.5	35	22.5	30	16	25
80	39	45	32.5	40	27.5	35	21	30
85	44	50	37.5	45	32.5	40	26	35
90	49	55	42.5	50	37.5	45	31	40
95	54	60	47.5	55	42.5	50	36	45
100	59	65	52.5	60	47.5	55	41	50
110	69	75	62.5	70	57.5	65	51	60
120	79	85	72.5	80	67.5	75	61	70
130	89	95	82.5	90	77.5	85	71	80
140			92.5	100	87.5	95	81	90
150			102.5	110	97.5	105	91	100
160			112.5	120	107.5	115	101	110
170					117.5	125	111	120
180					127.5	135	121	130

注：l_s 为无纹螺杆长度，l_g 为最大夹紧长度，见附图 2-3。

附 2-4　锚栓规格

锚栓规格 **附表 2-4**

		I				II			III			
锚栓形式		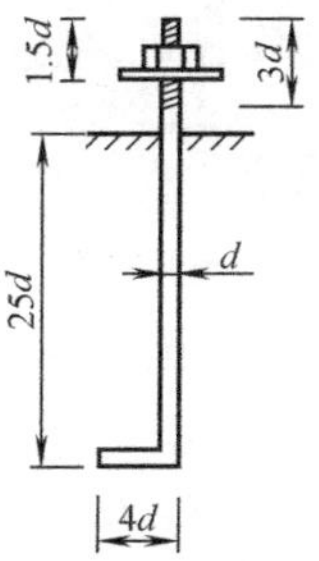				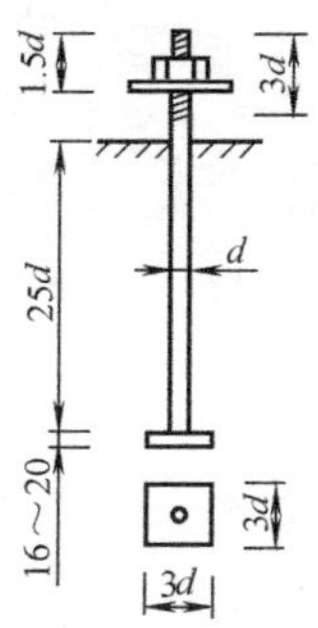			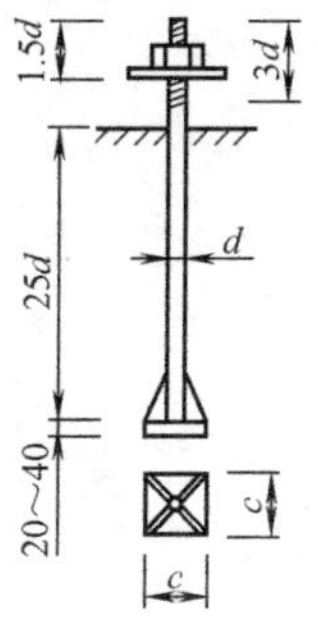			
锚栓直径(mm)		20	24	30	36	42	48	56	64	72	80	90
计算净截面面积(cm^2)		2.45	3.53	5.61	8.17	11.20	14.70	20.30	26.80	34.60	44.44	55.91
Ⅲ型锚栓	锚板宽度 c(mm)	—	—	—	—	140	200	200	240	280	350	400
	锚板厚度 t(mm)	—	—	—	—	20	20	20	25	30	40	40

附 2-5　圆柱头栓钉规格

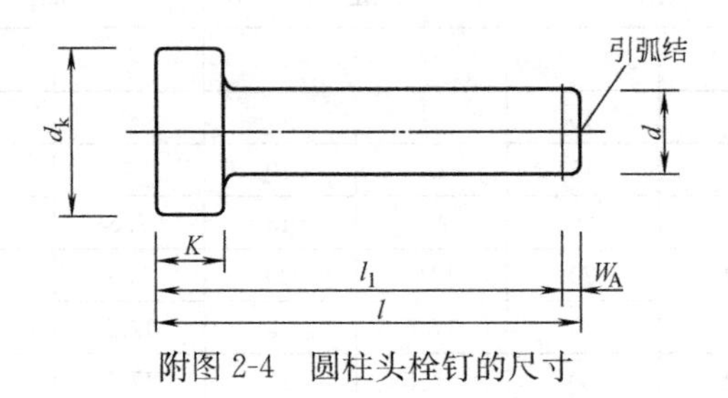

附图 2-4　圆柱头栓钉的尺寸

圆柱头栓钉的规格和尺寸（mm）　　**附表 2-5**

公称直径	13	16	19	22
栓钉杆直径 d	13	16	19	22
大头直径 d_k	22	29	32	35
大头厚度(最小值)K	10	10	12	12
熔化长度(参考值)W_A	4	5	5	6
熔后公称长度 l_1	80、100、120		80、100、120 130、150、170	80、100、120、130 150、170、200

参 考 文 献

1 门式刚架轻型房屋钢结构技术规程. 北京：中国计划出版社，2003

2 《轻型钢结构设计指南（实例与图集）》编写委员会编. 轻型钢结构设计指南（实例与图集）. 北京：中国建筑工业出版社，2000

3 杨文柱主编. 网架结构制作与施工. 北京：机械工业出版社，2005

4 建设工程工程量清单计价规范（GB 50500—2003）. 北京：中国计划出版社，2003

5 建设工程工程量清单计价规范（GB 50500—2003）宣贯辅导材料. 北京：中国计划出版社，2003

6 焦红. 膜结构建筑与膜结构施工. 硕士论文. 2005

7 网架结构设计手册（实例及图集）《网架结构设计手册》. 北京：中国建筑工业出版社，1999

8 压型钢板、夹芯板屋面及墙体建筑构造（01J925-1）. 北京：中国建筑标准设计研究所，2001

9 郭兵主编. 多层钢结构房屋设计. 北京：中国建筑工业出版社，2005

10 周学军主编. 钢与混凝土组合结构设计与施工. 济南：山东科学技术出版社，2003

11 王肇民主编. 建筑钢结构. 上海：同济大学出版社，2000

12 沈祖炎等著. 钢结构学. 北京：中国建筑工业出版社，2005

13 陈务军编著. 膜结构工程设计. 北京：中国建筑工业出版社，2005

14 刘新，时虎编著. 钢结构防腐蚀和防火涂装. 北京：化学工业出版社，2005

15 Thomas Herzog. 充气结构. 赵汉光译. 上海：上海科学技术出版社，1983

16 张其林编著. 索和膜结构. 上海：同济大学出版社，2002

17 赵秀福等. 青岛体育场索膜结构挑棚的设计与施工. 建筑结构，2001. 4：31～33

18 李中立等. 几个大型膜建筑结构体系介绍. 钢结构，2002. 2：17～18

19 陆锡麟等编著. 现代预应力钢结构. 北京：人民交通出版社，2003

20 倪景广. 二十一世纪的建筑新秀——膜结构. 中国钢结构产业，2003. 2：1～4

21 姚念亮. 膜结构在建筑中的应用. 中国钢结构产业，2003. 6：7～9

22 龙正副. 膜材的种类及膜材的发展. 建筑钢结构进展与应用，2003. 4：22～26

23 膜结构技术规程. 上海市建设工程标准定额管理总站编制，2002

24 钱若军编著. 张力结构的分析、设计、施工. 南京：东南大学出版社，2003

25 刘锡良编著. 现代空间结构. 天津：天津大学出版社，2003

26 武岳等. 膜结构的节点和相关结构设计. 工业建筑，2004. 9：87～92

27 王松岩等. 某体育场膜结构的施工. 钢结构，2004. 8：4～6

28 李澄等. 张拉膜结构钢—膜节点连接及构造设计. 钢结构，2003. 7：8～12